高等学校"十二五"规划教材／工科基础化学系列

固体材料常用表征技术

主　编　韩喜江
副主编　王靖宇　杜耘辰　张　彬

哈尔滨工业大学出版社

内容提要

本书共分13章，分别介绍X射线光电子能谱分析技术，X射线粉末衍射分析技术，俄歇电子能谱分析技术，X射线吸收精细结构分析技术，固体材料的质谱分析技术，电子显微镜分析技术，电子探针X射线显微分析技术，核磁共振波谱分析技术，电子顺磁共振谱分析技术，衍射散射式激光粒度分析技术，氮气吸附分析技术，正电子湮没分析技术，电化学阻抗谱分析技术。

本书既可作为高等院校化学化工、材料、物理等专业的研究生教材和高年级本科生教材，也可作为相关领域的科研人员和工程技术人员的参考书。

高等学校"十二五"规划教材／工科基础化学系列
编审委员会
（委员以姓氏笔画为序）

主任　强亮生
委员　邓启刚　王　锐　付宏刚　刘振琦
　　　宋兆成　邵光杰　李秋荣　陈振宁
　　　周保学　孟令辉　胡立江　顾大明
　　　郭亚军　徐崇泉　韩喜江　黎　刚

图书在版编目(CIP)数据

固体材料常用表征技术／韩喜江主编. —哈尔滨：哈尔滨工业大学出版社，2011.1
ISBN 978 - 7 - 5603 - 3044 - 0

Ⅰ.固… Ⅱ.韩… Ⅲ.固体材料－高等学校－教材　Ⅳ.O62

中国版本图书馆CIP数据核字(2010)第062577号

策划编辑　黄菊英
责任编辑　范业婷
封面设计　卞秉利
出版发行　哈尔滨工业大学出版社
社　　址　哈尔滨市南岗区教化街21号　邮编150006
传　　真　0451 - 86414749
印　　刷　哈尔滨市龙华印刷厂
开　　本　787mm×1 092mm　1/16　印张20　字数485千字
版　　次　2011年1月第1版　2011年1月第1次印刷
书　　号　ISBN 978 - 7 - 5603 - 3044 - 0
定　　价　38.00元

（如因印装质量问题影响阅读，我社负责调换）

序　言

"九五"期间，教育部组织全国几百所高等院校的教师对几乎所有基础学科"课程体系和教学内容的改革"进行了立项研究，规模之大，范围之广，实属空前。空前的投入，赢得了空前的产出，"九五"期间我国的高等教育取得了一系列重要的改革成果。工科基础化学也不例外，在课程体系、教学内容、教学方法改革等诸多方面都取得了较大的进展和可喜的成果。如何将这些改革成果及时地推广到实际教学中去，是国家教育部领导十分关心的问题，也是每个教学指导委员会委员"十五"期间工作的一大重点，本人作为教育部工科基础化学教指委委员，自然义不容辞。

2002年元旦期间，哈尔滨工业大学出版社张秀华副社长、黄菊英编审和燕山大学环境与化学工程系邵光杰副主任建议本人根据教育部工科基础化学教改的精神，融入"九五"期间的教改成果，并结合哈尔滨工业大学、哈尔滨工程大学、哈尔滨理工大学、燕山大学、大庆石油学院、齐齐哈尔大学等校基础化学教改的实际，编写一套工科基础化学系列教材。此建议与本人的考虑不谋而合，欣然接受。本人一向认为：教材既是教学的重要依据，亦是教学的主要媒体，课程改革的方向、原则、思路和成果首先应该体现于教材。基于此种指导思想，并考虑教材编写的必要性和可行性，初步拟定编写有机化学、无机及分析化学、仪器分析、物理化学、结构化学、基础化学实验、工科大学化学实验、工科大学化学专题等工科基础化学教材。

本系列教材的编写思想是：遵照课程大纲和目标要求，考虑历史沿革，反映改革成果，突出时代特色，以优化整合的课程体系和教学内容为"骨架"，以基础理论、基本概念、基本原理和基本操作为"血肉"，以实际应用和学科前沿为"脉络"，将科学性、适用性、先进性、新颖性融为一体。内容以必需和够用为度，表述注意深入浅出、简明扼要、突出重点，既便于教学，又便于自学。

为使教材的编写能够统一思想、统一要求、统一风格，并减少不必要的重复，成立了系列教材编审委员会，主要由参编各校的院系领导、有丰富教学经验的老教师和各册主编参加。

需要指出的是：

（1）教学改革是一项长期而艰巨的任务，不可能一蹴而就。教材改革与教学改革相伴而生，自然也需要长期的工作，不断完善，很难无可挑剔。本系列教材一定会有诸多不足，恳请同行体谅。

(2) 编写教材需要博采众长，自然要参考较多的同类教材和其他相关文献资料，希望得到相关参考文献作者的支持和理解。

(3) 本系列教材各册的编写大纲均由编审委员会讨论决定，书稿的具体内容由各册主编把关。读者若有询问之处，可与各册主编联系。

欢迎广大师生多提宝贵意见。

强亮生

2003 年 1 月 28 日于哈尔滨

前　言

在固体材料的研究中,"材料表征"是非常重要的一个实验环节。只有通过对所研究材料的表征,才能预示研究工作从开始到结束各节点的研究程度。许多重大研究成果也都是借助了先进的测试表征手段实现的。如位错理论之所以被人们接受,关键在于采用透射电镜观察到了第一根位错线;与超导体一同被列为19世纪80年代凝聚态物理两大重要进展的"准晶",也是在采用透射电镜观察到真正的五次对称电子衍射图后,人们才最终认识到这是一种新的固体,从而带来了传统晶体学的一场革命。

近年来,随着表征探测技术的迅速发展,固体材料学科也取得了长足的进步,其中纳米固体材料领域更是当今的研究热点。目前,有大量的研究人员和在校研究生都在从事固体材料的研究工作,但并非都能全面了解该领域所涉及的表征技术,特别是对于初涉该领域的研究生,如何分析和表征固体材料、如何获得材料的特征信息,这样的问题常常会使他们感到茫然。为了满足广大科技工作者的需求,本书对固体材料的一些常用分析和表征技术进行了归纳和总结,主要介绍表征技术的发展、仪器结构、工作原理和实例分析等几个方面。与之前出版的表征技术类书籍不同的是,本书更注重表征技术的应用实例,编者结合自身多年的科研经验,在书中给出了大量的测试谱图和相关科研论文,并对其进行了详细分析,力图为相关领域的科研工作提供一定的帮助和参考。

本书由韩喜江任主编,并统编定稿。各章编写分工为:第1、8~10章由王靖宇编写;第2、5~7、11章由杜耘辰编写;第3、4、12~13章由张彬编写。

本书在编写过程中,参考了众多的教材和文献,并已在各章节后一一列出。在此编者向参考文献的作者表示由衷的感谢。徐平、李雪爱、王超在本书的编写过程中提供了许多参考资料及编写建议,在此一并感谢。

由于编者水平有限,疏漏及不妥之处在所难免,恳请读者批评指正。并希望读者将书中的不当之处告知编者,以便再版时修正。

E-mail:xijiang.han@yahoo.com.cn

编　者
2010年1月于哈尔滨

目 录

第1章 X射线光电子能谱分析技术

1.1 引言 ...... (1)
1.2 仪器构造与样品制备 ...... (3)
   1.2.1 X射线源 ...... (4)
   1.2.2 超高真空系统(UHV) ...... (5)
   1.2.3 分析器与数据系统 ...... (5)
   1.2.4 其他附件 ...... (5)
   1.2.5 灵敏度和检测限 ...... (6)
   1.2.6 清洁表面制备 ...... (6)
1.3 基本原理 ...... (6)
   1.3.1 XPS的物理基础 ...... (6)
   1.3.2 XPS谱的结合能参照基准 ...... (8)
   1.3.3 结合能化学位移 ...... (10)
1.4 XPS在化学上的应用及实例解析 ...... (15)
   1.4.1 定性分析 ...... (15)
   1.4.2 定量分析 ...... (22)
1.5 新技术 ...... (23)
   1.5.1 单色化 XPS(Mono XPS)和小面积 XPS(SAXPS) ...... (24)
   1.5.2 SAXPS 深度剖析 ...... (25)
   1.5.3 成像 XPS(iXPS) ...... (25)
   1.5.4 XPS 线扫描分析 ...... (25)
本章小结 ...... (25)
参考文献 ...... (26)

第2章 X射线粉末衍射分析技术

2.1 引言 ...... (28)
2.2 X射线粉末衍射仪 ...... (29)
   2.2.1 基本构造 ...... (29)
   2.2.2 工作原理 ...... (30)
   2.2.3 试样制备 ...... (33)
   2.2.4 应用及图例解析 ...... (35)
本章小结 ...... (49)

参考文献 …………………………………………………………………………… (49)

第3章 俄歇电子能谱分析技术

3.1 引言 ……………………………………………………………………… (51)
3.2 俄歇表面分析技术的基本理论 …………………………………………… (52)
3.2.1 俄歇过程和俄歇电子 ……………………………………………… (52)
3.2.2 俄歇电子能量与特征谱线的关系 ………………………………… (54)
3.2.3 俄歇电子的强度 …………………………………………………… (56)
3.2.4 化学效应 …………………………………………………………… (59)
3.3 仪器结构 …………………………………………………………………… (60)
3.3.1 样品室 ……………………………………………………………… (60)
3.3.2 电子枪 ……………………………………………………………… (60)
3.3.3 氩离子枪 …………………………………………………………… (60)
3.3.4 电子能量分析器 …………………………………………………… (61)
3.3.5 检测器 ……………………………………………………………… (61)
3.3.6 真空系统 …………………………………………………………… (61)
3.3.7 俄歇电子能谱仪的分辨率和灵敏度 ……………………………… (61)
3.4 实验技术 …………………………………………………………………… (62)
3.4.1 样品的制备技术 …………………………………………………… (62)
3.4.2 离子束溅射技术 …………………………………………………… (63)
3.4.3 样品的荷电问题 …………………………………………………… (63)
3.4.4 俄歇电子能谱的采样深度 ………………………………………… (63)
3.5 俄歇电子能谱图的分析技术 ……………………………………………… (63)
3.5.1 表面元素定性鉴定 ………………………………………………… (64)
3.5.2 表面元素的半定量分析 …………………………………………… (65)
3.5.3 表面元素的化学价态分析 ………………………………………… (66)
3.5.4 深度分析 …………………………………………………………… (66)
3.5.5 微区分析 …………………………………………………………… (67)
3.6 俄歇电子能谱的应用 ……………………………………………………… (68)
3.6.1 表面检查和污染分析 ……………………………………………… (68)
3.6.2 在金属、半导体方面的应用 ……………………………………… (69)
3.6.3 吸附和催化方面的应用 …………………………………………… (70)
3.6.4 在薄膜、厚膜、多层膜方面的应用 ……………………………… (71)
3.6.5 俄歇电子能谱的功能扩展 ………………………………………… (71)
本章小结 ………………………………………………………………………… (72)
参考文献 ………………………………………………………………………… (72)

第4章 X射线吸收精细结构分析技术

4.1 引言 ……………………………………………………………………… (74)

4.2 XAFS 理论 ………………………………………………………………………… (75)
  4.2.1 EXAFS 理论 …………………………………………………………………… (76)
  4.2.2 EXAFS 的相移和振幅 ………………………………………………………… (76)
  4.2.3 XANES 理论 …………………………………………………………………… (77)
4.3 实验装置 …………………………………………………………………………… (78)
  4.3.1 同步辐射 XAFS 装置 ………………………………………………………… (78)
  4.3.2 实验室 XAFS 装置 …………………………………………………………… (79)
4.4 数据处理方法 ……………………………………………………………………… (80)
  4.4.1 本底扣除与归一化 …………………………………………………………… (80)
  4.4.2 E_0 选择和 $E-k$ 转换 ………………………………………………………… (81)
  4.4.3 傅里叶变换 …………………………………………………………………… (82)
  4.4.4 傅里叶反变换 ………………………………………………………………… (82)
4.5 XAFS 的应用 ……………………………………………………………………… (85)
  4.5.1 绿锈(Green Rust)表面亚砷酸盐 As(Ⅲ)和砷酸盐 As(Ⅴ)的形成 ………… (85)
  4.5.2 利用 EXAFS 研究 $Ce_{1-x}Sn_xO_2$ 和 $Ce_{1-x-y}Sn_xPd_yO_{2-\delta}$ 中的活性氧位置 ……… (88)
  4.5.3 利用 EXAFS 分析碳化钨(WC)材料的电催化活性 ……………………… (91)
本章小结 ………………………………………………………………………………… (91)
参考文献 ………………………………………………………………………………… (92)

第 5 章 固体材料的质谱分析技术

5.1 引言 ………………………………………………………………………………… (93)
5.2 基本构造 …………………………………………………………………………… (93)
  5.2.1 进样技术 ……………………………………………………………………… (94)
  5.2.2 离子源 ………………………………………………………………………… (94)
  5.2.3 质量分析器 …………………………………………………………………… (95)
  5.2.4 检测器 ………………………………………………………………………… (96)
5.3 电感耦合等离子体质谱(ICP-MS) ……………………………………………… (97)
  5.3.1 特点 …………………………………………………………………………… (97)
  5.3.2 试样制备 ……………………………………………………………………… (97)
  5.3.3 应用及图例分析 ……………………………………………………………… (97)
5.4 基质辅助激光解吸质谱 …………………………………………………………… (99)
  5.4.1 特点 …………………………………………………………………………… (100)
  5.4.2 基质作用及基质类型 ………………………………………………………… (100)
  5.4.3 试样制备 ……………………………………………………………………… (101)
  5.4.4 应用及图例分析 ……………………………………………………………… (101)
5.5 辉光放电质谱 ……………………………………………………………………… (104)
  5.5.1 几种常见的辉光放电质谱 …………………………………………………… (104)
  5.5.2 应用及图例分析 ……………………………………………………………… (105)
本章小结 ………………………………………………………………………………… (108)

参考文献 ……………………………………………………………………………… (108)

第6章 电子显微镜分析技术

6.1 引言 …………………………………………………………………………… (112)
6.2 透射电子显微镜 ……………………………………………………………… (112)
    6.2.1 基本构造 ……………………………………………………………… (112)
    6.2.2 成像原理 ……………………………………………………………… (114)
    6.2.3 试样制备 ……………………………………………………………… (114)
    6.2.4 应用及图例解析 ……………………………………………………… (115)
6.3 扫描电子显微镜 ……………………………………………………………… (127)
    6.3.1 基本构造 ……………………………………………………………… (127)
    6.3.2 成像原理和信号电子 ………………………………………………… (128)
    6.3.3 试样制备 ……………………………………………………………… (130)
    6.3.4 应用及图例解析 ……………………………………………………… (130)
本章小结 …………………………………………………………………………… (136)
参考文献 …………………………………………………………………………… (137)

第7章 电子探针X射线显微分析技术

7.1 引言 …………………………………………………………………………… (139)
7.2 基本构造 ……………………………………………………………………… (139)
7.3 波长分散谱仪(WDS) ………………………………………………………… (140)
7.4 能量色散谱仪(EDS) ………………………………………………………… (142)
7.5 试样制备及要求 ……………………………………………………………… (142)
7.6 分析方法 ……………………………………………………………………… (143)
    7.6.1 定点分析 ……………………………………………………………… (143)
    7.6.2 线扫描分析 …………………………………………………………… (143)
    7.6.3 面扫描分析 …………………………………………………………… (143)
7.7 波谱仪与能谱仪的分析比较 ………………………………………………… (143)
7.8 应用及图例分析 ……………………………………………………………… (144)
    7.8.1 金属材料 ……………………………………………………………… (145)
    7.8.2 矿石矿物 ……………………………………………………………… (148)
    7.8.3 陶瓷材料 ……………………………………………………………… (150)
    7.8.4 生物医学 ……………………………………………………………… (151)
本章小结 …………………………………………………………………………… (153)
参考文献 …………………………………………………………………………… (154)

第8章 核磁共振波谱分析技术

8.1 引言 …………………………………………………………………………… (155)
8.2 仪器构造与样品制备 ………………………………………………………… (156)

8.2.1 基本构造 (156)
8.2.2 核磁共振试验样品的制备 (157)
8.3 基本原理 (157)
8.3.1 原子核的磁性与自旋 (158)
8.3.2 核磁共振现象 (158)
8.3.3 弛豫 (161)
8.3.4 化学位移(信号位置) (162)
8.3.5 自旋耦合 (166)
8.3.6 信号强度 (168)
8.4 谱图解析 (169)
8.4.1 有关术语 (169)
8.4.2 自旋系统命名方法 (170)
8.4.3 核磁共振谱图的类型 (170)
8.4.4 辅助分析和简化谱图的实验方法 (171)
8.4.5 核磁共振氢谱解析 (173)
8.5 固体高分辨率 NMR 谱 (178)
8.5.1 MAS NMR (178)
8.5.2 CP/MAS NMR (178)
8.6 ^{13}C 核磁共振谱(^{13}C NMR) (179)
8.6.1 测定方法 (179)
8.6.2 化学位移 (181)
8.6.3 耦合常数及信号强度 (181)
8.6.4 核磁共振碳谱在综合光谱解析中的作用 (181)
8.6.5 ^{13}C NMR 的解析及应用 (182)
8.7 ^{29}Si 核磁共振谱(^{29}Si NMR) (183)
8.8 应用举例 (185)
8.8.1 分子结构的测定 (185)
8.8.2 几何异构体的测定 (192)
8.8.3 聚合物数均相对分子质量的测定 (193)
8.8.4 共聚物组成与序列结构的测定 (194)
8.9 其他 NMR 技术的进展 (195)
8.9.1 核磁双共振 (195)
8.9.2 二维 NMR 谱技术 (196)
本章小结 (197)
参考文献 (197)

第9章 电子顺磁共振谱分析技术

9.1 引言 (199)
9.2 电子顺磁共振波谱仪构造 (200)

9.2.1 微波系统 ……………………………………………………………… (200)
9.2.2 磁铁系统 ……………………………………………………………… (200)
9.2.3 信号处理 ……………………………………………………………… (201)
9.3 基本原理与影响因素 ………………………………………………………… (201)
9.3.1 电子顺磁共振产生条件 ……………………………………………… (201)
9.3.2 电子顺磁共振波谱的线宽及线型 …………………………………… (202)
9.3.3 电子顺磁共振波谱的 g 因子 ………………………………………… (203)
9.3.4 电子顺磁共振波谱的超相互作用 …………………………………… (205)
9.3.5 电子顺磁共振波谱的谱线强度 ……………………………………… (208)
9.4 电子顺磁共振测试方法 ……………………………………………………… (209)
9.4.1 稳定性顺磁物质的直接检测 ………………………………………… (209)
9.4.2 自旋捕获方法 ………………………………………………………… (209)
9.4.3 自旋标记法和自旋探针法 …………………………………………… (210)
9.5 研究对象和应用举例 ………………………………………………………… (211)
9.5.1 研究对象 ……………………………………………………………… (211)
9.5.2 EPR 技术的特点 ……………………………………………………… (213)
9.5.3 实验方法与谱图分析 ………………………………………………… (214)
9.5.4 应用举例 ……………………………………………………………… (218)
本章小结 …………………………………………………………………………… (224)
参考文献 …………………………………………………………………………… (225)

第 10 章 衍射散射式激光粒度分析技术

10.1 引言 ………………………………………………………………………… (227)
10.2 仪器简介 …………………………………………………………………… (228)
10.3 衍射散射式测粒法的基本原理 …………………………………………… (230)
10.3.1 夫朗禾费衍射散射理论 …………………………………………… (230)
10.3.2 米氏散射理论 ……………………………………………………… (233)
10.3.3 光子相关光谱 ……………………………………………………… (234)
10.3.4 衍射式分析法和散射式分析法比较 ……………………………… (238)
10.4 激光粒度分析方法 ………………………………………………………… (239)
10.4.1 粒度与粒度分布类型 ……………………………………………… (239)
10.4.2 非球形颗粒粒度分析 ……………………………………………… (239)
10.4.3 粉体试样溶液质量浓度的影响 …………………………………… (240)
10.4.4 粉体试样溶液温度的影响 ………………………………………… (241)
10.4.5 颗粒分散性条件 …………………………………………………… (241)
10.4.6 分散介质对粒度测定结果的影响 ………………………………… (242)
10.4.7 分散剂种类与质量浓度对粒度测定结果的影响 ………………… (242)
10.4.8 粉体试样溶液在样品池中停留时间的影响 ……………………… (243)
10.5 激光粒度分析举例 ………………………………………………………… (243)

| 10.6 激光粒度分析仪的应用 ………………………………………………… (247)
| 10.6.1 环保领域 ………………………………………………………… (247)
| 10.6.2 生物医药领域 …………………………………………………… (248)
| 10.6.3 高分子材料领域 ………………………………………………… (249)
| 10.6.4 陶瓷领域 ………………………………………………………… (250)
| 10.6.5 其他领域 ………………………………………………………… (250)
| 10.7 展望 ……………………………………………………………………… (250)
| 本章小结 ………………………………………………………………………… (251)
| 参考文献 ………………………………………………………………………… (251)

第11章 氮气吸附分析技术

| 11.1 引言 ……………………………………………………………………… (252)
| 11.2 基本结构 ………………………………………………………………… (253)
| 11.3 基本原理 ………………………………………………………………… (253)
| 11.4 测试方法 ………………………………………………………………… (254)
| 11.4.1 动态法 …………………………………………………………… (254)
| 11.4.2 静态重量法 ……………………………………………………… (254)
| 11.4.3 静态容量法 ……………………………………………………… (254)
| 11.4.4 静态容量法与动态法的对比 …………………………………… (254)
| 11.5 试样制备 ………………………………………………………………… (255)
| 11.6 应用及图例分析 ………………………………………………………… (256)
| 11.6.1 吸附等温线 ……………………………………………………… (256)
| 11.6.2 比表面积 ………………………………………………………… (260)
| 11.6.3 孔径分布 ………………………………………………………… (261)
| 11.6.4 t - plot 曲线 …………………………………………………… (265)
| 11.6.5 粒子尺寸 ………………………………………………………… (267)
| 本章小结 ………………………………………………………………………… (268)
| 参考文献 ………………………………………………………………………… (268)

第12章 正电子湮没分析技术

| 12.1 引言 ……………………………………………………………………… (270)
| 12.1.1 第一个反粒子:正电子的发现 ………………………………… (270)
| 12.1.2 正电子的性质 …………………………………………………… (271)
| 12.1.3 正电子源 ………………………………………………………… (272)
| 12.2 正电子的湮没特性 ……………………………………………………… (273)
| 12.2.1 正电子在物质中的慢化(热化)和扩散 ………………………… (273)
| 12.2.2 自由正电子湮没 ………………………………………………… (273)
| 12.2.3 正电子的捕获效应 ……………………………………………… (274)
| 12.2.4 正电子湮没谱的表征 …………………………………………… (274)

12.2.5 正电子素···(275)
12.2.6 正电子湮没寿命···(275)
12.3 正电子湮没寿命谱仪··(276)
12.3.1 正电子湮没寿命谱仪简介··(276)
12.3.2 正电子湮没寿命谱仪用试样制备···(276)
12.3.3 正电子湮没寿命谱及解谱程序···(277)
12.3.4 正电子寿命谱仪的优点···(278)
12.4 正电子湮没寿命谱仪的应用··(278)
12.4.1 正电子湮没技术的应用概况···(278)
12.4.2 在金属材料中的应用··(279)
12.4.3 在高分子材料中的应用···(282)
12.4.4 在无机非金属材料中的应用···(285)
本章小结···(288)
参考文献···(288)

第13章 电化学阻抗谱分析技术

13.1 引言··(291)
13.1.1 电化学阻抗谱··(291)
13.1.2 等效电路与等效元件···(292)
13.1.3 等效电路与电极过程···(294)
13.2 电化学步骤控制下的交流阻抗法··(294)
13.2.1 电化学步骤控制下的阻抗与导纳···(294)
13.2.2 用复数阻抗平面分析法求电极体系的等效电路参数 R_r、C_d、R_L ···············(294)
13.3 浓差极化存在时的交流阻抗法···(296)
13.3.1 小幅度正弦交流电信号作用下电极界面附近浓度的变化·································(296)
13.3.2 浓差极化存在时的可逆体系的法拉第阻抗···(297)
13.4 电化学与浓差极化同时存在时的复数平面图···(298)
13.5 其他特殊情况的 Nyquist 图及等效电路···(299)
13.6 电化学阻抗谱的解析与应用··(300)
13.6.1 电化学阻抗谱的解析···(300)
13.6.2 电化学阻抗谱的应用···(301)
本章小结···(306)
参考文献···(306)

第1章 X射线光电子能谱分析技术

内容提要

固体表面分析技术已发展成为一种常用的仪器分析方法,特别是对于固体材料的成分分析、元素化学价态分析以及薄膜深度分析,其中X射线光电子能谱就是一种表面成分分析方法。X射线光电子能谱(XPS)也称"化学分析用的电子能谱(ESCA)",它不仅能探测表面的化学组成,而且可以确定各元素的化学价态,因此,在化学、材料科学及表面科学中得以广泛应用。

XPS是以X射线为探针检测,通过表面出射的光电子来获取测试样品表面信息的。这些光电子主要来自表面原子的内壳层,携带表面丰富的物理和化学信息。XPS作为表面分析技术的普及归因于其高信息量对广泛样品的适应性以及其坚实的理论基础。

本章介绍了XPS技术及能谱分析的基本原理,对其仪器构造也进行了简单介绍,重点列举了一些能谱分析实例、最新的研究动态及其在各领域中的广泛应用。

1.1 引 言

电子能谱学可以定义为利用具有一定能量的粒子(光子、电子或离子)轰击特定的样品,研究从样品中释放出来的电子或离子的能量分布和空间分布,从而了解样品的基本特征的方法。入射粒子与样品中的原子相互作用,经历各种能量传递的物理效应,最后释放出的电子和离子具有样品中原子的特征信息。通过对这些信息的解析,可以获得样品中原子的各种信息,如含量、化学价态等。现代电子能谱学已经发展为一门独立的、完整的学科,但电子能谱学也同样与多种学科交叉和融合。总的来说,电子能谱学融合了物理学、电子学、计算机以及化学的相关知识,它是这些学科发展的交叉点,涉及固体物理、真空电子学、物理化学、计算机数据等。

电子能谱学与表面分析有着不可分割的关系。电子能谱学中的主要技术均具有非常灵敏的表面性,是表面分析的主要工具。而表面分析在微电子器件、催化剂、材料保护、表面改性以及功能薄膜材料等方面具有重要的应用价值。这些领域的发展促进了表面分析技术的发展,同样也促进了电子能谱学的发展。电子能谱学的特点体现在其表面性质和价态关系,这就决定了电子能谱在表面分析中的地位。

电子能谱学发展的最重要的基础是物理学。物理理论和效应的发展及建立是电子能谱学的理论基础。电子能谱学的基本原理均来源于物理学的重大发现和重要的物理效应。如爱因斯坦的光电效应理论,实际上就是光电子能谱的基本理论。在该理论中指明了光子能量与发射电子能量的关系。俄歇电子能谱的基础是俄歇电子的发现。此外,由于由样品表面发射的电子或离子的信号非常微弱,因此,没有前置放大技术,根本不可能获得谱图。此外,分析器的能量分辨率直接关系到电子能谱的应用,必须具有足够的分辨率,才能在表面分析上应用。微电子技术和计算机技术的发展,大大促进了电子能谱学的发展。

真空技术的发展是电子能谱学发展的重要前提。由于粒子可以和气体分子发生碰撞,从而损失能量,因此,没有超高真空技术的发展,各种粒子很难到达固体样品表面,从固体表面发射出的电子或离子也不能到达检测器,从而难以获得电子能谱的信息。此外,电子能谱的信息主要来源于样品表面,没有超高真空技术,获得稳定的清洁表面是非常困难的。一个清洁表面暴露在 1.33×10^{-4} Pa 的真空中 1 s,就可以在样品表面吸附一个原子层。没有超高真空,就没有清洁表面,也就不能发展电子能谱技术。

电子能谱学的内容非常广泛,凡是涉及利用电子、离子能量进行分析的技术均可归属为电子能谱学的范围。根据激发离子及出射离子的性质,可以分为以下几种技术:X 射线光电子能谱(X-ray Photoelectron Spectroscopy,XPS)、紫外光电子能谱(Ultraviolet Photoelectron Spectroscopy,UPS)、俄歇电子能谱(Auger Electron Spectroscopy, AES)、离子散射谱(Ion Scattering Spectroscopy,ISS)、电子能量损失谱(Electron Energy Loss Spectroscopy,EELS)等。各种类型的电子能谱及产生机理图可见表 1.1 和图 1.1。

表 1.1 电子能谱的主要类型

技术名称	缩写	技术过程基础
光电子能谱(紫外光源)	PES 或 UPS	测量由单色 UV 光源电离出的光电子能量
光电子能谱(X 射线源)	ESCA 或 XPS	测量由单色 X 射线源电离出的光电子能量
俄歇(Auger)电子能谱	AES	测量由电子束或光子束(不必需为单色)先电离而后放出的俄歇电子能量
离子中和谱	INS	测量由稀有气体离子冲击出的俄歇电子能量
电子冲击能量损失谱	ELS	由一单色电子束冲击样品,测量经非弹性散射后的电子能量
彭宁(Penning)电离谱	PIS	由介稳激发态原子冲击样品,测量由此产生出的电子能量
自电离电子谱		与俄歇电子相似,测量由超激发态自电离衰减而产生出的电子能量

对于化学材料的分析来说,最有用的是 XPS,也称"化学分析用的电子能谱(Electron Spectroscopy for Chemical Analysis,ESCA)",其次是 AES 和 UPS。XPS 的主要特点是它能在不太高的真空度下进行表面分析研究,这是其他方法都做不到的。当用电子束激发时,如用 AES 法,必须使用超高真空,以防止样品上形成碳的沉积物而掩盖被测表面。X 射线比较柔和的特性使我们有可能在中等真空程度下对表面观察若干小时而不会影响测试结果。此外,化学位移效应也是 XPS 法不同于其他方法的另一特点,即采用直观的化学认识即可解释 XPS 中的化学位移。

XPS 主要应用在表面分析和价态分析方面,给出表面的化学组成、原子排列、电子状态等信息。XPS 可以对表面元素做出一次全部定性和定量的分析,还可以利用其化学位移效应进行元素价态分析;利用离子束的溅射效应可以获得元素沿深度的化学成分分布信息。特别强调的是,XPS 提供的半定量结果是表面 3~5 nm 的成分,而不是样品整体的成分。此外,利用其高空间分辨率,还可以进行微区选点分析、线分布扫描分析以及元素的面分布分析。固体样品中除氢、氦之外的所有元素都可以进行 XPS 分析。随着科学技术的发展,XPS 也在不断地完善,总体发展趋势是向高空间分辨、高能量分辨以及图像分析方面发展。目前已开发出的小面积 X 射线光电子能谱,大大提高了 XPS 的空间分辨能力,可达到 10 μm。

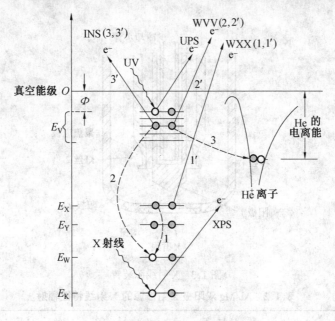

图 1.1 各种类型的电子能谱示意图
E_V—价轨道能级;E_X,E_Y,E_W,E_K—芯轨道能级;Φ—功函数

1.2 仪器构造与样品制备

随着电子能谱应用的不断发展,电子能谱仪的结构和性能在不断地改进和完善,并且趋于多用型的组合设计。电子能谱仪一般由 X 射线源、真空系统、分析数据系统及其他附件构成,如图 1.2 所示。

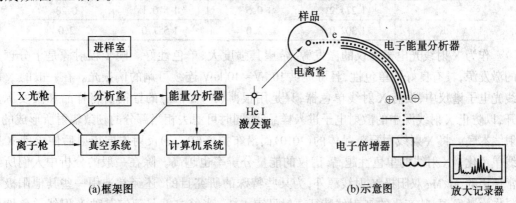

图 1.2 X 射线光电子能谱仪结构图

1.2.1　X射线源

X射线源是用于产生具有一定能量的X射线的装置(图1.3),主要由灯丝、阳极靶及滤窗组成。在目前的商品仪器中,一般以Al/Mg双阳极X射线源最为常见,其产生的X射线特征辐射见表1.2。

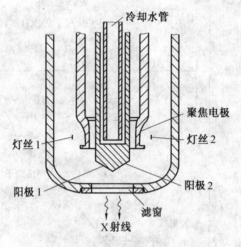

图1.3　X射线源装置

表1.2　Al/Mg双阳极X射线源的X射线特征辐射

X射线	Mg靶		Al靶	
	能量/eV	相对强度	能量/eV	相对强度
$K_{\alpha 1}$	1 253.7	67.0	1 486.7	67.0
$K_{\alpha 2}$	1 253.4	33.0	1 486.3	33.0
$K_{\alpha'}$	1 258.2	1.0	1 492.3	1.0
$K_{\alpha 3}$	1 262.1	9.2	1 496.3	7.8
$K_{\alpha 4}$	1 263.1	5.1	1 498.2	3.3
$K_{\alpha 5}$	1 271.0	0.8	1 506.5	0.42
$K_{\alpha 6}$	1 274.2	0.5	1 510.1	0.28
K_{β}	1 302.0	2.0	1 557.0	2.0

作为X射线光电子谱仪的激发源,希望其强度大、单色性好。同步辐射源是十分理想的激发源,具有良好的单色性,且可提供10 eV～10 keV连续可调的偏振光。在一般的X射线光电子谱仪中,没有X射线单色器,只是用很薄(1～2 mm)的铝箔窗将样品和激发源分开,以防止X射线源中的散射电子进入样品室,同时可滤去相当部分的韧致辐射所形成的X射线本底。将X射线用石英晶体的(1010)面沿布拉格(Bragg)反射方向衍射后便可使X射线单色化。X射线的单色性越高,谱仪的能量分辨率也越高。除在一般的分析中人们所经常使用的Al/Mg双阳极X射线源外,为某些特殊的研究目的,还经常选用一些其他阳极材料作为激发源,其产生的X射线特征辐射见表1.3。半峰高宽是评定某种X射线单色性好坏的一个重要指标。

表 1.3 其他 X 射线源的特征辐射

射线		能量	半峰高宽/eV
Y	M_ζ	132.3	0.44
Zr	M_ζ	151.4	0.77
Na	K_α	1 041.0	0.4
Mg	K_α	1 253.6	0.7
Al	K_α	1 486.6	0.8
Si	K_α	1 739.4	0.8
Ti	$K_{\alpha 1}$	4 511	1.4
Cr	$K_{\alpha 1}$	5 415	2.1
Cu	$K_{\alpha 1}$	8 048	2.5

1.2.2 超高真空系统(UHV)

电子能谱仪的光源、样品室、分析器和检测器都必须在高真空条件下工作,这是为了减少电子在运动过程中与残留气体分子发生碰撞而损失信号强度。另一方面,残留气体会吸附到样品表面上,甚至有可能和样品起化学反应,这将影响电子从样品表面上发射并产生外来干扰谱线。通常超高真空系统真空室由不锈钢材料制成,真空度优于 1×10^{-6} Pa。

1.2.3 分析器与数据系统

分析器由电子透镜系统、能量分析器和电子检测器组成。能量分析器用于在满足一定能量分辨率、角分辨率和灵敏度的要求下,分析出某能量范围的电子,测量样品表面出射的电子能量分布,它是电子能谱仪的核心部件,分辨能力、灵敏度和传输性能是它的三个主要指标。常用的静电偏转型分析器有球面偏转分析器(CHA)和筒镜分析器(CMA)两种。

电子能谱分析涉及大量复杂的数据的采集、储存、分析和处理数据系统,由在线实时计算机和相应软件组成。在线计算机可对谱仪进行直接控制,并对实验数据进行实时采集和处理,实验数据可由数据分析系统进行一定的数学和统计处理,并结合能谱数据库获取对检测样品的定性和定量分析知识。常用的数学处理方法有:谱线平滑、扣背底、扣卫星峰微分积分、准确测定电子谱线的峰位半高宽、峰高度或峰面积(强度),以及谱峰的解重叠(Peak Fitting)和退卷积谱图的比较和差谱等。现代的电子能谱仪操作的各个方面大都在计算机的控制下完成,样品定位系统的计算机控制允许多样品无照料自动运行,当代的软件程序包含广泛的数据分析能力,复杂的峰型可在数秒内拟合出来。

1.2.4 其他附件

现代的电子能谱一般都要求在谱仪的超高真空室内对样品进行特定的处理和制备,可添加到 XPS 能谱仪上的附件类型几乎是无限的,常见的附件有 Ar^+ 离子枪、电子枪、气体 Doser 四极杆质谱仪、样品加热和冷却装置(最高可加热到 700℃ 和用液氮冷却到 -120℃)以及样品蒸镀装置等,可为给定系统提供对样品的原位溅射、清洁溅射、蒸发升华、淀积断裂、刮削和热处理等。选择附件取决于计划在此系统上的应用需要。在多数情况下,XPS能谱仪是多功能表面分析系统的一部分,它可有一个或多个附加技术(AES、ISS、SIMS、LEED、EELS等),安装在同一真空室中,离子枪主要用于样品表面的清洁和深度刻蚀,常用的有Penning气体放电式离子枪,如VG生产的AG61,属差分抽气式离子枪,其离子束可做二维扫描,以使刻蚀更加均匀,主要用于进行深度剖析的俄歇分析,也可用于表面清洁。

1.2.5 灵敏度和检测限

评价一台谱仪性能的好坏,主要从谱仪的分辨率、灵敏度、稳定性和多用性等方面来考虑。对于任何一台谱仪,上述性能指标总是相互制约的,例如,分辨率的提高通常伴随着灵敏度的下降,反过来也一样。信息采样深度小于10 nm,原子浓度检测限为0.1%~1.0%,表面原子单层,可检测元素周期表中除H和He外的所有元素,空间分辨率小于50 μm(小面积XPS),小于5 μm(成像XPS)。

1.2.6 清洁表面制备

一般情况下,合适的表面处理必须由实验来确定。表面清洁常常比随后进行的实验本身更耗时,除在样品的保存和传输过程中尽量避免污染外,在进入真空前可对某些样品进行化学刻蚀、机械抛光或电化学抛光清洗处理,以除去样品表面的污染及氧化变质层或保护层。进入真空室后,通常有下列几种清洁表面制备方法:超高真空中原位解理断裂脆性材料,尤其是半导体,可沿着一定的晶向解理,而产生几个平方毫米面积的光滑表面,这种技术制备出的样品,其清洁度表面基本上和体相一致,然而它只限于一些材料的一定表面取向,如Si、Ge、GaAs、GaP等离子晶体。稀有气体离子溅射对样品的清洁处理通常采用Ar^+离子溅射和加热退火(消除溅射引起的晶格损伤)的方法,注意离子溅射可引起一些化合物的分解和元素化学价态的改变,对一些不能进行离子溅射处理的样品,可采用真空刮削或高温蒸发等方法来进行清洁处理。高温蒸发主要用于难熔金属和陶瓷。真空制膜除直接从外部装样外,还可以在样品制备室中采用真空溅射或蒸发淀积的方法把样品制成薄膜后进行分析。

1.3 基本原理

1.3.1 XPS的物理基础

用单色光源(X、紫外、电子束)照射样品,使其原子或分子的电子受激而发射出来,以便测量这些电子的能量分布,并从中获得所需信息。

1.3.1.1 光电效应

X射线光电子能谱基于光电离作用,当一束具有一定能量的X射线照射固体样品时,入射光子与样品相互作用,光子被吸收而将其能量转移给原子的某一壳层上被束缚的电子,此时电子将所得能量的一部分用来克服结合能和功函数,余下的能量作为它的动能发射出来,成为光电子,而原子本身则变成一个激发态的离子,这个过程就是光电效应,如图1.4所示。

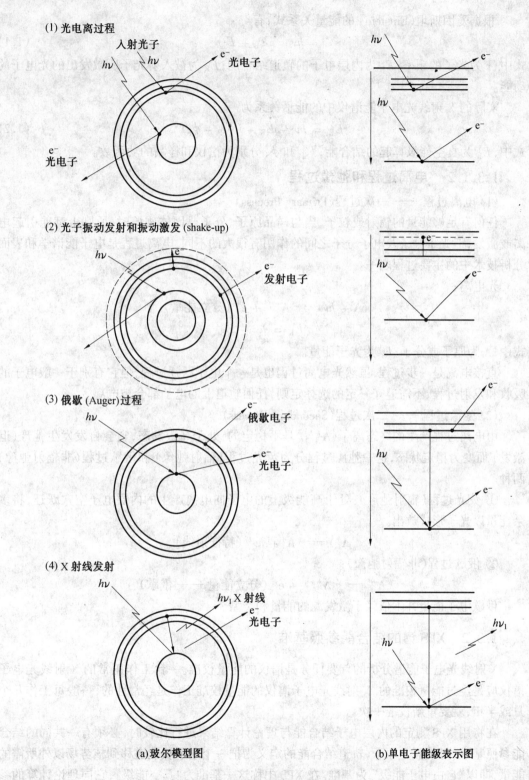

图1.4 光子与原子作用物理过程图

根据爱因斯坦(Einstein)的能量关系式,有
$$h\nu = E_B + E_K \tag{1.1}$$
式中,ν 为光子的频率;E_B 为内层电子的轨道结合能;E_K 为被入射光子所激发出的光电子的动能。

实际的 X 射线光电子能谱仪中的能量关系为
$$E_B^V = h\nu - E_K - (\phi_{SP} - \phi_S) \tag{1.2}$$
式中,E_B^V 为真空能级算起的结合能;ϕ_{SP} 和 ϕ_S 分别为谱仪和样品的功函数。

1.3.1.2 电离过程和弛豫过程

(1) 电离过程 —— 一次过程(Primary Process)

任何有足够能量的辐射或粒子,当与样品原子、分子或固体碰撞时,原则上都能引起电离或激发,但光子分子及电子分子之间的作用有很大的不同,电离过程是电子能谱学和表面分析技术中的主要过程之一。

光电离:
$$A + h\nu \longrightarrow A^{+*} + e^- \text{(分立能量)}$$
$$E_K = h\nu - E_B$$
式中,A 为原子或分子;$h\nu$ 为光子能量。

直接电离是一步过程,虽然光电离过程也是一个电子跃迁过程,但它有别于一般电子的吸收和发射过程,不需遵守一定的选择定则,任何轨道上的电子都会被电离。

(2) 弛豫过程 —— 二次过程(Secondary Process)

由电离过程产生的终态离子(A^{+*})是不稳定的,处于高激发态,它会自发发生弛豫(退激发)而变为稳定状态,这一弛豫过程分为荧光过程(辐射弛豫)和俄歇过程(非辐射弛豫)两种。

① 荧光过程(辐射弛豫):处于高能级上的电子向电离产生的内层电子空穴跃迁,将多余能量以光子形式放出。
$$A^{+*} \longrightarrow A^+ + h\nu' \text{(特征射线)}$$

② 俄歇过程(非辐射弛豫):
$$A^{+*} \longrightarrow A^{++*} + e^- \text{(分立能量 —— 俄歇)}$$
俄歇电子能量并不依赖于激发源的能量和类型。

1.3.2 XPS 谱的结合能参照基准

X 射线光电子能谱分析的首要任务是谱仪的能量校准。一台工作正常的 X 射线光电子谱仪应是经过能量校准的。X 射线光电子谱仪的能量校准工作是经常性的,一般每工作几个月或半年,就要重新校准一次。

在将用 XPS 测定的内层电子结合能与理论计算结果进行比较时,必须有一共同的结合能参照基准。对于孤立原子,轨道结合能的定义为把一个电子从轨道移到核势场以外所需的能量,即以"自由电子能级"为基准。在 XPS 中称这一基准为"真空能级",它同理论计算的参照基准一致。

对于气态 XPS,测定的结合能与计算的结合能一致,因此,可以直接比较。对于导电固体

样品,测定的结合能则是以费米能级为基准的,因此,同计算结果对比时,应用公式进行换算。

$$E_B^V = E_B^F + \phi_S \tag{1.3}$$

对于非导电样品,参考能级的确定比较困难。对于导电的固体样品,其结合能的能量零点是其费米能级。在实际工作中,选择在费米能级附近有很高状态密度的纯金属作为标样。在高分辨率状态下,采集 XPS 谱,则在 $E_B^F = 0$ 处将出现一个急剧向上弯曲的谱峰拐点,这便是谱仪的坐标零点(图 1.5)。作为结合能零点校准的标准试样,Ni、Pt、Pd 是比较合适的材料。

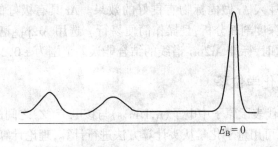

图 1.5 谱仪坐标零点的确定

有了仪器的能量零点后,需要选用一些易于纯化的金属,对谱仪的能量坐标进行标定。一般选择相距比较远的两条谱线进行标定,所选谱线的能量位置是经过精确测定的。在两点定标方法中应注意选择适合于谱仪线性响应的标准谱线能量范围,同时必须对费米能量零点作出严格的校正,Seah 给出的结合能标定值见表 1.4。

表 1.4 Seah 给出的结合能标定值

谱线	AlK$_\alpha$	MgK$_\alpha$
Cu3p	75.14 ± 0.02	75.13 ± 0.02
Au4f$_{7/2}$	83.98 ± 0.02	84.00 ± 0.01
Ag3d$_{5/2}$	368.27 ± 0.02	368.29 ± 0.01
CuL$_3$MM	567.97 ± 0.02	334.95 ± 0.01
Cu2p$_{3/2}$	932.67 ± 0.02	932.67 ± 0.02
AgM$_4$NN	1 128.79 ± 0.02	895.76 ± 0.02

用 XPS 测定绝缘体或半导体时,由于光电子的连续发射而得不到足够的电子补充,使得样品表面出现电子"亏损",这种现象称为"荷电效应"。荷电效应将使样品出现稳定的表面电势 V_S,它对光电子逃离有束缚作用。考虑到荷电效应,有

$$E_K = h\nu - E_B^F - \phi_{SP} - E_S \tag{1.4}$$

式中,E_S 为荷电效应引起的能量位移,$E_S = V_S e$,使得正常谱线向低动能端偏移,即所测结合能值偏高。

荷电效应还会使谱峰展宽、畸变,对分析结果产生一定的影响。荷电效应的来源主要是样品的导电性能差,其大小与样品的厚度、X 射线源的工作参数等因素有关。实际工作中必须采取有效的措施解决荷电效应所导致的能量偏差。

1.3.2.1 中 和 法

制备超薄样品且测试时,用低能电子束中和试样表面的电荷,使 $E_c < 0.1$ eV。这种方

法一方面需要在设备上配置电子中和枪,另一方面荷电效应的消除要靠使用者的经验。

1.3.2.2 内标法

在处理荷电效应的过程中,人们经常采用内标法,即在实验条件下,根据试样表面吸附或沉积元素谱线的结合能,测出表面荷电电势,然后确定其他元素的结合能。在实际工作中,一般选用 $-(CH_2)_n-$ 中的 C1s 峰,$-(CH_2)_n-$ 一般来自样品的制备处理及机械泵油的污染。也有人将金镀到样品表面一部分,利用 $Au4f_{7/2}$ 谱线修正。这种方法的缺点是对溅射处理后的样品不适用。另外,金可能会与某些材料反应,公布的 C1s 谱线的结合能也有一定的差异。有人提出向样品注入 Ar 做内标物有良好的效果。Ar 具有极好的化学稳定性,适合于溅射处理后的样品和深度剖面分析,且操作简便易行。选用 $Ar2p_{3/2}$ 谱线对荷电能量位移进行校正的效果良好,这时,标准 $Ar2p_{3/2}$ 谱线的结合能误差范围为 ± 0.2 eV。

1.3.3 结合能化学位移

电子结合能(E_B)代表了原子中电子(n,l,m,s)与核电荷(Z)之间的相互作用强度,可用 XPS 直接实验测定,也可用量子化学从头计算方法进行计算,理论计算结果可以和 XPS 测得的结果进行比较,更好地解释实验现象。

电子结合能是体系的初态(原子有 n 个电子)和终态(原子有 $n-1$ 个电子(离子)和一个自由光电子)间能量的差值,即

$$E_B = E_f(n-1) - E_i(n) \tag{1.5}$$

1.3.3.1 初态效应

初态即光电发射之前原子的基态,如果原子的初态能量发生变化,例如与其他原子成键,则此原子中的电子结合能 E_B 就会改变,E_B 的变化称为化学位移。原子因所处化学环境不同而引起的内壳层电子结合能变化在谱图上表现为谱峰的位移,这种现象即化学位移。

所谓某原子所处化学环境不同有两方面含义:一是指与它结合的元素种类和数量不同;二是指原子具有不同的化学价态。

在初级近似下,元素的所有芯能级 E_B 具有相同的化学位移。

$$\Delta E_B = -\Delta \varepsilon_K \tag{1.6}$$

式中 $\Delta \varepsilon_K$——原子固化学环境不同而引起的内壳层电子结合能变化。

通常认为初态效应是造成化学位移的原因,所以随着元素形式氧化态的增加,从元素中出射的光电子的 E_B 亦会增加,假设像弛豫这样的终态效应对不同的氧化态大小相近,对大多数样品而言,ΔE_B 仅以初态效应项表示就足够了。

1.3.3.2 结合能位移

一个原子的内壳层电子的结合能受核内电荷和核外电荷分布的影响,因此,任何引起电荷分布发生变化的因素都可能使原子内壳层电子的结合能产生变化。光电子结合能位移表现为电子能谱可见的光电子谱峰位移,由物理位移和化学位移组合而成。物理位移即物理因素引起的结合能位移,这里主要讨论化学位移。化学位移的分析、测定是 XPS 分析中的一项主要内容,是判定原子化合态的重要依据。图 1.6 是三氟化乙酸乙酯中四个不同 C 原子的 C1s 谱线。

化合物中碳 C1s 轨道电子结合能从小到大的顺序为

$$C-C, C-O, C=O, O-C=O, O-(C=O)-O$$

这与初态效应是一致的。由于随氧原子与碳原子成键数目的增加,碳将变得更加正荷电,导致 C1s 结合能 E_B 的增加。

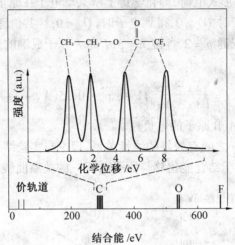

图 1.6 三氟化乙酸乙酯中的 C1s 谱线

化学位移的理论分析基础是结合能的计算,根据前面所讲的计算方法可知,对于处于环境为 1 和 2 的某种原子,有

$$\Delta E_B^V(K)_{1,2} = -\Delta E^{SCF}(K)_{1,2} - \Delta(E_{relax})_{1,2} + \Delta(E_{relat})_{1,2} + \Delta(E_{corr})_{1,2} \quad (1.7)$$

在大多数情况下,相对论效应和相关的修正对结合能的影响较小,可以忽略。对待弛豫效应的方法是用近似关系式

$$E_B^V(K) = -[0.5E^{SCF}(K) + E^{+SCF}(K)] \quad (1.8)$$

式中,E^+ 为离子体系的 SCF 能。

(1) 电荷势模型

电荷势模型是由 Siegbahn 等人导出的一个忽略弛豫效应的简单模型。在此模型中,假定分子中的原子可采取空心的非重叠的静电球壳包围中心核近似,这样结合能位移可表示为

$$\Delta E_B^V = \Delta E_V + \Delta E_M \quad (1.9)$$

式中,ΔE_V 和 ΔE_M 分别为原子自身价电子的变化和其他原子价电子的变化对该原子结合能的贡献。

因此有

$$\Delta E_B^V = kq + V + E_R \quad (1.10)$$

式中,q 为该原子的价壳层电荷;V 为分子中其他原子的价电子在此原子处形成的电荷势——原子间有效电荷势;k 为常数;E_R 为参数点。

原子间有效电荷势可按点电荷处理,有

$$V_A = \sum_{B \neq A} \frac{q_B}{4\pi\varepsilon_0 R_{AB}} \quad (1.11)$$

式中,R_{AB} 为原子 A 与 B 间的距离;q_B 为 B 原子的价电荷。

q 可用鲍林(Pauling)半经验方法求得

$$q_A = Q_A + \sum_{B \neq A} nI \tag{1.12}$$

式中，Q_A 为 A 原子上的形式电荷，即化学键上所共享电子在原子间均等分配时 A 原子上的静电荷(A 原子失去电子时 $Q_A > 0$；得到电子时，$Q_A < 0$；纯共价键时，$Q_A = 0$)；n 为 A 原子的平均键数，单键 $n=1$，双键 $n=2$，叁键 $n=3$；I 为 A 原子成键的部分离子特征。

鲍林建议

$$I = \frac{X_A - X_B}{|X_A - X_B|} \{1 - \exp[-0.25(X_A - X_B)^2]\} \tag{1.13}$$

式中，X_A 和 X_B 分别为 A、B 原子的电负性。

结果表明，ΔE_B 与 q 之间有较好的线性关系，理论与实验结果相当一致。图 1.7 给出了 17 种含碳化合物 C1s 电子结合能位移与原子电荷 q 的关系曲线。

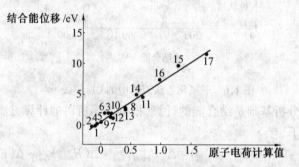

图 1.7 含碳化合物 C1s 电子结合能位移与原子电荷 q 的关系

1—CH$_4$；2—CH$_3$—C；3—CH$_3$OH；4—CH$_2\genfrac{}{}{0pt}{}{C}{C}$；5—CH$_2\genfrac{}{}{0pt}{}{C}{N}$；6—CH$_2\genfrac{}{}{0pt}{}{N}{N}$；

7—CH$_2\genfrac{}{}{0pt}{}{C}{Cl}$；8—CH$_2\genfrac{}{}{0pt}{}{Cl}{Cl}$；9—CH$_2\genfrac{}{}{0pt}{}{C}{OH}$；10—CH$_2\genfrac{}{}{0pt}{}{C}{OC}$；11—CHCl$_3$；12—CH$\genfrac{}{}{0pt}{}{C}{OC}$—C；

13—CH$\genfrac{}{}{0pt}{}{OC}{OC}$—OC；14—CH$\genfrac{}{}{0pt}{}{OC}{OC}$—OC；15—CHF$_3$；16—CH$_4$；17—CF$_4$

(2) 价势模型

一个更基本的方法是用所谓的价电势 ϕ 来表达内层电子结合能

$$E_B^V = e\phi + 常数 \tag{1.14}$$

式中，ϕ 受分子价电子密度和其他原子实的影响。

原子 A 的一个内层电子感受的电势的近似表达式为

$$\phi_A = -2\left(\frac{1}{4\pi\varepsilon_0\mu}\right)\sum\langle\mu|\frac{1}{r_A}|\rangle + \sum_{A \neq B}\frac{Z_B^*}{4\pi\varepsilon_0 R_{AB}} \tag{1.15}$$

式中，A 为原子以外的原子实电荷，第一个加和只与体系的价分子轨道有关。

两个化合物间结合能的化学位移为

$$\Delta E_B^V = e\Delta\phi_A \tag{1.16}$$

用 ZDO(Zero Differential Overlap)法近似求 ϕ_A 有

$$\Delta E_B^V = k\Delta q_A + e\Delta V_A \tag{1.17}$$

式中,参数 k 在这里是核吸引积分的平均值。

(3) 等效原子实方法

因为原子的内层电子被原子核紧紧束缚,所以,可以认为价电子受内层电子电离时的影响与在原子核中增加一个正电荷所受的影响一致,即原子实是等效的。对于 NH_3 和 N_2 的光电离,有

$$N_2 \xrightarrow{h\nu} (NN^*) + e^-$$

$$NH_3 \xrightarrow{h\nu} (N^*H_3) + e^-$$

式中,上角标"*"为电离原子。

若光电子的动能为零,则从化学上讲,这是一种需要吸收能量等于 N1s 轨道电子结合能的吸热反应,即

$$E_B^V(N1s, N_2) = \Delta H(NN^*)^+ - \Delta H(N_2)$$

$$E_B^V(N1s, NH_3) = \Delta H(N^*H_3)^+ - \Delta H(NH_3)$$

根据等效原子实的思想,N^* 与 O 的原子实等效,因此

$$E_B^V(N1s, N_2) = \Delta H(NO)^+ - \Delta H(N_2)$$

$$E_B^V(N1s, NH_3) = \Delta H(OH_3)^+ - \Delta H(NH_3)$$

所以有

$$E_B^V(N1s, NN_3 - N_2) = \Delta H(OH_3)^+ - \Delta H(NH_3) - \Delta H(NO)^+ + \Delta H(N_2)$$

根据等效原子实方法,若分子和离子的生成热已知,则化学位移可求。图 1.8 为由热化学数据求得的一组含氮化合物的相对结合能与 XPS 所测结果的对比,由图可见结果比较吻合。

求化学位移有下述经验规律可循:

① 同一周期内,主族元素原子的内层结合能位移 ΔE_B 将随它们的化合价升高呈线性增加,而过渡金属元素的化学位移随化合价的变化出现相反规律。

② 分子 M 中某原子 A 的内层电子结合能位移量 ΔE_B 与和它相结合的原子电负性之和 $\sum X$ 有一定的线性关系(Group Shift Method)。

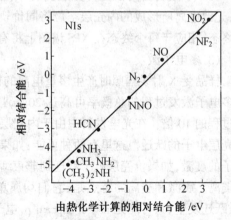

图 1.8 由热化学数据求得的相对结合能与 XPS 所测结果对比

③ 对少数系列化合物,由 NMR(核磁共振波谱仪)和 Mossbauer(穆斯堡尔)谱仪测得的各自的特征位移量与 XPS 测得的结合能位移量有一定的线性关系。

④ XPS 的化学位移同宏观热力学参数之间有一定的联系。

1.3.2.3 终态效应

由结合能的定义式 $E_B = E_f(n-1) - E_i(n)$ 可知,在光电发射过程中,由于终态的不同电子结合能的数值有差别,电子的结合能与体系的终态密切相关,因此这种由电离过程中引起的各种激发产生的不同体系终态对电子结合能的影响称为终态效应。弛豫便是一种终态效应,事实上,电离过程中除了弛豫现象外还会出现诸如多重分裂电子的震激(Shake Up)和震离(Shake Off)等激发状态,这些复杂现象的出现与体系的电子结构密切相关,它们在 XPS 谱图上表现为除正常光电子主峰外还会出现若干伴峰,使谱图变得复杂。解释谱图并由此判断各种可能的相互作用获得体系的结构信息,这是当前推动 XPS 发展的重要方面,也是实用光电子谱经常遇到的问题。

(1)弛豫效应

在光电离过程中,由于体系电子结构的重新调整弛豫作用,使得 XPS 谱线向低结合能方向移动,XPS 谱中的主峰(光电子峰)相当于绝热结合能的位置(对应于离子基态),由于弛豫能的存在,使得光电子主峰的位置降低(亦即如果不存在弛豫过程,则主峰应位于 $-K$ 的位置),弛豫能越大,相应引起的卫星伴峰也就更强更多,所以 XPS 中的伴峰是弛豫过程释放的弛豫能的产物。

(2)多重分裂(静电分裂)

一个多电子体系内存在着复杂的相互作用,包括原子核和电子的库仑作用,各电子间的排斥作用,轨道角动量之间、自旋角动量之间的作用以及轨道角动量和自旋角动量之间的耦合作用等。因此,一旦从基态体系激出一个电子,上述各种相互作用便将受到不同程度的扰动,而使体系出现各种可能的激发状态。

当原子或自由离子的价壳层拥有未配对的自旋电子,即当体系的总角动量 J 不为零时,光致电离所形成的内壳层空位将同价轨道未配对自旋电子发生耦合,使体系出现不止一个终态,相应于每个终态在 XPS 谱图上将有一条谱线对应,这就是多重分裂。

(3)多电子激发

样品受 X 射线辐照时产生多重电离的概率很低,但多电子激发过程每吸收一个光子出现多电子激发过程的总概率可高达 20%,最可能发生的是两电子过程,其概率大致是三电子过程的 10 倍。在光电发射中由于内壳层形成空位原子,中心电位发生突然变化,将引起价壳层电子的跃迁。这里有两种可能:如果价壳层电子跃迁到更高能级的束缚态,则称之为电子的震激;如果价壳层电子跃迁到非束缚的连续状态,成了自由电子,则称此过程为电子的震离。震激和震离的特点是,它们均属单极激发和电离电子激发过程,只有主量子数改变、跃迁发生,只可能是 ns→n'snp→n'p,电子的角量子数和自旋量子数均不变,因此有

$$\Delta J = \Delta L = \Delta S = 0 \tag{1.18}$$

无论是震激还是震离,均消耗能量,这将使最初形成的光电子动能下降。通常震激谱比较弱,只有用高分辨的 XPS 谱仪才能测出,震离信号极弱而被淹没于背底之中,一般很难测出。由于电子的震激和震离是在光电发射过程中出现的,本质上也是一种弛豫过程,所以对震激谱的研究可获得原子或分子内弛豫信息,同时,震激谱的结构还受到原子化学环境的影响,它的表现对研究分子结构是很有价值的。震激特征在与顺磁物质关联的过渡金属氧化物中十分普遍。

【例 1.1】 Cu/CuO/CuSO$_4$ 系列化合物，用通常的结合能位移或俄歇参数来鉴别它们是困难的，但是这三种化合物中 Cu 的 2p$_{3/2}$ 和 2p$_{1/2}$ 电子谱线的震激伴峰却明显不同。其中 Cu 没有 2p$_{3/2}$ 谱线的震激伴峰，而 CuO 和 CuSO$_4$ 却有明显的震激伴峰，如图 1.9 所示。

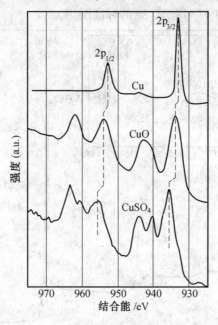

图 1.9　Cu 的 2p$_{3/2}$ 和 2p$_{1/2}$ 的震激伴峰

1.4　XPS 在化学上的应用及实例解析

XPS 可以精确测定原子轨道内层电子的结合能及在不同化学环境中的位移。结合能表征原子的种类，化学位移则表明原子或分子在晶体中所处结构状态，所以 XPS 可用于固体成分分析(可以测出晶体化合物中金属元素所处的价态)和化学结构的测定。

XPS 是最适于研究内层电子的光电子能谱，它利用单色的 X 光照射样品，具有一定能量的入射光子与样品原子相互作用激发出光电子后测其结合能，由此可了解元素的氧化数，同时可对其物质组成成分进行分析。

1.4.1　定性分析

尽管 X 射线可穿透样品很深，但只有样品近表面——薄层发射出的光电子可逸出出来，电子的逃逸深度和非弹性散射自由程为与一数量级范围(从致密材料，如金属的约为 1 nm，到许多有机材料，如聚合物的约为 5 nm)，因而 XPS 对固体材料表面存在的元素极为灵敏，这一基本特征，再加上非结构破坏性测试能力和可获得化学信息的能力，使得 XPS 成为表面分析的极有力工具。在 XPS 分析中，由于采用的 X 射线激发源的能量较高，不仅可以激发出原子价轨道中的价电子，还可以激发出芯能级上的内层轨道电子，其出射光电子的能量仅与入射光子的能量及原子轨道结合能有关。也就是说，对于特定的单色激发源和特定的原子轨道，其光电子的能量是特征的。当固定激发源能量时，其光电子的能量仅与元素的种类和所电离激发的原子轨道有关。因此,可以根据光电子的结合能定性分析物质的元素种类,这种直接进行元素定性的主要依据使组成元素的光电子线和俄歇线的特征能量值具有唯一性。与 AES 定性分析一样,XPS 分析也是利用已出版的 XPS 手册,图 1.10 给出了 X 射线光电子能谱手册上的 47 号元素 Ag 的标准图谱。

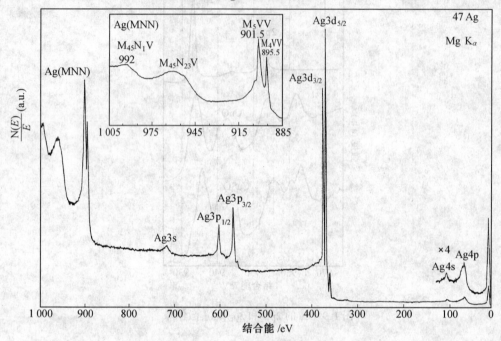

图 1.10　Ag 的光电子扫描图

1.4.1.1　谱线的类型

在 XPS 中可以观察到几种类型的谱线,其中有些是 XPS 中所固有的,是永远可以观察到的;有些则依赖于样品的物理、化学性质。

光电发射过程常被设想为三步(三步模型):

① 吸收和电离(初态效应);

② 原子响应和光电子产生(终态效应);

③ 电子向表面输运并逸出(外禀损失)。

所有这些过程都对 XPS 谱的结构有贡献。

(1) 光电子谱线

在 XPS 中,很多强的光电子谱线一般是对称的,并且很窄。但是,由于与价电子的耦合,纯金属的 XPS 谱也可能存在明显的不对称。谱线的峰宽一般是谱峰的自然线宽、X 射线线宽和谱仪分辨率的卷积。高结合能端弱峰的线宽一般比低结合能端的谱线宽 1~4 eV。绝缘体的谱线一般比导体的谱线宽 0.5 eV。

(2) 俄歇(Auger)谱线

在 XPS 中,可以观察到 KLL、LMM、MNN 和 NOO 四个系列的俄歇线。因为俄歇电子的动能是固定的,X 射线光电子的结合能也是固定的,因此,可以通过改变激发源(如 Al/Mg 双阳极 X 射线源)的方法,观察峰位的变化与否而识别俄歇电子峰和 X 射线光电子峰。

(3) X 射线的伴峰

X 射线一般不是单一的特征 X 射线,而是存在一些能量略高的小伴线,所以导致 XPS 中,除 $K_{\alpha1,2}$ 所激发的主谱外,还有一些小的伴峰。

(4) X 射线"鬼峰"

有时,由于 X 射线源的阳极可能不纯或被污染,因此产生的 X 射线不纯,所以非阳极材料 X 射线所激发出的光电子谱线被称为"鬼峰",见表 1.5。

表 1.5 被污染的 X 射线源产生的"鬼峰"

杂质	阳极材料	
	Mg	Al
$O(K_\alpha)$	728.7	961.7
$Cu(L_\alpha)$	323.9	556.9
$Mg(K_\alpha)$	—	233.0
$Al(K_\alpha)$	-233.0	—

(5) 震激和震离线

在光发射中,因内层形成空位,原子中心电位发生突然变化将引起外壳电子跃迁,这时有两种可能:①若外层电子跃迁到更高能级,则称为电子的震激;②若外层电子跃迁到非束缚的连续区而成为自由电子,则称为电子的震离。无论是震激还是震离均消耗能量,使最初的光电子动能下降。图 1.11 为 Ne 的震激和震离过程的示意图。

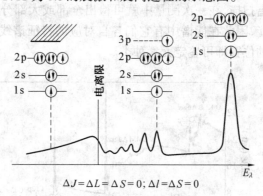

图 1.11 Ne 的震激和震离过程

(6) 多重分裂

当原子的价壳层有未成对的自旋电子时,光致电离所形成的内层空位将与之发生耦合,使体系出现不止一个终态,表现在 XPS 谱图上即为谱线分裂(图 1.12、1.13)。

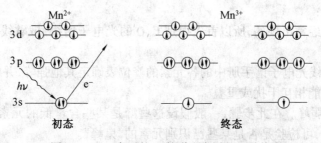

图 1.12 Mn 离子的 3s 轨道电离时的两种终态

(7) 能量损失峰

对于某些材料,光电子在离开样品表面的过程中,可能与表面的其他电子相互作用而损失一定的能量,而在 XPS 低动能侧出现一些伴峰,即能量损失峰。当光电子能量为 $100 \sim 1\,500$ eV 时,非弹性散射的主要方式是激发固体中自由电子的集体振荡,产生等离子激元。发射的光电子动能为

$$E_K^n = h\nu - E_B - nE_P - E_S \qquad (1.19)$$

式中,n 为受振荡损失的次数;E_P 为体等离子激元损失的能量;E_S 为受表面等离子激元损失的能量。一般

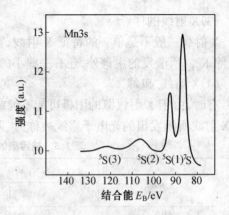

图 1.13 MnF_2 的 Mn3s 电子的 XPS 谱

$$E_S = E_P/\sqrt{2} \qquad (1.20)$$

1.4.1.2 谱线识别

对于一个化学成分未知的样品,首先应作全谱扫描,以初步判定表面的化学成分。在作 XPS 分析时,全谱能量扫描范围一般取 $0 \sim 1\,200$ eV,因为几乎所有元素的最强峰都在这一范围之内。

通过对样品的全谱扫描,在一次测量中就可检出全部或大部分元素。由于各种元素都有其特征的电子结合能,因此在能谱中有它们各自对应的特征谱线,如图 1.14 所示。根据这些谱线在能谱图中的位置即可鉴定元素种类。

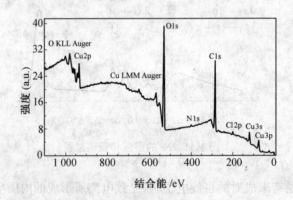

图 1.14 某样品的 XPS 全谱

一般解析步骤:

(1) 因 C、O 是经常出现的,所以首先识别 C、O 的光电子谱线、俄歇线及属于 C、O 的其他类型的谱线。

(2) 利用 X 射线光电子谱手册中的各元素的峰位表确定其他强峰,并标出其相关峰,注意有些元素的峰可能相互干扰或重叠。

(3) 识别所余弱峰。在此步骤,一般假设这些峰是某些含量低的元素的主峰。若仍有一些小峰不能确定,可检验是否是某些已识别元素的"鬼峰"。

(4) 确认识别结论。对于 p、d、f 等双峰线,其双峰间距及峰高比一般为一定值。p 峰的

强度比为1:2,d峰为2:3,f峰为3:4。对于p峰,特别是4p线,其强度比可能小于1:2。

对感兴趣的几个元素的峰,可进行窄区域高分辨率细扫描。目的是为了获取更加精确的信息,如结合能的准确位置,鉴定元素的化学状态;为了获取精确的线形;为了定量分析获得更为精确的计数;为了扣除本底;峰的分解;退卷积等数学处理,如图1.15所示,其中内插图是把C1s进行窄区域高分辨率细扫描后得到的。

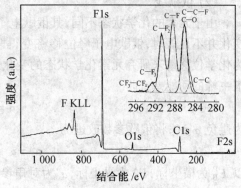

图1.15 氟处理聚合物的XPS谱图

1.4.1.3 化合态识别

在XPS的应用中,化合态的识别是最主要的用途之一。识别化合态的主要方法就是测量X射线光电子谱的峰位位移。对于半导体、绝缘体,在测量化学位移前应首先决定荷电效应对峰位位移的影响。

(1) 光电子峰

由于元素所处的化学环境不同,它们的内层电子的轨道结合能也不同,即存在化学位移。其次,化学环境的变化将使一些元素的光电子谱双峰间的距离发生变化,这也是判定化学状态的重要依据之一(图1.16)。元素化学状态的变化有时还将引起谱峰半峰高宽的变化(表1.6)。

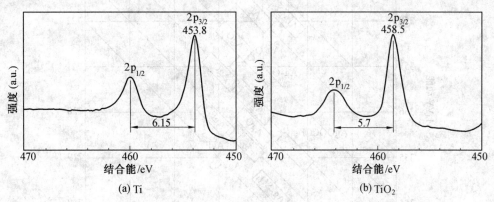

图1.16 Ti和TiO_2中$2p_{3/2}$峰的峰位及$2p_{1/2}$和$2p_{3/2}$之间的距离

表1.6 C1s在不同化学状态下半峰高宽的变化

物质	半峰高宽/eV
CF_4	0.52
C_6H_6	0.57
CO	0.65
CH_4	0.72

(2) 俄歇线

由于元素的化学状态不同,其俄歇电子谱线的峰位也会发生变化。当光电子峰的位移变化并不显著时,俄歇电子峰位移将变得非常重要。在实际分析中,一般用俄歇参数 α 作为化学位移量来研究元素化学状态的变化规律。俄歇参数定义为最锐的俄歇谱线与光电子谱主峰的动能差,即

$$\alpha = E_K^A - E_K^P \tag{1.21}$$

为避免 $\alpha < 0$,将俄歇参数改进为

$$\alpha' = \alpha + h\nu = E_K^A + E_B^P \tag{1.22}$$

以 E_B^P 为横坐标,E_K^A 为纵坐标,α' 为对角参数绘出的二维化学状态平面图(图1.17),对识别表面元素的化学状态极为有用。

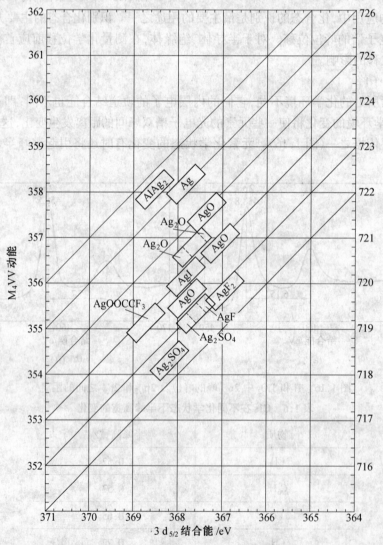

图 1.17 Ag 及其化合物的二维化学状态图

(3) 伴峰

震激线、多重分裂等均可给出元素化学状态变化方面的信息(如图 1.13 所示,MnF_2 的 Mn3s 电子的 XPS 谱)。

1.4.1.4 应用实例

(1) 有机化合物和聚合物分析

有机化合物与聚合物主要由 C、O、N、S 和其他一些金属元素组成的各种官能团构成,因此就必须对这些官能团进行定性和定量的分析和鉴别。

① C1s 结合能。对 C 元素来讲,与自身成键(C—C)或与 H 成键(C—H)时,C1s 电子的结合能约为 285 eV(常作为结合能参考),当用 O 原子置换掉 H 原子后,对每一 C—O 键均可引起 C1s 电子约 1.5 ± 0.2 eV 的化学位移,C—O—X 中 X(除 X = NO_2 外)的次级影响一般较小(± 0.4 eV),X = NO_2 可产生 0.9 eV 的附加位移。

卤族元素诱导向高结合能的位移可分为初级取代效应(即直接接在 C 原子上)和次级取代效应(在近邻 C 原子上),两部分对每一取代产生的位移见表 1.7。

表 1.7 卤族元素诱导的取代效应

卤族元素	初级取代效应	次级取代效应
F	2.9	0.7
Cl	1.5	0.3
Br	1.0	<0.2

② O1s 结合能。O1s 结合能对绝大多数功能团来讲都在 533 ± 2 eV 的窄范围内,极端情况可在羧基(Carboxyl)和碳酸盐基(Carbonate Group)中观察到其单键氧具有较高的结合能。

③ N1s 结合能。许多常见的含氮官能团中 N1s 电子结合能均在 399~401 eV 的窄范围内,包括—CN、—NH_2、—OCONH—、—$CONH_2$ 氧化的氮官能团,还有一些具有较高的 N1s 结合能,如—ONO_2 的结合能约为 408 eV、—NO_2 的结合能约为 407 eV、—ONO 的结合能约为 405 eV。

④ S2p 结合能。硫对 C1s 结合能的初级效应非常小(约 0.4 eV),然而 S2p 电子结合能在合理的范围:R—S—R 的结合能约为 164 eV、R—SO_2—R 的结合能约为 167.5 eV、R—SO_3H 的结合能约为 169 eV。

(2) 无机材料分析

无机材料包括金属合金半导体氧化物、陶瓷无机化合物,络合物等。

【例 1.2】 青铜文物光电子能谱分析。

有人利用 XPS 对春秋时期镀锡青铜器镀锡层的防腐机理进行分析后发现,正是由于少量微晶态的 SnO_2 及非晶态的 SiO_2 填充在致密的 δ 相缺陷微孔隙中,从而阻止了外界侵蚀因素透过锈蚀层对青铜基体的进一步腐蚀。国外也有人利用 XPS 技术对比分析了罗马和伊特鲁里亚这两个不同埋藏环境出土的青铜器的表面微观化学成分差异。他们发现,不同地点和不同时期出土的文物在结构和成分方面都存在一些差别。采用 XPS 对金沙青铜器锈层表面分别进行全扫描和窄扫描,分析了样品表面元素和物质组成,试图探索金沙青铜器表面的化学腐蚀过程及其机理,并进一步讨论青铜样品表面各种元素在腐蚀过程中的作用以及青铜腐蚀与环境之间的关系。

经 XPS 分析证实,在铜条残片和方孔形器残片夹层的锈层膜中,都有锈蚀产物锡青铜存在,锡青铜实际上是一种具有锡石结构但部分锡原子被铜原子取代了的物质,以超微晶颗粒存在的,其化学性质特别稳定,可以阻止外界侵蚀因素透过锈蚀层对青铜基体的进一步腐蚀。

(3) 表面和界面电子结构的研究

表面和界面是杂质富集区在表面和界面处的电子态的特性,是现代表面科学研究的重要课题。实际表面由于表面态的存在,能带在近表面发生弯曲,表面能带弯曲对逸出功或电子亲和势影响较大。用 XPS 可测量表面能带弯曲,测量方法是对比清洁表面和杂质覆盖表面 XPS 芯能级电子能谱图,随着覆盖度 θ 的变化,光电子特征峰发生移动,移动的能量值等于表面能带的弯曲量。

(4) 吸附和催化研究

由于催化剂的催化性质主要依赖于表面活性,XPS 是评价它的最好方法,XPS 可提供对催化活性有价值的信息。

1.4.2 定量分析

在表面分析研究中,不仅需要定性地确定试样的元素种类和化学状态,而且希望能测得它们的含量,对谱线强度作出定量解释。XPS 定量分析的关键是,要把所观测到的信号强度转变成元素的含量,即将谱峰面积转变成相应元素的含量,此处定义谱峰下所属面积为谱线强度。表面科学工作者已经提出一些实用的 XPS 定量方法和一些理论模型,可以概括为标样法、一级原理模型法和元素灵敏度因子法。标样法需制备一定数量的标准样品作为参考,此法虽然准确度高,但因标样的表面结构和组成难于长期稳定和重复使用,故一般实验研究很少采用。目前 XPS 定量分析多采用元素灵敏度因子法,该方法利用特定元素谱峰面积做参考标准,测得其他元素相对谱峰面积,求得各元素的相对含量。

1.4.2.1 一级原理模型

Fadley 就多晶固体光电发射,提出如下强度计算公式

$$dI_K = f_0 \rho_K \Omega T \exp\left(-\frac{z}{\lambda}\right) dx dy dz \tag{1.23}$$

式中,dI_K 为来自 $dxdydz$ 体积元检测器所测得的 K 层的光电子谱线强度;f_0 为 X 射线强度;ρ 为原子密度;σ_K 为 K 层微分电离截面;Ω 为立体接收角;T 为检测效率;λ 为电子的平均自由程。

设 f_0 为常数,有效接收面积为 A,光电子平均出射方向与样品表面夹角为 θ,则可得到以下特定条件下谱线强度的表达式。

(1) 半无限厚原子清洁表面样品

$$I_K = f_0 \Omega T A \rho \sigma_K \lambda \tag{1.24}$$

式中,λ 为覆盖层内的电子逸出深度;ρ 为覆盖层的原子平均密度。

(2) 厚度为 t 的原子清洁表面样品

$$I'_K = f_0 \Omega T A \rho \sigma_K \lambda \left[1 - \exp\left(-\frac{t}{\lambda \sin\theta}\right)\right] \tag{1.25}$$

(3) 半无限厚衬底上有一厚度为 t 的均匀覆盖层样品

衬底

$$I_K = f_0 \Omega TA\rho\sigma_K \lambda \left[\exp\left(-\frac{t}{\lambda \sin \theta}\right) \right] \tag{1.26}$$

覆盖层

$$T_L = f_0 \Omega TA\rho\sigma_L \lambda \left[1 - \exp\left(-\frac{t}{\lambda \sin \theta}\right) \right] \tag{1.27}$$

(4) 半无限衬底表面吸附少量气体,其覆盖度小于 1

衬底

$$I_K = f_0 \Omega TA\rho\sigma_K \lambda \tag{1.28}$$

覆盖层

$$I_L = f_0 \Omega TAS\sigma_L / \sin \theta \tag{1.29}$$

式中,S 为原子灵敏度因子。

1.4.2.2 元素灵敏度因子法

元素灵敏度因子法与 AES 中的灵敏度因子法相似,区别在于 AES 定量分析中一般以谱线相对高度计算,同时对背散射因子等作出校正;XPS 中一般以谱峰面积计算,不计入背散射效应。(XPS 分析中,定量分析的方法与 AES 的定量方法基本相似,如标样法、校正曲线法等)。

【例 1.3】 用 XPS 法精确测量硅片上超薄氧化硅的厚度

超薄层(厚度小于 10 nm)的精确测量是当前厚度分析中的前沿课题和分析难点。以硅片表面超薄(0.3~8 nm)氧化硅厚度的 XPS 测量方法为例(图 1.18)。该方法根据 XPS 测得的元素硅和氧化硅的 Si2p 谱线强度,使用较简单的厚度分析公式计算

$$d = L\cos \theta \ln(1 + R_{\text{expt}}/R_0) \tag{1.30}$$

式中,d 为氧化物的厚度;L 为 Si2p 光电子在氧化物中的衰减长度;R_{expt} 为实验测得的氧化硅和元素硅的 Si2p 峰强度比;R_0 为纯氧化硅和纯元素硅体材料的 Si2p 峰强度比;θ 为光电子发射角,定义为光电子发射方向与样品平面垂线之夹角。

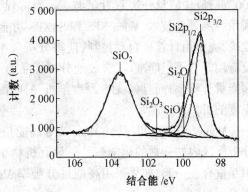

图 1.18 硅片及其表面氧化硅的 Si2p 谱线分峰图

为简化计算,Seah 等人又提出一个比较简单的计算公式

$$d_{\text{oxide}} = L_{\text{SiO}_2} \cos \theta \ln \left[1 + \frac{I_{\text{SiO}_2} + 0.75 I_{\text{Si}_2\text{O}_3} + 0.5 I_{\text{SiO}} + 0.25 I_{\text{Si}_2\text{O}}}{R_0 (I_{\text{Si}} + 0.75 I_{\text{Si}_2\text{O}} + 0.05 I_{\text{SiO}} + 0.25 I_{\text{Si}_2\text{O}_3})} \right] \tag{1.31}$$

用式(1.31)计算氧化硅层厚度时无须考虑中间氧化物的 R 和 L,因而比较简单,且得到的结果与用公式(1.30)得到的结果几乎相同。

1.5 新技术

常规 XPS 只能对十几平方毫米的大面积进行分析,提供大面积内平均信息,且所用的

激发源为非单色化 X 光,得到的 XPS 谱能量分辨率不够好。随着电子能谱仪器制造技术的发展以及对分析技术的需求,近年来迅速发展起来的高灵敏度单色化 XPS(简称 Mono XPS)、小面积 XPS 或小束斑 XPS(简称 SAXPS,也称为 Selected Area XPS,即选区 XPS)和成像 XPS(iXPS)备受关注。这些新分析功能在制造水平、性能和功能上都是一般常规 XPS 谱仪无法相比的,是常规 XPS 分析的拓展。单色 SAXPS(Mono SAXPS)可提供高能量分辨率、高信背比,选定分析微区(目前可达到约 15 μm)内 XPS 信号。XPS 提供指定分析区域内元素及其化学态分布的信息图像(即化学像,Mapping)。虽然这些微分析功能目前的空间分辨率仅达到微米量级,远不及显微 AES 的分辨率,但由于 XPS 分析的突出优点,这些功能已被广泛应用于材料、薄膜、催化剂、微电子等领域的微分析中,扩充了 XPS 应用。这三个新功能被认为是 X 光电子能谱仪未来的发展方向。

1.5.1 单色化 XPS(Mono XPS)和小面积 XPS(SAXPS)

现代 Mono XPS 和 SAXPS 功能多采用先进的铝靶微聚焦单色器,可同时实现 Mono XPS 和 SAXPS 功能(Mono SAXPS),灵敏度、能量分辨率等性能得到明显改善。这种微聚焦单色器由聚焦电子枪、可移动 Al 阳极靶、晶体等组成。其中的 Al K_α X 射线经过凹面晶体单色化聚焦后,形成高亮度小束斑单色 X 射线照射到样品表面上,激发出具有很高能量分辨率的 SAXPS 谱。新型 SAXPS 典型技术参数为:最佳空间分辨率为 15 μm;最大分析区域为 400 μm;最佳能量分辨率为 0.47 eV,而常规 XPS 极限分辨率为 0.8 eV。由于现代 XPS 仪器采用一系列新技术,Mono XPS 和 SAXPS 功能的整体灵敏度得到提高,且操作简捷,样品定位准确,完全由计算机自动控制,使得分析效率和质量大大提高。Mono SAXPS 有其独特特点及应用。它不但能准确、有效地分析样品上选定微区内元素的化学态,还具有很高的灵敏度和能量分辨率;而且像 AES 深度剖析一样,配合离子刻蚀,还能准确、可靠、快速地进行 XPS 深度剖析。

Mono SAXPS 同时具有 Mono XPS 高能量分辨率和 SAXPS 微分析特点,此功能非常适合分析微区内的元素的化学态。一般有机物中含有多种不同化学环境 C,它们的 C1s 谱通常相互重叠在一起,如果采用高能量分辨率 Mono SAXPS,可识别分析微区内有机物的不同价态 C。

【例 1.4】 有机物中绝缘体 PEFT(聚四氟乙烯)的分析。

图 1.19 为 Mono XPS 分析 PEFT 表面及其表面上出现的污染点的结果。图 1.19 中给出大面积 XPS 谱与某个污染点($10 \sim 10^2$ μm 量级)SAXPS 结果比较,—CF_2—峰和—C—C—峰强度比例明显不同,内插图为污染点的 C1s SAXPS 的分峰结果。显然,此 PEFT 表面主要含有 CF_2 功能团,而污染点只含有 C—C 和 C—O 组分,未发现 CF_2 组分。

Mono XPS 和 Mono SAXPS 所用 X 光激发源经过单色器单色化,具有比常规 XPS 高的能量

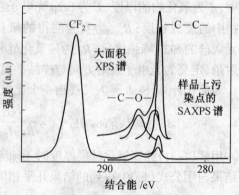

图 1.19 聚四氟乙烯表面的大面积 Mono XPS 和表面污染点 Mono SAXPS 比较

注:内插图为污染点的 SAXPS 分峰谱

分辨率，目前最佳可达到 0.47 eV($Ag3d_{5/2}$峰)。微聚焦 MonoSAXPS 分析中，X 光束通过凹面形晶体被强烈地聚焦成微束斑照射到样品上，光功率密度增加，大大增强激发微区信号电子的强度，以提高探测灵敏度。这些性能的改善使得此功能更适合于高分辨率 XPS 谱，特别适合于复杂的聚合物光电子谱和价态谱研究。但应注意，强 X 光束辐照易损伤有些样品，如有机物聚顺丁二烯、三硝酸纤维素、PEFT 等，此时应适当降低 X 光功率。

1.5.2 SAXPS 深度剖析

由于 SAXPS 分析束斑小，SAXPS 像 AES 深度剖析一样配备离子枪刻蚀，很容易进行 SAXPS 深度剖析。与 AES 深度剖析相比，虽然定点 AES 的空间分辨率高于 SAXPS，但是 SAXPS 深度剖析更能有效直观地监测元素价态的变化，且能分析绝缘体样品。从这两个方面来说，SAXPS 深度剖析优于 AES 深度剖析。常规 XPS 的深度剖析由于分析面积大，要求离子刻蚀面积更大，致使离子刻蚀速度慢，因此，效率低，很难得到快速、准确的高深度分辨率的剖析结果。

(1) 结构破坏性深度剖析 $d \gg \lambda$：与 Ar^+ 离子溅射刻蚀表面技术相结合。

(2) 非结构破坏性深度剖析 ($d \sim \lambda$)：

① 改变 $h\nu$，以改变有效的 λ_i；

② 若可能，尽量用 E_B 相差大的峰，不同的 λ_i；

③ 改变接收角 θ，以改变 $\lambda_i \cos\theta$；

④ Tougaard 深度剖析法。

1.5.3 成像 XPS(iXPS)

成像 XPS(iXPS)主要有三种：平行成像法、X 射线束扫描法（包括移动样品台实现 X 光扫描）和光电子扫描法。每种成像方法都有其优缺点。平行成像法不像后两种方法需要逐点扫描，而是一种快速照相式的多点同时成像法，其优点是速度快，信噪比高。由成像原理可知，平行成像法 iXPS 分析面积和空间分辨率主要决定于成像透镜，目前，最佳空间分辨率可达 1 μm。与扫描俄歇成像(SAM)类似，iXPS 能提供样品表面元素分布图像及元素化学态像等。iXPS 不仅能分析导体和半导体，还能分析绝缘体。另外，XPS 二次电子背景远小于 AES，因而 iXPS 信噪比高。

1.5.4 XPS 线扫描分析

XPS 线扫描分析可以分析沿样品任一方向元素或元素价态分布。技术上采用聚焦 X 光沿指定直线扫描样品上感兴趣分析的区域，同时收集 XPS 信号，得到某信号沿扫描线一维分布谱；也可以从 iXPS 图中方便地重构出线扫描谱。

本章小结

从 20 世纪 60 年代末 XPS 技术商品化以来，在短短的 40 多年中，XPS 已从物理学家的实验发展为广泛应用的实用表面分析工具。XPS 的优点是其样品处理的简单性、适应性和高信息量。XPS 的最大特色在于能获取丰富的化学信息，对样品表面的损伤最轻微，定量分析较好。表面的最基本 XPS 分析可提供表面存在的所有元素(除 H 和 He 外)的定性和定量信息,此方法的更高级应用可产生关于表面的化学组成和形态的更详细的信息,因而 XPS 被认为是一种可利用的最强力的分析工具之一。采用灵敏度因子法定量分析误差可以不超过 20%,利用标样法进行定量分析误差可控制在 1%~2%。

在表面最外 10 nm 内 XPS 可提供以下方面内容:

原子浓度大于 0.1% 的所有元素(除 H、He 外)的鉴别;表面元素组成的半定量测定(误差小于 ±10%),无强矩阵效应;亚单层灵敏度探测深度 1~20 单层(小于 10 nm),依赖材料和实验参数;优异的化学信息(化学位移和各种终态效应),关于分子环境的信息(氧化态、原子成键等)、电子结构和某些几何信息;来自震激跃迁($\pi \rightarrow \pi^*$)的关于芳香的或不饱和的结构信息;使用价带谱的材料"指纹"和成键轨道的鉴别;样品 10 nm 内的非破坏性元素深度剖析以及利用角相关 XPS 研究和有不同逃逸深度的光电子进行表面不均匀性的估算。

XPS 分析是非破坏性的,X 射线束损伤通常微不足道。材料科学、生物技术和一般表面现象研究兴趣的增强与 XPS 技术和仪器的优势结合,使得 XPS 在可预见的将来仍会是卓越的表面分析技术。当与其他表面分析方法联合应用时,XPS 将在扩展对表面的化学形态和活性的理解方面起关键性的作用。

参考文献

[1] 王建祺,吴文辉,冯大明.电子能谱学(XPS/XAES/UPS)[M].北京:国防工业出版社,1992.

[2] 黄惠忠.论表面分析及其在材料研究中的应用[M].北京:科学技术文献出版社,2002.

[3] 周清.电子能谱学[M].天津:南开大学出版社,1995.

[4] BRIGGS D.聚合物表面分析[M].曹立礼,邓宗武,译.北京:化学工业出版社,2001.

[5] 郭建光,李忠.超声场下制备催化燃烧 VOCs 的 $CuO/\gamma-Al_2O_3$ 催化剂[J].高校化学工程学报,2006(20):368.

[6] SRIVASTAVA D N, PERKAS N, SEISENBAEVA G A, et al. Preparation of Porous Cobalt and Nickel Oxides from Corresponding Alkoxides Using a Sonochemical Technique and Its Application as a Catalyst in the Oxidation of Hydrocarbons[J]. Ultrason. Sonochem., 2003 (10): 1.

[7] BENNICI S, GERVASINI A, RAGAINI V. Preparation of Highly Dispersed CuO Catalysts on Oxide Supports for de-NO_x Reactions[J]. Ultrason. Sonochem., 2003 (10): 61.

[8] 钟华,曾锡瑞.Mn 的掺入对 $LaSrCo_{1-x}Mn_xO_4$ 催化剂催化性能的影响[J].化学研究与应用,2006(18):1272.

[9] 白树林,傅希贤,桑丽霞.钙钛矿(ABO_3)型复合氧化物的光催化活性变化趋势与分析[J].高等学校化学学报,2001(22):663.

[10] MANDAL S, SELVAKANNAN P R, PASRICHA R, et al. Keggin Ions as UV-switchable Reducing Agents in the Synthesis of Au Core-Ag Shell Nanoparticles[J]. J. Am. Chem. Soc., 2003 (125): 8440.

[11] YU J C, YU J G, HO W K, et al. Effects of F-doping on the Photocatalytic Activity and Microstructures of Nanocrystalline TiO_2 Powders[J]. Chem. Mater., 2002(14): 3808.

[12] 徐源, THOMPSON G E, WOOD G C. 多孔型铝阳极氧化膜孔洞形成过程的研究[J]. 中国腐蚀与防护学报, 1989 (9): 1.

[13] 郑明东, 陈同云, 胡克良. V(V)促进 SO_4^{2-}/ZrO_2 固体超强酸的制备及催化反应[J]. 高等学校化学学报, 2006 (27): 1086.

[14] 骆燕, 王德海, 蔡延庆. 丙烯酸酯紫外光固化材料表面的 XPS 研究[J]. 感光科学与光化学, 2006 (24): 428.

[15] 赵林, 李侃社, 闫兰英, 等. 磺基水杨酸掺杂聚苯胺/石墨复合粉体的研究[J]. 高分子材料科学与工程, 2005 (21): 292.

[16] HORIGOME K, EBE K, KURODA S. UV Curable Pressure-Sensitive Adhesives for Fabricating Semiconductors(Ⅱ). The Effect of Functionality of Acrylate Monomers on the Adhesive Properties[J]. J. Appl. Polym. Sci., 2004 (93): 2889.

[17] 赵根祥, 钱树安, 杨章玄, 等. 聚酰亚胺基碳膜形成过程中表面结构的 XPS 研究[J]. 高分子材料科学与工程, 1996 (12): 110.

[18] PANTEA D, DARMSTADT H, KALIAGUINE S, et al. Ectrical Conductivity of Thermal Carbon Blacks-Influence of Surface Chemistry[J]. Carbon, 2001 (39): 1147.

[19] 刘芬, 邱丽美, 赵良仲, 等. 用 XPS 法精确测量硅片上超薄氧化硅的厚度[J]. 化学通报, 2006 (5): 393.

[20] 原宇航, 祁炜, 周兴贵, 等. 丙烯气相直接环氧化 Au/TiO_2 催化剂的研究[J]. 分子催化, 2004 (18): 185.

[21] BEAMSON G, BRIGGS D. High Resolution XPS of Organic Polymers[M]. UK, Scienta ESCA300 Database, 1992.

[22] 吴正龙, 刘洁. 现代 X 光电子能谱(XPS)分析技术[J]. 现代仪器, 2006 (1): 50.

第 2 章 X 射线粉末衍射分析技术

内容提要

　　X 射线粉末衍射(XRD)分析技术是利用晶体形成的 X 射线衍射,对粉末物质进行内部原子在空间分布状况的结构分析方法。将具有一定波长的 X 射线照射到结晶性粉末物质上时,X 射线因在晶体内遇到规则排列的原子或离子而发生散射,散射的 X 射线在某些方向上的相位得到加强,从而显示与晶体结构相对应的特有的衍射现象。目前,X 射线粉末衍射方法已广泛应用于化学、物理学、生物学、材料学、冶金学、矿物学、医药学等诸多领域,在科学发展中有着不可取代的作用。本章简述了 X 射线粉末衍射技术的原理和应用,并对其在固体材料表征中的一些实例进行分析。

2.1 引　　言

　　X 射线是 1895 年由德国学者伦琴(W. C. Rontgen)在研究阴极射线时发现的,因此又称伦琴射线。在随后十几年里,人们通过大量实验逐步探明了它的很多性质,但关于它是电磁波还是粒子流,物理学家们一直存在争议。1911 年,劳埃(Max von Laue)对光波通过光栅的衍射理论进行了详细研究;厄瓦尔(Ewald)则在他的博士论文中详细研究了可见光通过晶体的衍射行为;1908 年,佩兰(J. B. Perrin)解决了准确测定阿伏加德罗常数的问题。根据已知的相对原子质量、相对分子质量、阿伏加德罗常数和晶体的密度等,即可估算晶体中一个原子或分子所占空间的体积及粒子间的距离。因此,当劳埃发现 X 射线的波长和晶体中原子间距数量级相同之后,便产生了一个非常重要的思想:如果 X 射线确实是一种电磁波,晶体确实如几何晶体学所揭示的具有空间点阵结构,那么,正如可见光通过光栅时要发生衍射一样,X 射线通过晶体时也将发生衍射,晶体就可以作为 X 射线的天然的立体衍射光栅。于是,弗里德里希(W. Friedrich)和克尼平(P. Knipping)于 1912 年 4 月 21 日以五水硫酸铜晶体为光栅进行了劳埃推测的衍射实验。经过多次失败后,终于得到了第一张 X 射线衍射谱图,初步证实了劳埃的预言,并于 1912 年 5 月 4 日宣布他们实验成功,劳埃也因此在 1914 年获得诺贝尔奖。

　　随后研究者们对硫化锌、自然铜、氯化钠、黄铁矿、萤石和氧化亚铜等立方晶体进行的实验,都得到了相应的衍射谱图,于是,晶体的 X 射线衍射效应被发现和证实。这一重大发现解决了三大问题,开辟了两个重要研究领域。

　　第一,它证实了 X 射线是一种波长很短的电磁波,可以利用晶体来研究 X 射线的性质,从而建立了 X 射线光谱学,有力地推动了原子结构理论的发展,1913 年莫斯莱(Moseley)定律的建立就是一例;

　　第二,它雄辩地证实了几何晶体学提出的空间点阵假说,即晶体内部的原子、离子、分子

等确实是作规则的周期性排列,使这一假说发展为科学理论;

第三,它使人们可以利用X射线晶体衍射效应来研究晶体的结构,根据衍射方向可确定晶胞的形状和大小,根据衍射强度可确定晶体的结构(原子、离子、分子的位置),这就导致了一种在原子–分子水平上研究化学物质结构的重要实验方法——X射线衍射分析(即X射线晶体学)的诞生。

晶体产生衍射现象是由于晶体具有周期结构,使入射到晶体上的电磁辐射的方向和强度发生改变。衍射的方向和强度取决于晶体的对称、空间点阵的类型、晶胞参数和晶胞中所有原子的分布。因此,利用衍射效应可以区别结晶质与非晶质;可以对结晶质进行定性定量分析;通过收集衍射数据可以求得衍射线的方向及其强度,由此确定晶体的对称、空间点阵的类型和晶胞参数,并进一步确定晶体结构中原子的排布——结构解析,提供详细的结构数据(原子的坐标、键长、键角等)。随着X射线运动学衍射理论的发展,以其为基础发展和建立了各种各样的衍射方法,如劳埃法、旋转或回摆晶体法、粉末法等,但是鉴于粉末法具有更广泛的实用性,本章主要介绍粉末X射线衍射法。目前,该方法已在化学、物理学、材料学、冶金学、矿物学、医药学等方面发挥着重要的作用,为近代科学技术的发展作出了巨大的贡献。

2.2 X射线粉末衍射仪

2.2.1 基本构造

X射线粉末衍射仪的形式多种多样,用途各异,但其基本构成很相似,图2.1为X射线粉末衍射仪的基本构造原理图,主要包括以下部件。

(1) 高稳定度X射线源提供测量所需的X射线。改变X射线管的阳极靶的材质可以改变X射线的波长,可调节阳极电压控制X射线源的强度。

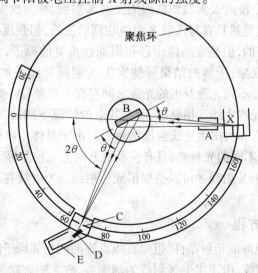

图2.1 X射线粉末衍射仪基本构造图

A—瞄准装置;B—样品;C—狭缝;D—单色器;E—检测器;X—X射线源

(2) 样品及样品位置取向的调整机构系统。

(3) 射线检测器。检测衍射强度或同时检测衍射方向。通过仪器测量记录系统或计算机处理系统可以得到多晶衍射谱图数据。

(4) 衍射谱图的处理分析系统。现代的 X 射线粉末衍射仪一般都附带安装有专用衍射谱图处理分析软件的计算机系统。它们的特点是自动化和智能化。

X 射线粉末衍射仪可以增加一些特殊的部件或附件来增强、增加或扩展其功能,构成高配置的高档 X 射线衍射仪。高级的 X 射线光学部件有:石墨单色器、获得平行的单色 X 射线束的各种多层膜镜、全反射镜、平行光路附件等。各式各样的衍射仪附件有:样品旋转台、自动换样台、纤维样品台、极图附件、多功能多自由度样品台、各种能够实现特殊物理化学条件下进行衍射测量的附件,如:应力附件、高温附件、低温附件、环境气氛附件等。例如,吉林大学的徐如人教授的研究小组已经将配有计算机控制的 XYZ 样品台的自动微区 XRD 分析用于组合化学合成法合成分子筛的大批量样品的分析。

自动 X 射线粉末衍射仪是计算机技术和衍射仪技术相结合形成的一种现代先进的自动化和智能化仪器,适用于各种普通的或高精度的 X 射线多晶衍射测定工作。配有多种实用程序,能自动控制衍射仪的操作,实时完成多晶衍射原始数据的采集、处理,以直接可用的实验报告格式输出数据分析的结果。随着仪器技术的改进及自动化程度的提高,实验操作简化,多晶 X 射线粉末衍射分析法容易掌握,对于一般的应用,不要求操作者必须具备专门的高深理论知识。

2.2.2 工作原理

2.2.2.1 衍射的概念

当 X 射线进入晶体之后,可以发生多种物理现象,对晶体结构研究而言,其中最主要的是衍射现象。X 射线射入晶体将引起晶体中原子的电子振动,振动的电子发出 X 射线。因此,每个原子都成为一个新的 X 射线源向四周发射 X 射线,称为次生 X 射线,这种现象称为相干散射。次生 X 射线显然具有与入射 X 射线相同的波长,但强度要小得多。单一原子的次生 X 射线是微不足道的,但是在晶体中存在周期性重复的原子,由这些原子所产生的次生 X 射线会发生干涉现象,干涉的结果可使次生 X 射线互相叠加(增强)或互相抵消(减弱)。干涉现象是由于在不同光源射出的光线之间存在光程差(Δ)而引起的,只有当光程差等于波长的整数倍时,光波才能互相叠加,而在其余的情况下则减弱,当减弱的干涉现象多次重复(即次生光源很多)时,次生光线会抵消殆尽。由于晶体中各原子所射出的次生 X 射线在不同的方向上具有不同的光程差,只有在某些方向上光程差等于波长的整数倍,也就是说,只在某些方向上次生 X 射线才可以叠加形成衍射线。X 射线在晶体中的衍射方向服从劳埃方程和布拉格方程。

2.2.2.2 劳埃方程

图 2.2(a)是直线点阵的衍射条件,组成直线点阵的两相邻原子间的距离为 a,s_0 和 s 分别代表入射和衍射 X 射线。由于次生 X 射线为球面波,故 s 的方向是以直线点阵为轴,交角为 α(顶角为 2α)的圆锥面,如图 2.2(b) 所示。s_0,s 与直线点阵的交角分别为 α_0,α,s_0 与 s 的光程差 Δ 应为波长 λ 的整数倍,即

$$\Delta = PA - OB = a(\cos\alpha - \cos\alpha_0) = h\lambda, \quad h = 0, \pm 1, \pm 2 \tag{2.1}$$

当 $\alpha_0 \neq 90°$ 时，$h = \pm n (n = 1, 2, 3, \cdots)$ 的两套圆锥面不对称；而当 $\alpha_0 = 90°$ 时，$h = 0$ 的圆锥面成为垂直于直线点阵的平面。此时，$h = \pm n (n = 1, 2, 3, \cdots)$ 的两套圆锥面对称。若在与直线点阵平行的方向放置一平面照像底片，将摄得一组双曲线，如图2.2(b) 所示。

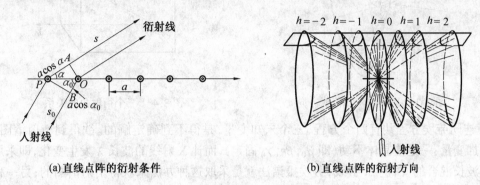

(a) 直线点阵的衍射条件　　　　　　(b) 直线点阵的衍射方向

图 2.2　直线点阵的衍射条件及方向

再考虑平面点阵对 X 射线的衍射条件。设平面点阵的周期为 a 和 b，点阵方向为 x 和 y。入射 X 射线与 x 和 y 的交角分别为 α_0 和 β_0，衍射 X 射线与 x 和 y 的交角分别为 α 和 β。此平面点阵是由 x 和 y 方向的直线点阵所组成的。X 射线在每个方向的衍射都应满足直线点阵的衍射条件。则平面点阵的衍射条件应为

$$\left.\begin{array}{l} a(\cos\alpha - \cos\alpha_0) = h\lambda \\ b(\cos\beta - \cos\beta_0) = k\lambda \end{array}\right\}, \quad h, k = 0, \pm 1, \pm 2, \cdots \tag{2.2}$$

平面点阵的衍射方向必须同时满足 x 和 y 方向的衍射条件，故应为两个方向的圆锥面的交线方向，如图2.3 所示，s_0 是入射方向，s_1 和 s_2 是衍射方向。

同理，可以推得三维空间点阵的衍射条件。设空间点阵中三个方向的直线点阵的周期分别为 a, b 和 c，X 射线对三个方向的入射角分别为 α_0, β_0 和 γ_0，衍射角分别为 α, β 和 γ，则衍射条件应为

$$\left.\begin{array}{l} a(\cos\alpha - \cos\alpha_0) = h\lambda \\ b(\cos\beta - \cos\beta_0) = k\lambda \\ c(\cos\gamma - \cos\gamma_0) = l\lambda \end{array}\right\}, \quad h, k, l = 0, \pm 1, \pm 2, \cdots \tag{2.3}$$

式(2.3) 称为劳埃方程，它决定了空间点阵的衍射方向。h, k, l 称为衍射指标，衍射指标与晶面指标 h^*, k^*, l^* 不同，后者是一组互质的整数，而前者是任意整数的组合。每一组 (hkl) 值代表一个衍射方向。衍射指标的整数性决定了各衍射方向是彼此分立的。

空间点阵的衍射方向应是分别以三个互不平行的直线点阵为轴的三组圆锥面的共交线，有时三个圆锥面不一定有共交的交线，这可从分析劳埃方程有无确定解来解释。

式(2.3) 中晶胞参数 a, b, c 是定值；若入射 X 射线的波长和方向也一定时，λ 和 $\alpha_0, \beta_0, \gamma_0$ 也是定值；对于某一衍射方向，衍射指标 h, k, l 也是定值；则决定该衍射方向的衍射角 α, β, γ 似应可由式(2.3) 解出。但 α, β, γ 三个角，其值并不是彼此独立的，还存在一定的函数关系，当晶胞中三个直线点阵的方向互相垂直时，设衍射方向为 $\overrightarrow{OP}$，如图2.4 所示，有

$$\cos^2\alpha + \cos^2\beta + \cos^2\gamma = 1 \tag{2.4}$$

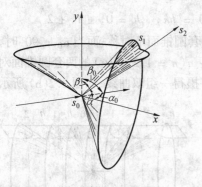 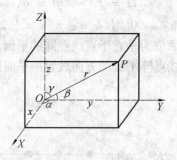

图 2.3　平面点阵的衍射方向　　　　图 2.4　三个衍射角的关系

连同劳埃方程共有四个方程,三个未知变量,是得不到确定解的。欲得到衍射谱图,必须增加变量:一是使晶体不动(即 $\alpha_0,\beta_0,\gamma_0$ 固定),而让 X 射线的波长 λ 发生变化,即采用有多种波长混合的"白色"X 射线,劳埃摄谱法就是采取这种办法来获得衍射谱图的;另一种是采用单色 X 射线(固定 λ)而改变 $\alpha_0,\beta_0,\gamma_0$ 中的一个或两个,回转晶体法和多晶粉末法就是采用这种办法来获取衍射谱图。

2.2.2.3　布拉格方程

劳埃方程是把空间点阵看成互不平行的三组直线点阵的组合,布拉格方程则把空间点阵看成是由互相平行且间距相等的一系列平面点阵所组成,显然二者间有内在的联系。布拉格方程将衍射指标 h,k,l 和表征平面点阵组的晶面指标 h^*,k^*,l^* 与晶面间距 $d_{h^*k^*l^*}$ 联系起来。

布拉格方程的形式为

$$2d_{h^*k^*l^*}\sin\theta_{nh^*nk^*nl^*} = n\lambda \tag{2.5}$$

式中,$(h^*k^*l^*)$ 为晶体中某组晶面的晶面指标;$nh^*nk^*nl^* = hkl$ 为衍射指标;$\theta_{nh^*nk^*nl^*} = \theta_{hkl}$ 为 $(h^*k^*l^*)$ 晶面反射 X 射线后,衍射方向为 (hkl) 时的反射角(等于入射角),又称为布拉格角;$d_{h^*k^*l^*}$ 是相邻两个 $(h^*k^*l^*)$ 晶面的晶面间距,如图 2.5 所示;n 为整数,代表通过相邻两个平行晶面的光程差长度内含有波的数目,称为衍射级数。

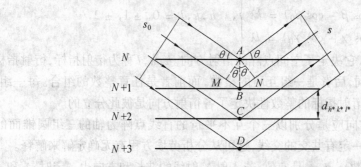

图 2.5　$(h^*k^*l^*)$ 各晶面的反射

布拉格方程可从劳埃方程转变而来。二者都反映 X 射线在晶体中发生衍射时在衍射方向方面的规律,只是说明问题的角度不同。由图 2.5 可知,若入射方向 s_0 固定,则经 $(h^*k^*l^*)$ 晶面反射的衍射方向 s 也只能有一个。因此,布拉格方程表明,当入射方向 s_0 改变,或使晶面在空间的取向变化,即使入射角 θ 改变时,$(h^*k^*l^*)$ 晶面只对某些 θ 角的入射线进行反射,即衍射线的方向必须满足 $hkl = nh^* nk^* nl^*$ 的条件。可以想象,这样得到的衍射线是分立的,而不是连续的。基于上述原理,布拉格方程成为多晶粉末衍射法的理论基础。

布拉格方程中的晶面间距 $d_{h^*k^*l^*}$ 实际也是晶体中某一方向的直线点阵的周期,是一种晶胞参数,与所需要的正当晶胞的晶胞参数有一定关系。因此,布拉格方程与劳埃方程,都是联系衍射方向和晶胞参数的重要方程。

通过对布拉格方程讨论可以得到:

(1) 选择反射。一束可见光以任意角度投射到镜面上都可以产生反射,而原子面对 X 射线的反射并不是任意的,只有当 θ、λ、d 三者之间满足布拉格方程时才能发生反射,把 X 射线的这种反射称为选择反射。产生"选择反射"的方向是满足布拉格方程的方向。

(2) 极限条件。由 $2d\sin\theta = n\lambda$ 可知 $n\lambda \leq 2d$ 的最小值为1,所以在任何可观测的衍射角下,产生衍射的条件为 $\lambda \leq 2d$,也就是说,能够被晶体衍射的 X 射线波长必须小于参加反射的晶面中最大晶面间距的 2 倍,否则不能产生衍射现象。

(3) 衍射花样和晶体结构的关系。物质对射线的衍射产生了衍射花样或衍射谱,对于给定的单晶试样,其衍射花样与入射线的相对取向及晶体结构有关;对于给定的多晶体也有特定的衍射花样。从布拉格方程可以看出,在波长一定的情况下,衍射线的方向是晶面间距 d 的函数。如波长选定后,不同晶系或同一晶系而晶胞大小不同的晶体,其衍射线束的方向不相同。因此,研究衍射线束的方向,可以确定晶胞的形状大小。衍射线束的方向与原子在晶胞中的位置和原子种类无关,只有通过对衍射线束强度的研究,才能解决这类问题。由此可见,布拉格方程可以反映出晶体结构中晶胞大小及形状的变化,但是并未反映出晶胞中原子的品种和位置。

2.2.3 试样制备

对于样品的准备工作,必须给予足够的重视。常常由于急于要看到衍射谱图,或舍不得花必要的工夫准备样品,给实验数据带入显著的误差甚至无法解释。准备衍射仪用的样品试片一般包括两个步骤:首先,需把样品研磨成适合衍射实验用的粉末;然后,把样品粉末制成有一个十分平整平面的试片。整个过程以及之后安装试片、记录衍射谱图的过程,都不允许样品的组成及其物理化学性质有所变化,确保采样的代表性和样品成分的可靠性,以保证衍射数据真实可靠。对于制样来说没有通用的方法,常需依据实际情况有针对性地进行选择。

2.2.3.1 晶粒大小

任何一种粉末衍射技术都要求样品是十分细小的粉末颗粒,使试样在受射线照射的体积中有足够多数目的晶粒。因为只有这样,才能满足获得正确的粉末衍射图谱数据的条件:即试样受射线照射体积中晶粒的取向是完全随机的。这样才能保证获得的衍射强度值有很好的重现性。虽然很多固体样品本身已处于微晶状态,但通常却是较粗糙的粉末颗粒或是较大的集结块,大多数的固体样品是具有或大或小晶粒的结晶织构或者是可以辨认出外形的粗晶粒,因此实验时一般需加工成细粉末。通常可用玛瑙研钵研成细粉末,试样最好能够全部过筛(325目)。如试样少可以不过筛,研细到试样粘玛瑙研钵时就可以了。晶粒亦不宜研磨过细,当晶粒尺寸小于 100 nm 时,衍射仪就可察觉衍射线的宽化。所以,要测量到良好的衍射线,对于一般的粉末衍射仪,适宜的晶粒大小应为 0.1~10 μm。

2.2.3.2 样品试片的平面

粉末衍射仪要求样品试片具有一个十分平整的平面,而且对平面中晶粒的取向常常要求是完全无序的,不存在择优取向。试片装上样品台后其平面必须能与衍射仪轴重合,与聚焦圆相切。试片表面与真正平面的偏离(表面形状不规则、不平整、凸出或凹下、很毛糙等)会引起衍射线的宽化、位移以及使强度产生复杂的变化,对光学厚度小的(即吸收大的)样品其影响更为严重。但是,制取平整表面的过程常常容易引起择优取向,而择优取向的存在会严重影响衍射线强度的正确测量。实际实验中,当要求准确测量强度时,一般首先考虑如何避免择优取向的产生而不是追求平整度。

通常采用的制作衍射仪试片的方法都很难避免在试片平面中导致表层晶粒有某种程度的择优取向。多数晶体是各向异性的,把它们的粉末压入样品框窗孔中很容易引起择优取向,尤其对那些容易解理成棒状、鳞片状小晶粒的样品,采用普通的压入法制作试片,衍射强度测量的重现性很差,甚至会得到相对强度大小次序颠倒过来的衍射图谱。克服择优取向没有通用的方法,根据实际情况可以采用以下几种:使样品粉末尽可能地细,装样时用筛子筛入,先用小抹刀刀口剁实并尽可能轻压等;把样品粉末筛落在倾斜放置的粘有胶的平面上通常也能减少择优取向,但是得到的样品表面较粗糙;或者通过加入各向同性物质(如 MgO、CaF_2 等)与样品混合均匀,混入物还能起到内标的作用。但是,对于一些具有明显各向异性的晶体样品,采用上述方法仍无法避免一定程度的择优取向。

2.2.3.3 样品试片的厚度

样品对 X 射线透明度的影响,与样品表面对衍射仪轴的偏离所产生的影响类似,会引起衍射峰的位移和不对称的宽化,特别是对线吸收系数小的样品,其在低角度区域引起的位移(2θ)会很显著。通常仪器所附带的制作样品的制样框的厚度(1.5~2 mm)满足所有样品的要求。

2.2.3.4 制作粉末衍射仪试片的技巧

通常很细的样品粉末如无显著的各相异性,则可以用"压片法"来制作试片。尽管不同厂家的仪器所附带的制样框不尽相同,但都可以采用相同的样品准备方法。先把衍射仪所附带的制样框用胶纸固定在平滑的玻璃片上(如镜面玻璃、显微镜载玻片等),把样品粉末尽可能均匀地撒入制样框的窗口中,再用小抹刀的刀口轻轻剁紧,使粉末在窗孔内摊匀;然后用小抹刀把粉末轻轻压紧,用保险刀片(或载玻片的断口)把凸出的多余粉末削去;最后,小心地把制样框从玻璃平面上拿起,便能得到一个很平的样品粉末的平面。此法所需样品粉末量较多,约需 0.4 cm^3。

若粉末试样的量很少,则可先在试样槽内垫上玻璃片或按一定方向切下的单晶硅片,(若有必要,可以加一些凡士林在单晶硅片表面),然后把这些粉末撒在单晶硅片上面,摊成一个小平面;也可以自制样品载片(如用玻璃片或单晶硅片)。

"涂片法"所需的样品量最少。具体作法为:把粉末撒在玻璃载片上,然后加上足够量的丙酮或酒精,使粉末成为薄层浆液状,均匀地涂布开来,粉末的量只需能够形成一个单颗粒层的厚度就可以,待丙酮蒸发后,粉末粘附在玻璃片上,可供衍射仪使用。上述方法很简便,最常用,但仍很难避免在样品平面中晶粒会有某种程度的择优取向。

制备几乎无择优取向样品试片有如下专门方法:

(1) 喷雾法。把粉末筛到一只玻璃烧杯里,待杯底盖满一薄层粉末后,把塑料胶喷成雾珠落在粉末上,这样,塑料雾珠便会把粉末颗粒敛集成微细的团粒,待干燥后,把这些细团粒自烧杯扫出,分离出细于 115 目的团粒用于制作试片,试片的制作类似上述的涂片法,把制得的细团粒撒在一张涂有胶粘剂的载片上,待胶干后,倾去多余的颗粒。用喷雾法制得的粉末细团粒也可以用常规的压片法制成试片。或者直接把样品粉末喷落在倾斜放置的涂了胶粘剂的载片上,得到的试片也能大大地克服择优取向,粉末取向的无序度要比常规的涂片法好得多。

(2) 塑合法。把样品粉末和可溶性硬塑料混合,用适当的溶剂溶解后,使其干固,然后再磨碎成粉。所得粉末可按常规的压片法或涂片法制成试片。

2.2.4 应用及图例解析

目前,X 射线粉末衍射的方法已经成为材料表征必备的手段,通过表征人们可以得到样品多方面的信息,例如物相分析、晶胞参数、取向分析、晶粒大小、孔结构等。下面列举了一些实例,简述粉末 X 射线衍射在各方面的应用。

2.2.4.1 物相分析

粉末 X 射线定性物相分析(物相鉴定)是指用 X 射线粉末衍射数据对样品中存在的物相(而不是化学成分)进行鉴别。其理论根据是:任何一种结晶物质都具有特定的晶体结构,在一定波长的 X 射线照射下,每种晶体物质都有自己特有的衍射花样,即衍射谱线,不可能存在衍射花样完全相同的两种不同物质,由不同物质组成的混合物的衍射花样是混合物中各物相衍射花样的机械叠加。

一般来说,在得到一个样品的 X 射线粉末衍射谱图之后,需要与标准卡片中谱图进行对照,然后才可以确定样品的物相组成。1969 年美国宾夕法尼亚州史瓦兹莫尔成立了粉末衍射标准联合会(JCPDS),因此,也将标准粉末数据卡称为 JCPDS 卡。但是,从 1977 年的第 27 组卡片开始,这些工作由国际衍射数据中心(International Centre for Diffraction Data,ICDD)主持收集和出版,其卡片也称 ICDD 卡片,目前的 X 射线粉末衍射数据以数据库的形式发行。如今的科研工作者在发表论文时,通常会把自己所依据的 JCPDS 数据来源在文中标注,方便他人查找。图 2.6 是 SnO_2 的 X 射线衍射谱图,而作者直接在图中标出了标准卡片中 SnO_2 的编号(PDF:41-1445),来证明其所制备的为纯相的 SnO_2。

也有些学者将标准卡片中的数据与所得样品的数据一并绘成谱图,这样更方便读者进行比较。如图 2.7 所示,作者通过溶剂热方法制备了 ZnS 样品,但是不同的合成条件却得到了不一样的 X 射线粉末衍射谱图,经过对比才发现样品分属于二维六方相和立方相。

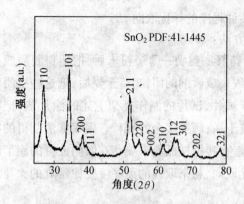

图 2.6 SnO_2 的 X 射线粉末衍射图

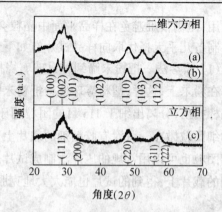

图 2.7 溶剂热方法制备的 ZnS 的 X 射线谱图

在材料制备的过程中，经常无法得到某一物质的纯相，此时就更需要 X 射线的衍射结果对样品进行确认，确定样品的实际组成、杂质成分或是负载物的识别。如图 2.8 所示，作者将草酸铁铵交换过的阴离子交换树脂再高温碳化，得到样品的 X 射线衍射谱图非常复杂，经过仔细辨别并与标准卡片对照确定其中含有石墨化的碳、α-Fe 以及 Fe_3C。

图 2.9 是在不同条件下煅烧后得到的 $BaFe_{12}O_{19}$ 的谱图，从中可以看出不适当的煅烧条件会导致杂质的生成，而通过比对，可以确定

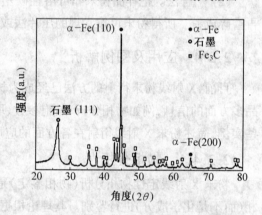

图 2.8 高温碳化后的离子交换树脂

杂质为 α-Fe_2O_3。目前，负载贵金属纳米离子催化剂是研究的热点，对于这样的材料同样可以用 X 射线衍射来表征，但是如果其中贵金属含量低至一定程度，X 射线衍射就不能再给出明显衍射谱峰，如图 2.10 所示。

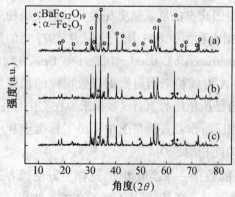

图 2.9 不同煅烧条件得到的 $BaFe_{12}O_{19}$ 的 X 射线粉末衍射图

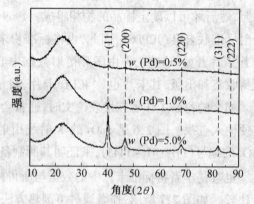

图 2.10 不同含量的 Pd/SBA-15 的 X 射线粉末衍射图

X 射线粉末衍射定性相分析的基础是 ICDD 卡片，ICDD 卡片的正确和全面与否直接影响粉末 X 射线衍射定性相分析能否顺利进行。虽然目前的 ICDD 卡片已经比较完备，但由

于物质种类繁多,随着科学的发展,新物相又不断地被合成,加上固溶体、同晶型、结构相似性等因素,ICDD 卡片不可能包括所有的物相,而且有少量早期卡片存在错误,因此工作中会时常遇到查不到标准数据或不能确定物相的情况,这是 ICDD 卡片检索方法的最大局限性。此外,定性物相分析的成功率还取决于其他很多因素,除了检索方法不当导致失败外,谱图质量高低和判读的正确与否也同样会影响物相鉴定的成败。因此,要保证物相鉴定的高质量,除了高质量的谱图外,研究者必须对测试样品有深入了解,能够在众多谱峰之中准确判断测试样品的物相组成。

除了定性分析外,粉末 X 射线衍射也可以进行定量相分析。根据粉末 X 射线衍射的原理,某一(hkl)衍射线的准确强度 I 的计算式为

$$I = \left(\frac{e^4}{32\pi m^2 c^4}\right)\left(\frac{I_0\lambda^3}{R}\right)(N^2 PF^2)\left(\frac{1+\cos^2 2\theta}{\sin^2\theta \cdot \cos\theta}\right)(e^{-2M})\left(\frac{1}{2\mu}\right)V \tag{2.6}$$

式中,e 为电子电荷;m 为电子质量;c 为光速;I_0 为入射 X 射线强度;λ 为 X 射线波长;R 为衍射线的路径;N 为单位体积内的晶胞数;P 为多重性因子;F 为结构因子;θ 为掠射角;e^{-2M} 为温度因子;μ 为线吸收系数;V 为参与衍射样品的体积。

设 $C = \frac{1}{32\pi R}I_0\frac{e^4}{m^2 c^4}\lambda^3$,$K = N^2 F^2 P\frac{1+\cos^2\theta}{\sin^2\theta \cdot \cos\theta}e^{-2M}$,显然 C 和 K 是与待测相含量无关的物理量和强度因子,因此公式(2.6)可简化为

$$I = CK\frac{V}{2\mu} \tag{2.7}$$

可见衍射线的强度与样品参加衍射的体积成正比,这就是粉末 X 射线衍射定量分析的依据。式(2.7)只对单物相样品适用,对于多物相样品,由于各物相对 X 射线的吸收不同,随着各物相在样品中含量的变化,样品总吸收系数也在变化,使得每一物相的衍射强度与该相参加衍射的体积不再成线性关系,这是粉末 X 射线衍射定量相分析的困难所在。对于多物相样品,以上强度公式可写为

$$I_j = CK_j\frac{V_j}{2\mu} \tag{2.8}$$

式中,I_j、V_j 和 K_j 分别表示第 j 相的强度、参加衍射的体积和常数。

如果用质量吸收系数 μ_m 代替线吸收系数 μ,即

$$\mu = \rho\mu_m = \rho\sum_{j=1}^{n}W_j\mu_{mj} \tag{2.9}$$

则

$$I_j = CK_j\frac{V_j}{2\rho\sum_{j=1}^{n}W_j\mu_{mj}} \tag{2.10}$$

因为第 j 相参加衍射的体积 V_j 与其体积分数 v_j 和质量分数 W_j 存在如下关系:

$$\frac{V_j}{V} = v_j \Rightarrow v_j = \frac{W_j\rho}{\rho_j} \tag{2.11}$$

式中,V 为单位体积;ρ 和 ρ_j 分别为试样和第 j 相的密度。

式(2.10)又可写为

$$I_j = C_j \frac{W_j}{2\rho_j \sum_{j=1}^{n} W_j \mu_{mj}} \quad (C_j = CK_j) \tag{2.12}$$

这是多相样品中任一相的衍射强度与其含量间的关系式，它是各种粉末 X 射线衍射定量分析方法的基础。

常见的几种粉末 X 射线衍射分析方法如下：

(1) 直接分析法。分析过程中不引入待测物以外的其他标准物质方法，但需要建立工作曲线。

(2) 内标法。内标法由 Alexander 于 1948 年提出，是在待测样品中加入一定比例的某种内标(准)物质 s(不包含在待测样中)，得到一系列的标准试样并以此作工作曲线，从而对样品中未知相的含量进行测定的方法。

(3) 基体清洗法(K 值法)。基体清洗法是 Chung 于 1974 年在内标法的基础上提出来的。与内标法相同之处是都需加入一内标物质作为参比物以消除基体效应的影响(即不必考虑试样的吸收系数)，但不同的是它不需要做工作曲线而是通过数学计算得出结果。

(4) 增量法。该法由 Copeland 和布拉格于 1958 年提出。其方法是在混合相中不断加入一定比例的待测相 i 的纯样，进而绘出工作曲线。

(5) 无标样法。由于大多数情况下得不到所有被测相的纯样，使一般的 X 射线粉末衍射定量相分析方法不能使用，给定量分析工作带来极大的不便。Zevin 于 1977 年首先提出了无标定量理论，为 X 射线粉末衍射定量相分析开启了新的局面。无标样法的基本原理是同时利用线性不相关的 n 个样品进行实验，根据各相衍射线强度在不同样品中的变化情况求出所有 n 相组分的含量。

(6) 全谱拟合定量相分析法。Rietveld 全谱拟合定量相分析原理是在单色 X 射线照射下，多相体系中各相在衍射空间的衍射相互叠加构成一维衍射谱图，各物相散射的 X 射线量与其单位晶胞中原子种类、数量及该物相在混合物中的含量有关。全谱拟合定量相分析就是用散射总量替代单个 hkl 散射量，用数学模型对实验数据进行拟合，分离各物相的散射量，实现物相定量分析。拟合过程中不断调节模型中的参数值，最终使实验数据与模型计算值间达到最佳吻合。这也是目前被广泛应用的一种方法。

表 2.1 是万红波等人利用 Rietveld 全谱拟合方法对膨润土中蒙脱石物相定量分析的结果，其值与化学成分分析法得到的结果非常接近。

表 2.1 膨润土物相的 Rietveld 全谱拟合法定量分析结果

样品编号	蒙脱石	方石英	钙长石	石英	长石	发光沸石
NC1-1	65.84	32.52	0.05	1.07	—	0.53
NC101	77.51	22.46	0.03	—	—	—
NC501	64.98	35.02	—	—	—	—
JP201	68.58	31.42	—	—	—	—
JP5-1	84.03	3.43	0.12	9.18	3.24	—
JP501	89.89	5.04	1.07	4.00	—	—

2.2.4.2 晶胞参数

精确的晶胞参数数据能够反映一种物质的不同样品间在结构上的细微差异，或者一种晶体的结构在外界物理化学因素作用下产生的微小变化。晶胞参数需由已知指标的晶面间距来计算,见表2.2,晶面间距 d 的测定准确度取决于衍射角的测定准确度。可以采用多条谱线进行最小二乘法计算,也可以采用 Rietveld 法全谱拟合计算得到。为了精确测定晶胞参数,原则上都应该尽可能使用高角度衍射线的数据。仪器的系统误差必须进行校正。有时可能需要改变 X 射线波长,使得样品能在所选区域内有强度较高的线条可供测量。随着实验技术的发展,现在测定晶胞参数能够达到很高的准确度和精密度,测量的相对误差可达到 1/50 000 或者 1/100 000,有的甚至可以达到 1/200 000。

表 2.2 晶面间距(d 值)与衍射指标(hkl)的关系

晶系	晶胞参数	d 值计算公式
立方晶系 (Cubic)	$a = b = c$ $\alpha = \beta = \gamma = 90°$	$\dfrac{1}{d^2} = \dfrac{h^2 + k^2 + l^2}{a^2}$
正方(四方)晶系 (Tetragonal)	$a = b \neq c$ $\alpha = \beta = \gamma = 90°$	$\dfrac{1}{d^2} = \dfrac{h^2 + k^2}{a^2} + \dfrac{l^2}{c^2}$
正交(斜方)晶系 (Orthogonal)	$a \neq b \neq c$ $\alpha = \beta = \gamma = 90°$	$\dfrac{1}{d^2} = \dfrac{h^2}{a^2} + \dfrac{k^2}{b^2} + \dfrac{l^2}{c^2}$
六方(六角)晶系 (Hexagonal)	$a = b \neq c$ $\alpha = \beta = 90°$ $\gamma = 120°$	$\dfrac{1}{d^2} = \dfrac{4}{3} \cdot \dfrac{h^2 + hk + k^2}{a^2} + \dfrac{l^2}{c^2}$
三方(菱形)晶系 (Trigonal)	$a = b = c$ $\alpha = \beta = \gamma \neq 90°$	见公式(2.13)
单斜晶系 (Monoclinic)	$a \neq b \neq c$ $\alpha = \gamma = 90°, \beta \neq 90°$ $a \geq c, \beta$ 为非锐角	$\dfrac{1}{d^2} = \dfrac{h^2}{a^2\sin^2\beta} + \dfrac{k^2}{b^2} + \dfrac{l^2}{c^2\sin^2\beta} - \dfrac{2hl\cos\beta}{ac\sin^2\beta}$
三斜晶系 (Triclinic)	$a \neq b \neq c$ $\alpha \neq \beta \neq \gamma \neq 90°$ $b \geq a \geq c, \alpha$ 和 β 为非锐角	见公式(2.14)

注:

$$\frac{1}{d^2} = \frac{(h^2 + k^2 + l^2)\sin^2\alpha + 2(hk + kl + hl)(\cos^2\alpha - \cos\alpha)}{a^2(1 - 3\cos^2\alpha + 2\cos^3\alpha)} \quad (2.13)$$

$$\frac{1}{d^2} = \frac{1}{a^2 b^2 c^2 (1 - \cos^2\alpha - \cos^2\beta - \cos^2\gamma + 2\cos\alpha \cdot \cos\beta \cdot \cos\gamma)} [(hbc\sin\alpha)^2 + (kac\sin\beta)^2 + (lab\sin\gamma)^2 + 2hkabc^2(\cos\alpha \cdot \cos\beta - \cos\gamma) + 2kla^2bc(\cos\beta \cdot \cos\gamma - \cos\alpha) + 2hlab^2c(\cos\alpha \cdot \cos\gamma - \cos\beta)] \quad (2.14)$$

图 2.11 是一系列 La 掺杂的钡铁氧体 $Ba_{1-x}La_xFe_{12}O_{19}$ 的 XRD 谱图,因为 La 和 Ba 的原子半径并不相同,因此 La 的引入势必引起晶胞参数的变化。钡铁氧体属于六方晶系,于是可根据不同材料的特征谱峰计算出不同取代量时的晶胞参数,见表 2.3。分析过程中可选取多个特征谱峰进行计算,最后求得平均值以减小误差。

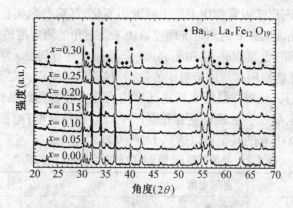

图 2.11　$Ba_{1-x}La_xFe_{12}O_{19}$ 的 XRD 谱图

表 2.3　$Ba_{1-x}La_xFe_{12}O_{19}$ 的晶胞参数

x	a/Å	c/Å	c/a	晶胞体积 /Å³
0.00	5.874 0	23.126 5	3.937 1	691.058
0.05	5.881 5	23.162 1	3.938 1	693.885
0.10	5.883 6	23.171 8	3.938 4	694.659
0.15	5.882 9	23.159 3	3.936 7	694.122
0.20	5.883 2	23.135 4	3.932 4	693.483
0.25	5.888 8	23.143 6	3.930 1	695.048
0.30	5.887 8	23.125 3	3.927 7	694.252

2.2.4.3　取向分析

单晶取向的测定就是找出晶体样品中晶体学取向与样品外坐标系的位向关系。虽然可以用光学方法等物理方法确定单晶取向,但 X 衍射法不仅可以精确地单晶定向,同时还能得到晶体内部微观结构的信息。一般用劳埃法单晶定向,其根据是底片上劳埃斑点转换的极射赤面投影与样品外坐标轴的极射赤面投影之间的位置关系。透射劳埃法只适用于厚度小且吸收系数小的样品;背射劳埃法就无需特别制备样品,样品厚度大小等也不受限制,因而多用此方法。图 2.12 是一张镍基单晶合金的背射劳埃图。

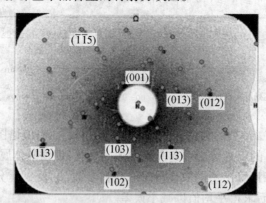

图 2.12　镍基单晶合金的背射劳埃图

另外,对于单晶取向,也有些学者采用 X 射线 θ 扫描与试样自转相结合,使晶面法线多次通过衍射面来获得晶体晶面与试样外表面的夹角关系。其基本原理是:入射 X 射线照射在单晶试样表面,如果晶面(hkl)与试样被测外表面完全重合,则只能在某一特定的位置角 θ(X射线入射线与外表面的夹角)处发生衍射,且衍射仪的接收器探头只能接收到1个衍射峰。如果晶面与外表面存在一定夹角 φ,则该晶体的取向与外表面轴向的偏角也是 φ。如图 2.13(a) 所示,在某一初始位置进行 X 射线衍射时,如果 X 射线入射线与外表面的夹角 θ 大于 $\theta_{(hkl)}$,要得到此晶面的衍射峰,则要对 θ 角进行调整,使接收器的探头置于 $2\theta_{(hkl)}$ 处。在衍射仪上进行 θ 扫描,探头旋转到 $2\theta_{(hkl)}$ 时发生衍射,位置关系如图 2.13(b) 所示,得到晶面夹角与衍射角的关系可表示为

$$\theta_1 = \theta_{(hkl)} - \varphi \tag{2.15}$$

若在初始位置 X 射线入射线与外表面的夹角 θ 小于 $\theta_{(hkl)}$,在进行 θ 扫描的同时,探头同样要调整到 $2\theta_{(hkl)}$,位置分别如图 2.13(c) 和 2.13(d) 所示,此时晶面夹角与衍射角的关系可表示为

$$\theta_2 = \theta_{(hkl)} + \varphi \tag{2.16}$$

联立式(2.15)和式(2.16)得到晶面(hkl)的衍射角以及与被测表面的夹角为

$$\varphi = \frac{\theta_2 - \theta_1}{2} \tag{2.17}$$

$$\theta_{(hkl)} = \frac{\theta_1 + \theta_2}{2} \tag{2.18}$$

在实际单晶中为得到相应 θ_1 和 θ_2 的值,需要使试样不断地自转,且自转的速度远远大于试样绕测角仪的转速,这样晶面法线就有多次通过衍射面的机会。

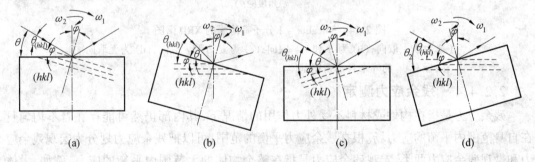

图 2.13 衍射时晶面与晶体外表面的关系

多晶材料中晶粒取向沿一定方位偏聚的现象称为织构,常见的织构有丝织构和板织构(轴向拉拔或压缩的金属或多晶体中,往往以一个或几个结晶学方向平行或近似平行于轴向,这种织构称为丝织构;轧制板材的晶体,既受拉力又受压力,因此除有些晶体学方向平行轧向外,还有些晶面平行于轧面,此类织构称为板织构)两种类型。为反映织构的概貌和确定织构指数,有三种方法描述织构:极图、反极图和三维取向函数,这三种方法适用于不同的情况。对于丝织构,要知道其极图形式,只要求出其丝轴指数即可,可使用照相法和衍射仪法。板织构的极点分布比较复杂,需要用两个指数表示,且多用衍射仪进行测定。从衍射仪的构造和实验原理可知,当用衍射仪作常规扫描时,在多晶试样中,只有那些与试样表面平行的晶面才对该指数的晶面的衍射强度有贡献。也就是说,并不是所有晶粒的某个(hkl)晶面都对该指数晶面的衍射花样中的衍射强度作出贡献。因此,某指数(hkl)晶面的衍射强度的变化就反映了该指数晶面平行于试样表面的分数(所有平行于表面的晶面中,该晶面所占含量)的变化。因此,如果将试样丝织构的轴向设置为平板试样的法线方向,且作为参考方向

N,那么可以从一系列(hkl)衍射线的强度变化规律中分析织构的状况。衍射强度增大得越强的(hkl)衍射,表明大部分晶粒的(hkl)晶面法线平行于参考方向N。而各种指数的晶面的极点在晶体学坐标中的位置是固定的,即对一定结构的晶体,各种(hkl)指数的晶面与所选用的标准三角形的主要晶体学极点存在确定的位向关系。因此,这种不同指数晶面衍射线强度在N方向上的分布就反映了参考方向在晶体学坐标中的分布。

图2.14给出的是在不锈钢表面生长的silicalite-1分子筛薄膜的XRD谱图,b-取向是指晶体的b轴垂直于基体表面,对于b-取向的样品只能观察到$(0k0)$衍射峰,与此类似,b和a-取向的样品只给出$(0k0)$和$(h00)$衍射峰,从右边放大的局部谱图中可以看出,b-取向的样品为单峰,a和b-取向的样品为双峰。对于a、b和c取向的样品给出$(0k0)$、$(h00)$、$(h0l)$和$(00l)$衍射峰,不同于无序排列的薄膜样品。

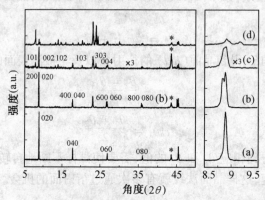

图2.14 Silicalite-1分子筛薄膜的XRD谱图
(a)为b-取向;(b)为a和b-取向;(c)为a,b和c取向;(d)为无取向
注:标有 * 的峰来自不锈钢基体

2.2.4.4 残余应力测定

残余应力是指在构件或材料不受外力作用的情况下,其内部仍然可能存在着不均匀且在自身范围内平衡的应力场。根据残余应力平衡的范围,可以把残余应力划分为宏观残余应力和微观残余应力两类。宏观残余应力是指在整个物体的大范围内平衡的应力。例如,大体积的金属在凝固、相变和冷却过程中因体积变化的大小和先后而在冷却或相变之后残存于物体内部的应力,也称为第一类内应力。从晶粒大小到原子间距尺度范围内平衡的残余应力称为微观内应力,也称为第二、第三类内应力,各种晶体缺陷以及微观不均匀的变形和相变引起的应力场属于这类残余应力。研究和测定材料中的宏观残余应力有巨大的实际意义,例如可以通过应力测定检查消除应力的各种工艺效果;可以通过应力测定间接检查一些表面处理效果;可以预测零件的疲劳强度和使用寿命。是评价材料强度、控制加工工艺、检验产品质量、分析破坏事故等方面的有力手段。

含有宏观残余应力的物体在较小的体积范围之内弹性应变大体上是均匀分布的,同时物体的表面不存在三轴应力,最多的是平面应力状态。假设其主应力σ_1和σ_2平行于试样表面,试样表面法线方向$\sigma_3 = 0$,如图2.15所示。这时,垂直表面方向的正应变为

$$\varepsilon_3 = -\frac{\nu}{E}(\sigma_1 + \sigma_2) \tag{2.19}$$

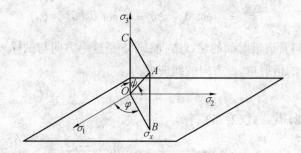

图 2.15 宏观应力的方向

如图 2.15 所示，OA 方向的方向余弦是 $\cos\alpha, \cos\beta, \cos\psi$（其中 α, β, ψ 分别是 OA 方向与 $\sigma_1, \sigma_2, \sigma_3$ 之间所夹的空间角），则该方向的正应变为

$$\varepsilon_\psi = \varepsilon_1\cos^2\alpha + \varepsilon_2\cos^2\beta + \varepsilon_3\cos^2\psi \tag{2.20}$$

过 σ_3 与 OA 做一个平面 $OCAB$，其中 OB（σ_x 方向）与 σ_1 的夹角为 φ，则式(2.20)可改写为

$$\varepsilon_\psi = \varepsilon_1\sin^2\psi\cos^2\varphi + \varepsilon_2\sin^2\psi\sin^2\varphi + \varepsilon_3\cos^2\psi \tag{2.21}$$

继而

$$\varepsilon_\psi - \varepsilon_3 = \varepsilon_1\sin^2\psi\cos^2\varphi + \varepsilon_2\sin^2\psi\sin^2\varphi - \varepsilon_3\sin^2\psi \tag{2.22}$$

另 σ_x 是物体表面 x 方向的残余应力，把平面应力状态下（即 $\sigma_3 = 0$）的胡克定律及关系式

$$\varepsilon_1 = \frac{1}{E}[\sigma_1 - \nu(\sigma_2 + \sigma_3)]$$

$$\varepsilon_2 = \frac{1}{E}[\sigma_2 - \nu(\sigma_1 + \sigma_3)]$$

$$\varepsilon_3 = \frac{1}{E}[\sigma_3 - \nu(\sigma_1 + \sigma_2)]$$

$$\sigma_x = \sigma_1\cos^2\varphi + \sigma_2\sin^2\varphi \tag{2.23}$$

代入式(2.22)就可以推导出

$$\varepsilon_\psi - \varepsilon_3 = \frac{1+\nu}{E}\sigma_x\sin^2\psi \tag{2.24}$$

当残余应力是定值时，σ_x 和 ε_3 都是常数。ε_ψ 是 ψ 的函数，将式(2.24)以 $\sin^2\psi$ 为变量求导，则

$$\frac{\partial(\varepsilon_\psi)}{\partial(\sin^2\psi)} = \frac{2\sigma_x(1+\nu)}{E} \tag{2.25}$$

这时的残余应力测量就成了 ε_ψ 与 $\sin^2\psi$ 的关系了。

没有应力时，如果用一束单色 X 射线对物体入射，则衍射条件满足布拉格方程

$$n\lambda = 2d_0\sin\theta_0 \tag{2.26}$$

式中，n 为反射级；λ 为入射线的波长；d_0 为衍射晶面的晶面间距；θ_0 为入射角。

物体内部如果有弹性应变，晶面间距将发生变化，$\Delta d/d_0$ 就代表这组晶面的正应变。将式(2.26)微分后，可得

$$\frac{\Delta d}{d_0} = -\cot\theta_0 \cdot \Delta\theta = -\cot\theta_0(\theta_\psi - \theta_0) \tag{2.27}$$

若把图中的 OA 方向看成衍射面的法线方向,则 ψ 是这一方向与试样表面法线方向的夹角,θ_ψ 是有应力情况下的衍射角。ψ 方向的线应变为

$$\varepsilon_\psi = \Delta d / d_0 \tag{2.28}$$

把式(2.27)和(2.28)代入式(2.25)得

$$\sigma_x = \frac{-E}{2(1+\nu)} \cot\theta_0 \frac{\partial(2\theta_\psi)}{\partial \sin^2\psi} \tag{2.29}$$

令

$$K = \frac{-E}{2(1+\nu)} \cot\theta_0 \tag{2.30}$$

$$M = \frac{\partial(2\theta_\psi)}{\partial \sin^2\psi} \tag{2.31}$$

则

$$\sigma_x = KM \tag{2.32}$$

式(2.30)的量都是常数,不难计算出 K 值。而计算 M 值时,要以不同的几个角度 ψ 把 X 射线投射到试样表面,利用扫描计数器测出衍射的位置 $2\theta_\psi$,并且以 $2\theta_\psi$ 对 $\sin^2\psi$ 作图得到曲线,该曲线的斜率就是式(2.31)中的 M 值。最后,试样表面 x 方向分量就能按式(2.32)求出。

2.2.4.5 晶粒大小

当样品晶粒小于 100 nm 或发生了晶格畸变时,样品的衍射峰就会发生宽化,谢勒(Scherrer)、斯托克斯(Stockes)和威尔逊(Wilson)等人相继提出以衍射峰半高宽或积分宽表示的关系公式

$$\overline{D}_{hkl} = \frac{K\lambda}{\beta_{hkl}\cos\theta} \tag{2.33}$$

式中,β_{hkl} 为晶粒物理宽化的峰形半高宽或积分宽度,rad;K 为常数,与 β_{hkl} 的定义有关,当 β_{hkl} 为半高宽时,$K = 0.89$,当 β_{hkl} 为积分宽度时,$K = 1$;λ 为 X 射线波长;$\overline{D}_{hkl}$ 为 β_{hkl} 晶面法线方向的平均晶粒大小(直径),此值与晶粒其他方向的直径无关;θ 为布拉格衍射角,式(2.33)称为谢勒公式。

衍射峰的半高宽或积分宽度 β 是晶体晶粒大小 D 的函数,随着晶体 D 的增大,衍射峰的半高宽 β 变小,反之则变大,因此,衍射峰半高宽或积分宽度是衡量样品晶粒度的参数。需要强调的是,谢勒公式的适用范围为 1 ~ 100 nm,超过 100 nm 的晶粒不能使用此式来计算,可以通过其他的方法计算。晶粒大小在 30 nm 左右时,谢勒公式的计算结果较为准确。

图 2.16 是在不同温度下合成的尖晶石结构的铁氧体材料的 XRD 和 TEM 谱图,作者根据多个谱峰的半峰宽,计算出的晶粒大小的平均值非常接近,分别为 14.5 nm、14.3 nm 和 14.6 nm,与 TEM 所得结果一致。

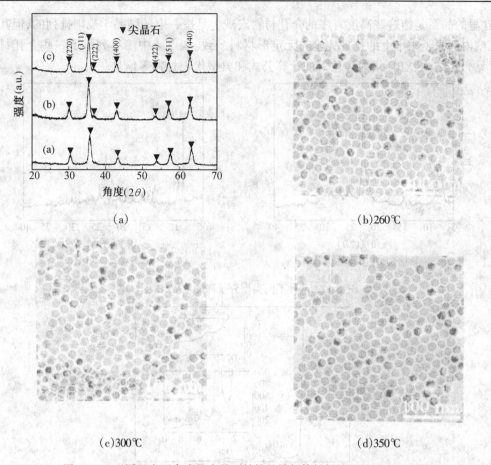

图 2.16 不同温度下合成的尖晶石结构的铁氧体材料的 XRD 和 TEM 谱图

2.2.4.6 孔道结构

对于孔材料来说,无论是传统沸石分子筛(微孔材料),还是新兴的介孔材料,X 射线衍射都是必不可少的表征手段。在微孔材料的表征中,X 射线衍射谱图除了可以得到材料的晶胞参数外,还可以判定材料的结构类型,不同类型的分子筛会给出完全不同的衍射谱图。图 2.17 分别是常见分子筛 β 和 ZSM – 5 的 XRD 谱图,它们分别属于 BEA 和 MFI 结构。另外,X 射线衍射也可以用来分析沸石分子筛的结晶度,通常选择那些对吸水 – 脱水过程不太敏感且被其他因素影响不大的衍射峰来测量沸石材料的结晶度。例如,用 Cu 靶测定,对于 ZSM – 5,选择位于 22.5° ~ 24° 的四个衍射峰,而对于八面沸石材料,选择以下衍射峰:331、333、440、533、624、660、555、664。简单的计算方法是求出样品峰高之和与标准样品(100% 结晶度)的相应的峰高之比。当晶体尺寸小于 0.3 μm 时,八面沸石衍射峰明显宽化,峰高不准确,使用 26.6° 的峰面积测量结晶度,效果也不错。

介孔材料是 20 世纪 90 年代初期新兴的一种功能材料,最初限于 SiO_2 材料,近年来已不断扩展至金属氧化物、磷酸盐、碳材料等。以 SiO_2 材料为例,虽然本质上属于无定型材料,无法在高角度给出 X 射线衍射峰,但是由于介孔材料在长程上是有序的,所以它们可以在低角度给出衍射谱峰。图 2.18 是典型的介孔 SiO_2 材料 MCM – 41 的 X 射线谱图。

通过 X 射线在低角度的衍射谱峰,同样可以判断材料所属晶系,但这并不同于晶体的晶系。这里的晶系是指这些高度有序的介孔材料宏观上是按一定的结晶学规则排列的,但其无机孔壁内部原子水平上的排列完全与无定形材料一致。表2.4中简单列举了一些介孔材料的常见介孔结构、XRD衍射峰位置的计算公式和典型代表材料等信息。

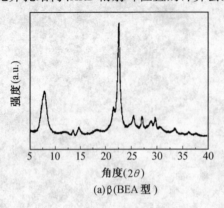
(a) β(BEA型)

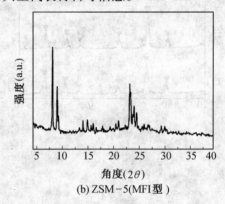
(b) ZSM-5(MFI型)

图2.17 两种不同类型分子筛的 XRD 谱图

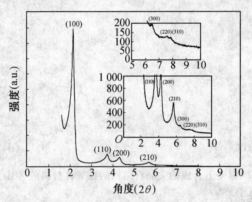

图2.18 介孔材料 MCM-41 的 X 射线衍射图

表2.4 常见介孔结构、XRD衍射峰位置的计算公式和典型代表材料

孔道结构特征	晶系	最高对称性的空间群	典型材料	衍射特征(XRD衍射峰,衍射条件)
(有序程度低,多为一维)	(接近六方)		MSU-n HMS KIT-1	较宽的1~2个衍射峰
一维层状(无孔道)			MCM-50	$\dfrac{1}{d_{00l}} = \dfrac{l}{a}$;001,002,003,004,…
二维(直孔道)	六方	P6mm(17) P6m(旧名)	MCM-41 SBA-3,15 FSM-16 TMS-1	$\dfrac{1}{d_{hk0}^2} = \dfrac{4}{3}\dfrac{h^2+hk+k^2}{a^2}$ 100,110,200,210,…
	四方	C2mm(9) Cmm(旧名)	SBA-8 KSW-2	$\dfrac{1}{d_{hk}^2} = \dfrac{h^2}{a^2} + \dfrac{k^2}{b^2}$;11,20,22,31,40,… $h+k=2n$

续表 2.4

孔道结构特征	晶系	最高对称性的空间群	典型材料	衍射特征（XRD 衍射峰，衍射条件）
三维（笼形孔道、孔穴）	六方	p6₃/mmc (194)	见立方-六方共生	$\frac{1}{d^2} = \frac{4}{P}\frac{h^2+hk+k^2}{a^2} + \frac{l^2}{c^2}$ $hhl: l=2n$
	立方	Pm$\bar{3}$n(223)	SBA-1 SBA-6	$\frac{1}{d^2} = \frac{h^2+k^2+l^2}{a^2}$; 110,200,210,211,220,310,222,320,321,400,… $hhl: l=2n$（第一峰 110 没有被观察到）
		Im$\bar{3}$m(229)	SBA-16	110,200,211,220,310,222,321,…, $h+k+l=2n$
		Fd$\bar{3}$m(227)	FDU-2	111,220,311,222,… $h+k=2n, h+l=2n, k+l=2n, k+l=2n, 0kl: k+l=4h$
	立方-六方共生	Fm$\bar{3}$m(225)	FDU-12	111,200,220,311,222,400,… $h+k=2n, h+l=2n, k+l=2n$
		Fm$\bar{3}$m(221)	SBA-11	无消光限制
		Fm$\bar{3}$m(225)-P6₃/mmc (194)	SBA-2,7,12 FDU-1	见六方 P6₃/mmc(194)
三维交叉孔道	立方	Im$\bar{3}$m(229)	SBA-16	110,200,211,220,310,222,321,400,… $h+k+l=2n$
		Ia$\bar{3}$d(230)	MCM-48 FDU-5	211,220,321,400,420,332,422,431,440,532,… $h+k+l=2n, hhl: 2h+l=4n$
		Pn$\bar{3}$m(224)	HOM-7	110,111,200,211,220,221,310,311,222,… $0kl: k+l=2n$
	四方	I4₁/a(88)	CMK-1 HUM-1	110,211,220,…
二维交叉孔道	三方（斜方）	R$\bar{3}$m(166)	无	101,102,003,110,201,202,104,113,211,…（按六方晶系）

2.2.4.7 原位 X 射线衍射

虽然 X 射线衍射分析已经广泛应用于固体材料物相结构分析中，但依然存在着自身的局限性。例如，有些样品受外界条件（如温度、压力、溶液介质、电场）的影响很大，其结构和性能会随外界条件明显变化，而外界条件一旦改变或失去，又会恢复到原有状态或原有性质。另外，传统的 X 射线衍射仪只能对最终样品的物相进行检测，而无法对整个制备过程监控，这对于明确一些合成反应和催化反应的机理十分不利。正是出于这些目的，人们设计制备了不同用途的 X 射线衍射原位装置以获得在一定外界条件下的结构参数及瞬间信息，其中配有升温和升压装置的衍射仪比较常见。

如图 2.19 所示，作者利用高温原位 X 射线衍射仪研究了 MgAl 水滑石在升温过程中的相变行为，结果发现，随着温度升高 (003) 晶面的 d 值在 20 ~ 150 ℃ 和 250 ~ 300 ℃ 两个区间范围内下降比较明显,并且在 400 ℃ 时开始出现了 MgO 的衍射峰。

图 2.20 是杂多酸 $CsH_2PMo_{12}O_{40}$ 在催化反应 (2-甲基丙烯醛氧化生成甲基丙烯酸) 过程中的相变行为。从图 2.20(a) 中可知,在反应开始的前 120 h 内,催化剂具有很好的稳定性,基本保持了 $CsH_2PMo_{12}O_{40}$ 的基本结构;但是,当反应进行到 180 h 时,开始有 MoO_3 的谱峰出现,如图 2.20(b) 所示,说明催化剂开始变质,反应进行到 360 h 时,在谱图中可以发现大量 MoO_3 的存在。而在相应的反应中,随着 MoO_3 的生成,2-甲基丙烯醛的转化率和甲基丙烯酸的选择性明显下降。这些结果对于催化剂的制备和反应条件的选择都有非常重要的作用。

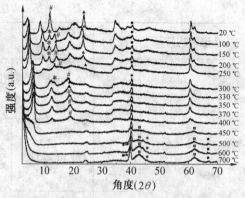

图 2.19　MgAl 水滑石的高温原位 X 射线衍射谱图

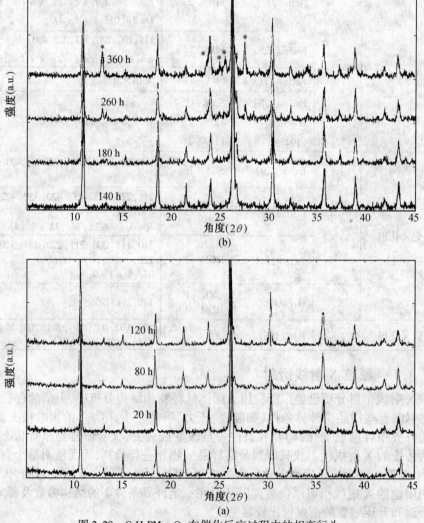

图 2.20　$CsH_2PMo_{12}O_{40}$ 在催化反应过程中的相变行为

注:* 代表 MoO_3

本章小结

本章主要简述了 X 射线粉末衍射仪的基本构造、工作原理和理论依据，以及测试前的试样制备方法和注意事项，重点列举了 X 射线粉末衍射仪物相分析、晶胞参数、取向分析、残余应力测定、晶粒大小、孔道结构等方面的具体应用实例，同时也对一些新兴的技术如原位 X 射线衍射进行了介绍。随着 X 射线粉末衍射技术的不断更新，X 射线粉末衍射已成为无机材料、有机材料、钢铁冶金、纳米材料等多个研究领域中不可或缺的重要表征手段之一。但是为了更好地利用 X 射线粉末衍射技术，充分了解试样信息，测试者应具备较强的图谱分析总结能力，同时也要掌握相关的晶体学知识。

参考文献

[1] 廖立兵，李国武.X 射线衍射方法与应用[M].北京：地质出版社，2008.
[2] 周上祺.X 射线衍射分析[M].重庆：重庆大学出版社，1991.
[3] 杨于兴，漆浚.X 射线衍射分析[M].上海：上海交通大学出版社，1989.
[4] 克鲁格.X 射线衍射技术：多晶体和非晶质材料[M].北京：冶金出版社，1986.
[5] CULLITY B D. Elements of X – ray Diffraction[M]. 2nd ed. Addison – Wesley Reading, 1978.
[6] SONG Y, YU J H, LI G H, et al. Combinatorial Approach for the Hydrothermal Syntheses of Open-framework Zinc Phosphates [J]. Chem. Commun., 2002 (16): 1720.
[7] 徐如人.分子筛与多孔材料化学[M].北京：科学出版社，2004.
[8] 丘利，胡玉和.X 射线衍射技术及设备[M].北京：冶金工业出版社，1998.
[9] 漆戎华.X 射线衍射与电子显微分析[M].上海：上海交通大学出版社，1992.
[10] 胡恒亮，穆祥祺.X 射线衍射技术[M].北京：纺织工业出版社，1988.
[11] 许并社.纳米材料及应用技术[M].北京：化学工业出版社，2004.
[12] 梁栋材.X 射线晶体学基础[M].北京：科学出版社，1991.
[13] 苗春省.X 射线定量相分析方法及应用[M].北京：地质出版社，1988.
[14] WANG N, CAO X, GUO L. Facile One-Pot Solution Phase Synthesis of SnO_2 Nanotubes [J]. J. Phys. Chem. C, 2008 (112): 12616.
[15] SUN Z H, WANG L F, LIU P P, et al. Magnetically Motive Porous Sphere Composite and Its Excellent Properties for the Removal of Pollutants in Water by Adsorption and Desorption Cycles [J]. Adv. Mater., 2006 (18): 1968.
[16] XU P, HAN X J, WANG M J. Synthesis and Magnetic Properties of $BaFe_{12}O_{19}$ Hexaferrite Nanoparticles by a Reverse Microemulsion Technique [J]. J. Phys. Chem. C, 2007 (111): 5866.
[17] WANG Z J, XIE Y, LIU C K. Synthesis and Characterization of Noble Metal (Pd, Pt, Au, Ag) Nanostructured Materials Confined in the Channels of Mesoporous SBA – 15 [J]. J. Phys. Chem. C, 2008 (112): 19818.
[18] 万红波，廖立兵.膨润土中蒙脱石物相的定量分析[J].硅酸盐学报，2009 (37): 2055.

[19] OUNNUNKAD S, WINOTAI P, PHANICHPHANT S. Effect of La Doping on Structural, Magnetic and Microstructural Properties of $Ba_{1-x}La_xFe_{12}O_{19}$ Ceramics Prepared by Citrate Combustion Process [J]. J. Elctroceram., 2006 (16): 357.

[20] SIDOKHINE F A, SIDOKHINEA E F, SIDOKHINE A F. A Method for the Indexation of Back-reflection Laue X-ray Photographs [J]. Appl. Crystallogr., 2009 (42): 1203.

[21] 赵新宝, 刘林, 余竹焕, 等. X射线衍射法测量单晶高温合金的取向[J]. 稀有金属材料与工程, 2009 (38): 1280.

[22] WANG Z B, YAN Y S. Controlling Crystal Orientation in Zeolite MFI Thin Films by Direct In Situ Crystallization [J]. Chem. Mater., 2001 (13): 1101.

[23] HAI H T, KURA H, TAKAHASHI M, et al. Facile Synthesis of Fe_3O_4 Nanoparticles by Reduction Phase Transformation from Gamma-Fe_2O_3 Nanoparticles Inorganic Solvent [J]. J. Colloid Interface Sci., 2010 (341): 194.

[24] SONG J W, REN L, YIN C, et al. Stable, Porous, and Bulky Particles with High External Surface and Large Pore Volume from Self-assembly of Zeolite Nanocrystals with Cationic Polymer [J]. J. Phys. Chem. C, 2008 (112): 8609.

[25] WANG L F, YIN C Y, SHAN Z C, et al. Bread-template Synthesis of Hierarchical Mesoporous ZSM–5 Zeolite with Hydrothermally Stable Mesoporosity [J]. Colloids Surf. A, 2009 (340): 126.

[26] CAI Q, LIN W Y, XIAO F S, et al. The Preparation of Highly Ordered MCM–41 with Extremely Low Surfactant Concentration [J]. Micropor. Mesopor. Mater., 1999 (32): 1.

[27] WEI M, SHI S X, WANG J, et al. Studies on the Intercalation of Naproxen into Layered Double Hydroxide and Its Thermal Decomposition by In Situ FT–IR and In Situ HT–XRD [J]. J. Soild State Chem., 2004 (177): 2534.

[28] MAROSI L, COX G, TENTEN A, et al. In Situ XRD Investigations of Heteropolyacid Catalysts in the Methacrolein to Methacrylic Acid Oxidation Reaction: Structural Changes during the Activation/Deactivation Process [J]. J. Catal., 2000 (194): 140.

第 3 章 俄歇电子能谱分析技术

内容提要

俄歇电子能谱(AES)是一种重要的表面分析技术,在化学、材料、机械和微电子技术等领域有着广泛的应用。本章主要介绍了俄歇电子能谱(AES)的基本原理、谱仪的结构及实验技术,重点介绍了俄歇电子能谱的分析及应用。主要从表面元素定性分析及半定量分析、元素深度分布分析和微区分析等几个方面对俄歇电子能谱的应用作了系统介绍。

3.1 引 言

利用俄歇现象发展而成的俄歇电子能谱(Auger Electron Spectroscopy, AES)是最主要的表面分析技术之一。它主要用于厚度小于 2 nm 的表面层内除氢、氦以外的所有元素的鉴定,具有获取信息速度快(由于其固有的高灵敏度)和空间分辨能力高(由于激发源电子束的易聚焦性)的特点。AES虽然一般用于元素及其分布的鉴定,但在一定的条件下也能给出一些化学环境的信息。

俄歇电子于 1925 年由 P. Auger 发现,但由于俄歇电子信号很弱,形成过程复杂,并且没有发现其实质性的应用价值,一直未受到重视。28 年以后,J. J. Jander 指出电子激发的俄歇电子可以用于检测表面杂质,但是要从噪声中检测出十分微弱的俄歇电子信号,当时的技术尚无法实现。1968 年,L. A. Harris 提出了一种"相敏检测"方法,大大改善了信噪比,使俄歇信号的检测成为可能。此后随着能量分析器的完善,俄歇谱仪达到了可以实用的阶段。1970 年通过扫描细聚焦电子束,实现了表面组分的二维分布分析(所得图像称俄歇图),出现了扫描俄歇微探针。1972 年,R. W. Palmberg 利用离子溅射,将表面逐层剥离,获得了元素的深度分析,实现了三维分析。至此,俄歇谱仪的基本格局已经确定,开始被广泛使用。

30 多年来,俄歇电子能谱在理论上和实验技术上都已获得了长足的发展,它是当今对表面元素定性、半定量分析以及元素深度分布分析和微区分析的重要手段。俄歇电子能谱的应用领域不再局限于传统的金属和合金,已扩展到迅猛发展的纳米薄膜、陶瓷材料和微电子元件的研究中,并大力推动了这些新兴学科的发展。俄歇电子能谱仪的技术也取得了巨大进步。在真空系统方面,已淘汰了会产生油污染的油扩散泵系统,而采用基本无有机物污染的分子泵和离子泵系统,分析室的极限真空也从 10^{-8} Pa 提高到 10^{-9} Pa 量级;在电子束激发源方面,已完全淘汰了钨灯丝,发展到使用六硼化铼灯丝和肖特基场发射电子源,使得电子束的亮度、能量分辨率和空间分辨率都有了大幅度的提高。现在电子束的最小束斑直径可以达到 10 nm,使得 AES 的微区分析能力和图像分辨率都得到了很大的提高。

AES 具有很高的表面灵敏度,其检测极限约为 10^{-3} 原子单层,采样深度约为 1~2 nm,比 XPS 还要浅,因此,更适合于表面元素定性和定量分析,同样还可以用于表面元素化学价态的研究。配合离子束剥离技术，AES 还具有很强的深度分析和界面分析能力。其深度分析的速度比 XPS 要快得多,深度分析的深度分辨率也比 XPS 高得多。AES 常用来进行薄膜材料的深度剖析和界面分析。此外,AES 还可以用来进行微区分析,且由于电子束束斑非常小,并且具有很高的空间分辨率,可以进行微区上元素的选点分析、线扫描分析和面分布分析。

3.2 俄歇表面分析技术的基本理论

1925 年,法国物理学家 Pierre Auger 在用 X 射线研究某些惰性气体的光电效应时,意外发现了一些短小的电子轨迹。轨迹的长度不随入射 X 射线的能量而变化,却随原子的不同而变化。俄歇认为,这一现象是原子受激发后的另一种退激发过程所至,过程涉及原子内部的能量转换,而后使外层电子克服结合能向外发射。他的发现与所做的相应解释被证明是正确的,因此,用他的名字来命名这种过程和发射的电子。

3.2.1 俄歇过程和俄歇电子

3.2.1.1 俄歇过程

当外来的具有足够大能量的电子束(或 X 射线)作用于样品表面时,可以在原子的某一壳层上激发出一个电子,从而在这一壳层上就形成一个空穴,这时的原子为一个激发态的正离子,这一状态不稳定,所存在的空穴会被能量比这个壳层高的壳层上的电子所填充。填充电子多余的能量可以通过发射 X 射线释放,或者被其他壳层上的电子所吸收,如果此能量比结合能大,那么该电子就可以逸出原子,这一出射电子就是俄歇电子。俄歇过程比较复杂,它涉及原子轨道上的 3 个电子的跃迁过程,终态原子

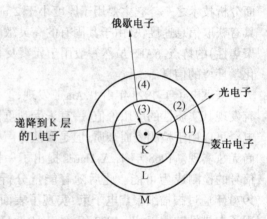

图 3.1 俄歇电子发射示意图

双电离,如图 3.1 所示。电子轰击后在 K 层产生一个空穴,外层 L 的一个电子填充至这个空穴,并释放出能量,该能量又激发了同一层或更外层轨道上的电子(俄歇电子),其过程发生顺序由数字标出。

俄歇电子的特点是:具有一定的能量,能量的大小取决于原子内有关壳层的结合能,而与入射电子束的能量无关,能量大小一般在几 eV 至 2 400 eV。

由于俄歇电子的能量与原子的种类有关,也与原子所处的化学状态有关,因此,它是一种特征能量,具有类似指纹鉴定的效果,可以用来鉴别和分析不同的元素及化学结构。

3.2.1.2 俄歇现象与光电效应和 X 射线发射的比较

图 3.2 描述了俄歇过程、光电离和 X 射线发射间密切相关的现象。光电离是用光子激发出一个电子的一步过程,而俄歇和 X 射线发射现象基本是两步过程。首先,在内壳层形成一个空位,然后这个空位由一个辐射或非辐射过程填充。空位可以通过电子或 X 射线轰

击形成。若用一电子束轰击,则电子束能量的一部分用于电离。受激原子或分子的始态和终态存在一能量差,即净能量,这一净能量被轰击电子和射出电子分配。因此,必须采用一种复合技术,才能使原子和分子结合能的信息从碰撞过程中形成的连续能量的电子能谱中得出来。当轰击能量接近结合能阈值时光抛出截面一般是最大的。但是电子轰击引起电离的最大截面一般出现在电子轰击能量是结合能几倍的情况下。

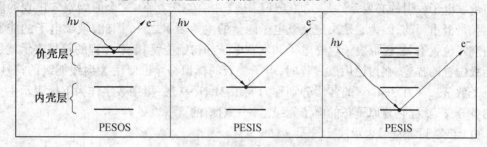

(a) 光电离(一步过程)

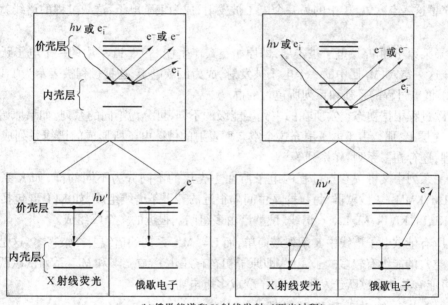

(b) 俄歇能谱和 X 射线发射(两步过程)

图 3.2　光电子离、俄歇能谱和 X 射线发射的基本过程

下面对一步过程(图 3.2(a))的光电子和两步过程(图 3.2(b))X 射线发射和俄歇能谱进行对比分析。光电离是一步过程,对外壳层(PESOS)和内壳层(PESIS)发射来说,在射出电子测定能量、光子能量和在受影响壳的结合能间有一简单关系。PESOS 确定了各种分子轨道的价壳层结合能。在 PESIS 中,确定了核心电子(原子的)结合能并注意到它们随化学环境(化学位移)的变化。X 射线发射和俄歇能谱是两步过程,在第一步中,一光子或电子使内壳层抛出一个电子(若用电子而不是光子,则入射电子 e_i^- 也被同时抛出);在第二步中,价壳层的一电子下降填充到抛出电子留下的空位上,同时 X 射线或第二个电子(俄歇电子)被抛出来。X 射线发射或俄歇过程中,一电子从价壳层下降,其化学位移给出两壳层的结合能。若跃迁是在两内壳层间进行的,因结合能一起移动,所以 X 射线谱有时并不能给出有价值信息。原则上俄歇谱对研究内壳跃迁是有价值的,因为净效应是抛出一个内壳层电子,

但是，由于产生的谱较复杂且寿命短，限制了俄歇能谱的使用。

3.2.2 俄歇电子能量与特征谱线的关系

3.2.2.1 俄歇过程的符号表示法与俄歇过程的系列

俄歇电子发射的必要条件是在原子外层电子中有空穴存在。这个原始空穴出现的能级位置又是极重要的，因为它是决定俄歇电子能量的主要因素之一。因此，俄歇电子的能量除了与空穴位置有关，还取决于填充电子和俄歇电子的初始位置。俄歇过程的符号表示就是上述能级位置的描述。在讨论俄歇过程时，电子能级的标识符号也使用 X 射线能级的符号。把主量子数 $n = 1,2,3,4,\cdots$ 的各层分别称为 K，L，M，N，$\cdots$ 层；再用数字作为下标表示主壳层中的各分支壳层。它与原子态的电子能级是一一对应的。

(1) 俄歇过程符号表示法

如果某原子的 K 层电子被击出，即原始空穴出现在 K 层，L_1 层中的一个电子跃迁到 K 层，填充了这一空穴，L_1 层中的另一个电子被发射，成为俄歇电子，这一过程的谱线就表示为 KL_1L_1。

如果某原子的 L_1 层电子被击出，即原始空穴产生在 L_1 层，L_3 层中的一个电子跃迁到 L_1 层，填充这一空穴，M_1 层中的一个电子被发射，成为俄歇电子，这种过程被表示为 $L_1L_3M_1$。

(2) 俄歇过程的系列和系列所包含的群

俄歇过程根据初态空穴所在的主壳层能级的不同，可分为不同的系列。如果原始空穴出现在 K 壳层上，那么由于电子填充这个空穴而发射的俄歇电子所形成的谱线系列成为 K 系列。同理，还存在 L 系列、M 系列等。

同一系列中又可按参与过程的电子所在主壳层的不同分为不同的群，如 K 系列包含 KLL，KLM，KMM，$\cdots$ 俄歇群，每一群又由间隔很近的若干条谱线组成，如 KLL 群包括 KL_1L_1，KL_1L_2，KL_1L_3，KL_2L_2，KL_2L_3，$\cdots$ 谱线。俄歇谱由多组间隔很近的多个峰组成。

在所有俄歇电子谱线中 K 系列最简单，而 L -，M - 系列的谱线要复杂得多。这是因为产生原始空穴的能级有较多的子壳层，即原子初态有好几个。在 L - 和 M - 系列俄歇跃迁发生之前，可能有其他俄歇跃迁发生，使原子变成多重电离。

3.2.2.2 俄歇群和俄歇谱线

俄歇群表达了一个完整的俄歇过程，经历这一过程的原子存在过两个空穴，终态能量取决于与两个空穴相对应的两个电子的能级位置和它们之间存在的耦合形式。俄歇电子携带的能量与原子的终态能量有关。如果知道终态的两个空穴能形成多少个不同的能量状态，那么从理论上就可以计算出有多少种能量的俄歇电子，由此来推测有多少条俄歇谱线。

到目前为止，终态能量状态的研究仍然是基于电子轨道运动和自旋运动的理论。由该理论引出了双电子的三种基本耦合模型：L - S 耦合、J - J 耦合和 I - C 耦合（介于前两者耦合之间的中间过渡型耦合）。

当用这三种耦合模型来分析讨论那些经过俄歇过程后的原子终态能量时，为了方便起见，一般选用 KLL 群作为分析研究的对象。这是因为在 KLL 群中，产生原始空穴的能级只涉及一个主壳层，原子初态比较简单。而 L，M，N 系列的子壳层间的能差较小，产生初始空穴的能级涉及多于一个子壳层，原子初态较复杂。但对于原子序数超过 20 的元素，由于 X 荧光的影响,只能选择 LMM 或 MNN 俄歇群作为分析对象。

由如图 3.3 所示的各元素的俄歇谱系可以发现如下特点：

① 对于较轻的元素(比如原子序数为 3~11)只有 KLL 谱系,没有 LMM 谱系。这是由于它们的电子在壳层上的分布所决定的。

② 对于原子序数从 12(镁)到 16(硫)的元素出现 KLL 谱系和 LMM 谱系交叉,也就是说,对于这个范围内的元素可以有两个以上的俄歇峰：一个在 K 系列,另一个在 L 系列。而且是 K 系列的俄歇谱峰能量很高,L 系列的能量较低。

③ 随着原子序数的增加,同一序列有多个谱峰出现。

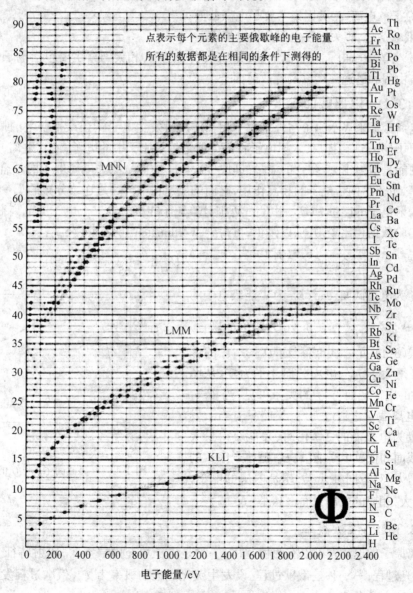

图 3.3 各元素的俄歇谱系

3.2.3 俄歇电子的强度

俄歇电子的强度是俄歇电子能谱进行元素定量分析的基础。但与原子的俄歇电子发射相比,固体中的俄歇电子发射要复杂得多。这是由于在固体中原子密度很高,而原子和原子之间,电子与原子之间的相互作用都大大增强了。因而对于固体来说,俄歇信号的强度不但与电离截面和俄歇电子的产额有关,而且还与固体材料本身的性质有关,这就是基体效应。基体效应包括俄歇电子的逃逸深度、背散射因子和表面粗糙度等。

俄歇电子从固体表面发射,可以用一个散射模型来描述:

① 原子的电离,相关因素主要是电离截面;

② 俄歇跃迁,相关因素主要是俄歇概率;

③ 产生的俄歇电子向表面运输,最后从表面逸出,相关因素主要包括电子的非弹性散射平均自由程和逃逸深度以及背散射因子。

3.2.3.1 电离截面

用电离截面来表示原子与外来粒子相互作用时发生电子跃迁产生空穴的概率。当电子与物质原子(分子)碰撞后,入射电子将部分能量传给原子中的电子,使其电离,自身则携带损失后的能量散射出去。剩余的能量(即原一次电子的能量减去电离电子的结合能)为两个电子共享,由于这两个电子的相互作用,它们的能量在电离后是连续分布的。

设入射电子的能量为 E_P,用 Born 近似计算原子能级失去一个电子的电离截面。把所得结果与实验数据相比较,并加以修正,可得到 Worthington - Tomlin 公式:

$$Q_W = \frac{6.51 \times 10^{-14} \cdot a_W \cdot b_W}{E_W^2} \left(\frac{1}{U} \ln \frac{4U}{1.65 + 2.35 e^{1-U}} \right) \tag{3.1}$$

式中,Q_W 为电离截面,cm^2;E_W 为 W 能级电子的电离能,eV;$U = \dfrac{E_P}{E_W}$;a_W 和 b_W 为两个常数。

从式(3.1)可见,电离截面 Q_W 是 U 的函数。E_P 必须大于 E_W,电离截面才不为零。从图3.4所示的电离截面与 U 的关系可见,当 $U = 2.7$ 时,电离截面达到最大值,说明只有当激发源的能量为电离能的 2.7 倍时,才能获得最大的电离截面和俄歇电子能量。E_W 随原子序数的增加而增大。对于同种元素,越是内层的电子,E_W 也越大,相应的电离截面也越小。

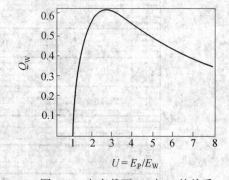

图 3.4 电离截面 Q_W 与 U 的关系

3.2.3.2 俄歇概率

电离原子的退激发可以有两种过程:一种是电子填充内层空穴,辐射特征 X 射线的过程,即荧光过程;另一种是俄歇过程。设发生荧光过程的概率为 P_x,俄歇过程发生的概率为 P_a,则

$$P_x + P_a = 1$$

考虑到屏蔽效应和相对论效应,对初态空穴在K能级的电离原子,E. H. S. Burhop给出

了 P_a 的半经验公式：

$$\left(\frac{1-P_a}{P_a}\right)^n = A + BZ + CZ^3 \tag{3.2}$$

式中，Z 为原子序数；n,A,B,C 都为常数。

由式(3.2)可分别计算出 P_a 和 P_x 随 Z 变化的关系，如图 3.5 所示。如果 $Z < 19$，P_a 在 90% 以上。直到 $Z = 33$，P_x 才增加到与 P_a 相等。

原子序数低的元素更易于俄歇发射。发射几率随 Z 和空穴位置(K，L，M，…)变化。在实际进行俄歇分析时，随 Z 的增加，依次选用 KLL，LMM，MNN，… 系列，荧光概率都可近似是零，退激发过程可近似认为仅有俄歇过程。

实验表明，同一系列中较强的俄歇峰 WXY 一般是 X、Y 主量子数相等，同时 X、Y 主量子数比 W 大 1 的过程，如 KLL、LMM、MNN、NOO 等群在各自的系列中一般都比较强。

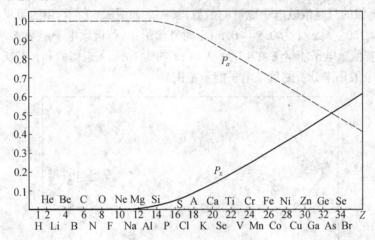

图 3.5　俄歇概率与荧光概率

3.2.3.3　电子的非弹性散射平均自由程和逃逸深度

俄歇电子在样品内产生，携带样品原子的特征信息，在逸出表面之前，若和样品原子发生了各种非弹性散射过程(包括单电子激发和电离、等离子激发、声子激发等)，方向会发生变化，能量会受到损失。失去了特征能量的俄歇电子不再携带元素的特征信息，而成为本底信号，因而运输过程中俄歇信号将发生衰减。用来进行表面分析的俄歇电子应当是能量无损失地运输到表面的电子，因而只能是在深度很浅处产生的，这就是用俄歇谱能进行表面分析的原因。

设有 N 个俄歇电子，在固体中经过 dz 距离，损失了 dN 个电子。显然，dN 与 N 及 dz 成正比，于是有

$$dN = -\frac{1}{\lambda}Ndz \tag{3.3}$$

积分并代入初始条件：$z = 0$，$N = N_0$，可以得到

$$N = N_0 e^{-\frac{z}{\lambda}} \tag{3.4}$$

式中，λ 被称为电子的衰减长度。

由于不能排除固体中弹性散射的影响，难以直接测定电子的非弹性散射平均自由程，所

以近似地把电子的衰减长度作为电子的非弹性散射"平均自由程"。有人估计这样的衰减长度可能比非弹性散射平均自由程小30%。

俄歇电子在固体中子运输按指数规律衰减，经过3λ，便只剩5%。如果俄歇电子沿与固体表面法线成θ角并指向固体外部方向运输，则可大致认为深度超过3λcos θ处的俄歇电子，就不能能量无损地到达表面然后逸出。实际上λ非常小，大约为0.3～2 nm。因此俄歇能谱仪可以进行表面分析。

平均自由程是一个很重要的参量。它可以通过实验方法测量，其中的一个方法就是在基底上沉积一层待测的研究材料，测量基底某个俄歇峰的大小随着沉积厚度的变化，便可得到这种能量的俄歇电子在所研究的材料中的平均自由程λ，所研究的材料不应该有基底的俄歇峰。

实验表明λ取决于固体材料和俄歇电子的能量。然而对于纯元素，λ与元素种类近似无关。那么λ就近似的只是俄歇电子能量的函数，其关系如图3.6所示。由图可见，当俄歇电子能量E在75～100 eV处，λ为0.5～0.6 nm时其值最小；若俄歇电子能量E增大或者减小时，λ均增加；若俄歇电子能量E在1 000 eV时，λ约为1 nm。λ近似的和$E^{1/2}$成正比，而这个能量范围正是一般用来分析的俄歇电子能量范围。

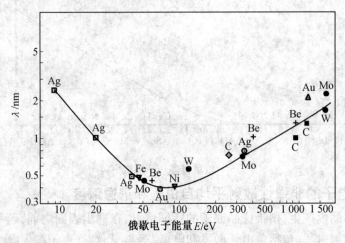

图3.6 俄歇电子平均自由程的普适曲线

把λ沿固体表面法线方向的投影λcos θ称为出射电子在固体中的逃逸深度。只有在逃逸深度内（<λ$_{cos θ}$）产生的俄歇电子才能保持其固有的特征能力逸出固体表面，成为俄歇信号，被检测和吸收。因此，逃逸深度可用来估计表面电子谱的信息深度，以回答信号电子所携带的信息是来自多厚的表面层电子。

① 逃逸深度与逃逸电子的能量和材料性质的关系

$$\lambda = CEm \tag{3.5}$$

式中，E为电子能量；C和m为和材料有关的常数。

② 估计逃逸深度的三个常用经验公式

适用于元素

$$\lambda = \frac{538a}{E^2} + 0.41 a^{\frac{3}{2}} E^{\frac{1}{2}} \tag{3.6}$$

适用于无机化合物

$$\lambda = \frac{2\,170a}{E^2} + 0.72 a^{\frac{3}{2}} E^{\frac{1}{2}} \tag{3.7}$$

式中,$a = \left(\frac{A_m}{N_A \rho_A}\right)^{\frac{1}{3}nm}$;$A_m$ 为原子质量;$N_A = 6.022 \times 10^{23}$;$\rho_A$ 为原子密度。

适用于有机化合物

$$\lambda = \frac{49}{E^2} + 0.11 E^{\frac{1}{2}} \tag{3.8}$$

由于常用的俄歇电子能量在 2 keV 以下,因此大致上只有在表面 2 nm 深度范围内发射的俄歇电子才能不改变原携带的信息而逸出,这就是俄歇能谱仪之所以表面灵敏的原因。

3.2.3.4 背散射因子

一般入射电子的能量在 3 ~ 30 keV,可以透过固体表面 10 nm。大量非弹性碰撞会产生大量的低能二次电子以及俄歇电子或光子。初级电子束射入固体后,也会遭受到非弹性散射而损失能量和改变运动方向。其中一部分散射角较大的初级电子向固体外部背散射出来,重新逸出固体表面,称为背散射电子。背散射电子的能量有大有小,能量较大的电子会使固体表面区域的原子激发而产生俄歇跃迁发射出俄歇电子。因其发生在表面区,则这些俄歇电子也会能量无损失地从表面逸出,从而使俄歇信号增强,若俄歇信号比原来增大 r_M 倍(r_M 称为背散射因子),这时俄歇信号的总强度可表示为

$$I = I_0 + I_M = I_0(1 + r_M) \tag{3.9}$$

式中,I_M 为由背散射电子引起的俄歇信号强度。

背散射因子不仅与固体材料的性质有关,而且也与俄歇跃迁过程初始空穴能级有关。

3.2.3.5 固体中发射俄歇信号的强度

综合考虑以上各个因素对俄歇信号的贡献和影响,俄歇信号强度可表示为

$$I_A = I_P \cdot \sec\alpha \cdot n_i \cdot Q_W \cdot P_{WXY} \cdot \lambda\cos\theta \cdot (1 + r_M) \cdot T \cdot R \tag{3.10}$$

式中,I_P 为初级电子束流的强度;α 为初级电子束与表面夹角;n_i 为原子密度;Q_W 为原子 W 能级的电离截面;P_{WXY} 为发生 WXY 俄歇过程的俄歇概率;$\lambda\cos\theta$ 为俄歇电子的平均逸出深度;r_M 为背散射因子;T 为探测效率;R 为表面粗糙度因子,$R \leq 1$。

3.2.4 化学效应

俄歇能谱中出现的化学效应有如下三种:

① 化学位移:原子价电子的状态变化引起原子能级的位移。

② 峰形状的变化:价电子态密度变化引起与价电子有关的俄歇峰形状的变化。

如果俄歇过程涉及价带,由于价带有一定宽度,会造成俄歇峰变宽,俄歇峰的形状复杂度与价带的态密度有关。

③ 峰的低能侧的形状变化:由俄歇电子逸出表面时能量损失机制变化引起。

与在 XPS 中一样,轨道电子能级对固体中原子的化学环境是敏感的(化学位移)。俄歇电子能谱的化学位移的来源涉及三个电子能级,情况比较复杂。一般难于对 AES 谱中的化学位移进行指认,而更依赖于"指纹"谱。在 AES 中可观察到化学位移,但涉及的三个电子中的每一个都可能与多重终态或弛豫效应有关。AES 数据非常复杂,比 XPS 更难于解释,所以 AES

并不像 XPS 那样多地用于化学环境信息,而是大量用于定量组分分析。

3.3 仪器结构

与 X 射线光电子能谱仪一样,俄歇电子能谱仪的仪器结构也非常复杂。图 3.7 是俄歇电子能谱仪的结构框图,从图上可见,俄歇电子能谱仪主要由快速进样系统、超高真空系统、电子枪、离子枪和能量分析系统及计算机数据采集和处理系统等组成。下面对俄歇电子能谱仪的结构进行简单的介绍,按不同的样品和不同的实验要求,具体谱仪结构有所不同。

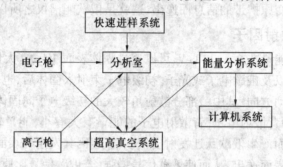

图 3.7 俄歇电子能谱仪结构框图

3.3.1 样品室

样品室可同时放置几个样品,既可以对样品进行多种分析,也可以对样品进行加热、冷却、蒸镀和刻蚀等处理;并且,依靠真空闭锁装置,可以使得在换样过程中对真空破坏不大。

3.3.2 电子枪

俄歇电子能谱仪所用的俄歇信号激发源是电子束。选用电子束是由于:①热电子源是一类高亮度、高稳定性的小型化激发源,且容易获得;②由于电子束带电荷,可采用透镜系统聚焦、偏转;③电子束和固体的相互作用大,原子的电离效率高。

电子枪是俄歇电子能谱仪的激发源。由阴极产生的电子束经聚焦后成为很小的电子束斑打在样品上,激发产生俄歇电子。灯丝阴极材料一般用六氟化镧(LaF_6),六氟化镧灯丝比钨丝亮度大。现在的电子能谱仪也采用场发射电子枪,场发射电子枪可以提供比钨丝和六氟化镧丝更小的电子束斑,束流密度大,空间分辨率高,缺点是易损坏。电子枪又分为固定式和扫描式两种,扫描式电子枪的电子束在偏转电极控制下可以在样品上扫描,电子束斑直径约为 5 μm,这种能谱仪又称为俄歇探针,利用俄歇探针可以进行固体表面元素分析。

3.3.3 氩离子枪

氩离子枪具有清洁样品表面和进行样品剥离的作用。氩离子枪分固定式和扫描式两种。固定式氩离子枪只用于清洁表面。而扫描式氩离子枪可以用于深度分析。氩离子枪的能量为 0.5~5 keV;离子束斑直径为 1~10 mm。

3.3.4 电子能量分析器

俄歇信号强度大约是初级电子强度的万分之一。如果考虑噪声的影响,如此小的信号检测是十分困难的,因此必须选择信噪比高的能量分析系统。俄歇电子能谱仪的能量分析系统一般采用筒镜分析器。

分析器的主体是两个同心的圆筒,如图3.8所示。样品和内筒同时接地,在外筒上施加一个负的偏转电压,内筒上开有圆环状的电子入口和出口,激发电子枪置于筒镜分析器的内腔中(也可以放在筒镜分析器外部)。由样品上发射的具有一定能量的电子从入口位置进入两圆筒夹层,因外筒加有偏转电压,最后使电子从出口进入检测器。若连续地改变外筒上的偏转电压,就可以在检测器上依次接收到具有不同能量的俄歇电子。

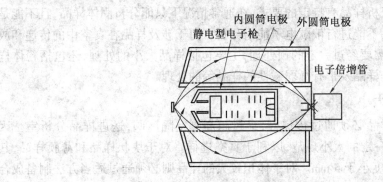

图3.8 筒镜型俄歇分析器

3.3.5 检测器

电子能谱仪的检测器多使用单通道电子倍增器,由于串级碰撞作用,电子打到倍增器后可以有 $10^6 \sim 10^8$ 的增益,在倍增器末端输出很强的脉冲,脉冲放大后经多道分析器和计算机处理并显示。

3.3.6 真空系统

电子能谱仪需要超高真空,因为电子能谱仪是一种表面分析仪器,如果没有足够高的真空度,清洁的样品表面会很快被残余气体分子所覆盖,这样就不能得到正确的分析结果;另外,光电子信号一般很弱,光电子能量也很低,过多的残余气体分子与光电子碰撞,可能使得光电子得不到检测。因此,电子能谱仪要求 $10^{-7} \sim 10^{-8}$ Pa 的真空度,为了达到这么高的真空度,电子能谱仪的真空系统由机械泵、分子涡轮泵、离子溅射泵和钛升华泵组成。

3.3.7 俄歇电子能谱仪的分辨率和灵敏度

能谱仪的能量分辨率由能量分析器决定。通常能量分析器的分辨率 $\frac{\Delta E}{E} < 0.5\%$,$E$ 一般为 $1\,000 \sim 2\,000$ eV,所以 ΔE 约为 $5 \sim 10$ eV。谱仪的空间分辨率与最小束斑直径有关。目前一般商品扫描俄歇的最小束斑直径小于 50 nm。采用场发射俄歇电子枪可以在达到相同束流的情况下,使电子束斑直径大大减小。目前场发射俄歇电子枪的束斑直径可以小于 6 nm。

灵敏度(检测极限)是俄歇谱仪的主要性能指标之一。俄歇谱仪的检测极限受信噪比的限制,由于俄歇谱存在很强的本底,它的散粒噪声限制了检测极限,所以几种主要的表面分析仪器中,俄歇谱仪不算太灵敏。一般认为俄歇谱仪典型的检测极限为 0.1%~1%,信息深度小于 5 nm,这是非常粗糙的数量级概念。实际上,俄歇谱仪灵敏度与很多因素有关,差别也很大。

3.4 实验技术

3.4.1 样品的制备技术

俄歇电子能谱仪对分析样品有特定的要求,在通常情况下只能分析固体样品,且不能是绝缘体。原则上粉体样品不能进行俄歇电子能谱分析。由于涉及样品在真空中的传递和放置,待分析的样品一般都需要经过一定的预处理,主要包括样品大小的处理,还包括粉体样品、挥发性样品、表面污染样品及带有微弱磁性的样品等的处理。

3.4.1.1 样品的大小

由于在实验过程中样品必须通过传递杆,穿过超高真空隔离阀,送进样品分析室。因此,样品的尺寸必须符合一定的大小规范,以利于真空进样。对于块状样品和薄膜样品,其长宽最好小于 10 mm,高度小于 5 mm。对于体积较大的样品则必须通过适当方法制备成合适大小的样品。但在制备过程中,必须考虑处理过程可能对表面成分和状态的影响。

3.4.1.2 粉体样品

对于粉体样品有两种常用的制样方法。一种是用双面胶带直接把粉体固定在样品台上,另一种是把粉体样品压成薄片,然后再固定在样品台上。前者的优点是制样方便,样品用量少,预抽到高真空的时间较短;缺点是可能引入胶带的成分。后者的优点是可以在真空中对样品进行处理,如加热、表面反应等,其信号强度也要比胶带法高得多;缺点是样品用量太大,抽到超高真空的时间太长。在普通的实验过程中,一般采用胶带法制样。

3.4.1.3 含有挥发性物质的样品

对于含有挥发性物质的样品,在样品进入真空系统前必须清除掉挥发性物质。一般可以通过对样品加热或用溶剂清洗等方法处理。

3.4.1.4 表面有污染的样品

对于表面有油等有机物污染的样品,在进入真空系统前必须用油溶性溶剂如环己烷、丙酮等清洗掉样品表面的油污;最后再用乙醇清洗掉有机溶剂,为了保证样品表面不被氧化,一般采用自然干燥。

3.4.1.5 带有微弱磁性的样品

由于光电子带有负电荷,在微弱的磁场作用下,也可以发生偏转。当样品具有磁性时,由样品表面出射的光电子就会在磁场的作用下偏离接收角,不能到达分析器,得不到正确的 AES 谱。此外,当样品的磁性很强时,还有可能使分析器头及样品架磁化的危险,因此,绝对禁止带有磁性的样品进入分析室。一般对于具有弱磁性的样品,可以通过退磁的方法去掉样品的微弱磁性，再进行分析。

3.4.2 离子束溅射技术

在俄歇电子能谱分析中，为了清洁被污染的固体表面和进行离子束剥离深度分析，常常利用离子束对样品表面进行溅射剥离。利用离子束可以定量地控制剥离一定厚度的表面层，然后再用俄歇电子谱分析表面成分，这样就可以获得元素成分沿深度方向的分布图。作为深度分析用的离子枪，一般使用 0.5~5 keV 的 Ar 离子源，离子束的束斑直径为 1~10 mm，并可扫描。依据不同的溅射条件，溅射速率可在 0.1~50 $nm \cdot min^{-1}$ 范围内变化。采用间断溅射方式，可提高分析过程的深度分辨率，增加离子束/电子束的直径比，可减少离子束的坑边效应。为了降低离子束的择优溅射效应及基底效应，应提高溅射速率和降低每次溅射间隔的时间。离子束的溅射速率不仅与离子束的能量和束流密度有关，还与溅射材料的性质有关，所以给出的溅射速率是相对于某种标准物质的相对溅射速率，而不是绝对溅射速率。俄歇深度分析表示的深度也是相对深度，而不是绝对深度。

3.4.3 样品的荷电问题

对于导电性能不好的样品，如半导体材料、绝缘体薄膜，在电子束的作用下，其表面会产生一定的负电荷积累，这就是俄歇电子能谱中的荷电效应。样品表面荷电相当于给表面自由的俄歇电子增加了一定的额外电压，使测得的俄歇动能比正常值高。在俄歇电子能谱中，由于电子束的束流密度很高，样品荷电是一个很严重的问题。有些导电性不好的样品，经常因为荷电严重而不能获得俄歇谱。但由于高能电子的穿透能力以及样品表面二次电子的发射作用，对于厚度一般在 100 nm 以下的绝缘体薄膜，如果基体材料能导电，其荷电效应几乎可以自身消除。因此，对于一般的薄膜样品，不用考虑其荷电效应。

3.4.4 俄歇电子能谱的采样深度

俄歇电子能谱的采样深度与出射的俄歇电子的能量及材料的性质有关。一般定义俄歇电子能谱的采样深度为俄歇电子平均自由程的 3 倍。根据俄歇电子平均自由程的数据可以估计出各种材料的采样深度：对于金属为 0.5~2 nm，对于无机物为 1~3 nm，对于有机物为 1~3 nm。从总体上来看，俄歇电子能谱的采样深度比 XPS 的要浅，却更具有表面灵敏性。

3.5 俄歇电子能谱图的分析技术

俄歇电子能谱具有五个有用的特征量：特征能量、强度、峰位移、谱线宽和线型。由 AES 的这五方面特征可获如下表面特征：化学组成、覆盖度、键中的电荷转移、电子态密度和表面键中的电子能级等。由于弛豫和极化对空穴的屏蔽，初态和终态价电子分布在 AES 和 XPS 中是不同的。XPS 和 AES 中的化学位移都可解释为初态效应和弛豫的混合效应。AES 由于外原子弛豫，其化学位移的范围可比 XPS 大，遗憾的是 AES 的化学位移复杂较难给出直观解释。表 3.1 给出了俄歇电子能谱的信号种类以及它们分别给出的信息。

表 3.1 采用俄歇电子能谱可得到的信号种类和信息

信号种类	所得信息
俄歇电子的特征峰	表面定性分析 表面半定量分析 能带结构(能态分析)
能量损失峰	定性分析 电介质膜的厚度 纵向数据 表面形貌
俄歇信号随深度的变化	纵向元素分布
俄歇信号的面分布	二维分析 结合纵向变化可作三维分析
俄歇信号的角分布	纵向数据 表面的晶体性质

3.5.1 表面元素定性鉴定

表面元素定性鉴定是一种最常规的分析方法,也是俄歇电子能谱最早的应用之一。由于俄歇电子的能量只与原子本身的轨道能级有关,与入射电子的能量无关,对于特定的元素及特定的俄歇跃迁过程,其俄歇电子的能量是特征的。因此,可以根据俄歇电子的动能来定性分析样品表面物质的元素种类。该方法适用于除氢和氦以外的所有元素,而且由于每个元素会有多个俄歇峰,定性分析的准确度很高。

由于激发源的能量远远大于原子轨道上电子的能量,一束电子可以激发出原子多个内层轨道上的电子,而且退激发过程中还会有两个次外层轨道的电子跃迁。因此,多种俄歇过程可以同时出现,并在俄歇电子能谱上产生多组俄歇峰。元素的原子序数越高,俄歇峰的数目就越多,使俄歇电子能谱的定性分析变得非常复杂。

实际上利用俄歇电子能谱进行定性分析就是根据测得的 AES 微分谱负峰的位置识别元素,主要是利用与标准谱图对比的方法。标准谱图源自标准谱图的手册如 Perkin - Elmer 公司的《俄歇电子能谱手册》,在标准手册中有主要俄歇电子能量图和各元素的标准谱图。俄歇电子能谱的定性分析步骤如下:

①首先要辨认主要强峰,利用标准手册中的"主要俄歇电子能量图",可以把对应此峰的可能元素降低到 2~3 种。然后与这几种可能的元素的标准谱图进行对比分析,同时要考虑到元素的化学状态不同所产生的化学位移,所测得的俄歇峰的能量与标准谱图上的峰的能量常会相差几个到十几 eV;

②确定了主峰元素后,利用标准谱图,在所测得的俄歇电子能谱上标记属于该元素的峰;

③对于尚未标记的峰,应为次要组分的俄歇峰,重复步骤①和②,标记较弱的峰。对于含量较少的元素,有可能只有主峰才能在俄歇谱图上出现;

④如果还有未能识别的峰,那么它们有可能是一次电子所产生的能量损失峰。改变入射电子能量,观察该峰是否移动,若移动就不是俄歇峰。

一般利用 AES 谱仪的宽扫描程序,收集从 20~1 700 eV 动能区域的俄歇谱。为了增加谱图的信噪比,通常采用微分谱来进行定性鉴定。对于大部分元素,其俄歇峰主要集中在 20~1 200 eV 的范围内,对于有些元素则需利用高能端的俄歇峰来辅助进行定性分析。此外,为了提高高能端俄歇峰的信号强度,可以通过提高激发电子能量的方法来获得。通常采取俄歇谱的微分谱的负峰能量作为俄歇动能,进行元素的定性标定。在分析俄歇能谱图时,必须考虑荷电位移问题。一般来说,金属和半导体样品几乎不会荷电,因此不用校准。但对于绝缘体薄膜样品,有时必须进行校准,以 C KLL 峰的俄歇动能为 278.0 eV 作为基准。在判断元素是否存在时,应用其所有的次强峰进行证明,否则应考虑是否为其他元素的干扰峰。

图 3.9 是金刚石表面的 Ti 薄膜的俄歇定性分析谱,电子枪的加速电压为 3 kV。从图上可见,AES 谱图的横坐标为俄歇电子动能,纵坐标为俄歇电子计数的一次微分。激发出来的俄歇电子由其俄歇过程所涉及的轨道的名称标记。如图中的 C KLL 表示碳原子的 K 层轨道的一个电子被激发,在退激过程中,L 层轨道的一个电子填充到 K 轨道,同时激发出 L 层上的另一个电子。由于俄歇跃迁过程涉及多个能级,可以同时激发出多种俄歇电子,因此在 AES 谱

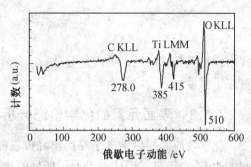

图 3.9 金刚石表面的 Ti 薄膜的俄歇定性分析谱

图上可以发现 Ti LMM 俄歇跃迁有两个峰。由于大部分元素都可以激发出多组光电子峰,因此非常有利于元素的定性标定,排除能量相近峰的干扰。如 N KLL 俄歇峰的动能为 379 eV,与 Ti LMM 俄歇峰的动能很接近,但 N KLL 仅有一个峰,而 Ti LMM 有两个峰,因此俄歇电子能谱可以很容易地区分 N 元素和 Ti 元素。由于相近原子序数元素激发出的俄歇电子的动能有较大的差异,因此相邻元素间的干扰作用很小。

3.5.2 表面元素的半定量分析

从样品表面射出的俄歇电子的强度与样品中该原子的浓度有线性关系,因此可以利用这一特征进行元素的半定量分析。但应当明确,俄歇电子能谱不是一种很好的定量分析方法。这是由于俄歇电子的强度不仅与原子的多少有关,还与俄歇电子的逃逸深度、样品的表面粗糙度、元素存在的化学状态以及仪器的状态有关。因此,俄歇电子能谱技术一般不能给出所分析元素的绝对含量,只能提供元素的相对含量。而且由于元素的灵敏度因子不仅与元素的种类有关,还与元素在样品中的存在状态及仪器的状态有关,即使是相对含量不经校准也存在着很大的误差。另外,还需要注意的是,AES 的绝对检测灵敏度虽然很高,能够达到 10^{-3} 原子单层,但是它是一种表面灵敏的分析方法,对于体相检测灵敏度仅为 0.1% 左右。其表面采样深度为 1.0~3.0 nm,提供的是表面上的元素含量,与体相成分会有很大差别。最后,还应指出的是 AES 的采样深度与材料性质和激发电子的能量有关,也与样品表面和探头的角度有关。因此,它给出的仅是一种半定量的分析结果,即相对含量而不是绝对含量。

俄歇电子能谱有多种定量分析方法,主要包括纯元素标样法、相对灵敏度因子法以及相近成分的多元素标样法,最常用和实用的方法是相对灵敏度因子法。该方法的定量计算

式为

$$C_i = \frac{I_i/S_i}{\sum_{i=1}^{i=n} I_i/S_i} \quad (3.11)$$

式中,C_i 为第 i 种元素的摩尔分数;I_i 为第 i 种元素的俄歇信号强度;S_i 为第 i 种元素的相对灵敏度因子,可以从手册上得到。

由式(3.7)可见,AES 得到的定量数据是以摩尔分数表示的,而不是常用的质量分数,它们可以通过下面的公式进行换算:

$$C_i^{wt} = \frac{C_i/A_i}{\sum_{i=1}^{i=n} C_i/A_i} \quad (3.12)$$

式中,C_i^{wt} 为第 i 种元素的质量分数;C_i 为第 i 种元素的 AES 摩尔分数;A_i 为第 i 种元素的相对原子质量。

3.5.3 表面元素的化学价态分析

化学效应是指俄歇电子峰的出峰位置的能量和峰的形状等因原子的化学环境不同而引起的改变,它携带了固体表面原子所处的化学环境的信息,可作为化学状态分析的参考。表面元素化学价态分析是 AES 分析的一种重要功能,但由于谱图解析的困难和能量分辨率低的缘故,一直未能获得广泛的应用。最近随着计算机技术的发展,采用积分谱和扣背底处理,谱图的解析变得容易得多。再加上俄歇化学位移比 XPS 的化学位移大得多,且结合深度分析可以研究界面上的化学状态。因此,近年俄歇电子能谱的化学位移分析在薄膜材料的研究上获得了重要的应用,取得了很好的效果。但是,由于很难找到俄歇化学位移的标准数据,要判断其价态,必须用自制的标样进行对比,这是利用俄歇电子能谱研究化学价态的不利之处。此外,俄歇电子能谱不仅有化学位移的变化,还有线形的变化。俄歇电子能谱的线形分析也是进行元素化学价态分析的重要方法。

从图 3.10 可见,Si LVV 俄歇谱的动能与 Si 原子所处的化学环境有关。在 SiO_2 中,Si LVV 俄歇谱的动能为 72.5 eV,而在单质硅中,其 Si LVV 俄歇谱的动能则为 88.5 eV。可以根据硅元素的化学位移效应研究 SiO_2/Si 的界面化学状态。

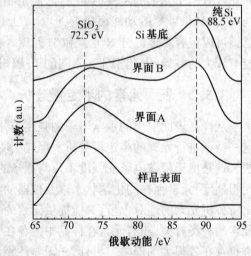

图 3.10 在 SiO_2/Si 界面不同深度处的 Si LVV 俄歇谱

由图 3.10 可见,随着界面的深入,SiO_2 物种的量不断减少,单质硅的量则不断增加。

3.5.4 深度分析

AES 的深度分析功能是俄歇电子能谱最有用的分析功能。一般采用 Ar 离子剥离样品表面的深度分析方法。该方法是一种破坏性分析方法,会引起表面晶格的损伤、择优溅射和表面原子混合等现象。但当其剥离速度很快和剥离时间较短时,以上效应就不太明显,一般可以不用考虑。其分析原理是,先用 Ar 离子把一定厚度的表面层溅射掉,然后再用 AES 分析剥离后的表面元素含量,这样就可以获得元素在样品中沿深度方向的分布。由于俄歇电子能谱的采样深度较浅,因此俄歇电子能谱的深度分析比 XPS 的深度分析具有更好的深度分辨率。当离子束与样品表面的作用时间较长时,样品表面会产生各种效应。为了获得较好的深度分析结果,应当选用交替式溅射方式,并尽可能地降低每次溅射间隔的时间。离子束与电子枪束的直径比应大于 10 以上以避免离子束的溅射坑效应。

图 3.11 是 PZT/Si 薄膜界面反应后的典型俄歇深度分析谱图。横坐标为溅射时间,与溅射深度有对应关系,纵坐标为元素的摩尔分数。从图上可以清晰地看到各元素在薄膜中的分布情况。在经过界面反应后,在 PZT 薄膜与硅基底间形成了稳定的 SiO_2 界面层,这一界面层是通过从样品表面扩散进的氧与从基底上扩散出的硅反应而形成的。

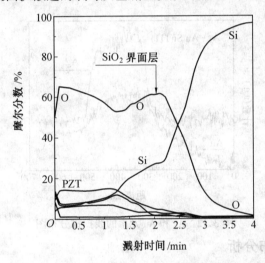

图 3.11 PZT/Si 薄膜界面反应后的俄歇深度分析谱图

3.5.5 微区分析

由于 AES 的电子束束斑可聚焦到 2 nm 左右,采集数据深度又浅,所以它是一种微区分析的重要手段。作为微区分析,可以进行微区选点分析、线扫描分析和面分布分析。俄歇电子能谱仪的微区分析功能在微电子和光电子领域以及纳米材料的研究中是最常用的方法之一。

3.5.5.1 选点分析

俄歇电子能谱由于采用电子束作为激发源,其束斑面积可以聚焦到非常小。从理论上讲,俄歇电子能谱选点分析的空间分辨率可以达到束斑面积大小。因此,利用俄歇电子能谱可以在很微小的区域内进行选点分析,当然也可以在一个大面积的宏观空间范围内进行选点分析。微区范围内的选点分析可以通过计算机控制电子束的扫描,在样品表面锁定待分析点。对于在大范围内的选点分析,一般采取移动样品的方法,使待分析区和电子束重叠。这种方法的优点是可以在很大的空间范围内对样品点进行分析,选点范围取决于样品架的可移动程度。利用计算机软件选点,可以同时对多点进行表面定性分析、表面成分分析、化学价态分析和深度分析,这是一种非常有效的微探针分析方法。

3.5.5.2 线扫描分析

在研究工作中,不仅需要了解元素在不同位置的存在状况,有时还需要了解一些元素沿某一方向的分布情况,俄歇线扫描分析能很好地解决这一问题,线扫描分析可以在微观和宏观的范围内进行(1~6 000 μm)。俄歇电子能谱的线扫描分析常应用于表面扩散研究、界面分析研究等方面。

Ag-Au 合金超薄膜在 Si(111)面单晶硅上电迁移后的样品表面 Ag 和 Au 元素的线扫描分布如图 3.12 所示。横坐标为线扫描宽度,纵坐标为元素的信号强度。从图上可见,虽然 Ag 和 Au 元素的分布结构大致相同,但可见 Au 已向左端进行了较大规模的扩散,这表明 Ag 和 Au 在电场作用下的扩散过程是不一样的。此外,其扩散是单向性的,取决于电场的方向。

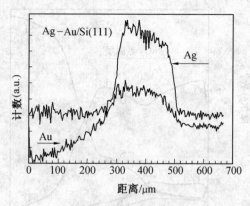

图 3.12 Ag 和 Au 元素的线扫描分布图

3.5.5.3 面分布分析

俄歇电子能谱的面分布分析也可称为俄歇电子能谱的元素分布的图像分析。它可以把某个元素在某一区域内的分布以图像的方式表示出来,就像电镜照片一样。只是电镜照片提供的是样品表面的形貌像,而俄歇电子能谱提供的是元素的分布像。结合俄歇化学位移分析,还可以获得特定化学价态元素的化学分布像。俄歇电子能谱的面分布分析适合于微型材料和技术的研究,也适合表面扩散等领域的研究。在常规分析中,由于该分析方法耗时非常长,一般很少使用。

3.6 俄歇电子能谱的应用

3.6.1 表面检查和污染分析

俄歇电子能谱是一种表面分析工具,由于它可以进行元素的定性分析,因而可以用俄歇电子能谱检测表面污染,包括:

①金属元素(Li, Be, Na, Mg, Al, Si, K, Ca, Sc, Ti, V, Cr, Mn, Fe, Co, Ni, Cu, Zn, Ga, …);

②吸附的、吸收的或离子注入的元素（B，C，N，O，F，P，S，Cl，Br，I，Ne，Ar，Kr，Xe，…）；

③氧化物膜、氮化物膜、碳化物膜、硫化物膜、硅化物膜、卤化物膜等表面无机变的质层；

④不挥发性有机污染。

【例3.1】 图3.13为Si_3N_4薄膜表面损伤点的俄歇定性分析谱。从图中可见，正常的Si_3N_4薄膜样品表面主要有Si、N以及C和O存在，且Si和N的相对含量较高。而在损伤点，所含元素的种类虽然没有发生变化，但其相对含量却发生了变化，Si和N的相对含量降低，而C的含量明显增高了。说明在Si_3N_4薄膜表面损区发生了Si_3N_4薄膜的分解。

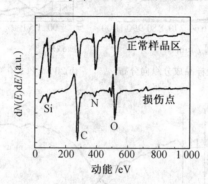

图3.13 Si_3N_4薄膜表面损伤点的俄歇定性分析谱

3.6.2 在金属、半导体方面的应用

金属材料的许多性质，如腐蚀、氧化、应力、疲劳、磨损、脆性、黏着、形变、摩擦等，不但与金属的表面形貌有关，也同表面组成以及吸附、分凝、扩散等表面现象有关，还同金属晶界和界面情况有关。AES是这方面的一个有力的分析工具。

(1)表面层的物质迁移

表面层物质迁移包括：表面杂质的热脱附、反应生成物的蒸发、表面杂质的表面扩散、体内向表面的扩散和析出。

(2)合金的表面组分

(3)在半导体器件方面的应用

AES可用于分析研究半导体器件欧姆接触、肖特基势垒二极管中金属/半导体的组分结构和界面化学等，进行质量控制工艺分析和器件失效分析。

(4)在晶粒间界方面的应用

材料的许多机械性质和腐蚀现象都与晶界化学有关，晶界断裂就是最明显的例子。AES很成功地研究了许多钢和铁基合金脆断时晶界偏析的杂质。

(5)固体价带能态密度的研究

如果俄歇过程涉及价带能级，那么所发射的俄歇电子谱线的形状就反映了价带V的能态密度。如离解的GaAs中Ga $M_1M_{45}V$谱线形状就反映了Ga的价电子能态密度分布状况以及经过离子溅射后Ga的价电子能态密度分布所引起的变化情况。通过这种态密度的变化可以研究表面相变和化学吸附。

例如，图3.14是淀积了20 nm铂膜的样品，分别在500℃、550℃和600℃沉积15 min Pt

后的元素纵向分布图。比较这三个图,500℃和600℃下得到的合金样品界面附近存在氧原子,而550℃制得的合金界面比较干净,几乎不含有氧,效果最好。

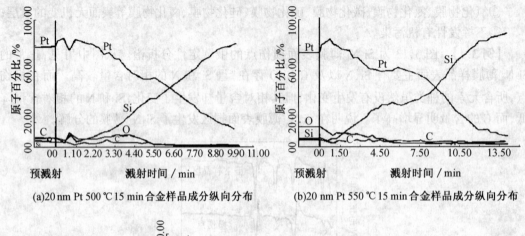

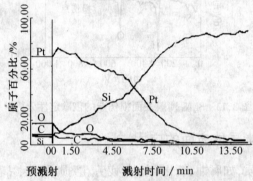

图3.14 淀积了20 nm铂膜的样品,分别在500℃,550℃和600℃沉积15 min Pt的元素纵向分布图

例如,304不锈钢在超高真空中原位韧性断裂,如此制备的表面应显示出体相元素的组成。图3.15为304不锈钢在超高真空中原位韧性断裂后表面的AES谱。为进行定量分析,选择谱峰Fe(703 eV)、Cr(529 eV)和Ni(848 eV)进行峰强测量计算,其相对峰高分别为1 010、470和150,这些峰的相对灵敏度因子分别为0.20、0.29和0.27。

利用式(3.11)可以计算出

$$C_{Fe} = \frac{1\,010/0.20}{1\,010/0.20 + 470/0.29 + 150/0.27} = 0.70$$

$$C_{Cr} = \frac{470/0.29}{1\,010/0.20 + 470/0.29 + 150/0.27} = 0.22$$

$$C_{Ni} = \frac{150/0.27}{1\,010/0.20 + 470/0.29 + 150/0.27} = 0.08$$

3.6.3 吸附和催化方面的应用

(1)吸附和脱附的研究

在表面吸附研究中,可以用俄歇电子微分谱的峰峰高来监视吸附物质在表面的覆盖度。

(2)催化作用的研究

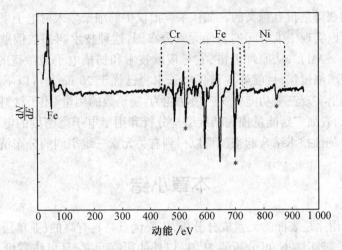

图 3.15 304 不锈钢在超高真空中原位韧性断裂后表面的 AES 谱

许多物质的催化作用也是一种表面现象,它受物质的表面结构和化学状态的强烈影响,因此杂质的吸附、分凝、污染等都会影响催化活性。

例如,用在氧化和脱氧反应中的铜催化剂,经俄歇电子能谱测试后发现,在催化作用很差时,催化剂中含有 4.9% 的铅,这个数量是正常催化剂的 3 倍,这些铅是在催化剂的制造过程中迁移到表面的。再如合成甲烷中采用 Ni – Al(质量分数各为 50%)合金做催化剂,AES 分析表明,当合金表面为少量硫所覆盖时,会使催化剂失效,而且 AES 还表明,这些硫特别喜欢集聚在 Ni 的位置上。

3.6.4 在薄膜、厚膜、多层膜方面的应用

AES 可用于分析研究多组分膜分凝、退火效应和膜中的杂质分布。

例如,比较了低压化学气相沉积(LPCVD)、等离子体化学气相沉积(PECVD)以及粒子溅射气相沉积(PRSD)三种方法制备的 Si_3N_4 薄膜的质量。从俄歇电子能谱的深度分析和线形分析可以判断制备的 Si_3N_4 薄膜的质量。图 3.16 是不同方法制备的 Si_3N_4 薄膜的 Si LVV 俄歇线形分析。可见所有的方法制备的 Si_3N_4 薄膜层中均有两种化学态的 Si 存在(单质硅和 Si_3N_4)。其中,LPCVD 法制备的 Si_3N_4 薄膜质量最好,单质硅的含量较低。而 PECVD 法制备的 Si_3N_4 薄膜的质量最差。

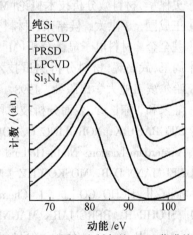

图 3.16 不同方法制备的 Si_3N_4 薄膜的 Si LVV 俄歇线形分析

3.6.5 俄歇电子能谱的功能扩展

以上介绍的均为俄歇电子能谱在固体方面的应用。俄歇电子能谱亦可以用于分子分析、电离现象和气体分析等的研究。而利用现有设备,开发其潜在功能,在同一谱仪上实现

多种表面信息的获得是很有意义的。如让俄歇谱仪中的细聚焦入射电子束在样品表面上进行光栅扫描就可以实现二维空间的表面元素分布图,这种技术叫扫描俄歇微探针(Scanning Auger Microprobe,SAM)。从原理上讲,它是俄歇技术和扫描电子显微镜的结合,不过 SAM 的初级电子束要求细聚焦,目前好的谱仪电子束径已优于 20 nm。可以不对原设备做改动而在俄歇能谱仪上实现三项功能。这三项功能为:功函数的测量、用于材料结构性能(键长、配位数等)测量的表面广延能量损失精细结构分析和用于电子态密度的电离损失谱术。将 SAM 和离子溅射刻蚀技术结合起来就可以得到有关元素三维空间的分布情况。

本章小结

AES 的主要用途是表面的元素成分分析,主要优点是具有高的(亚单层)表面灵敏度、优异的空间分辨率、破坏性小,可分析除 H、He 以外的所有元素,且可作零维、一维、二维和三维的表面分析,可作快速深度剖析,微区分析和图像扫描都较 XPS 优,但 AES 的化学信息可用性差。近十年来 AES 的应用领域不断扩大,其中包括物理、化学、冶金、化工、微电子工业、环境保护等。

参考文献

[1] CARLSON T A. Photoelectron and Auger Spectroscopy [M]. New York: Plenum Press, 1975.
[2] FELDMAN L C. Fundamentals of Surface and Thin Film Analysis [M]. London: Prentice Hall PTR, 1986.
[3] 史保华. 材料微分析技术概论[M]. 西安: 西安电子科技大学出版社, 1991.
[4] 王成国, 丁洪太, 侯绪荣. 材料分析测试方法[M]. 上海: 上海交通大学出版社, 1994.
[5] 魏全金. 材料电子显微分析[M]. 北京: 冶金工业出版社, 1990.
[6] 周玉, 武高辉. 材料分析测试技术——材料 X 射线衍射与电子显微分析[M]. 哈尔滨: 哈尔滨工业大学出版社, 1998.
[7] 陆家和, 陈长彦. 表面分析技术[M]. 北京: 电子工业出版社, 1987.
[8] SIEGBAHU K, NORDLING C, JOHANSSON G, et al. Esca Applied to Free Molecules [M]. Amsterdam-London: North-Holland Pressing, 1969.
[9] NEUMANN D B, MOSKOWITZ J W. One-Electron Properties of Near-Hartree-Fock Wavefunctions. II. HCHO, CO [J]. J. Chem. Phys., 1969 (50): 2216.
[10] SPOHR R, BERGMARK MAGNUSSON T N, et al. Electron Spectroscopic Investigation of Auger Processes in Bromine Substituted Methanes and Some Hydrocarbons [J]. Phys. Scripta, 1970 (2): 31.
[11] MEHLHORN W. A New Method for Measuring Electron Impact Ionization Cross Sections of Inner Shells [J]. Phys. Lett. A, 1967 (25): 274.
[12] CARLSON T A, MODDEMAN W E, KRAUSE M O. Electron Shake-off in Neon and Argon as a Function of Energy of the Impact Electron[J]. Phys. Rev. A, 1970(1): 1406.
[13] KRAUSE M O, STEVIE F A, LEWIS L J, et al. Multiple Excitation of Neon by Photon and

Electron Impact[J]. Phys. Lett. A, 1970(31): 81.
[14] 王建祺,吴文辉,冯大明.电子能谱学(XPS/XAES/UPS)引论[M].北京:国防工业出版社,1992.
[15] 黄惠忠.论表面分析及其在材料研究中的应用[M].北京:科学技术文献出版社,2002.
[16] 黄惠忠.纳米材料分析[M].北京:化学工业出版社,2003.
[17] 杜希文,原续波.材料分析方法[M].天津:天津大学出版社,2006.
[18] 陈培榕,邓勃.现代仪器分析实验与技术[M].北京:清华大学出版社,1999.
[19] 周清.电子能谱学[M].天津:南开大学出版社,1995.
[20] 赵丽华,李锦标,霍彩红,等.采用俄歇电子能谱技术分析铂化硅的合金行为[J].半导体技术,2002,27(5):73.

第 4 章 X 射线吸收精细结构分析技术

内容提要

X 射线吸收精细结构(X-Ray Absorption Fine Structure,XAFS)是一种同步辐射特有的结构分析方法。XAFS 信号是由吸收原子周围的近程结构决定的,提供的是小范围内原子簇结构的信息,包括电子结构和几何结构。由于不同种类原子吸收边(Absorption Edge)的能量位置不同,可以分别研究材料中每一类原子周围的近邻情况。XFAS 反映的仅仅是物质内部吸收原子周围短程有序的结构状态,因此 XAFS 的理论和方法同时适用于晶体和非晶体。本章主要介绍了 XAFS 的产生原理、实验技术、数据拟合及其在表面科学、生命科学和材料科学中的应用情况。

4.1 引 言

当一束能量为 E 的 X 射线穿透物质时,它的强度会因为物质的吸收而有所衰减,其透射强度 I 和入射强度 I_0 的关系式满足

$$I = I_0 e^{-\mu(E)d} \tag{4.1}$$

式中,d 为吸收物质厚度;$\mu(E)$ 为吸收系数,其大小反映物质吸收 X 射线的能力,是 X 射线光子能量的函数。如图 4.1 所示,吸收系数 $\mu(E)$ 在整个波段范围不是单调改变的,在某些位置会出现吸收突跃,称为吸收边。这是因为入射 X 射线光子的能量等于被照射样品某内壳层电子的电离能时,会被大量吸收,使电子电离为光电子,故在其两侧吸收系数不相同,产生突跃。由 K 壳层电子被激发而形成的吸收边称为 K 吸收边,L 壳层电子被激发而形成的吸收边称为 L 吸收边。对于原子中有不同主量子数的电子,能量有较大的不同,与它们对应的吸收边相距颇远(如 K 边和 L 边)。具有相同主量子数的电子,由于其他量子数的不同,能量也有差别,可以形成独立的吸收边,但因能量差别不大,这些吸收边靠得较近,如 L_I、L_{II} 和 L_{III} 边(2s 电子跃迁形成 L_I 边,2p 对应的 $2p_{\frac{1}{2}}$ 和 $2p_{\frac{3}{2}}$ 两种组态的跃迁形成 L_{II} 和 L_{III} 边)。两吸收边之间的单调下降曲线可用 Victoreen 公式来描述:

$$\mu(E) = A\lambda^3 + B^4 + C \tag{4.2}$$

式中,λ 为 X 射线波长;A,B,C 为常数,对不同元素和不同的吸收边常数值不同。

后来人们发现,X 射线吸收光谱并不像图 4.1 那样简单,在吸收边附近及其高能广延段存在着一些分立的峰或波状起伏,称为精细结构,如图 4.2 所示,精细结构从吸收边前至高能侧延伸为 1 000 eV。依据形成机制及处理方法的不同,可以将其分成两段:近边结构(X-Ray Absorption Near Edge Structure, XANES)和广延结构(Extended X-Ray Absorption Fine Structure, EXAFS)。实际上 XANES 还可以分为两段,从边前约 10 eV 到边后约 8 eV 处,称为边前区或低能 XANES,而边后 8~50 eV 就称 XANES,特点是连续的强振荡。EXAFS 是吸收边后

约 50~1 000 eV 的一段,特点是连续、缓慢的弱振荡。边前区的特点是一些分离的峰,是由激发的光电子跃迁到外层空轨道形成的(图 4.2(a)),可以反映原子的电子态信息,比如氧化数。边前峰和边本身的位置随着氧化数的增加而向高能量方向移动,边前峰的形状和强度包含更具体的电子和几何结构信息,比如配位环境的扭曲度等。边后 XANES 和 EXAFS 区域是由电离电子被周围原子的散射造成的。XANES 中可以发生多重散射(图 4.2(b)),理论描述非常复杂;而大多 EXAFS 可以用激发电子的单散射来解释(图 4.2(c)),其可用于原子间距、若干配位层配位数的测定。EXAFS 的测量无需长程有序,因此可以用来测量液体或者玻璃。图 4.2 中的 E_0 是离子化阈能,也叫吸收边阈能,是芯电子的解离能。

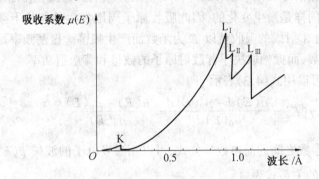

图 4.1　吸收系数 $\mu(E)$ 与波长的关系

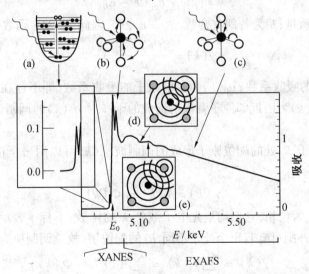

图 4.2　三斜闪石(aenigmatite)Ti K 边 X 射线吸收谱

注:图中还描绘了光谱产生的物理过程:(a) 为边前吸收特征;(b) 为多重散射;(c) 为单散射;(d) 为相长干涉;(e) 为相消干涉

4.2　XAFS 理论

X 射线吸收谱测试中,X 射线能量 E 是逐步增加的。当 E 大于吸收边阈能 E_0 时,电子会被电离而跃迁到未占据空轨道上。这些电子的动能 E_{kin} 是入射 X 射线能量 E 和 E_0 之差:

$E_{kin} = E - E_0$。尽管不同 E_{kin} 电子散射过程的理论模拟比较困难,但是从能量的角度出发,可以帮助理解 EXAFS 和 XANES。

4.2.1 EXAFS 理论

在 EXAFS 区域,E 要比 E_0 大至少 50 eV,X 射线吸收精细结构可以用单散射来描述(图 4.2(c))。根据波粒二象性,电子也可以看成是波,其波长由 E_{kin} 和 E 决定,这种波会被电子周围的原子散射,而出射波和散射波之间可以发生干涉。发生相长干涉时(图 4.2(d)),吸收就会增强;反之,发生相消干涉时(图 4.2(e)),吸收就会减弱。因为 E_{kin} 随 E 而变,激发电子和散射电子的波长同样是发生变化的,因此吸收原子周围发生的相长干涉和相消干涉是连续性变化的,这样对 X 射线的吸收就以 E 为函数而产生振荡。振荡频率是吸收原子和背散射原子间距离的函数,而振幅取决于背散射原子的数量和背散射功率。

EXAFS 函数 $\chi(E)$ 可以用式(4.3)表示

$$\chi(E) = \frac{\mu(E)d - \mu_0(E)d}{\mu_0(E)d} = \frac{\mu(E) - \mu_0(E)}{\mu_0(E)} \tag{4.3}$$

为了得到 $\chi(E)$ 和结构参数之间的简单数学公式,可以用激发电子的波矢 $k(k = \frac{2\pi}{\lambda})$ 来代替能量 E。波矢 k 和能量的关系式为

$$k = [2m_e/\hbar^2 (E - E_0)]^{\frac{1}{2}} \tag{4.4}$$

式中,m_e 为电子的质量;h 为普朗克常数,$\hbar = h/2\pi$。因此,EXAFS 函数 $\chi(k)$ 可以写成

$$\chi(k) = \frac{\mu(k) - \mu_0(k)}{\mu_0(k)} \tag{4.5}$$

式中,$\mu(k)$ 为实测的吸收系数;$\mu_0(k)$ 为自由原子的吸收系数,即不存在干涉现象的单调变化曲线;$\mu(k) - \mu_0(k)$ 为因近邻原子背散射造成的干涉对 $\mu_0(k)$ 的调制,即叠加在 $\mu_0(k)$ 上的波动。

由距离吸收原子 R_j 处的配位原子形成的调制波 $\chi_j(k)$ 可以用一个正弦函数来描述,其一般形式为

$$\chi_j(k) = A_j(k) \sin \Phi_j(k) \tag{4.6}$$

式中,A_j 为振幅,Φ_j 为位相,它们均是光电子波矢 k 的函数;下标 j 表示是第 j 个配位原子层。由于吸收原子外围可有若干个处于不同 R_j 的配位层,故总调制应为各层调制之和

$$\chi(k) = \sum_j \chi_j(k) = \sum_j A_j(k) \sin \Phi_j(k) \tag{4.7}$$

4.2.2 EXAFS 的相移和振幅

相移 $\Phi_j(k)$ 表述的是散射波回到吸收原子时,与出射波之间的位相差。造成此种相移的原因有二:一为光电子在吸收原子到散射原子,再回到吸收原子的过程中所经过的途程 $2R_j$ 造成的相移,此值为 $\frac{2R_j}{\lambda} 2\pi = 2kR_j$;二为光电子穿过吸收原子势垒及被散射时造成的相移 $\phi_0(k)$ 及 $\phi_s(k)$。光电子在进出吸收原子时,要二次突破势垒,散射只有一次,造成的相移为

$$\phi_j(k) = 2\phi_0(k) + \phi_s(k) \tag{4.8}$$

$\phi_j(k)$ 还有一个校正项 $l\pi$,则

$$\phi_j(k) = 2\phi_0(k) + \phi_s(k) - l\pi \tag{4.9}$$

对于 K 和 L_I 吸收,$l=1$;对 L_{II} 和 L_{III} 吸收,$l=2$ 或 0。因此,总相移为

$$\Phi_j^l(k) = 2kR_j + \phi_j^l(k) \tag{4.10}$$

当吸收原子或散射原子种类改变时都会使 $\phi_j^l(k)$ 变化,原子间距离的变化会使 $2kR_j$ 变化,而入射 X 光子能量的改变却会使 $\phi_j^l(k)$ 和 $2kR_j$ 同时变化,都影响干涉结果。相移 $\Phi_j(k)$ 决定了 EXAFS 的频率和周期。

振幅 $A_j(k)$ 受到很多因素的影响:① 正比于散射体原子的背散射振幅 $F_j(k)$;② 正比于配位原子的数目 N_j;③ 反比于吸收原子与散射原子间的距离 R_j 的平方;④ 与温度有关,热会使原子发生振动,改变了吸收原子与散射原子间的距离 R_j,R_j 的无序会使振幅变小,设 R_j 的均方偏离为 σ,则 $A_j(k)$ 被一个类似于德拜-沃勒(Debye – Waller)因子的 $e^{-2\sigma^2 k^2}$ 所修正;⑤ 散射体和传播途径中的介质引起的非弹性散射造成的损失,由因子 $e^{-2R_j/\lambda(k)}$ 修正,其中的 λ 为电子平均自由程;⑥ 光电子在吸收原子内有可能引起多次激发,这种非弹性散射也会使振幅减少,用 $S_i(k)$ 来表示,下标 i 表示吸收原子。综上所述,$A_j(k)$ 可表示为

$$A_j(k) = (N_j/kR_j^2) S_i(k) F_j(k) e^{-2\sigma^2 k^2} e^{-2R_j/\lambda(k)} \tag{4.11}$$

将式(4.10)和(4.11)代入(4.7),可以得到

$$\chi(k) = \sum_j (N_j/kR_j^2) S_i(k) F_j(k) e^{-2\sigma^2 k^2} e^{-2R_j/\lambda(k)} \sin[2kR_j + \phi_j^l(k)] \tag{4.12}$$

这是目前被普遍接受的 EXAFS 的理论表示。基于各种点阵动力学模型,σ^2 是可计算的,它还可以用中子衍射测得的声子光谱得到。当然也可用德拜模型或爱因斯坦模型来近似。

影响 EXAFS 振幅的因素有:① 无序问题:即散射原子位置偏离 R_j 的问题。实际上原子的无序排列有两重含义:其一为原子的热振动,造成与平衡位置 R_j 的偏离,称热无序;其二是处于同一层的近邻原子与中央吸收原子间的实际距离并不是严格一样的,存在着一定程度的差异,R_j 只是它们的平均值,这种无序称为静无序。② 多次散射:倘若中心原子与另两个近邻原子排列成直线或近似直线时,中心原子强烈向前散射,增强了到达第三个原子的 X 射线强度,因而大大增强了从第三个原子背散射回中心原子的散射振幅,多次散射的作用就不能忽略了。③ 非弹性散射:是指激发光电子在传播途中有能量损失的散射,是由光电子与其他电子或其他介质发生有能量交换的碰撞造成的。它的能量与出射波不同,两者就不相干了,这将会降低 EXAFS 的信号。

4.2.3 XANES 理论

在 XANES 区域,电子跃迁到空轨道和多重散射这两个物理过程都扮演着重要的角色。

若一个原子具有未占据的空轨道,在低于 E_0 的边前区就可以吸收 X 射线。图 4.2(a)显示的是三斜闪石 Ti K 边的边前吸收,对应的是 Ti^{4+} 离子中电子跃迁到未占据 d 轨道。边前吸收的强度是由量子力学选择定律决定的:偶极允许跃迁,如从 p 轨道跃迁到未占据 d 轨道,强度就大;图 4.2 中的边前吸收是 1s→3d 的跃迁,是偶极禁止的,之所以可见可以归于 3d 和 p 轨道的杂化(s 轨道到 p 轨道的跃迁是偶极允许的)。由于边前吸收的形状和强度是和吸收原子配位环境的几何形状以及成键种类密切相关的,因此对于分析配位几何形状和

电子性能是十分有帮助的。边前峰和边位置反映吸收原子的有效电荷,而吸收原子的有效电荷是由与它最邻近原子的数量和电负性所决定的。比如,激发一个电子所需的能量随着该原子上正电荷的增加而增加。

当内层电子被稍高于边能量 E_0(约 50 eV)的 X 射线 E 激发时,电子跃迁后的终态位于未占据轨道的最低部分。这一区域的 XANES 可以用多重散射来解释(图 4.2(b)),并可应用于非晶态物质。这些激发电子的动能 $E_{kin} = E - E_0$ 很小,不仅能像 EXAFS 区域的高能电子那样被前后散射,被其他方向散射的概率也非常高。当这些电子碰撞其他原子时,就会被再次散射,直到其返回最初的吸收原子,称为多重散射途径。在单散射情况下,每个散射都会引起吸收系数的振荡;而在多重散射中,不同频率和振幅的多重散射都是可能的,所有信号都会重叠在一起。因此这一区域包含很多关于原子几何排列的信息,包括原子间距、配位数、原子间角度等。

4.3 实验装置

4.3.1 同步辐射 XAFS 装置

XAFS 实验数据的采集主要在同步辐射光源上进行。同步辐射光源具有亮度高、能量覆盖范围大、方向性好、偏振度高、稳定性好等优点,是 XAFS 的理想光源。

同步辐射是速度接近于光速的电子或正电子做曲线运动时在轨道切线方向上发出的光。1947 年 4 月 16 日,美国纽约州通用电气公司的实验室调试了一台能量为 70 MeV 的电子同步加速器,偶然从反射镜中看到了在水泥防护墙内的加速器里有强烈"蓝白色的弧光",光的颜色随电子能量的变化而变化。当电子能量降到 40 MeV 时,光变为黄色;降到 30 MeV 时,光变为红色且强度变弱;降到 20 MeV 时,就什么也看不见了。这种由电子做加速运动时所辐射的电磁波是在同步加速器上首先发现的,所以称它为"同步加速器辐射",简称"同步辐射"。"同步辐射"的发现立即在当时的科学界引起轰动,为同步辐射光源的广泛应用揭开了序幕。

第一代同步辐射光源的加速器是因高能物理实验的需要而制造的,同步辐射光源则是一个副产品。我国北京的同步辐射装置是正负电子对撞机的一部分,属第一代。目前世界上在使用的同步辐射光源约 17 台。第二代是专用型同步辐射光源,1991 年在中国科技大学建成的合肥同步辐射光源、日本的光子工厂等就属于第二代光源。目前世界上运行的第二代同步辐射光源有 23 台之多。第三代同步辐射光源是亮度更高、性能更好的光源。从 1994 年至今世界上已建成多台,它们分布在美、法、意、日、韩及我国台湾的新竹。2010 年,我国上海正式建立了同步辐射装置,在性能上将比目前的第三代装置还要优越一些。

虽然同步辐射有诸多优点,但其造价昂贵,开机维持费用庞大。国内目前仅有北京同步辐射实验室、合肥国家同步辐射实验室和上海同步辐射光源三个同步辐射装置,他们都建有 EXAFS 实验站,而广州的同步辐射实验室正在建设中。采用同步辐射光源的 EXAFS 工作站的几何布置如图 4.3 所示。

自储存环射出的白色同步辐射光先经过两块平行的单色器,经单色器出射的光为单色光,然后通过 1 号电离室测定入射光强度,再透过样品进入 2 号电离室测定透射光的强度,测试过程中,按照事先设定的程序转动单色器,改变入射光与单色器的夹角,使反射出的单色光的能量不断变化,组成完整的吸收光谱。

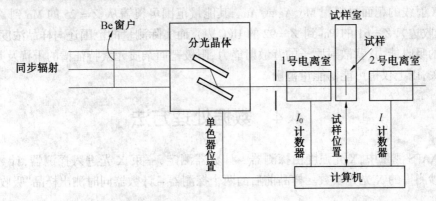

图 4.3 同步辐射光源 EXAFS 工作站的几何布置

4.3.2 实验室 XAFS 装置

除同步辐射 XAFS 装置以外,也存在着实验室 XAFS 装置。国内的 EXAFS 研究工作首先就是在实验室 EXAFS 谱仪上展开的,实验室 EXAFS 谱仪为国内的 EXAFS 研究作出了开拓性的贡献。实验室 EXAFS 谱仪一般是由旋转阳极靶 X 射线多晶衍射仪改造而成的,它的几何布置如图 4.4 所示。将测角仪驱动器的中心试样台改为单色器转台,在原安装样品处装上晶体单色器,在接收狭缝前装一样品架,样品架前再装另一透过式探测器来测量入射光强度 I_0,常用为透过式正比计数器;接收狭缝后的探测器用来测透射强度 I,可用闪烁计数器,也可用正比计数器。

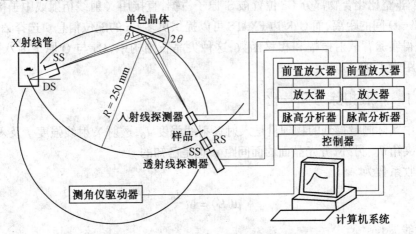

图 4.4 实验室 EXAFS 谱仪的光源几何布置
DS—入射狭缝;SS—索拉狭缝;RS—接收狭缝

实验室 EXAFS 的优点是结构简单、可在实验室配备、可随时按需要进行实验,不像同步辐射需事先申请,1 年只能做 1~2 次。但实验室 EXAFS 谱仪也有明显的缺点,即 X 射线亮度低,比同步辐射光源至少低 3~4 个数量级。为了有足够的强度计数,减少统计误差,不得不将每一个数据的采集累积时间延长,以至每一条吸收边的数据采集长达数小时,而同步辐射光源仅需1 000 s左右。实验室EXAFS谱仪具有简单易于配备的优点,所以仍不失为同步辐射的最佳替补。常用的实验室EXAFS谱仪的X射线高压发生器的功率可为12 kW或18 kW,X射线的靶面材料用Mo、Ag或Au。其能量范围可覆盖从$Z=25$的Mn到$Z=60$的Nd(K吸收边),$Z=61$的Pm到$Z=92$的U(L边),而实际测量的范围还与样品浓度、中心吸收原子的吸收能力、背散射原子的背散射能力、阳极靶面杂质元素特征谱的干扰及其他实验条件有关,以上仅指可能的能量范围。

4.4 数据处理方法

在XAFS测量中,X光强度由探测器－计数器测定,一束X光进入探测器,计数器上就显示每秒测得的X光光子数。样品前后的两个探测器－计数器同时测出样品"吸收"X光的光子数,其中样品前的为I_0,样品后的为I,吸收系数即为$\ln\frac{I_0}{I}$,是XAFS谱的纵坐标。XAFS谱的横坐标为X光光子的能量。由存储环直接引出的X光包含各种能量的光子,为得到单一能量的光子,存储环引出的X光在到达样品前要经过单色器分光。单色器一般用晶体Si的(311)或(111)晶面,根据布拉格公式,通过连续变换衍射角,即可得到能量连续的单色光。

EXAFS数据分析的目的是求出EXAFS基本公式中的未知量,在式(4.12)中,

$$\chi(k) = \sum_j (N_j/kR_j^2) S_i(k) F_j(k) e^{-2\sigma_j^2 k^2} e^{-2R_j/\lambda(k)} \sin[2kR_j + \phi_j^l(k)]$$

感兴趣的物理量主要是R_j,N_j和σ_j,即第j配位层中原子与中心原子的距离R_j、该层中配位原子个数N_j及原子间距R_j的变动大小,还有根均方偏差σ_j。

下面以方钠石(sodalite)结构的$Na_{7.9}Ga_{5.9}Si_{6.1}O_{24}Cl_2$中Ga为例来演示XAFS的数据处理方法,这个非整比化合物部分Ga位置被Si原子占据,直接用X射线衍射或中子衍射方法无法得到Ga—O间的距离,而GaK边EXAFS可以提供更多Ga的配位信息。选择$ZnGa_2O_4$为标准物来获得实验背散射振幅和相移函数,这种尖晶石结构中,Ga与O原子为八面体配位,Ga—O间距为1.99 Å。

4.4.1 本底扣除与归一化

实验中实际测量得到的物理量是入射X射线强度I_0,透射X射线强度I及入射线与分光晶面的夹角θ。另外,分光晶面的面间距d也是已知的。

总吸收系数为

$$\mu(E) = \ln\frac{I_0}{I} \tag{4.13}$$

入射X射线波长

$$\lambda = 2d\sin\theta \tag{4.14}$$

入射X射线能量

$$E = hc/\lambda \tag{4.15}$$

这样就可以得到原始的X射线吸收谱$\mu(E) - E$。

图4.5(a)和(b)为$ZnGa_2O_4$和$Na_{7.9}Ga_{5.9}Si_{6.1}O_{24}Cl_2$中Ga K边的原始X射线吸收谱$\mu(E) - E$,图中还显示了根据式4.2的Victoreen函数拟合的边前区域(单调下降曲线)。实

际上,吸收边处的吸收并非仅仅对应着 Ga 的 K 电子跃迁造成的吸收,还包括其他电子的吸收及样品中除 Ga 以外的其他原子中各种电子的吸收。虽然这些吸收并不大,但都叠加在 Ga 的 K 吸收上,成为本底吸收。要研究 Ga 的 K 吸收,必须把本底吸收扣除掉。一般使用的扣除本底的方法是用 Victoreen 函数拟合吸收边前的吸收曲线,然后将它延长到吸收边后,作为本底吸收从整个图谱中扣除掉。$ZnGa_2O_4$ 和 $Na_{7.9}Ga_{5.9}Si_{6.1}O_{24}Cl_2$ 两种化合物中 XANES 的明显区别表明两者中 Ga 的不同配位环境(图 4.5(c)),前者为八面体配位,后者为四面体配位。

分析的第一步是把 EXAFS 函数 $\chi(k)$ 从 $\mu(E)$ 中分离出来。$\mu_0(E)$ 是孤立 Ga 原子的平滑吸收系数,实验中不能直接测量,通常采用 $\mu(E)$ 实验数据的平滑部分来拟合 $\mu_0(E)$。这样,$\Delta\mu = \mu(E) - \mu_0(E)$ 就是剩余的振荡部分,$\chi(k) = \Delta\mu/\mu(E)$ 也就可以求出来了。扣除背景的常用方法是最小二乘法,就是将整个波段分成几个能量区间,分别用不同的多项式进行分段拟合,段连接时要求函数本身及其倒数在通过交接点时连续来达到。分段太少或阶次太低不易正确地反映背景变化,背景扣除不完全,在后续傅里叶变换时,会在小 R 处出现干扰,甚至影响配位峰;但若分段太多或多项式阶次太高,则可能部分 EXAFS 信号被当做背景扣除掉,也会影响结果。一般情况下,采用三次样条函数,将整个波段分为 3~5 个波段是比较合适的。

前面提到 $\chi(E) = \dfrac{\mu(E) - \mu_0(E)}{\mu_0(E)}$,作为分母的 $\mu_0(E)$,通常并不是用拟合得到的 $\mu_0(E)$,因为拟合得到的 $\mu_0(E)$ 在许多方面受实验条件的影响,如探测器计数效率、样品的厚度与均匀性、谐波、介质吸收等。同一样品,实验条件的改变也会使 $\mu_0(E)$ 的效率发生明显的变化。而真正自由原子的 $\mu_0(E)$ 不受实验条件的影响。$\mu_0(E)$ 中的实验条件影响是拟合时由 $\mu(E)$ 中转移过来的,它们是相同的,故在求 $\Delta\mu = \mu(E) - \mu_0(E)$ 时可以消去,在 $\Delta\mu$ 中已无实验条件的影响,如将拟合的 $\mu_0(E)$ 用做分母,则将实验条件影响再次引入。实际工作中常用某一确定 E' 处的吸收系数作为 μ_0,如吸收第一拐点处的吸收台阶高度为 $\mu_{E'}$。这样,分母中的 μ_0 是不随 E 变动的,可以消去样品厚度的影响。如在后续处理中要使用理论的振幅和相移,则 μ_0 又必须随能量变动,用不变的 $\mu_{E'}$ 就不行了。为此,又需用一个随能量变化的因子去乘台阶高度,常用的因子是 $\mu_0^{th}(E)/\mu_0^{th}(E')$。$\mu_0^{th}(E)$ 是理论计算值,$\mu_0^{th}(E')$ 是拐点 E' 处的理论值。于是得到

$$\chi(E) = \frac{\mu(E) - \mu_0(E)}{\mu_{E'}[\mu_0^{th}(E)/\mu_0^{th}(E')]} \tag{4.16}$$

对于同一组需要比较的数据,对应于 $\mu_{E'}$ 的 E' 的选择方法必须一致,E' 需高于但接近吸收边。这样就得到了归一化的 $\chi(E)$。

4.4.2 E_0 选择和 $E-k$ 转换

为作下一步运算,需用式(4.4)把 E 转换为 k。在入射 X 光光子能量接近阈值时,电子受到化学键、多种物理过程以及电离时内壳层弛豫作用的影响,使得 E_0 难以被准确地测定。常用确定 E_0 位置的方法是在靠近吸收边的区段内,人为地指定某一有显著特征的、不会引起混淆的点作为 E_0 的位置,如吸收台阶的起点、拐点、第一吸收峰顶等。E_0 的选择对 EXAFS 谱图形式和结构有一定的影响,因此在处理一批有关样品时,应用相同的方法去选择 E_0 的位置,否则无法类比。

如图 4.5(d) 和 (e) 所示,由于 EXAFS 的振幅随着 k 的增加而衰减,这对后续的数据处理是不利的。为了补偿这一振幅衰减,常用一个权重因子 $k^n(n=1,2,3)$ 去乘以 $\chi(k)$,随着 k 的增加,权重以指数增加。在原子序数 $Z>57$、$36<Z<57$、$Z<36$ 的情况下,分别选用 $n=1,2,3$。式 (4.12) 中有一个 $1/k$ 的因子,必然会使 $\chi(k)$ 变小,同时散射振幅 $F(k)$ 在高 k 处大致正比于 $1/k^2$,因而乘以 k^3 就可以大致抵消上述两个振幅随 k 增加而衰减的因素,使 EXAFS 有较均匀的振幅,如图 4.5(f) 和 (g) 所示。

在作下一步傅里叶变换之前,需要选择适当的数据范围。一端是起点,是与 XANES 端分开之点,一般在 E_0 之上 50 eV 左右,此值是视研究系统而变的,与原子间距有关,需仔细确定。另一端远一些好,以减少截断效应,一般选择在吸收边以上延伸 1 000 eV 就可以了。

4.4.3 傅里叶变换

从式 (4.7) 可以看出,$\chi(k) = \sum_j \chi_j(k) = \sum_j A_j(k)\sin\Phi_j(k)$,$\chi(k)$ 是不同 R_j 处各配位层对吸收所产生影响的加和。不同 R_j 处的配位层对 EXAFS 的贡献是不同的,如能把各 R_j 配位层对 EXAFS 的贡献 $\rho(R_j)$ 求出来,在 $\rho(R)-R$ 图中,则与各 R_j 对应处肯定有峰存在,而其他 R 处仅有本底。对峰位置作一定校正后就可得到 R_j,峰的高度反映出调制的程度,也即散射波的强度,依此还可求得散射原子的种类和数量。$\rho(R)-R$ 图称为径向结构函数图 (Radial Structural Function, RSF) 或傅里叶变换图 (Fourier Transform, FT)。傅里叶变换法具有频谱分析的功能,是将 $\chi(k)$ 由 k 空间变换到 R 空间最好的方法。径向结构函数的表达式为

$$\rho(R) = \frac{1}{\sqrt{2\pi}}\int_{k_{\min}}^{k_{\max}} \omega(k) k^n \chi(k) e^{-i2kR} dk \tag{4.17}$$

式中,$k_{\min}$ 和 $k_{\max}$ 决定光谱的范围,而 $\omega(k)$ 为窗函数。窗函数的限制使 $\chi(k)$ 在两端慢慢变为零,减少干扰。$\rho(R)-R$ 图中峰对应的 R'_j 与实际配位距离 R_j 不相等,需要校正;配位峰的大小与配位数也不确定,需要标定。如图 4.5(h) 所示,$ZnGa_2O_4$ 中第一氧配位层(箭头所示)的距离 $\widetilde{R} \approx 1.6$ Å,而不是理论上的 $R = 1.99$ Å。利用某种与待测化合物有相同吸收原子与配位原子对,结构也相似的,并已知结构参数的化合物做参照物,则可测得 R 的校正值及配位数的比例因子。利用此两值就可从 $\rho(R)-R$ 图上求得待测物的配位距离 R 及配位数 N 等结构参数。实际上,傅里叶变换后得到的是一个复数,其实部和虚部也包含了许多结构信息。虚部或实部的曲线形状对构成配位原子的原子类型十分敏感,经与理论模型或参照物的对比可以对配位原子的类型作出结论。

4.4.4 傅里叶反变换

为了得到更精确的结构信息,需对 $\rho(R)-R$ 图中的峰进行傅里叶反变换,回到 k 空间,可以得到

$$k^n \chi_j(k) = \frac{1}{\sqrt{2\pi}}\int_{R_1}^{R_2} \omega(R) \rho(R) e^{i2kR} dR \tag{4.18}$$

式中,$\omega(R)$ 为窗函数,用来从 $\rho(R)-R$ 图上分隔出一个配位层的峰。要注意,若 $\rho(R)-R$ 图上两个邻近峰分离得不好,它们间虽有峰谷,但已有部分重叠,若将窗函数取在峰谷,将两峰分别进行反变换则所得 $k^n \chi_j(k)$ 会有畸变,使结果不准,将这两个峰一起反变换效果会较

好。窗函数不能取得太窄,窄了也会使线形畸变,使结果不准。与变换以前的 $k^n\chi(k)$ 相比,曲线比较光滑,原有的高频振荡都被滤去,此步骤也称傅里叶滤波。

图 4.5(j) 和 (k) 显示的分别是 $ZnGa_2O_4$ 和 $Na_{7.9}Ga_{5.9}Si_{6.1}O_{24}Cl_2$ 第一氧配位层的 EXAFS 函数 $\chi_1(k)$,这些曲线就是由图 4.5(h) 和 (i) 中箭头所示的峰经傅里叶反变换而得到的。$ZnGa_2O_4$ 的 R_1 和 N_1 都是已知的,达到最佳拟合求出 $F_1(k)$ 和 $\Phi_{Ga,O}(k)$ 后,就可以用来拟合 $Na_{7.9}Ga_{5.9}Si_{6.1}O_{24}Cl_2$ 的 EXAFS 函数 $\chi_1(k)$ 了。

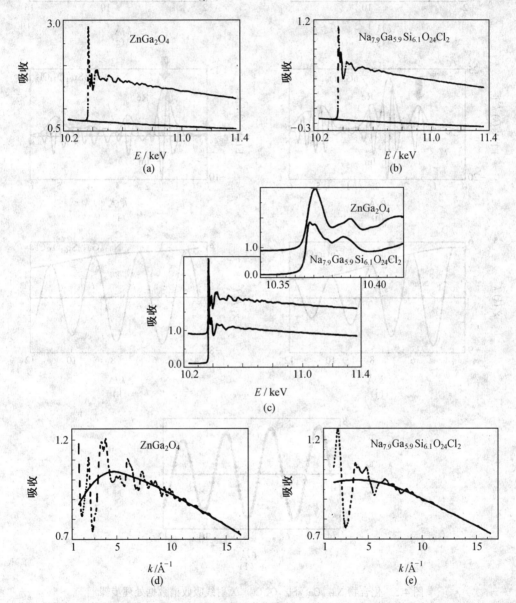

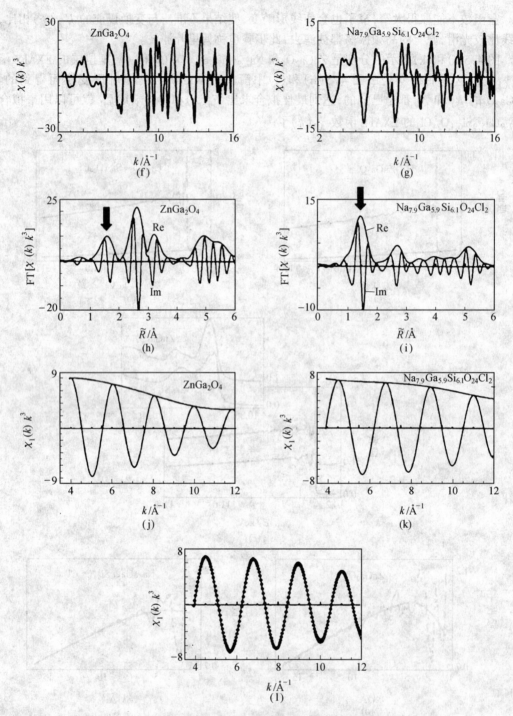

图 4.5 化合物 $Na_{7.9}Ga_{5.9}Si_{6.1}O_{24}Cl_2$ X 射线吸收谱数据处理步骤

注：以 $ZnGa_2O_4$ 为标准物 (a) $ZnGa_2O_4$ 原始 X 射线吸收谱；(b) $Na_{7.9}Ga_{5.9}Si_{6.1}O_{24}Cl_2$ 原始 X 射线吸收谱；(c) 两者扣除背景和归一化之后的图谱，内置图为两者 XANES 的比较；(d) 和 (e) 为 E 转换为 k 坐标后的数据；(f) 和 (g) 为 EXAFS 函数 $\chi(k)$ 乘以权重 k^3 的图谱；(h) 和 (i) 为 EXAFS 函数傅里叶变换的实部 (Re) 和虚部 (Im)；(j) 和 (k) 分别为 (h) 和 (i) 中箭头所示的第一个峰的反变换；(l) 为由 (j) 中 $ZnGa_2O_4$ 单壳层 EXAFS 决定的背散射振幅函数和相移函数来拟合 (k) 得到的 $Na_{7.9}Ga_{5.9}Si_{6.1}O_{24}Cl_2$ 单壳层 EXAFS

曲线拟合法就是利用某种理论公式,如计算 $\chi(k)$ 的式(4.12),计算出理论的 $\chi(k)_{th}$ 谱,去与实验的 $\chi(k)_0$ 相比,调整计算式中各种需求的参数值,利用最小二乘法,使 $\chi(k)$ 与 $\chi(k)_0$ 的差值最小。

在拟合过程中,N_1,R_1 和 σ_1^2 都是根据式(4.12)而变化的,而得到的偏差是和参照物比较之后的差值 $\Delta\sigma_1^2$。根据 $ZnGa_2O_4$ 的参数,$Na_{7.9}Ga_{5.9}Si_{6.1}O_{24}Cl_2$ 的拟合结果如图 4.5(1)所示,得到的结果是 $N_1 = 4.1 \pm 0.4$;$R_1 = 1.83 \pm 0.01$ Å;$\Delta\sigma_1^2 = -2.7 \times 10^{-3}$ Å^2。结果表明,Ga 确实是和 O 以四面体配位的,由于部分 Ga 位置被 Si 占据,因此 Ga—O 的键长是 1.83 Å,这是 X 射线衍射方法无法测得的。$\Delta\sigma_1^2$ 是个负值,表明计算的 $Na_{7.9}Ga_{5.9}Si_{6.1}O_{24}Cl_2$ 中 Ga—O 的键长偏差要比 $ZnGa_2O_4$ 小。

4.5 XAFS 的应用

4.5.1 绿锈(Green Rust)表面亚砷酸盐 As(Ⅲ)和砷酸盐 As(Ⅴ)的形成

绿锈的化学成分可以写成 $[Fe_{(1-x)}^{II}Fe_x^{III}(OH)_2]^{x+}(CO_3, Cl, SO_4)^{x-}$,在缺氧环境中,砷在绿锈表面的吸附可以造成砷残留,对环境造成砷污染。在此,利用 As K 边 XAFS 谱研究了砷在 GR1Cl($Fe_{4(1-x)}^{II}Fe_{4x}^{III}OH_8Cl \cdot nH_2O$)上的吸附行为。

如表 4.1 所示,As/GR - 0.27 $\mu mol \cdot m^{-2}$ 和 As/GR - 2.7 $\mu mol \cdot m^{-2}$ 实验样品表面上的砷含量与实验设计非常吻合,吸附砷之后,样品 pH 值的细微变化可能与 As(Ⅲ)和 As(Ⅴ)在 GR1Cl 表面形成不同的配合物有关。

表 4.1 As(Ⅲ)和 As(Ⅴ)在 GR1Cl 上的吸附数据

样品	$[As]_{added}^a$ /($\mu mol \cdot L^{-1}$)	$[As]_{ad}^b$ /%	$[As]_{ad}^c$ /($\mu mol \cdot g^{-1}$)	Γ_{BET}^d /($\mu mol \cdot m^{-2}$)	pH_i^e	pH_f^f
As(Ⅴ)/GR - 0.27 $\mu mol \cdot m^{-2}$	167	100.0	13.4	0.27	7.5	7.7
As(Ⅴ)/GR - 2.7 $\mu mol \cdot m^{-2}$	1 670	99.9	133.5	2.70	7.5	7.8
As(Ⅲ)/GR - 0.27 $\mu mol \cdot m^{-2}$	167	99.0	13.2	0.27	7.3	7.6
As(Ⅲ)/GR - 2.7 $\mu mol \cdot m^{-2}$	1 670	99.6	133.1	2.69	7.5	7.8

注:a 由加入量计算而得的原始浓度;b 实际吸附百分数;c 每克 GR 样品吸附的砷;d 由 BET 计算得到的表面覆盖率;e 加入砷之后的 pH 值;f 砷吸附实验结束后的 pH 值。

As K 边 XANES 谱如图 4.6(a)所示,As(Ⅲ)和 As(Ⅴ)的最大吸收分别在 11 871.3 eV 和 11 875.0 eV,As(Ⅲ)/GR 谱图中没有 As(Ⅴ)的吸收边。通常认为,吸附在 Fe(Ⅲ)氧化物上的 As(Ⅲ)在 X 光照射下会被部分氧化,Fe(Ⅲ)作为电子受体(Electron Acceptor),As(Ⅲ)作为电子授体(Electron Donor)。在 As(Ⅲ)/GR 的 XANES 谱图中检测不到 As(Ⅴ)的吸收边,主要是由于被氧化的 As(Ⅲ)含量低于 10%,低于 EXAFS 对于混合物的检测极限。As(Ⅲ)和 As(Ⅴ)吸附 GR1Cl 的 EXAFS 谱和傅里叶变换谱如图 4.6(b)和(c)所示,拟合结果见表 4.2。As(Ⅲ)/GR 中 As—O 第一层中有 2.9~3.0 个氧原子,原子间距为 1.78 ± 0.02 Å;As(Ⅴ)/GR 中 As—O 第一层中有 4.2~4.3 个氧原子,原子间距为 1.69 ± 0.02 Å;这些配位数和原子间距分别对应于 AsO_3 棱锥和 AsO_4 四面体。第二层配位对 EXAFS 的贡献用 As—As、As—Fe 来拟合;此外,AsO_3棱锥和AsO_4四面体中12或6配位的As—O—O—As多重散射也对EXAFS有贡献,可见As(III)多重散射的作用距离为3.21~3.22 Å,而As(V)为3.07~3.09 Å。

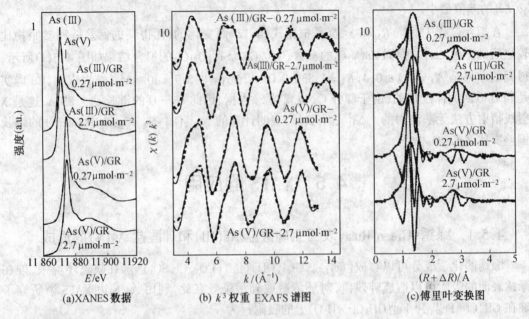

(a)XANES数据　　(b) k^3权重EXAFS谱图　　(c)傅里叶变换图

图4.6　在10 K下测得的As(III)和As(V)吸附的GR1Cl的As K边XAFS数据

注:实验数据和拟合数据分别由虚线和实线来表示

对于两种As(V)/GR样品,第二配位层对EXAFS的贡献用3.32~3.35(±0.02) Å处的1.2~1.6(±0.3)个Fe原子和[(3.48~3.49)±0.02] Å处的1.0~1.3(±0.3)个Fe原子来拟合,增加一层较远距离的Fe层[(3.48~3.49)±0.02] Å可以改善拟合结果。在(3.34±0.02) Å处的As—Fe形成的是双齿双核配合物(Dibentate Dinuclear Complex,^2C),在(3.49±0.02) Å处的As—Fe形成的是单齿单核配合物(Monobentate Mononuclear Complex,^1V)。但是在(3.34±0.02) Å处的配位数要低于双齿双核配合物(^2C)的2,特别是低表面覆盖率的样品($N=(1.2±0.3)$ Fe),可能是由于形成了外层配合物(Outer-Sphere Complex)。

对于两种As(III)/GR样品,第二配位层对EXAFS的贡献用(3.32±0.02) Å处的As—As和(3.50±0.02) Å处的As—Fe来拟合效果最好。(3.32±0.02) Å处的As—As可以归结为As(III)形成了$As_2^{III}O_5^{4-}$对,说明As(III)在GR1Cl表面形成了低聚体(Oligomer)。两种As(III)/GR样品的k^3权重EXAFS谱图和傅里叶变换图存在差异,表明表面覆盖率提高时最短路径的贡献也是增加的,因为As(III)/GR-0.27 μmol·m^{-2}样品(3.32±0.02) Å处As的近邻原子数为$N=0.9±0.3$,而As(III)/GR-2.7 μmol·m^{-2}样品(3.32±0.02) Å处As的近邻原子数为$N=1.2±0.3$。

根据以上分析,可以确定As(III)和As(V)在绿锈表面形成的配合物模型。在As(V)/GR样品中,$As^V O_4$四面体和$Fe^{II,III}O_6$八面体在$[Fe_{(1-x)}^{II}Fe_x^{III}(OH)_2]^{x+}$棱边上形成双齿双核配合物($^2C$)和单齿单核配合物($^1V$),如图4.7(a)所示。As(V)原子在3.3 Å处有2个近邻Fe原子,在3.5 Å处有1个近邻Fe原子。在As(III)/GR样品中,$As_2^{III}O_5$对和$Fe^{II,III}O_6$八面体在$[Fe_{(1-x)}^{II}Fe_x^{III}(OH)_2]^{x+}$棱边上形成单齿配合物,如图4.7(b)所示。As(III)原子在3.3 Å处有1~2个近邻As原子,在3.5 Å处有1个近邻Fe原子,在4.7 Å处有2个近邻Fe原子。

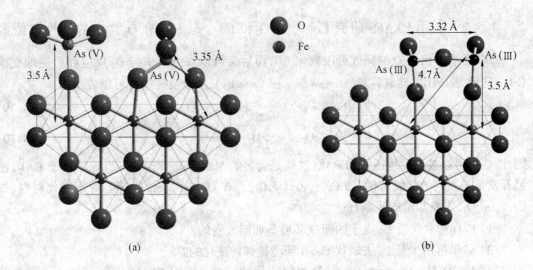

图 4.7 As(V)和 As(Ⅲ)吸附在绿锈表面的结构模型

表 4.2 As(Ⅲ)和 As(V)吸附 GR1Cl As 边 EXAFS 拟合结果

样品	R^a/Å (±0.02)	N^b(±0.3)	σ^c/Å (±0.01)	ΔE_0^d/eV (±3)	^{e}CHI$^2_{FT}$
As(V)/GR - 0.27 μmol·m^{-2}	1.69	12.0 As—O—O	0.05	−0.5	0.18
	3.07	4.3 As—O	—	—	
	3.35	1.2 As—Fe	0.05		
	3.49	1.0 As—Fe			
As(V)/GR - 2.7 μmol·m^{-2}	1.69	12.0 As—O—O	0.05	2.6	0.13
	3.09	4.2 As—O	—		
	3.32	1.6 As—Fe	0.05		
	3.48	1.3 As—Fe			
As(Ⅲ)/GR - 0.27 μmol·m^{-2}	1.78	3.0 As—O	0.06	16	0.13
	3.21	6.0 As—O—O	—		
	3.31	0.9 As—Fe	0.06		
	3.51	1.0 As—Fe	—	—	
As(Ⅲ)/GR - 2.7 μmol·m^{-2}	1.78	2.9 As—O	0.06	16	0.11
	3.22	6.0 As—O—O	—		
	3.32	1.2 As—As	0.06		
	3.50	0.9 As—Fe	—		
	4.72	0.3 As—Fe	—		

注:$^a R$/Å:原子间距;$^b N$:As-O-O 多重散射路径的邻近原子数或路径数;σ^c/Å:德拜-沃勒因子;$^d \Delta E_0$/eV:用户定义的 E_0 和实验测得的 E_0 的差值;^{e}CHI$^2_{FT}$:拟合质量。

4.5.2 利用 EXAFS 研究 $Ce_{1-x}Sn_xO_2$ 和 $Ce_{1-x-y}Sn_xPd_yO_{2-\delta}$ 中的活性氧位置

CeO_2 萤石晶格中 O 的释放可以氧化 CO，而后又可以在空气中与 O_2 反应而可逆地变成 CeO_2，这就是 CeO_2 的储氧容量（Oxygen Storage Capacity），整个反应过程可以表示为

$$CeO_2 + \delta CO \longrightarrow CeO_{2-\delta} + \delta CO_2 \tag{4.19}$$

$$CeO_{2-\delta} + \frac{\delta}{2}O_2 \longrightarrow CeO_2 \tag{4.20}$$

因此，CeO_2 可以被连续地还原和氧化，这就是著名的 Mars–van Krevelen 机理。基于 CeO_2，已经开发了一系列的储氧材料，如 $Ce_{1-x}Zr_xO_2$、$Ce_{1-x}Ti_xO_2$、$Ce_{1-x}Sn_xO_2$ 等。对于取代材料，如 $Ce_{1-x}Sn_xO_2$，需要知道的问题有：

(1) CeO_2 被取代后 Ce 离子的配位环境是如何改变的？

(2) 如果再用少量 Pd 去取代 Ce，O 环境是如何变化的？

(3) M—O（M = Pd, Sn, Ce）键长是如何变化的？本小节用 EXAFS 分析了 $Ce_{1-x}Sn_xO_2$ 和 $Ce_{1-x-y}Sn_xPd_yO_{2-\delta}$ 中的活性氧位置。

$Ce_{0.8}Sn_{0.2}O_2$ 和 $Ce_{0.78}Sn_{0.2}Pd_{0.02}O_2$ 的 Ce L_3 边 EXAFS 和傅里叶变换如图 4.8 所示，其中图 4.8(b) 中的径向分布函数没有作相移校正，因此峰位置比真实原子间距要小。原子间距的拟合结果见表 4.3 和表 4.4。在 CeO_2 萤石结构中，Ce 的第一配位层中有 8 个 O 原子，第二配位层中有 12 个 Ce 原子，但是用一种 Ce—O 间距来拟合第一配位层时效果很差，因此用 4+4、6+2、4+2+2 来拟合 Ce 与 O 的配位情况，发现 4+4 配位拟合效果最好。对 $Ce_{0.8}Sn_{0.2}O_2$ 的拟合表明，Ce—O 原子间距分别为 2.20 Å 和 2.37 Å，Ce—Sn 和 Ce—Ce 的原子间距分别为 3.45 Å 和 3.68 Å，配位数为 2 和 10。对 $Ce_{0.78}Sn_{0.2}Pd_{0.02}O_2$ 的拟合表明，Ce—O 原子间距分别为 2.20 Å 和 2.41 Å，Ce—Sn 和 Ce—Ce 的原子间距分别为 3.45 Å 和 3.72 Å。

$Ce_{0.8}Sn_{0.2}O_2$ 和 $Ce_{0.78}Sn_{0.2}Pd_{0.02}O_2$ 的 Sn K 边 EXAFS 和傅里叶变换图如图 4.9 所示。因为 Sn^{4+} 离子半径要比 Ce^{4+} 小，Sn^{4+} 离子附近的 O 比理想的 8 配位发生了一定的扭曲，也用 4+4、6+2、4+2+2 来拟合 Sn 与 O 的配位情况，从表 4.3 和表 4.4 的德拜-沃勒因子可以看出 4+2+2 配位拟合结果较为理想。对于 $Ce_{0.8}Sn_{0.2}O_2$，Sn—O 原子间距分别为 2.02 Å、2.20 Å 和 2.43 Å，配位数为 4.3、1.6 和 1.8。对 $Ce_{0.78}Sn_{0.2}Pd_{0.02}O_2$ 的拟合表明 $Ce_{0.78}Sn_{0.2}Pd_{0.02}O_2$ 中 Sn—O 的原子间距和配位数和 $Ce_{0.8}Sn_{0.2}O_2$ 是相同的。

$Ce_{0.78}Sn_{0.2}Pd_{0.02}O_2$ 的 Pd K 边 EXAFS 和傅里叶变换图如图 4.10 所示，4+2 的配位拟合效果较好。Pd—O 原子间距分别为 2.02 Å 和 2.52 Å，Pd—Pd、Pd—Ce 和 Pd—Sn 分别处于 2.99 Å、3.39 Å 和 3.54 Å。

从以上分析可以看出，$Ce_{0.8}Sn_{0.2}O_2$ 和 $Ce_{0.78}Sn_{0.2}Pd_{0.02}O_2$ 的 Ce—O 配位用 4+4 拟合效果最好，键长分别约为 2.2 Å 和 2.4 Å，而纯 CeO_2 中的 Ce—O 键长为 2.34 Å。Sn 和 Pd 取代影响了 Sn 的 8 重配位，Sn 以 4+2+2 与 O 配位，而 Pd 以 4+2 与 O 配位。认为在 $Ce_{0.8}Sn_{0.2}O_2$ 和 $Ce_{0.78}Sn_{0.2}Pd_{0.02}O_2$ 中，第二配位层中变长的 M—O（M = Pd, Sn, Ce）键比较弱，是活性 O 位置。

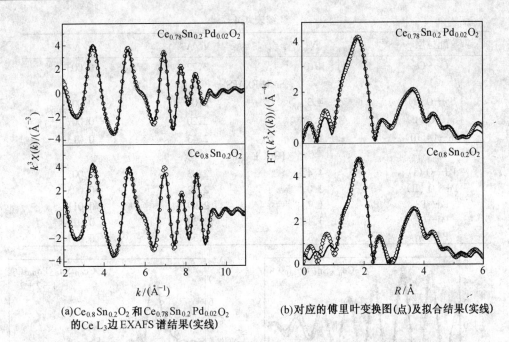

(a) $Ce_{0.8}Sn_{0.2}O_2$ 和 $Ce_{0.78}Sn_{0.2}Pd_{0.02}O_2$ 的 Ce L_3 边 EXAFS 谱结果(实线)

(b) 对应的傅里叶变换图(点)及拟合结果(实线)

图 4.8 $Ce_{0.8}Sn_{0.2}O_2$ 和 $Ce_{0.78}Sn_{0.2}Pd_{0.02}O_2$ 的 Ce L_3 边 EXAFS 和傅里叶变换图

表 4.3 $Ce_{0.8}Sn_{0.2}O_2$ Ce L_3 边和 Sn K 边 EXAFS 拟合结果

配位层	N	R/Å	σ^2/Å^{-2}
CeL_3 EXAFS			
Ce—O(I)	4.0	2.20	0.008
Ce—O(II)	4.0	2.37	0.006
Ce—Sn	2.0	3.45	0.003
Ce—Ce	10.0	3.68	0.003
Sn K EXAFS (4+2+2)			
Sn—O(I)	4.3	2.03	0.004
Sn—O(II)	1.6	2.20	0.007
Sn—O(III)	1.8	2.43	0.013
Sn K EXAFS (6+2)			
Sn—O(I)	6.5	2.03	0.006
Sn—O(II)	1.5	2.63	0.02
Sn K EXAFS (4+4)			
Sn—O(I)	4.1	1.99	0.004
Sn—O(II)	3.8	2.24	0.019

表 4.4 $Ce_{0.78}Sn_{0.2}Pd_{0.02}O_2$ Ce L_3 边、Sn K 边和 Pd K 边 EXAFS 拟合结果

配位层	N	R/Å	σ^2/Å^{-2}
Ce L_3 EXAFS			
Ce—O(I)	4.0	2.20	0.008
Ce—O(II)	4.0	2.41	0.006
Ce—Sn	2.0	3.45	0.003

续表 4.4

配位层	N	R/Å	σ^2/Å^{-2}
Ce—Ce	10.0	3.72	0.003
Sn K EXAFS			
Sn—O (I)	4.3	2.03	0.004
Sn—O (II)	1.6	2.20	0.007
Sn—O (III)	1.8	2.43	0.013
Pd K EXAFS			
Pd—O (I)	4.4	2.03	0.007
Pd—O (II)	2.0	2.52	0.005
Pd—Pd	1.7	2.99	0.011
Pd—Ce	3.4	3.39	0.027
Pd—Sn	1.8	3.54	0.017

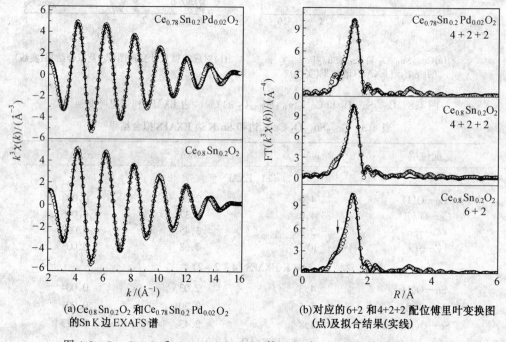

(a) $Ce_{0.8}Sn_{0.2}O_2$ 和 $Ce_{0.78}Sn_{0.2}Pd_{0.02}O_2$ 的 Sn K 边 EXAFS 谱

(b) 对应的 6+2 和 4+2+2 配位傅里叶变换图（点）及拟合结果（实线）

图 4.9　$Ce_{0.8}Sn_{0.2}O_2$ 和 $Ce_{0.78}Sn_{0.2}Pd_{0.02}O_2$ 的 Sn K 边 EXAFS 和傅里叶变换图

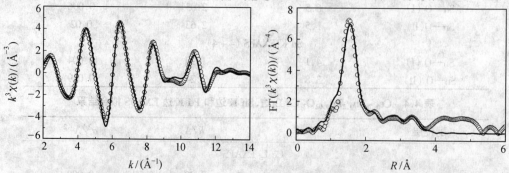

(a) $Ce_{0.78}Sn_{0.2}Pd_{0.02}O_2$ 的 Pd K 边 EXAFS 谱

(b) 对应的傅里叶变换图（点）及拟合结果（实线）

图 4.10　$Ce_{0.78}Sn_{0.2}Pd_{0.02}O_2$ 的 Pd K 边 EXAFS 和傅里叶变换图

4.5.3 利用EXAFS分析碳化钨(WC)材料的电催化活性

WC是一种良好的低温燃料电池非贵金属阳极催化剂,它对氢气的阳极氧化具有电催化活性,能很好地抵抗CO中毒,而且关键是在强酸性环境中具有抗腐蚀性。但是WC材料在电解液中的抗腐蚀性机制还不是很清楚。在此,研究的是硫酸环境中WC电化学钝化过程中化学和结构的变化。

图4.11是实验制备的WC材料在钝化前后的k空间和R空间的EXAFS谱图,可以发现处理前后具有明显的区别。对比分析可知,在硫酸中钝化之后,WC材料第一层配位数为(3.30 ± 0.25) W—C、(3.4 ± 0.9) W—O,W—C原子间距为(2.1918 ± 0.0024) Å,W—O原子间距为(1.835 ± 0.012) Å,而WC标准物中W—C原子间距为2.1971 Å,WO_2标准物中W—O原子间距为2.020 Å。显然,在钝化过程中WC粒子表面转化成了W氧化物,这可以解释WC在酸性环境中的强抗腐蚀性能力,这一发现解释了WC材料在燃料电池应用中电催化活性的来源。

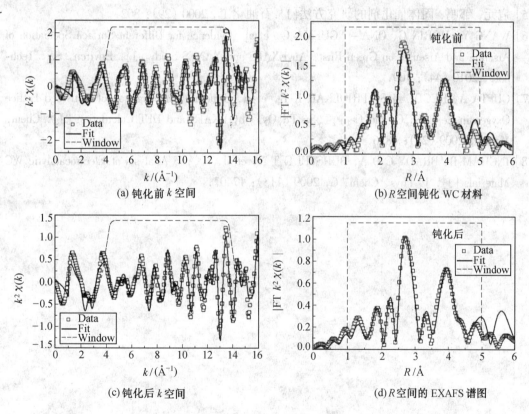

图4.11 WC材料钝化前后k空间和R空间的EXAFS谱图

本章小结

X射线吸收精细结构(XAFS)之所以既能研究晶体结构,又可以成为研究非晶(包括液体)结构的有力工具,原因在于它是以散射现象——近邻原子对中心吸收原子出射光电子的散射为基础,反映的仅仅是物质内部吸收原子周围短程有序的结构状态。晶体学的理论和结构研究方法不适用于非晶体,而 XAFS 的理论和方法却能同时适用于晶体和非晶体,其原因即在于此。由于不同种类原子吸收边的能量位置不同,XAFS 可以方便地分别研究材料中每一类原子周围的近邻情况(包括配位数,原子间距,扭曲度等)。XAFS 作为一种同步辐射特有的结构分析方法,将在材料、化学、物理、生物、医学等领域发挥重要作用。

参考文献

[1] BEHRENS P. XANES, EXAFS and Related Techniques [J]. Mol. Sieves, 2004 (4): 427.
[2] REHR J J, ALBERS R C. Theoretical Approaches to X-ray Absorption Fine Structure [J]. Rev. Modern Phys., 2000 (72): 621.
[3] 马礼敦. 高等结构分析[M]. 上海:复旦大学出版社, 2001.
[4] 王其武, 刘文汉. X 射线吸收精细结构及其应用[M]. 北京:科学出版社, 1994.
[5] 寇元, 邹鸣. 固体催化剂的研究方法[J]. 石油化工, 2000 (29): 802.
[6] WANG Y, MORIN G, ONA-NGUEMA G, et al. Evidence for Different Surface Speciation of Arsenite and Arsenate on Green Rust: An EXAFS and XANES Study [J]. Environ. Sci. Technol., 2010 (44): 109.
[7] GUPTA A, HEGDE M S, PRIOLKAR K R, et al. Structural Investigation of Activated Lattice Oxygen in $Ce_{1-x}Sn_xO_2$ and $Ce_{1-x-y}Sn_xPd_yO_{2-\delta}$ by EXAFS and DFT Calculation [J]. Chem. Mater., 2009 (21): 5836.
[8] INGHAM B, BRADY C D A, BURSTEI G T N, et al. EXAFS Analysis of Electrocatalytic WC Materials [J]. J. Phys. Chem. C, 2009 (113): 17407.

第5章 固体材料的质谱分析技术

内容提要

本章介绍了能应用于固体样品分析的几种常见质谱技术,其中包括电感耦合等离子体质谱(ICP－MS)、基质辅助激光解吸附质谱(MALDI－MS)和辉光放电质谱(GD－MS)。主要从质谱的基本原理、发展概况、应用范围以及新装置和新方法的应用几个方面进行叙述。

5.1 引 言

质谱技术是测定化合物的组成、结构及含量的一种分析方法,所用的仪器叫质谱仪。质谱分析的原理是:首先将被分析物试样置于高真空下,用诸如具有高能量的电子流碰撞加热等手段使被分析物的原子或分子电离,生成阳离子自由基(M^+,分子离子),这样的离子还会继续破碎变成更多的碎片离子,在电场、磁场的作用下,这些离子会按照其质量(m)与电荷的比(m/z,质荷比)的大小顺序被分离和记录(测定),测得的谱图叫质谱。从分子离子的质量数可以求相对分子质量,根据生成碎片离子的破碎方式可以得到有关分子结构的信息。使用质谱分析法可以求出被测物的准确相对分子质量,进行被测物的定性鉴定甚至是定量鉴定。

英国人托马森(Thomson)于1910年研制成世界第一台质谱仪,在近百年的时间里,质谱分析技术有了很大的发展。随着科技不断进步,先是出现了扇形磁场方向聚焦式质谱仪,后来随着离子光学理论的发展,又相继出现了"双聚焦"型质谱仪。以后,各种各样的质谱仪相继出现,如飞行时间质谱仪、四极杆质谱仪,不久前又出现了串联质谱仪、傅里叶变换回旋质谱仪、电感耦合等离子体质谱仪。如今的质谱仪已经融入了当代先进的电子技术、高真空技术和计算机技术,并实现了与其他一些仪器的联用,如气相色谱－质谱－计算机联用,液相色谱－质谱－计算机联用,气相色谱－红外吸收光谱－质谱联用等,拓展了质谱仪的应用范围。

5.2 基本构造

质谱分析法主要是通过对样品离子的质荷比的分析而实现对样品进行定性和定量分析的一种方法。因此,质谱仪都必须有电离装置,把样品电离为离子,并有质量分析装置把不同质荷比的离子分开,经检测器检测之后可以得到样品的质谱图,由于有机样品、无机样品和同位素样品等具有不同形态、性质和不同的分析要求,所用的电离装置、质量分析装置和检测装置亦有所不同。但是,不管是哪种类型的质谱仪,其基本组成都是相同的,都包括进样系统、离子源、质量分析器、检测器和真空系统。

5.2.1 进样技术

质谱法的一个重要特点就是它对各种物理状态的样品都具有非常高的灵敏度,而且在一定程度上与待测物分子量的大小无关。但是,因为质谱仪的质量分析器安装在真空腔里,分析样品只有通过特定的方法和途径才能被引入到离子源,并被离子化,然后被送入质量分析器进行质量分析。一般把所有用于完成这种样品引入任务的部件统称为样品引入系统。而样品引入方式则可分为直接引入法和间接引入法。间接引入法又可细分为色谱引入、膜进样等。

直接引入法是将低挥发性样品直接装在探针上,将探针送入真空腔内,样品分子受热后挥发形成蒸气,该蒸气受真空腔内真空梯度的作用被直接引入到离子源中离子化。由于温度对样品的挥发度影响较大,需精确控制温度,但这也使固体选择性进样成为可能。这种方法主要适合于较低挥发性、热稳定性好的样品。而对于难挥发和热不稳定样品,主要采用解吸电离(DI)的办法。

色谱法是质谱中应用最多的样品间接引入法,这种进样系统的研究热点之一就是质谱和色谱之间的接口技术。GC 的样品可通过毛细管直接导入到质谱的离子源。如果 GC 的载气流量较大,可在离子源前面加一级真空或者采用喷射式分离器来分流载气(如 He 等小分子气体)和富集待测物。LC - MS 常采用电喷雾技术从色谱流出物中提取样品同时进行样品的引入,该方法的优点在于它不需对仪器进行复杂的维护和调试,而且具有很高的灵敏度和极快的响应速度。除了经典的 GC、LC 被用于质谱样品引入外,超临界流体色谱(SFC)和毛细管电泳(CE)也可与质谱技术联用,大大提高了样品引入的灵活性。如果采用 DI 技术,则薄层色谱、纸色谱等都可用到质谱分析中来,在效率允许的情况下,可大大降低成本。

近年来,随着质谱在环境分析中的普及,膜进样技术逐渐得到重视。在常见的膜进样系统中,大多采用硅聚合物制作半透膜,这种半透膜能够让某些小分子有机物通过膜壁进入真空系统,而样品中大量的基体、溶剂则不能透过,因此,膜进样技术(MI)特别适宜于对低含量待测物的连续在线监测,如 MI - MS 有望在环境监测、工业控制等方面获得良好的应用。

5.2.2 离子源

在早期的质谱研究中,涉及的样品一般为无机物,检测目的包括测定原子量、同位素丰度,确定元素组成等。针对这些要求,需要采用的离子源主要包括电感耦合等离子体(ICP)、微波等离子体炬(MPT)、其他微波诱导等离子体(MIP)、电弧、火花、辉光放电等,几乎能够用于原子发射光谱的激发源都可使用。

目前质谱的检测对象主要是有机物和生命活性物质,需要用到一些比较特殊的电离源。这些电离源可分为 4 类,即电子轰击电离(EI)、化学电离(CI)、解吸电离(DI)、喷雾电离(SI)。除 EI 外,每种电离源都能够同时得到大量的正离子和负离子,而且分子离子的种类跟离子化过程中的媒介(Medium)或基体(Matrix)有关。比如,CI 能够产生$(M+H)^+$、$(M+NH_4)^+$、$(M+Ag)^+$、$(M+Cl)^-$等离子作为分子离子,也能够产生类似的碎片离子。

产生的不同离子之间能够互相反应,使得电离的结果更加丰富而复杂。比如在 EI 的作用下能够产生大量的离子,内能较大的离子在与中性分子(如 He)碰撞时能够自发裂解产生更多的碎片离子。这种离子-分子反应一般很难进行完全,往往在得到许多碎片离子的同时还保留着部分母体离子,不过,通过增加离子内能(如调节碰撞时间,EI 能量和中性粒子数量等),可以促使这种离子-分子的反应进行完全;反之,如果降低离子内能,则可能得到稳定的该离子而不是该离子的碎片。相对 EI 而言,CI、DI 和 SI 都是软电离源。借助激光和基体辅助,DI 甚至能够对沉积在某个表面的难挥发、热不稳定的固体化合物进行瞬间离子化,得到比较完整的分子离子。SI 的出现解决了生物大分子的进样问题,给质谱法在生命科学领域的应用,尤其是大分子生命活性物质如蛋白质、DNA 等的测定提供了非常便捷有效的手段,其作用也因其创立者约翰·芬恩(John Fenn)、库尔特·维特里希(Kurt Wüthrieh)和田中耕一(Koichi Tanaka)获得 2002 年的诺贝尔化学奖而分外受到世人瞩目。考查电离源的性能,一般需要用到的参数有信号强度、背景信号强度、电离效率、内能控制能力。

5.2.3 质量分析器

气相离子能够被适当的电场或磁场在空间或时间上按照质荷比的大小进行分离。广义地说,能够将气态离子进行分离分辨的器件就是质量分析器。在质谱仪器中,也使用或研究过多种多样的质量分析器,此处只介绍在商品仪器中广泛使用的质量分析器,即扇形磁场、飞行时间质量分析器、四极杆质量分析器、四极杆离子阱和离子回旋共振质量分析器。

5.2.3.1 扇形磁场

扇形磁场是历史上最早出现的质量分析器,除了在质谱学发展史上具有重要意义外,还具有很多优点,如重现性好、分辨率与质量大小无关、能够较快地进行扫描(每秒 10 个质荷比单位)等。但在目前出现的小型化质量分析器中,扇形磁场所占的比重不大,因为如果把磁场体积和质量降低将极大地影响磁场的强度,从而大大削弱其分析性能。

5.2.3.2 飞行时间质量分析器

飞行时间质量分析器的工作原理是:获得相同能量的离子在无场的空间漂移,不同质量的离子,其速度不同,行经同一距离之后到达吸收器的时间不同,从而可以得到分离。与其他质量分析器相比,飞行时间质量分析器(即 TOF)具有结构简单、灵敏度高和质量范围宽等优点(因为大分子离子的速度慢,更易于测量),尤其是与 MALDI(基质辅助激光解吸电离离子源)技术联用时更是如此。历史上对质荷比大于 10^4 的分子的质谱分析就是用 TOF 来实现的,目前,这种质量分析器能够测量的质荷比已接近 10^6。但相对其他质量分析器(如 ICR)而言,TOF 的分辨率和动态线性范围不够理想,比如,对于相对分子质量超过 5 000 的有机物,同位素的峰就分辨得不好。但是,对大分子的质量测量精度则可达到 0.01%,比传统生物化学方法(如离心、电泳、尺寸筛分析色谱等)的精度好得多。

5.2.3.3 四极杆质量分析器

四极杆质量分析器是由四根棒状电极组成的。如果把水平方向定义为 x 方向,垂直方向定义为 y 方向,与金属圆柱平行的方向定义为 z 方向,在 x 与 y 两支电极上分别施加 $\pm UV\cos\omega t$ 的高频电压(U 为直流分量,V 为电压幅值,ω 为圆频率,t 为时间),则在四个金属圆柱之间的空间形成一个形如马鞍的交变电场。四极杆质量分析器能够通过电场的调节进行质量扫描或质量选择,质量分析器的尺寸能够做到很小,扫描速度快,无论是操作还是机械构造都相对简单。但这种仪器的分辨率不高,杆体易被污染,维护和装调难度较大。

5.2.3.4 离子阱

离子阱和四极杆质量分析器有很多相似之处,如果将四极杆质量分析器的两端加上适当的电场将其封上,则四极杆内的离子将受 x、y、z 三个方向电场力的共同作用,使得离子能够在这三个力的共同作用下比较长时间地待在稳定区域内,就像一个电场势阱,因此这样的器件被称为离子阱。所以,在很多时候都认为四极杆质量分析器与离子阱的区别就是前者是二维的,而后者是三维的。

离子阱内部的离子总是在做复杂的运动,在这种复杂运动中,包含了与质量相关的特征信息。虽然离子阱内离子的运动是复杂的,但就离子阱质量分析器本身而言,它具有许多独特的优点,主要有能够方便地进行级联质谱测量,能够承受较高压力,此外,这种质量分析器价格相对低廉,体积较小,被广泛用做色谱检测器。在质谱仪器的小型化中,离子阱的小型化取得了十分注目的成果。

5.2.3.5 离子回旋共振质量分析器

在某种程度上,离子回旋共振(ICR)质量分析器与 NMR 有些相似。ICR 具有非常高的质量分辨率,能够检测大质量离子、进行离子的无损分析和多次测量,具有很高的灵敏度和级联质谱的能力,是一种在现代质谱学领域中具有重要用途的质量分析器。为进一步提高质量分析器的质量分辨率,常见的措施是将扇形磁场和电场联用,形成双聚焦质量分析器,而 FT‑ICR 的分辨率则可高达 10^6 以上。

5.2.4 检测器

质谱仪器的检测器有很多种,此处仅对电子倍增管及其阵列、离子计数器、感应电荷检测器、法拉第收集器等比较常见的检测器作简要评述。

电子倍增管是质谱仪器中使用比较广泛的检测器之一。单个电子倍增管基本上没有空间分辨能力,难以满足质谱学日益发展的需要。于是,人们就将电子倍增管微型化,集成为微型多通道板(MCP)检测器,并且在许多实际应用中发挥了重要作用。除了这种形式的阵列检测器外,电荷耦合器件(CCD)等在光谱学中广泛使用的检测器也在质谱仪器中获得了日益增多的应用。近年来,IPD(Ion‑to‑Photon Detector)检测器由于能够在高压下长时间稳定地工作,也引起了人们的极大重视。

离子计数器是一种非常灵敏的检测器,一般多用来进行离子源的校正或离子化效率的表征。对一般电子倍增管而言,一个离子能够在 10^{-7} s 内引发 $10^5 \sim 10^8$ 个电子,对绝大多数工作在有机物检测、生物化学研究领域的质谱仪器来说,其灵敏度已经足够。但在某些地球化学、宇宙学研究中,则需要用离子计数器来进行检测,其检测电流可以低于每秒一个离子的水平,一般离子源的信号至少也是离子计数器检出限的 10^{10} 倍。

感应电荷检测器也叫成像电流(Imaging Current)检测器,常与 ICR 质量分析器联用。由于测量的是感应电荷(流),感应效率较低,故其灵敏度较低。但是,当它与 ICR 等联用时,由于 ICR 允许离子的非破坏性测量和反复测量,因而 ICR 仍具有非常高的灵敏度。

法拉第盘(杯)是一种最为简单的检测器。这种检测器是将一个具有特定结构的金属片接入特定的电路中,收集落入金属片上的电子或离子,然后进行放大等处理,得到质谱信号。一般来说,这种检测器没有增益,其灵敏度非常低,限制了它的用途。但是,在某些场合,这种古老的检测器起到不可替代的作用。如印第安纳(Indianna)大学 Hieftje 等制作的阵列检测器就利用了法拉第杯检测器的上述特点。

5.3 电感耦合等离子体质谱(ICP – MS)

电感耦合等离子体质谱(ICP – MS)是 20 世纪 80 年代发展起来的新的分析测试技术。它主要由电感耦合等离子体(ICP)和质谱(MS)两大部分组成。ICP 是一种高温离子源,能够把引入的样品从分子状态变成离子状态,形成的离子通过离子透镜最终到达质谱检测器。MS 是离子检测器,检测由 ICP 形成的离子。现在有各种各样的质谱检测器,分别使用了不同的质量过滤器,如四极杆质谱、磁质谱和飞行时间质谱等。ICP – MS 可分析几乎地球上所有元素,这项技术已从最初在地质科学研究迅速发展到广泛应用于化学、环境、半导体、医学、生物、冶金、石油、核材料分析等领域。

5.3.1 特 点

ICP – MS 技术可提供最低的检出限(可达几十个 10^{-12} 级)、最宽的动态线性范围,干扰最少、分析精密度高、分析速度快,且可提供精确的同位素信息等。ICP – MS 的谱线简单,检验模式灵活多样:
①通过谱线的荷质比进行定性分析;
②通过谱线全扫描测定所有元素的大致浓度范围,即半定量分析,不需要标准溶液,多数元素测定误差小于 20%;
③用标准溶液校正而进行定量分析,在日常分析工作中是应用最为广泛的功能;
④同位素测定是 ICP – MS 的一个重要功能,可用于生物医学研究上的追踪来源实验及同位素示踪;
⑤可与不同的分离技术(如 HPIC、GC、CE 等)联用进行元素的形态、分布特性的分析。

5.3.2 试样制备

目前,ICP – MS 检测过程中多采用液体进样的方法,其优点是:测定时样品之间更换简单,大多数情况下,不需要对样品和标准进行基体匹配。而且,更为重要的是样品溶液均匀。一般情况下,将待测物质溶于酸或碱性溶液,应注意完全溶解,然后将溶液稀释使待测物质浓度处于 $\mu g/L$ 级,即可进行测试。对于试样不能变成溶液,或者分析试样量少,也可用加热气化、火花放电气化方法直接分析。

5.3.3 应用及图例分析

电感耦合等离子体质谱(ICP – MS)是质谱分析方法之一,由于其检测灵敏度高,主要用于痕量分析,检测被测样品中不同元素的含量及分布,在水质分析、土壤及沉积物、大气颗粒物、中药材和食品分析、公安法医等领域以及半导体行业高纯试剂、高纯材料、地质样品及同位素分析中有着举足轻重的地位。下面就简单列举一些实例,简述 ICP – MS 在某些方面的应用。

5.3.3.1 测定地质样品中的稀贵金属元素

地质勘探试样中,稀贵金属元素不仅具有较高的经济价值,还可作为岩石成因学的示踪元素。地质普查中,稀贵金属元素的分析是国土资源调查中的重要一环。由于这类样品中稀贵金属元素含量极低,国内外多采用的分析方法主要有火试金法、共沉淀法及离子交换分离富集法等,这些方法分析手续较复杂、流程长、不易掌握。而等离子体质谱法具备灵敏度高、检出限低以及多元素同时测定的特点,可直接用王水处理样品,分析其中痕量级的稀贵金属元素,与地球化学标样验证分析方法并用,取得了较好结果,可以满足大量地质样品中稀贵金属元素的快速分析。

5.3.3.2 测定高纯氧化镧中稀土和非稀土杂质

高纯氧化镧主要应用于压电材料、发光材料、贮氢材料及特殊的合金材料的制造。随着现代科技的进步及新材料研究领域的不断发展,对各类高纯稀土产品纯度要求越来越高。目前,化学光谱法和等离子发射光谱法仍是高纯稀土产品中稀土及非稀土杂质分析的主要技术手段,但对于纯度为 99.99% ~ 99.999 9% 的高纯稀土产品,由于化学光谱法和等离子发射光谱法存在灵敏度较低及谱线干扰复杂等缺点,难以满足测定要求。而电感耦合等离子体质谱分析技术已成功应用于纯度为 99.99% ~ 99.999 9% 的多种高纯稀土产品的分析与研究中,并显示出巨大潜力。刘湘生等人利用 ICP – MS 直接测定了 La_2O_3 中除 Ce、Pr 外的 12 种痕量稀土杂质元素。Pedreira 等利用高压液相色谱与 ICP – MS 联用(HPLC – ICPMS)技术分析了高纯 La_2O_3 中痕量稀土杂质元素。通过选择待测元素的同位素建立校正公式避免质谱干扰,优化质谱仪工作条件,引入内标元素 In 校正由基体效应产生的测量偏差,测定高纯 La_2O_3 中 14 种痕量稀土杂质及 18 种非稀土杂质。

5.3.3.3 水中微量元素分析

水成分分析是环境分析的主要内容之一,包括对淡水、海水和废水的成分分析,其目的是为了实施对水质及其水源环境的监控,因为人们的生产活动和日常生活的排放物会溶解于水,水中杂质成分的变化是环境污染的晴雨表。因此,世界各国的环保部门历来注重环境水质变化和环境水成分研究,把环境水质分析和控制列为环境监督、整治的重点。

早在 20 世纪 70 年代末期,火花源质谱就被用来测量环境水中的微量元素。取 100 ~ 200 mL 水样,用冰冻干燥法在灰化器中去除有机物,取 5 mL 灰化后的样品与等量石墨粉均匀混合,制成电极进行质谱分析。用这种方法测量了环境水中 27 种 ng/L 级的痕量元素。电感耦合等离子体质谱的问世,为水质分析增添了新的活力,并迅速成为快速多元素水质分析的主要测试方法,美国国家环境保护局(EPA)和安大略环境部(OME)等部门分别为电感耦合等离子体质谱分析水样制定了规程和检出限。

5.3.3.4 图例分析

图 5.1 是一典型的质谱图,其横坐标为质荷比,纵坐标为相对丰度。其中,质荷比是指带电粒子的质量与所带电荷之比值,以 m/z 表示。质荷比是质谱分析中的一个重要参数,不同质荷比的粒子在一定的加速电压 V 和一定磁场强度 E 下,所形成的一个弧形轨迹的半径 r 与质荷比成正比。一般来说,在相同的电磁场作用下,不同元素的质荷比会有不同,因此可根据质荷比来区分不同元素。在图 5.1 中,每一条谱线都代表不同的元素,根据仪器自带的分析软件,可以推测出每一条谱线所对应的元素,并且根据纵坐标的相对丰度,计算出

被测物质中该元素的含量。

但是,在很多科技文献中,并不给出质谱图,而是直接将计算后的结果列于相应表格中。表 5.1 是某地水质分析的结果,可见其完全符合饮用水标准。

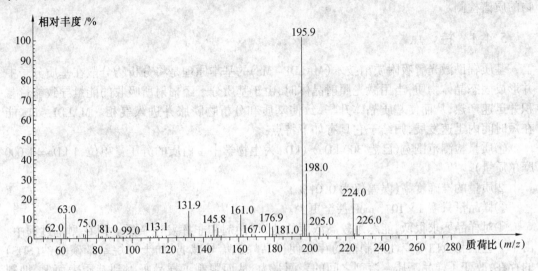

图 5.1　质谱图

表 5.1　某地饮用水水质分析结果

元素名称	ICP-MS 检出限 /($\mu g \cdot L^{-1}$)	《2000 规划》饮用水标准值/($\mu g \cdot L^{-1}$)
Ag	0.001 6	50
Al	1.7	200
As	0.009	50
B	0.31	1 000
Ba	0.006	100
Be	0.005	0.2
Ca	17.7	100 000
Cd	0.002 5	10
Co	0.000 1	1 000
Cu	0.001 9	1 000
Fe	7.6	300
Hg	0.003 3	1

5.4　基质辅助激光解吸质谱

质谱软电离技术——基质辅助激光解吸离子化(Matrix Assisted Laser Desorption Ionization,MALDI)使质谱法在测定生物大分子方面成为最有发展前途的工具之一。这种离子化技术的出现大大推动了质谱仪器的发展,并很快商品化。MALDI 作为一种新的"软电离"质谱技术,自 1988 年 Karas 和 Hillenkamp 等首次报道用于蛋白质的研究以来,便以其灵敏快捷、直观准确、极高的质量上限、良好的软电离性质、对杂质的包容性以及可直接分析混合物而无须预先分离的特点,广泛应用于生物化学领域,尤其是对蛋白质和核酸的分析已取得突破性的进展。MALDI-MS 与生物化学方法结合,通过对酶解或化学降解产物的质谱分析,提供结构信息,确认多肽与蛋白质等的一级结构。随着研究的不断深入,MALDI-MS 在多肽与蛋白质、低聚核苷酸、寡糖、糖结合物及合成高分子等方面获得了广泛应用。MALDI-MS可在10^{-12}mol甚至10^{-15}mol的水平上准确地测定相对分子质量高达几万到几十万的生物大分子；还可通过改变基质、溶液条件和样品的制备方法等实现大分子蛋白质非共价复合物的质谱检测。

5.4.1 特点

基质辅助激光解吸附质谱技术（MALDI-MS）的基本原理是将分析物分散在基质分子中并形成固态晶体物质，当用激光照射晶体时，由于基质分子经辐射所吸收的能量导致能量蓄积并迅速产热，从而使基质晶体升华，致使基质和分析物膨胀并进入气相。MALDI-MS能在短时间内迅速发展，归结于它具有如下特点：

①质量检测范围宽（已超 300 kDa）（kDa 为生物学中蛋白质的分子量单位，1 kDa = 1 000 摩尔质量）。

②质量的准确度高（误差仅为 0.01%）。

③样品量只需 1×10^{-6} mol，甚至更少。

④对样品要求很低，能忍耐较高浓度的盐、缓冲剂和非挥发性杂质。但在测量过程中，由于一些盐和蛋白质变性抑制剂的存在使样品峰的信号减弱，如十二烷基苯磺酸钠（SDS）的存在，改变了样品基质-溶剂之间的表面张力，从而限制了样品吸附到基质表面上，抑制样品信号的产生。某些无机盐的存在会影响样品分子结晶，妨碍样品的离子化过程，降低测量的灵敏度。

⑤分析速度快，分子离子峰强，信息直观。

5.4.2 基质作用及基质类型

MALDI-MS能够得到如此广泛的应用，在很大程度上要归功于基质的辅助效应。合适的基质是 MALDI-MS 分析的关键。基质具有能量转移作用，并且充当待测物的稀释剂，每个待测物分子被若干基质分子包围，减小待测物分子之间的作用力，防止分子簇的形成。大的分子簇既不能解吸又不能进行质谱分析。基质的作用主要可以概括如下：

①削弱样品分子间的相互作用。

②与样品分子结合并使之快速结晶。

③帮助样品分子从激光脉冲中吸收能量，使其产生瞬间相变，当能量达到本体解吸临界值时便可得到离子信号。

烟酸是最早用于蛋白质分析的基质，但不允许样品中存在缓冲盐及表面活性剂。芥子酸选择性电离蛋白质，形成尖锐质谱峰，分辨率较好，适合大分子蛋白质及糖蛋白分析。肉桂酸衍生物无选择性电离蛋白质，产生较强信号，适合肽及糖肽的分析。2,5-二羟基苯甲酸（DHB）是最常用的基质，产生的基质峰及基质缔合峰少，在各类大分子化合物中得到广泛使用。Garozzo 等曾报道了以羟基苯乙酮为基质可提高测量多种谷蛋白粘胶质分子量的灵敏度，其中以 2,4,6-三羟基苯乙酮（2,4,6-THAP）与 TFA 混合做基质和 2,6-二羟基苯乙酮（2,6-DHAP）与 H_2O、ACN 混合做基质灵敏度最高。表明这类基质在通过气相离子/分子反应促进样品分子电离的过程中起重要的作用。

Chait 等曾采用疏水性基质并将已结晶的样品靶在冷水中快速涮洗，以除掉样品中的水溶性杂质，虽然该方法可用于分析某些蛋白质分子，但其通用性较差。Watson 将蛋白质吸附或印迹在转移膜上进行蛋白质的氨基酸组分分析和测序工作，或将某些聚合物膜作为样品支持物,直接将膜固定在金属靶上进行分析,均取得了一定的进展。

另外,有一些基质改性剂或多元混合基质能改善结晶的性质,提高质谱测定的重现性和灵敏度。碳水化合物,如 d-葡萄糖、d-岩藻糖或 d-果糖做辅助基质,可提高待测物分子离子的稳定性,提高分辨率。用阿魏酸/岩藻糖、2,5-二羟基苯甲酸(DHB)/岩藻糖/5-甲氧基水杨酸做混合基质及单独用 DHB 做基质测定一些常见的蛋白质,如环孢素 A、环孢素 D、牛胰岛素 B 链、牛胰岛素、马心细胞色素 C、马肌红蛋白、β-乳肌红蛋白和牛胰酶原。结果显示,混合基质质谱测定的重现性、信号强度和质量分辨率显著提高。

5.4.3 试样制备

5.4.3.1 方 法

样品制备是使生物大分子离子化的重要环节,是样品测定的必要条件。首先将样品溶于甘油中,再将超细钴粉加入甘油中作为激光能量的吸收中心,诱导样品的离子化。也可将 2 μm 的石墨粉与液态基质混合用于分析中等大小的肽及蛋白质。样品制备最为常用的是液滴干燥法。将基质溶于水、甲醇和乙腈等溶剂中,样品以类似方法配成样品液,必要时加 0.1% 三氟化乙酸,以增加蛋白质的溶解。样品液与基质液按一定比例混合,将混合液 0.5 μL 至数微升点样于样品靶上,待溶剂挥发完后,形成结晶性的固体,可供质谱测定。

5.4.3.2 影响因素

样品与基质的摩尔比对质谱信号有很大影响。样品与基质的摩尔比一般为 1:100~1:5 000。样品量过多,易形成簇分子的离子和多电荷离子,增加质谱的复杂性和解析难度;样品量过少,有可能得不到足够的信噪比。样品靶的表面性质对质谱分析具有影响。研究表明,先用快速蒸发法在样品靶上形成基质的结晶薄膜,然后再点上样品与基质的混合液制备晶体,得到的质谱分辨率、灵敏度和质量测定的准确度有所提高。在玻璃板上镀上一层金薄膜或预先在不锈钢表面涂上一层富勒烯 C_{60} 的薄膜,在此表面上质谱解吸均有较好的效果。

5.4.4 应用及图例分析

5.4.4.1 生物大分子物质相对分子质量的测定

由于 MALDI 技术可电离一些较难电离的样品(特别是生物大分子),得到完整的电离产物,而且没有明显碎片,近年来在生物大分子的分析测定方面取得了长足发展,广泛应用于生物大分子相对分子质量的测定。图 5.2 是以芥子酸为基质的甲状腺球蛋白 MALDI-TOF-MS 图,图中 m/z 为 66 832.1 的峰为甲状腺球蛋白质子化分子离子峰,即 $[M_1+H]^+$ 峰。m/z 为 33 416.5 和 m/z 为 22 277.4 的峰分别对应于甲状腺球蛋白的双电荷离子峰 $[M_2+2H]^{2+}$ 和三电荷离子峰 $[M_3+3H]^{3+}$。同时还出现了 m/z 为 133 664.1 和 m/z 为 100 248.2 的峰,分别对应于二聚体单电荷离子峰 $[2M_1+H]^+$ 和二聚体双电荷离子峰 $[M_1+M_2+2H]^{2+}$。这些离子峰的出现是对分子离子峰的进一步证明。

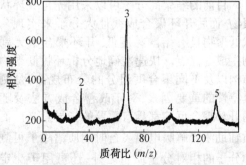

图 5.2 甲状腺球蛋白以芥子酸为基质的 MALDI-TOF-MS 图

1—$[M_3+3H]^{3+}$;2—$[M_2+2H]^{2+}$;3—$[M_1+H]^{2+}$;4—$[M_1+M_2+2H]^{2+}$;5—$[2M_1+H]^+$

5.4.4.2 蛋白质的高通量鉴定

随着人类基因组计划的实施和推进,生命科学研究已进入了后基因组时代。在这个时代,生命科学的主要研究对象是功能基因组学,包括结构基因组研究和蛋白质组研究等。尽管现在已有多个物种的基因组被测序,但在这些基因组中通常有一半以上基因的功能是未知的。蛋白质是生理功能的执行者,是生命现象的直接体现者,对蛋白质结构和功能的研究将直接阐明生命在生理或病理条件下的变化机制,而传统的对单个蛋白质进行研究的方式已无法满足后基因组时代的要求。因此人们提出了蛋白质组学的概念,在这一领域中,质谱技术已经是目前发展最快,也最具潜力的表征技术。图 5.3 是一蛋白质点在胶内酶解后的质谱图,根据该图可获取肽质量指纹图谱及肽序列标签,经数据库搜寻鉴定蛋白质,可鉴定出 29 个差异表达的蛋白质。

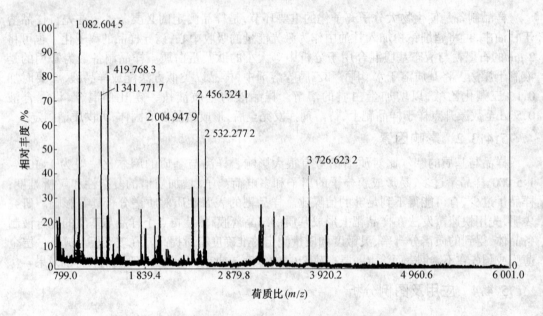

图 5.3　蛋白质组的 MALDI – TOF – MS 图

5.4.4.3 对有机小分子聚合物相对分子质量的测定

目前的缩聚高分子可以采用先合成环状低聚物,而后开环聚合成线性大分子来实现。环状低聚物具有熔融黏度低、开环聚合中无副产物生成等优点。快速准确地分析环状低聚物的结构以及不同聚合度组分的分布规律,是测定其特性的重要因素,对于改善合成方法及随后的开环聚合反应都具有重要的指导意义。而基质辅助激光解吸电离飞行时间质谱除了可测试大分子的相对分子质量之外,还可用于测定有机低聚物的相对分子质量,研究低聚物中不同聚合度组分的分布规律。图 5.4 是聚芳醚酮环状低聚物质谱图,图中相对丰度较大的一系列

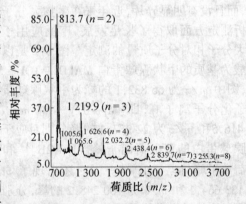

图 5.4　聚芳醚酮环状低聚物 I 的 MALDI – TOF – MS 图

谱峰分别对应着不同聚合度的环状低聚物组分,可观察到有聚合度 $n = 8$ 的环状低聚物以

及相对丰度较小的一系列低聚物的存在,谱图清晰而且信息直观。

5.4.4.4 对寡核苷酸的分析

经典的寡核苷酸测序方法通常用 Maxam – Gilbert 法和 Wandering – Spot 法,但这些方法比较麻烦,而且需用放射性同位素。在对寡核苷酸特别是化学修饰的寡核苷酸的序列测定中并不是很有效的方法。基质辅助激光解吸飞行时间质谱的出现提供了寡核苷酸测序的新途径。图 5.5 是被测的寡核苷酸样品用外切酶从 3'端进行部分降解,在不同时间内分别取样进行质谱分析,得到寡核苷酸部分降解的分子离子峰信号。随着时间的推移,外切酶将寡核苷酸降解成小的分子离子碎片,通过这些小的分子离子碎片,可以计算出被切割的 3' – 核苷酸单体的相对分子质量,将其与标准相对分子质量对比,就可以按顺序读出寡核苷酸的完整序列。

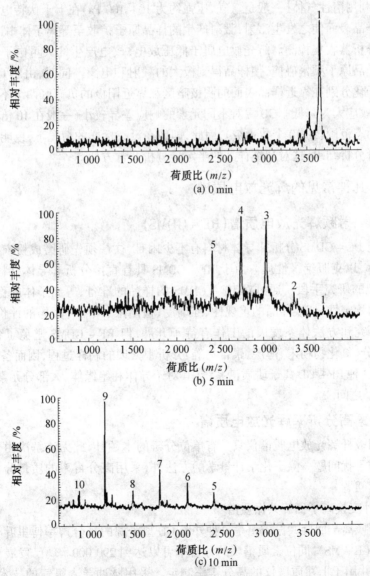

图 5.5 寡核苷酸 5' – d(ATGCATATGCAT) – 3'随时间变化降解的 MALDI – TOF – MS 图

另外，单核苷酸多态性(Single Ducleotide Polymor-Phism, SNP)是指在基因组DNA某个位置处存在单个碱基的差异，其在人群中发生频率超过1%，人类基因组DNA序列90%多态性是由SNP造成的。基质辅助激光解吸附飞行时间质谱在这方面也有着很广泛的应用。

5.5 辉光放电质谱

辉光放电质谱法(GD-MS)被认为是目前对固体导电材料直接进行痕量及超痕量元素分析的最有效的手段。辉光放电质谱法是一种无需任何化学前处理、直接有效的固体分析技术。在辉光等离子体中，由于其可以直接固体进样，近20年来已广泛应用于高纯金属、合金等材料的分析。辉光放电质谱由辉光放电离子源和质谱分析器两部分组成。辉光放电离子源(GD源)利用惰性气体(一般是氩气，压强约为10~100 Pa)在上千伏特电压下电离产生的离子撞击样品表面使之发生溅射，溅射产生的样品原子扩散至等离子体中进一步离子化，进而被质谱分析器收集检测。辉光放电属于低压放电，放电产生的大量电子和亚稳态惰性气体原子与样品原子频繁碰撞，使样品得到极大的溅射和电离。同时，由于GD源中样品的原子化和离子化分别在靠近样品表面的阴极暗区和靠近阳极的负辉区两个不同的区域内进行，也使基体效应大为降低。GD源对不同元素的响应差异较小(一般在10倍以内)，并具备很宽的线性动态范围(约10个数量级)，因此，即使在没有标样的情况下，也能给出较准确的多元素半定量分析结果，这对超纯样品的半定量分析非常方便。

5.5.1 几种常见的辉光放电质谱

5.5.1.1 射频辉光放电质谱(RF-GDMS)

利用常规DC-GDMS分析非导体材料有不少困难，往往须先研磨成粉末再与金属粉末基底压缩成片，以克服绝缘性质。由于RF-GDMS具有直接分析非导体材料的能力，因而成为一种新型的研究手段。通过对RF-GDMS的样品的准备、等离子体的稳定时间、系统短期和长期的稳定性、切换样品的重现性、准确度、检出限、样品种类等的评价，虽然还有一些关于基础研究和方法体系发展的工作有待于开展，但RF-GDMS避免了各种固体样品(如绝缘体成分、氧化物粉末、薄层、聚合物等)分析中繁琐的制样过程，因而备受关注。近年来，还出现了一种RF-GD离子阱质谱系统，其对于导体和绝缘体，大部分元素检出限在$1 \times 10^{-8} \sim 1 \times 10^{-6}$之间。

5.5.1.2 高分辨率辉光放电质谱

普通的四极杆辉光放电质谱仪只具有单位分辨的本领，因此无法解决由于基体气体引起的各种质谱干扰问题。除了化学计量学的方法外，采用高分辨率的质量分析器可以有效克服这些干扰问题。

(1)傅里叶变换离子回旋共振质谱

傅里叶变换离子回旋共振质谱是一种外置GD离子源的高分辨率傅里叶变换离子回旋共振质谱(FTICR-MS)，同位素质谱峰的分辨率可以达到290 000。现已发展了一种脉冲进气GD离子源并用于上述质谱仪的高分辨率测定。采用脉冲导入氩气的技术，可以降低真空泵的气体负荷，并大大改善质量分析器里的真空度，使得黄铜样品测定时黄铜质谱的分辨率(质谱仪的分辨率表示质谱仪把相邻两个质量分开的能力,其数值上等于质量 M 与质量差 ΔM 的商)达到 1 450 000,这是文献中报道的 GD-MS 的最高分辨率。此外,有研究人员专门设计了一种 GD 离子源并与采用强磁场强度的 FTICR-MS 联用。对于所选择的测定元素,初步的实验结果得到了低于 1×10^{-6} 水平的检出限。

(2) 双聚焦质量分析器

用于高分辨率质谱的 RF-GD 离子源已研制成功,并发展了一种导电的接口来实现射频能量的传输,而离子源则耦合了加速电位。通过扫描加速电位,测定了离子的能量分布,结果表明带单电荷的样品离子的平均能量比放电气体及其他气体离子高出 10 eV 左右。通过设定双聚焦质量分析器能量窗口的位置和大小,可以对分析物离子和背景气体离子实现有效的能量分离。

5.5.1.3 辉光放电飞行时间质谱

TOF-MS 相当简单,具有真正同时检测所有离子的能力,能达到很快的检测处理速度(如 1 s 内可以记录 20 000 张元素全谱)。TOF-MS 无疑是脉冲 GD 的最佳选择,因为它不仅提供了一种用于监控脉冲 GD 中快速发生过程的独一无二的手段,而且具有高的离子传输效率及快速操作等优点。脉冲 GD-TOFMS 可以改善检测灵敏度及选择性,因为在脉冲放电终止后,Penning 碰撞马上得到了增强。通过控制引入离子进入飞行时间质谱的脉冲时间延迟可以获得不受气体离子干扰的待测物质谱,而且避免了强背景气体离子引起的检测器信号饱和问题。

5.5.2 应用及图例分析

GD-MS 已广泛应用于固体样品的常规分析。作为一种成分分析的工具,GD-MS 对不同元素的检测灵敏度的差异较小,离子产额受基体的影响也不大。大多数元素的相对灵敏度因子在 0.2~3 之间(铁的灵敏度因子为 1)。GD-MS 具备很宽的检测动态范围,都可以很好地检测从基体浓度到痕量浓度的元素。

5.5.2.1 金属材料

金属是 GD-MS 最易于分析的样品。分析时,块状金属几乎不需要样品制备,仅简单地切割或加工成适合的形状(如针状或圆盘状),固定于离子源中即可。通过预溅射阶段,清洁试样表面的污染后进行分析。GD-MS 几乎可以分析周期表中的所有元素,并具有极高的灵敏度,其中双聚焦仪器的检出限可达亚 ng/g 级。

GD-MS 的金属材料分析应用的研究报道很多,大部分集中在对痕量元素的测定上,目前 GD-MS 已逐渐成为国际上高纯金属材料、高纯合金材料、稀贵金属及溅射靶材杂质分析的重要方法。另外,也有研究人员对比了 GD-MS 和电感耦合等离子体质谱测定金属组分的结果,发现在铝合金的测定中,GD-MS 的谱线比 ICP-MS 简单。ICP-MS 中存在的空气、水及溶液中溶剂的质谱峰在 GD-MS 中基本上观察不到,但是,GD-MS 的谱线中存在多电荷的氩谱线,基体元素和分析元素的氩化物质谱比它们的氧化物明显,这恰恰和 ICP-MS 相反,表明了两者在分析机制上的不同。

图 5.6 是利用 GD-MS 对某 Zr 合金表面的成分分析,从图中可以看出在合金表面存在着明显的氧化现象。但是随着分析深度的不断加大,氧元素的含量在不断下降,当分析深度为 4 μm 时,几乎不再含有氧元素,而锆元素的含量达到了 100%。

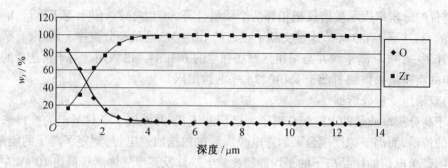

图 5.6　Zr 合金表面的成分分析

5.5.2.2　半导体材料

半导体材料的杂质分析也是 GD-MS 一个重要的研究领域。半导体材料中浓度极低的杂质元素决定了其电学性质,但半导体的材料性质及杂质元素的含量水平不是一般分析方法所能胜任的。GD-MS 所具有的特点使其已成为高纯半导体材料乃至半导体工业材料必不可少的分析手段。在常规的 DC-GD-MS 分析中,由于样品本身充当 GD 源的阴极,必须具备一定的导电性能。如典型的高纯硅电阻率约为 $13\times10^4\ \Omega\cdot cm^{-1}$,用普通的分析针状样品的放电池得不到能应用于分析的足够高的离子信号。Venzago 等设计了一种新的适合分析片状样品的放电池取代分析针状样品的放电池应用于 VG9000,极大地提高了基体的离子产率。以此分析高纯硅片,绝大多数杂质元素的检出限低于 1 ng/g(约为 $3\sim7\times10^{11}\ atoms/cm^3$),尤其对于 ICP-MS 等常用手段无法测定的 C,N,O,也得到了较好的定量分析结果。普朝光等利用 VG9000 分析了高纯半导体材料锗,在不用标样的情况下,测定了 23 种 ng/g 级超痕量杂质元素,对 P、Ti、V、Co 及 Tl 等元素,检出限甚至可达 10 pg/g。

图 5.7 是对 GaN 包覆 ZnO 材料剖面的 GD-MS 分析。从图中可以看出,当测试深度低于 0.2 μm 时,Ga 元素的含量明显高于 N 元素的含量,这说明表面可能存在一定的 Ga_xO_y;当测试深度大于 0.2 μm 时,Ga 元素的含量急剧下降,明显低于 N 元素含量,这说明可能有部分 N 元素与 ZnO 发生了作用,而进入了 ZnO 的晶格。

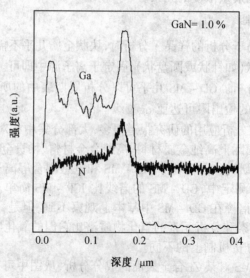

图 5.7　GaN 包覆 ZnO 剖面的 GD-MS 分析

5.5.2.3 非导体材料

由于在直流辉光放电中被分析样品作为阴极,所以非导体样品对于 GD－MS 来说不是理想的分析样品类型。对于这类样品除了采用射频辉光放电直接分析外(块状或压制成块状),还可以将样品(粉末)与导电材料(如 Cu,Ag,石墨,Ta,In,Ga 等)混合压制成阴极或引入第二阴极进行测定。

Schelles 等人就采用 ZrO_2 与 Ta 制成第二阴极的方法,测定了 ZrO_2 中一系列杂质的浓度,见表 5.2。射频辉光放电质谱(RF－GD－MS)由于可以直接分析非导体材料,是近年来 GD－MS 的重要研究方向之一,也获得了一些应用。它通过在样品表面产生直流自偏电压,以维持稳定的溅射和离子化,从而可直接分析非导体材料。(Marcus 等使用射频辉光质谱测定玻璃样品中的主量及痕量元素,含量范围从 50.37%(O)~25 $\mu g/g$(Au),其分析结果与认定值十分符合。)

表 5.2　第二阴极法测定 ZrO_2 中杂质含量

杂质	浓度/($\mu g \cdot g^{-1}$)	杂质	浓度/($\mu g \cdot g^{-1}$)	杂质	浓度/($\mu g \cdot g^{-1}$)
Nb	185	Ni	0.039	Ti	0.005 6
O	39	Ca	0.037	Sm	0.004 7
C	20	Li	0.030	U	0.004 7
W	14	Cr	0.025	Dy	0.004 7
Sn	1.1	Hf	0.025	Pd	0.003 7
Mo	0.73	Th	0.023	Er	0.003 7
K	0.54	Cd	0.022	Tl	0.003 3
Fe	0.45	P	0.022	Mn	0.002 6
Na	0.43	Sb	0.016	La	0.002 1
In	0.27	Pb	0.015	Eu	0.002 0
Cu	0.23	B	0.015	Rb	0.001 9
S	0.19	Ba	0.013	Be	0.001 9
Ca	0.18	Sr	0.012	Ce	0.001 8
Zn	0.092	Zr	0.009 7	Y	0.001 7
Mg	0.072	Ag	0.008 7	Co	0.001 6
Pt	0.055	Nd	0.006 7	Rh	0.001 3
Au	0.052	Yb	0.006 3	Pr	0.001 0
Al	0.049	Bi	0.005 7	V	0.000 6
Si	0.045	Gd	0.005 7	Sc	0.000 6

5.5.2.4 溶液和气体分析

尽管辉光放电质谱为典型的固体分析方法,人们在 GD－MS 用于溶液分析方面也作了尝试,试图将溶液直接进样引入辉光放电中,但是这需要特殊的装置,不如 ICP－MS 那样应用广泛和成功。最直接的方法是将少量(1~100 μL)的溶液样品置于高纯金属的表面(针形、表面或空心阴极)干燥成残渣,在辉光放电中溅射后分析。在四极质量器的条件下,Jakubowski 等使用该方法绝对检出限达到 1 pg。另一种方法为将溶液与高纯金属粉末(如 Ag)混合、烘干,最后压制成所需的形状。该方法能够得到稳定的信号,但检出限明显高,在使用 200 μL 溶液的情况下,检出限大约为 2.5 $\mu g/g$。

另外,由于使用分子气体(如 N_2、O_2、空气、水蒸气)可以获得稳定的辉光放电,所以 GD-MS 也能用于气体分析。McLuckey 及其合作者报道了使用 GD-MS 分析大气样品中痕量杂质。Gordon 等采用射频辉光放电离子阱质谱和级联质谱对空气中的有毒污染物进行实时监控。GD-MS 也被用于分析高爆炸性蒸汽。Schelles 等采用第二阴极技术使用 GD-MS 测定大气中的颗粒物。

本章小结

进入 21 世纪,现代科学技术的发展对分析测试技术提出了新的挑战。与经典的化学分析方法和传统的仪器分析方法不同,现代分析科学中,原位、实时、在线、非破坏、高通量、高灵敏度、高选择性、低耗损一直是分析工作者追求的目标。在众多的分析测试方法中,质谱学方法被认为是一种同时具备高特异性和高灵敏度且得到了广泛应用的普适性方法。电喷雾解吸电离技术、电晕放电实时直接分析电离技术和电喷雾萃取电离技术的提出,满足了科学技术发展的要求,为复杂样品的快速质谱分析打开了一个窗口。

便携式质谱仪是近年来新型质谱仪的研究热点之一,便携式质谱仪的研究主要集中在离子化技术、质量分析技术方面,检测器多采用 Detech 公司和 SGE 公司的商品化检测器。为适应离子化技术、质量分析技术的快速发展,开发高性能离子检测技术已迫在眉睫,而低噪声、高稳定性、宽质量范围、较低的质量歧视、长寿命、低成本将是离子检测技术发展中所要追求的目标。

质谱和光谱、核磁共振等方法是并列关系,目前很少有交叉领域。实际上,质谱和这些经典谱学方法之间的交叉,也是应该值得重视的研究领域。

参考文献

[1] 李冰,杨红霞.电感耦合等离子体质谱原理和应用[M].北京:地质出版社,2005.
[2] 王小如.电感耦合等离子体质谱应用实例[M].北京:化学工业出版社,2005.
[3] 周华.质谱学及其在无机分析中的应用[M].北京:科学出版社,1986.
[4] 余晓刚.电感耦合等离子体质谱技术及其临床应用[J].国际检验医学杂志,2006 (27):924.
[5] 周涛,李金英,赵墨田.质谱的无机痕量分析进展[J].分析测试学报,2004 (23):110.
[6] 刘晶磊,章新泉,童迎东.电感耦合等离子质谱法测定高纯氧化铒中 14 种稀土杂质 [J].分析化学,1997 (25):1417.
[7] LIU L J, TONG Y D, ZHANG X Q. Determination of Trace Impurities of Rare Earth Elements in High Purity Yttrium Oxide by ICPMS[J]. J. Rare Earths, 1995 (13):52.
[8] 刘湘生,蔡绍勤,安平,等.电感耦合等离子质谱法测定高纯氧化钇[J].分析化学,1999 (27):782.
[9] PEDREIRA W R, SARKIS J E S, RODRIGUES C, et al. Determination of Trace Amounts of Rare Earth Elements in High Pure Lanthanum Oxide by Sector Field Inductively Coupled Plasma Mass Spectrometry (HR ICPMS) and High-Performance Liquid Chromatography (HPLC) Tech-

niques[J]. J. Alloys Compd., 2002 (344):17.

[10] 张楠,刘湘生,蔡绍勤.ICP-MS测定高纯氧化镥中痕量稀土杂质和非稀土杂质研究[J].分析测试学报,1997 (16):69.

[11] 章新泉,刘晶磊,易永.高纯金属镱中杂质元素的电感耦合等离子质谱法测定[J].分析测试学报,2004 (23):73.

[12] 何世平,王洪亮.甘肃白银矿田变酸性火山岩锆石LA-ICP-MS测年[J].矿床地质,2006 (25):401.

[13] 徐先顺,张新荣,彭玉秀.电感耦合等离子体质谱在水质分析中的应用[J].中国卫生检验杂志,2006 (116):763.

[14] ANDERSEN T. Correction of Common Lead in U-Pb Analyses That Do Not Report Pb-204 [J]. Chem. Geol., 2002 (192):59.

[15] KARAS M, HILLENKAMP F. Laser Desorption of Ionization of Proteins with Molecular Masses Exceeding 10000 Daltons[J]. Anal. Chem., 1988 (60):2999.

[16] 季怡萍,张红明.应用基质辅助激光解吸电离飞行时间质谱法测定牛甲状腺球蛋白的分子量[J].分析测试技术与仪器,2007 (13):187.

[17] 季怡萍,佘益民,姜洪焱,等.芳醚酮环状低聚物的基质辅助激光解吸电离质谱表征[J].分析测试学报,1999 (18):50.

[18] 阎庆金,杨松成,蔡耘.MALDI-TOF-MS对寡核苷酸的序列分析[J].生物化学生物物理学报,1997 (29):475.

[19] 杨何义,蔡耘,王杰,等.生物质谱作为SNP分型检测方法的研究[J].质谱学报,2003 (24):459.

[20] GEVAERT K, VANDEKERCKHOVE J. Protein Identification Methods in Proteomics[J]. Electrophoresis, 2000 (21):1146.

[21] STAHL B, STEUP M, KARAS M, et al. Analysis of Neutral Oligosaccharides by Matrix-assisted Laser Desorption Ionization Mass Spectrometry[J]. Anal. Chem., 1991 (63):1463.

[22] FITZGERALD M C, PARR G R, SMITH L M. Basic Matrices for The Matrix-assisted Laser-Desorption Ionization Mass-spectrometry of Proteins and Oligonucleotides[J]. Anal. Chem., 1993 (65):3204.

[23] EHRING H, KARAS M, HILLENKAMP F. Role of Photoionization and Photochemistry in Ionization Processes of Organic Molecules and Relevance for Matrix-assisted Laser Desorption Ionization Mass Spectrometry[J]. Org. Mass Spectrom., 1992 (27):472.

[24] KARAS M, BAHR U, STRUPAT K, et al. Matrix Dependence of Metastable Fragmentation of Glycoproteins in Maldi TOF Mass-spectrometry[J]. Anal. Chem., 1995 (67):675.

[25] BEAVIS R C. Matrix-assisted Ultraviolet Laser Desorption: Evolution and Principles[J]. Org. Mass Spectrom., 1992 (27):653.

[26] GAROZZO D, COZZOLINO R, DI GIORGI S, et al. Use of Hydroxyacetophenones as Matrices for the Analysis of High Molecular Weight Glutenin Mixtures by Matrix-assisted Laser Desorption/Ionization Mass Spectrometry[J]. Rapid Commun. Mass Spectrom., 1999 (13):2084.

[27] BEAVIS R C, CHAIT B T. High-accuracy Molecular Mass Determination of Proteins Using Ma-

trix-assisted Laser Desorption Mass Spectrometry[J]. Anal. Chem., 1990 (62): 1836.

[28] ZALUZEC E J, GAGE D A, ALLISON J, et al. Direct Matrix-assisted Laser-desorption Ionization Mass-spectrometic Analysis of Proteins Immobilized on Nylon-based Membranes[J]. J. Am. Soc. Mass Spetrom., 1994 (5): 230.

[29] STRUPAT K, KARAS M, HILLENKAMP F, et al. Matrix-assisted Laser-desorption Ionization Mass-spectrometry of Proteins Electroblotted after Polyacrylamidegel Electrophoresis[J]. Anal. Chem., 1994 (66): 464.

[30] BLACKLEDGE J A, ALEXANDE A J. Polyethylene Membrane as a Sample Support for Direct Matrix-assisted Laser Desorption/Ionization Mass Spectrometric Analysis of High Mass Proteins [J]. Anal. Chem., 1995 (67): 843.

[31] RUBAKHIN S S, GARDEN R W, FULLER R R, et al. Measuring the Peptides in Individual Organelles with Mass Spectrometry[J]. Nat. Biotechnol., 2000 (18): 172.

[32] LI L J, MOROZ T P, GARDEN R W, et al. Mass Spectrometric Survey of Interganglionically Transported Peptides in Aplysia[J]. Peptides, 1998 (19): 1425.

[33] BECKER J S, DIETZE H J. Inorganic Trace Analysis by Mass Spectrometry[J]. Spectrochim. Acta B, 1998 (53): 1475.

[34] SAPRYKIN AI, BECKER JS, DIETZE HJ. Characterization and Optimization of A Radiofrequency Glow-discharge Ion-source for A High-resolution Mass-spectrometer[J]. J. Anal. Atom. Spectrom., 1995 (10): 897.

[35] BOGAERTS A, GIJBELS R. New Developments and Applications in GDMS[J]. Fres. J. Anal. Chem., 1999 (364): 367.

[36] 苏永选, 孙大海. 辉光放电质谱研究与应用新进展[J]. 分析测试学报, 1999 (18): 82.

[37] VENZAGO C, WEIGERT M. Application of the Glow-discharge Mass-spectrometry (GDMS) for the Multielement Trace and Ultratrace Analysis of Sputtering Targets[J]. Fres. J. Anal. Chem., 1994 (350): 303.

[38] SHEKHAR R, ARUNACHALAM J, DAS N, et al. Multielemental Characterisation of Cobalt by Glow Discharge Guadrupole Mass Spectrometry[J]. Talanta, 2005 (65): 1270.

[39] SHICK C R, MARCUS C K. Optimization of Discharge Parameters for A Flat-type Radio-frequency Glow Discharge Source Coupled to a Quadrupole Mass Spectrometer System[J]. Appl. Spectrosc., 1996 (50): 454.

[40] 余兴, 李小佳, 王海舟. 辉光放电质谱分析技术的应用进展[J]. 冶金分析, 2009(29): 28.

[41] 余兴, 李小佳, 王海舟. 辉光放电质谱法测定中低合金钢中18种元素[J]. 冶金分析, 2006 (26): 1.

[42] VIETH W, HUNEKE J C. Analysis of High-purity Gallium by High-resolution Glow-discharge Mass Spectrometry[J]. Anal. Chem., 1992 (64): 2958.

[43] JAKUBOWSKI N, STUEWER D, TOELG G. Microchemical Determination of Platinum and Iridium by Glow Discharge Mass Spectrometry[J]. Spectrochim. Acta B, 1991 (46): 155.

[44] SCHELLES W, MAES K J R, DEGENDT S, et al. Glow Discharge Mass Spectrometric Analysis

of Atmospheric Particulate Matter[J]. Anal. Chem., 1996 (68): 1136.

[45] STUEWER D, JAKUBOWSKI N. Application of Glow Discharge Mass Spectrometry with Low Mass Resolution for In-depth Analysis of Technical Surface Layers[J]. J. Anal. Atom. Spectrom., 1992 (47): 951.

[46] SCHELLES W, VAN GRIEKEN R. Quantitative Analysis of Zirconium Oxide by Direct Current Glow Discharge Mass Spectrometry Using a Secondary Cathode[J]. J. Anal. Atom. Spectrom., 1997 (12): 49.

[47] HERAS L A, ACTIS-DATO O L, BETTI M, et al. Monitoring of Depth Distribution of Trace Elements by GDMS[J]. Microchem J., 2000 (67): 333.

[48] GOPALAKRISHINAN N, SHIN B C, LIM H S, et al. Codoping in ZnO Using GaN by Pulsed Laser Deposition[J]. J. Crystal. Growth, 2006 (294): 273.

[49] MCLUCKEY S A, GLISH G L, ASANO K G, et al. Atmospheric Sampling Glow Discharge Ionization Source for the Determination of Trace Organic-compounds in Ambient Air [J]. Anal. Chem., 1988(60):2220.

[50] GORDON S M, CALLAHAN P J, KENNY D V, et al. Direct Sampling and Analysis of Volatile Organic Compounds in Air by Membrane Introduction and Glow Discharge Ion Trap Mass Spectrometry with Filtered Noise Fieds[J]. Rapid Comm. Mass Spectrom., 1996(10):1038.

[51] MCLUCKEY S A, GOERINGER D E, ASANO K G, et al. High Explosives Vapor Detection by Glow Discharge Ion Trap Mass Spectrometry[J]. Rapid Comm. Mass Spectrom., 1996(10): 287.

第 6 章 电子显微镜分析技术

内容提要

电子显微镜(Electron Microscope),简称电镜,一般是指利用电磁场偏折、聚焦电子及电子与物质作用后所产生的散射来研究物质构造及微细结构的精密仪器。它利用高速运动的电子束代替了光学显微镜中的光波,因此具有非常强大的分辨能力(分辨率约为 0.1 nm),放大倍数最高可达近百万倍,是目前为止最直观的探测物质内部结构或表面形貌的一种表征手段,广泛应用于材料、半导体、地质、考古、应用物理及生物医学等几十门学科。电子显微镜大体上可以分为透射式电子显微镜和扫描式电子显微镜两种,本章简要地介绍两种电镜的构造、工作原理,重点介绍其适用范围以及在材料科学中的实际应用情况。

6.1 引 言

在 20 世纪 30 年代,德布罗意(de Broglie)提出了微观粒子的波粒二象性假设,随后 Busch 建立了几何电子光学理论,认为带电粒子在轴对称的电场和磁场中有聚焦作用。正是这两个重要的发现,为电子显微镜的问世打下了坚实的基础。1932 年,Knoll 和 Ruska 在柏林成功地制造了世界上第一台电子显微镜,并在两年之后将电镜的分辨率提高到 500 Å。1939 年,德国的 Siemens 公司生产了第一台作为商品的透射电子显微镜,其分辨率可达 100 Å。之后的几年时间内,大量的科学家开始投身于电子显微镜的研究,但是其实际分辨率一直停留在 20 Å 左右。直到进入 20 世纪 60 年代,提高分辨率和发展超高压电子显微镜方面的进展迅速,特别是 70 年代以来,电子显微镜的点分辨率已经优于 3 Å,晶格条纹分辨率也达到了 1.44 Å,实现了人们早就向往的对原子象和晶格象的观察。

但是早期的电子显微镜只是用于直观的观测,随着科技的不断进步,电子显微镜目前可以配备不同的附件,从而衍生出了很多附加功能,例如 X 射线能谱(EDS)和元素制图(Element Mapping),其中透射电镜甚至还可以得到电子衍射、电子能量损失谱(EELS)等相关信息,进而对样品的形貌、微结构、相成分、化学成分、化学键等多方面信息进行细致分析。因此,电子显微镜已经成为多领域、多学科所共同依赖的重要表征手段。

6.2 透射电子显微镜

6.2.1 基本构造

图 6.1 是透射电子显微镜的基本结构。它主要包括照明系统、成像系统、观察和记录系统。对于照明系统又包含了两部分,即电子枪和聚光镜。电子枪的作用是提供具有一定能

量、部分平行的电子束,从而形成图像或衍射斑点。而聚光镜则是为了提供最大亮度的电子束,使照射在样品上的电子束孔径角必须能在一定范围内调节,并且照明斑点的大小可按需要选择。

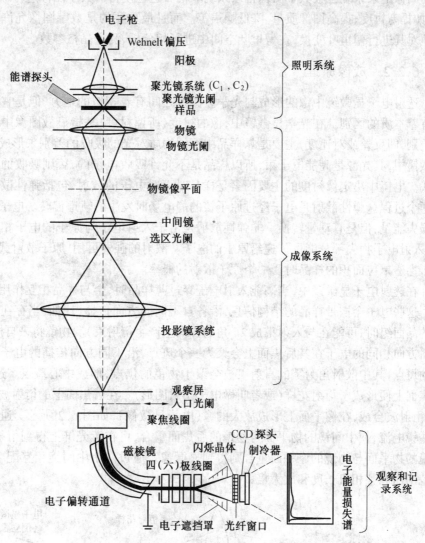

图 6.1 透射电镜的基本结构

成像系统是电子显微镜获得高分辨率、高放大倍数的核心组件。目前一般采用三级或四级成像系统,即物镜、中间镜(对于四级成像系统分为第一中间镜和第二中间镜)和投影镜。物镜是第一级成像系统,其作用是把电子会聚在其后焦面上形成衍射斑点,并在其像平面上形成样品的像。物镜为强透镜,而且结构特殊,它的光学特性对电子显微镜的性能影响很大。物镜的放大倍数非常低,大约 50 倍。这很难看清样品的任何细节,所以在透射电子显微镜中,利用中间镜和投影镜来进一步放大图像。若电镜有多个中间镜和投影镜,整个电子光学系统的放大倍数则是从物镜到投影镜所有透镜放大倍数的乘积。现在一般的电子光学系统都可以提供超过 10^6 的放大倍数。

投影镜下面是观察室,观察室有一个显示图像的荧光屏供观察者用,并有 1~3 个观察窗口可为更多的观察者提供观察条件。使用者通过荧光屏来选择图像区域,在照相前对图像进行聚焦。早期图像或衍射斑点是利用曝光方式在底片上记录下来的。今天电子显微镜中的图像记录系统已被数字图像记录系统取代。这也使得对数字图像进行加工变得相对容易,如提高衬度、提高图像质量、降低噪声等。而且最重要的是数字图像允许操作者非常容易地对其进行傅里叶变换,在傅里叶空间中进行相分析,测量晶格参数。

6.2.2 成像原理

透射电子显微镜中像的形成与光学显微镜之间有着相似的地方,但是它们的成像机理却有着本质的区别。在光学显微镜中,像的衬度(所谓衬度,是指显微图像中不同区域的明暗差别,即反差或对比度)主要是靠样品中不同物质对光的吸收的差别来形成的。而在电子显微镜中,其光源是高能电子束,所以样品是不允许吸收电子的,否则吸收的能量将把样品烧毁。电镜中决定像衬度的主要因素是样品对入射电子的散射,包括弹性散射和非弹性散射两个过程。弹性散射是电子经过原子核的静电场时发生的轨道偏转。电子在这个过程中不损失能量,但是有动量转换。非弹性散射是由于入射电子与原子的电子相互作用而产生的,入射电子损失部分能量传递给原子的电子。散射的强弱可用"原子散射截面"来表示,即电子穿透单位面积的样品时受一个原子散射的概率。

在透射电子显微镜中,当高能入射电子穿过薄样品时,会与样品相互作用而产生各类电子。这些电子会携带样品的结构信息,沿各自不同的方向传播(比如,当存在满足布拉格方程的晶面组时,可能在与入射束成 2θ 角的方向上产生衍射束)。物镜将来自样品不同部位、传播方向相同的电子在其后焦面上会聚为一个斑点,沿不同方向传播的电子相应地形成不同的斑点,其中散射角为零的直射束被会聚于物镜的焦点,形成中心斑点。这样,在物镜的后焦面上便形成了衍射花样(或者叫做电子衍射图形)。在后焦面上的衍射波继续向前运动时,衍射波合成,在像平面上形成放大的像(电子显微像),如图 6.2 所示。通过调整中间镜的透镜电流,使中间镜的物平面与物镜的后焦面重合,可在荧光屏上得到衍射花样,若使中间镜的物平面与物镜的像平面重合则得到显微像。通过两个中间镜相互配合,可实现在较大范围内调整相机长度和放大倍数。

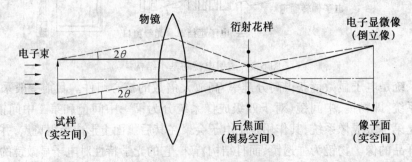

图 6.2 透射电镜的成像图示

6.2.3 试样制备

TEM 样品的制备在电子显微学研究工作中,起着至关重要的作用,是非常精细的技术工作。要想得到好的测试结果,首先要制备出好的薄膜样品。当电子经过较厚的样品时,在样品表面会形成一层薄雾，导致无法准确调焦，也不能得到清晰图片；只有在比较薄的样品区域，才可以精确观测样品。如图6.3所示，只有选取6.3(a)中的边缘较薄的区域时，才可能得到图6.3(b)中的图像效果。

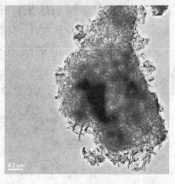 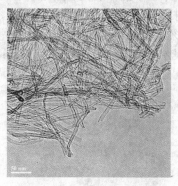

(a) 0.2 μm (b) 50 nm

图6.3 不同厚度的样品对图片效果的影响(均为 TiO_2 纳米管)

对于粉末样品，其制备过程相对简单。将研磨后的粉末样品分散于有机溶剂中(乙醇、氯仿、丙酮、环己烷等)，经超声振荡之后取一滴悬浮液置于覆有多孔碳膜的铜网上。待有机溶剂挥发掉之后，就制备好了电镜样品。样品放入电镜之前，一般先用光学显微镜观察电镜试样的制备好坏，并用洗耳球吹扫铜网表面，去除表面悬浮的样品，防止污染电镜。

对于颗粒比较大的样品，通常用离子减薄方法制备电镜试样。先用机械方法把样品制成薄片，经机械抛光到几微米后用离子束(氩离子束)轰击直到试样被离子束轰透为止。这时轰击出的孔附近的样品区相当薄，电子束能穿过，可以用来研究样品的微结构等。但这一制备技术需要一些专门仪器，应在技术人员指导下工作，耗费时间长。此外，还可以通过化学减薄、电解双喷、粉碎研磨等方法制备样品。如果样品粉末刚好介于几个微米和几百纳米之间，电子束不能穿过，并且由于颗粒尺度又太小，也不利于机械抛光，这时通常把样品颗粒分散在熔化态的环氧树脂中。当其冷凝后，会形成样品与环氧树脂的复合物，对该复合物进行机械减薄、抛光并最后用离子束减薄。也可以用微切片机(Microtomy)把环氧树脂切成几纳米的薄片，在包含催化剂颗粒的薄片区可做电镜研究。离子减薄和微切片机制样的方法对样品本身影响较小，更利于研究催化剂粒子表面与体相的差异，一直被广大科研工作者广泛采用。特别是微切片机制样已经成为生物样品制备的最佳手段。

6.2.4 应用及图例解析

时至今日，电子显微镜已不再是一种单一的表征手段，通过电子显微镜人们可以得到样品多方面的信息，例如形貌、微结构、相成分、化学成分、化学键等。下面列举了一些实例，简述透射电镜在各方面的应用。

6.2.4.1 纳米粒子的大小及尺寸分布

纳米粒子的大小和分布对样品的物理性质和化学性质有着很明显的影响，所以经常需要精确地研究纳米粒子的大小和分布。尽管在X射线衍射(XRD)谱图上通过谢勒公式，可以推算出纳米粒子的平均大小，但是这与粒子尺寸分布是完全不同的概念。粒子尺寸分布指的是某一大小的粒子分布的概率，而粒子平均大小是基于所有粒子的尺寸得出的一个平均值。不同的粒子尺寸分布有时会给出同样的粒子平均大小。通常,只有利用透射电子显微镜分析才能成功得到纳米材料的准确信息。

在分析纳米粒子的样品时,通常需要给出相对大尺度的照片,并且照片中应含有足够多的粒子数,这样得到的结果才更有说服力(图 6.4)。另外,当需要给出纳米粒子的粒径尺寸分布时,就必须从统计学角度出发,精确测量多个粒子之后(一般基于 200~500 个粒子),绘制成柱形图表才能得出结论。如图 6.5 所示,Tilley 等人制备出立方形的纳米 Pt 粒子,其粒径尺寸分布就是基于 500 个以上的粒子而得出的。

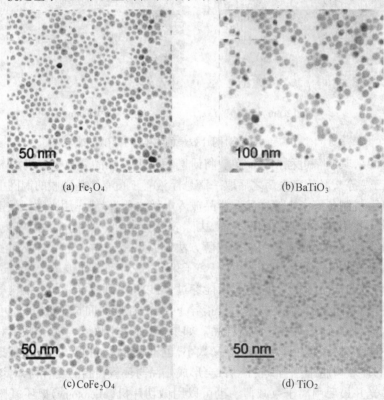

图 6.4　一些纳米粒子的透射电镜图片

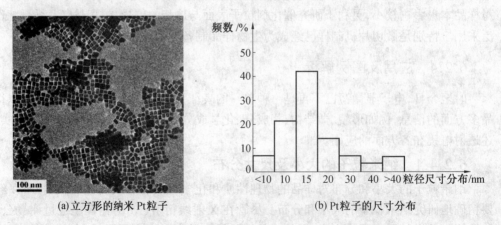

图 6.5　立方形的纳米 Pt 粒子及其粒径尺寸分布

有时制备单纯的纳米粒子相对困难,并且在实际应用中单纯的纳米粒子也难于分离,所以经常会把纳米粒子负载到其他物质上,例如将 Au 纳米粒子负载到 TiO_2 上就是一个很好的催化剂,它可以在低温条件下氧化一氧化碳。对于这样的材料,同样要准确分析活性粒子的大小和粒子尺寸分布,其表征与单纯的纳米粒子很相似。图 6.6 是 Au 纳米粒子负载到 TiO_2 上的电镜图片,图中致密的小黑点为 Au 纳米粒子,而块状物质为 TiO_2,作者也是首先给出大尺度的 TEM 照片,然后基于照片中的纳米粒子大小,从而得出 Au 纳米粒子的粒径尺寸分布,如图 6.6(b)所示。

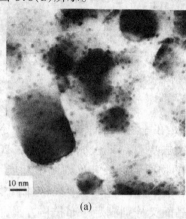
(a)

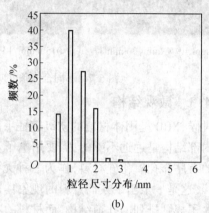
(b)

图 6.6 Au/TiO_2 的电镜图片及 Au 纳米粒径尺寸分布

6.2.4.2 纳米粒子的形貌

除了纳米粒子尺寸,电镜还可以用来研究纳米粒子的形貌,这是其他表征手段所无法比拟的。一般来说,较小的纳米粒子多为球形,但如果在合成过程中加以控制,就会得到其他形状的纳米粒子。图 6.7 就列举了不同合成条件对 CoO 纳米粒子的形貌影响。从图中可以看出,升温速率、前驱体浓度和反应时间对样品形貌都有很大影响。随着升温速率的降低,粒子的长径比在增加,但是体积却在下降;而前驱体浓度和反应时间的增加则导致粒子尺寸变大。

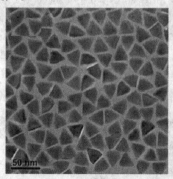
(a) 油酸-Co 的复合物 5 mmol,升温速度为3.1 ℃/min,反应时间为30 min

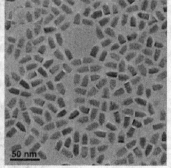
(b) 5 mmol,1.9 ℃/min,30 min

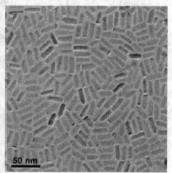
(c) 5 mmol,1 ℃/min,30 min

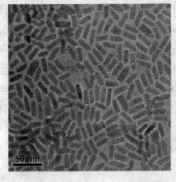 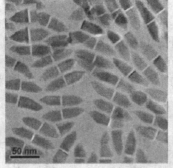 

(d) 10 mmol, 1.9 ℃/min, 30 min　　(e) 15 mmol, 1.9 ℃/min, 30 min　　(f) mmol, 1.9 ℃/min, 60 min

图 6.7　不同合成条件对 CoO 纳米粒子的影响

6.2.4.3　微观结构

很多时候，XRD 是固体材料的初级表征手段，但是在一种新现象面前，仅凭着 XRD 去推测材料的内部结构是远远不够的，需要用电子显微镜去更直观地检测。例如，在 20 世纪 90 年代兴起的有序介孔氧化硅材料，作为一种无定形的物质，其在 XRD 谱图中却展示了一系列的衍射峰，这是一个出乎人们意料的现象！通过透射电镜的进一步表征，人们才发现这种材料中包含了规则排列的孔道结构，而材料的不同晶面又分别满足了布拉格方程，因此具有一系列的衍射峰。对于这一类材料，在利用电镜表征的时候一定要尽可能给出不同晶面的电镜图片，如图 6.8 所示，(b) 为 MCM-41[100] 晶面的 TEM 照片和电子衍射图，(c) 为 MCM-41[110] 晶面的 TEM 图片。

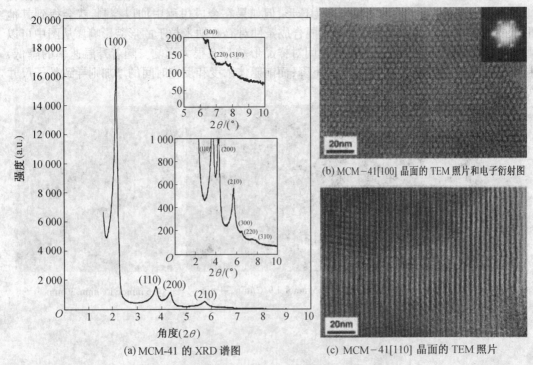

(a) MCM-41 的 XRD 谱图　　(b) MCM-41[100] 晶面的 TEM 照片和电子衍射图　　(c) MCM-41[110] 晶面的 TEM 照片

图 6.8　典型介孔材料 MCM-41 的 XRD 和 TEM 谱图

随着介孔材料的发展,出现了大量的介孔金属氧化物和类金属氧化物,与最初的介孔材料不同的是,这些材料的孔壁不再是无定形的物质,而是由晶体构成的。对于这种孔材料的电镜研究,除了要提供不同晶面电镜图片之外,还要分析孔壁组成。如图 6.9 所示,ZHOU 等人对介孔 TiO_2 作了细致的电镜研究,图中(a)为[110]晶面的 TEM 图片,可以看出样品具有很高的有序度,(b)和(c)是对(a)做了不同程度的放大,可以清晰地观测到晶格条纹相,说明样品的孔壁是由 TiO_2 晶体构成的;图中(d)为[100]晶面的 TEM 图片,可以看出样品的孔道呈二维六方排列,同时也可以看出孔壁的晶格条纹相,对该晶面进一步放大,如图(e)所示,根据孔壁处晶格条纹的走向可以看出样品的介孔孔壁恰好是一个结晶的 TiO_2 纳米粒子。

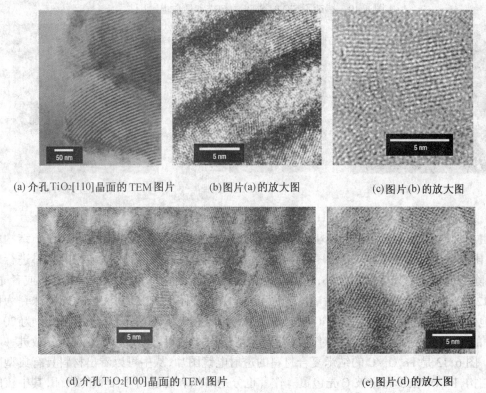

(a) 介孔 TiO_2[110]晶面的 TEM 图片　　(b) 图片(a)的放大图　　(c) 图片(b)的放大图

(d) 介孔 TiO_2[100]晶面的 TEM 图片　　(e) 图片(d)的放大图

图 6.9　介孔 TiO_2 的电镜图片

有些固体材料常以块状形式存在,其大小可达几十微米,但实际上这些块状物可能是由很小的纳米粒子聚集在一起形成的,这样的信息只能通过透射电镜得到,而其他表征手段,包括扫描电镜也无法提供这样的信息。图 6.10 是掺杂了 SiO_2 的 SnO_2 的扫描和透射电镜图片。很明显,在扫描电镜下,材料以块状形式存在,并且表面十分光滑,而在透射电镜下,就会发现其实材料是由非常小的纳米粒子(5~10 nm)组成的。同样,对于很多具有规则形貌的材料也有相似的问题,扫描电镜只会给出材料的微观形貌,但是需要用透射电镜来细致研究材料的内部结构。图 6.11 是 $Co_xFe_{3-x}O_4$ 的扫描和电镜图片,从扫描电镜中只能看出样品具有比较均一的球形结构,但是无法进一步得到样品的微观信息,而从透射电镜的照片中可以清晰地看到,这些纳米球实际上具有空心结构,对球壳部分进一步放大还会发现球壳是由更小的纳米粒子(5~10 nm)组装而成的。

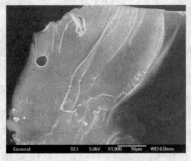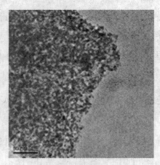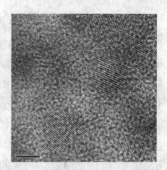

(a) SEM 图片 (b) TEM 图片 (c) 图片 (b) 的放大图

图 6.10　掺杂了 SiO 的 SnO_2 的扫描和透射电镜图片

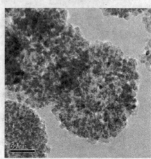

(a) SEM 图片 (b) TEM 图片 (c) TEM 图片

图 6.11　$Co_xFe_{3-x}O_4$ 的扫描和电镜图片

由于材料的性质与其微观结构密切相关,很多材料学家都在尝试合成具有新颖结构的材料,比较有代表性的就是空心球壳结构和核壳结构。但是对具有这样结构的材料进行表征时,除了观察它的整体形貌之外,还要在较高分辨率的条件下,细致分析材料的核或者壳。图 6.12 是 TiO_2 空心球的电镜图片,作者在得到样品的整体形貌之后,又以破碎的球壳为例细致地研究球壳组成,可以看出 TiO_2 空心球的球壳厚度约为 250 nm,其球壳由尺寸为 20~30 nm 的 TiO_2 纳米粒子构成。而对于具有核壳型结构的材料,还需要对核的部分做进一步表征。图 6.13 是 Fe_xO_y/C 的纳米复合材料的透射电镜图片,从中可以看出材料具有典型的核壳结构,Fe_xO_y 粒子完全被 C 壳包覆。作者也分别对核和壳进行了细致的表征,其中核的部分是由尺寸为 20 nm 的 Fe_xO_y 粒子构成的,通过选区电子衍射确定核中的 Fe_xO_y 粒子具有典型的尖晶石型结构,而壳的透射电镜表征结果则表明其是由无定形的介孔碳材料构成的。

在固体材料化学中,碳材料有着很重要的地位,而其中碳纳米管是近年来研究的热点。对于这类材料,需要利用透射电镜给出材料的一系列信息,包括管长、管径等,甚至还要在高分辨条件下确定碳纳米管的壁数,包括单壁、双壁、多壁等。图 6.14 和图 6.15 分别给出了多壁碳纳米管和单壁碳纳米管的电镜图片。一般来说,对于碳纳米管的表征也需要先给出低倍率的图片,一方面可以证明样品的纯度,另一方面可以统计管径的尺寸分布。对于多壁碳纳米管应逐级放大已确定管壁厚度,同时给出管壁的高分辨图片,证明管壁的高晶化程度,有时还可以用来推测管壁层数,如图 6.14 所示。单壁碳纳米管的透射电镜表征与多壁碳纳米管较为相似,但是对管壁的高分辨率图片要求更高,因为只有通过高分辨图片才能证明管壁层数。需要指出的是,单壁碳纳米管的高分辨表征相对困难,测试者需要有丰富的经验和足够的耐心。

(a) 低分辨 TEM 图片

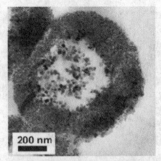
(b) 破碎的 TiO_2 空心球的 TEM 图片

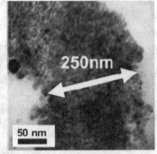
(c) 图(b)中球壳部分的 TEM 图片

(d) 图(c)中球壳部分的放大图片

图 6.12　TiO_2 空心球壳的电镜图片

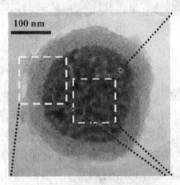
(a) Fe_xO_y/C 复合材料的 TEM 图片

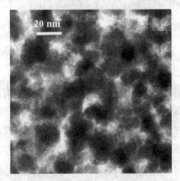
(b) 核部分放大的 TEM 图片

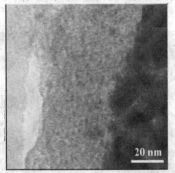
(c) 壳部分放大的 TEM 图片

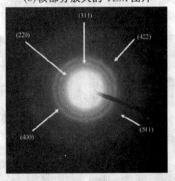
(d) 核部分的选区电子衍射

图 6.13　Fe_xO_y/C 的纳米复合材料的电镜图片

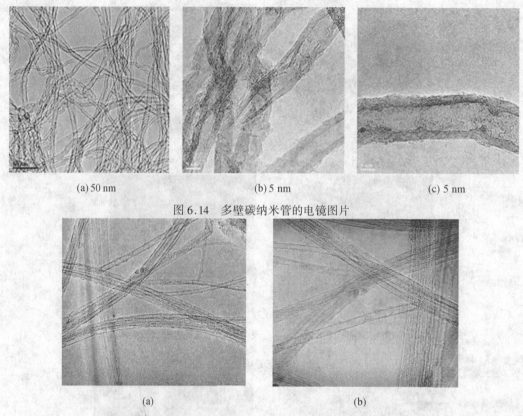

(a) 50 nm　　　　　　　(b) 5 nm　　　　　　　(c) 5 nm

图 6.14　多壁碳纳米管的电镜图片

(a)　　　　　　　　　　　(b)

图 6.15　单壁碳纳米管的电镜图片

6.2.4.4　电子衍射谱

电子衍射谱可以给出样品的晶体结构、晶体位向关系以及诸多与晶体学性质有关的信息，其目的在于确认待测物质的晶体结构。对电子衍射谱进行正确的标定，即确定电子衍射谱中各衍射斑点的指数，是透射电子显微分析中的重要部分，也是利用电子衍射方法研究材料晶体学问题的重要起点。当一电子束照射在单晶体薄膜上时，透射束穿过薄膜到达感光相纸上形成中间亮斑，衍射束则偏离透射束形成有规则的衍射斑点；而多晶体由于晶粒数目极大且晶面位向在空间任意分布，倒易点阵将变成倒易球，最终形成一系列同心圆。

图 6.16 分别给出了单晶、多晶和非晶物质的典型电子衍射谱。

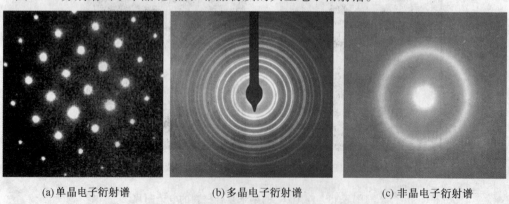

(a) 单晶电子衍射谱　　　　(b) 多晶电子衍射谱　　　　(c) 非晶电子衍射谱

图 6.16　单晶、多晶和非晶物质的电子衍射谱

一般来说,对于单晶电子衍射的分析包括:①测量距离中心斑点最近的三个衍射斑点到中心斑点的距离 R;②将测得的距离换算成面间距 d($Rd = L\lambda$,L 为相机常数,λ 为电子波长);③将求得的 d 值与具体物质的面间距表中的 d 值相对照(如 PDF 卡片),得出每个斑点的 $\{hkl\}$ 指数;④测量所选衍射斑点(两个相邻且不共线的斑点)与中心斑点连线之间的夹角 θ,根据相应晶体结构的公式和矢量合成方法,可求出其余各衍射斑点的指数。

对于多晶电子衍射的分析包括:①测量环的半径 R;②计算 R_i^2/R_1^2,其中 R_1 为直径最小的衍射环的半径,找出最接近的整数比规律,由此确定了晶体的结构类型,并可写出衍射环的指数;③根据 $L\lambda$ 和 R_i 值可计算出不同晶面族的 d 值。根据衍射环的强度确定 3 个强度最大的衍射环的 d 值,借助索引就可找到相应的 ASTM 卡片。全面比较 d 值和强度,就可最终确定晶体是什么物相。

6.2.4.5 高分辨电子显微像(HRTEM)

高分辨电子显微像(晶格条纹像)利用所谓的相位衬度来给出样品的点阵条纹或原子结构像。随着纳米粒子尺寸越来越小,高分辨像已成为现代透射电镜中最常用的技术,它能够提供微米或纳米尺度材料的原子结构细节。通过傅里叶变换,还能够得到晶面间距、晶格畸变及其对称性等信息。除了之前提到的一些高分辨像的应用之外,对于一些多组分、多晶系的材料,也可以有效地确认晶像分布和表面结构,这对改进材料各方面的性能有着重要意义。

图 6.17 是一种具有多晶结构的纳米花状 TiO_2 粒子,在高分辨条件下作者发现中心位置粒子的面间距为 0.352 nm,可归属为锐钛矿型 TiO_2,如图 6.17(c)所示;而外围粒子的面间距为 0.324 nm,如图 6.17(d)所示,可归属为金红石型 TiO_2。在对一些复合物的表面结构进行分析时,也需要用到高分辨像。李灿等人发现用微量 MoS_2 修饰 CdS 时,会显著提高 CdS 的光解水效率(约 36 倍)。他们认为层状结构的 MoS_2 附着在 CdS 粒子表面,在两相之间形成结点促进了电荷分离,而这样的假设也与高分辨图片得到的结果相一致。如图 6.18 所示,可以清晰地观测到在 CdS 表面附着了 MoS_2 的纳米粒子。

另外,需要注意的是,在进行高分辨像表征的时候,由于纳米粒子体积比较小,所以在电子束照射下不稳定。除了常见的粒子飘移现象外,纳米粒子受辐射时也常发生相变并伴随其形状的改变。特别是高价态的金属氧化物和粒径较小的金属粒子(2 nm),在高能电子束下稳定的时间很短,这时需要测试者具备良好的操作经验,能在最短的时间内聚焦并拍摄照片。

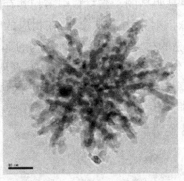 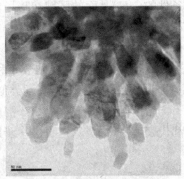

(a) 花状 TiO_2 粒子的 TEM 图片　　　　(b) 图(a)的放大图片

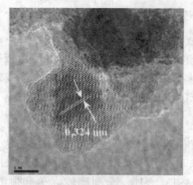
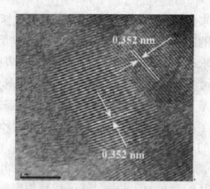

(c) 外围粒子的高分辨 TEM 图片　　(d) 中心粒子的高分辨 TEM 图片

图 6.17　纳米花状结构的 TiO_2 粒子

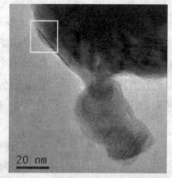
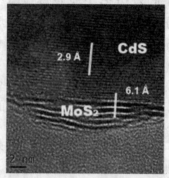

(a) MoS_2/CdS 复合材料的 TEM 图片　　(b) MoS_2/CdS 复合材料的高分辨 TEM 图片

图 6.18　MoS_2/CdS 的透射电镜图片

6.2.4.6　明场像和暗场像

电子穿透晶体样品后,因为透射和衍射的电子强度比例不同,因此用透射电子束或衍射电子束来成像时像的衬度不同,由衍射电子束成像得到像的衬度叫做衍射衬度,以衍射衬度机制为主而形成的图像称为衍衬像。如果只允许透射束通过物镜光阑成像,得到的是明场像;如果只允许某支衍射束通过物镜光阑成像,则得到的是暗场像。明场成像是透射电镜最基本也是最常用的技术方法,其操作也比较容易。而要得到高质量的暗场像,通常需要将样品倾转到只有一个衍射束被激发的位置,因为成像的衍射束为(hkl)晶面所激发,所以含有满足布拉格条件的(hkl)晶面的区域在暗场像中是明亮的。当材料中多相共存时,其衍射图是多套衍射花样的叠加,此时如果选用某一特殊衍射束用于成像,则在相应的暗场像上,含有能产生该衍射的晶体结构的部分就会呈现明亮的衬度,而不含该种结构的部位则呈暗区。暗场像常用来分析样品中不同晶粒的分布和相分离。图 6.19 给出了 ZrO_2 在明场和暗场下成像的区别。从明场像可以清晰地看到类似蜂窝状介孔的存在,同时同一区域的电子衍射图案也证明了样品由四方相的晶体 ZrO_2 构成;同一区域的暗场像中显示了很多亮点,其中的每个亮点都代表着一个晶粒,这也进一步确认了明场像中的结论。

(a) 明场像　　　(b) 暗场像

图 6.19　明场像和暗场像的 ZrO_2

6.2.4.7　元素分析

利用透射电镜对样品的成分组成进行分析有几种方法：X 射线能谱(EDS)，电子能量损失谱(EELS)，元素制图(Element Mapping)。

X 射线能谱是透射电镜中最常用和最方便的化学成分分析方法。目前的 EDS 操作软件都已自动化，能够直接给出不同元素的质量分数和摩尔分数。因为 EDS 的选区可大可小，所以可以结合常规 EDS 和纳米探针 EDS 对于多组分的纳米材料进行表征。首先选定一个比较大的区域，记录下几百个粒子的 EDS 谱；然后会聚电子束只照射某一单个粒子并记录其 EDS 谱。将二者进行比较，如果二者得到的结果非常相近，说明材料中各元素均匀分布，并没有偏聚现象。但是值得一提的是，单粒子的 EDS 谱应该在若干不同尺寸大小的粒子上重复采样，这样得到的数据才真实可信。图 6.20 分别是负载在活性炭上的 Pd/Au 催化剂的 TEM 照片、常规 EDS 和纳米探针 EDS。全谱得到的 Au 和 Pd 的比为 6.6：3.4，而由不同单个粒子 EDS 谱计算得到的 Au 和 Pd 的比几乎和这一值没有区别，这说明所测量的单粒子的化学组成与催化剂总体化学组成一致。

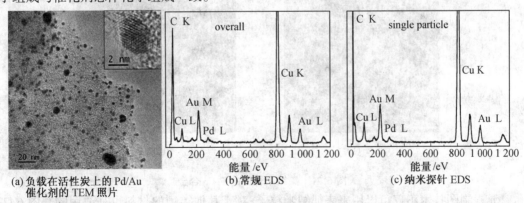

(a) 负载在活性炭上的 Pd/Au　　(b) 常规 EDS　　(c) 纳米探针 EDS
催化剂的 TEM 照片

图 6.20　负载在活性炭上的 Pd/Au 催化剂的 TEM 照片、常规 EDS 和纳米探针 EDS

同 X 射线能谱类似，也可以利用电子能量损失谱中的电离损失峰对样品元素组成做定量的分析，其步骤也相似。用电子能量损失谱定量分析样品中的轻元素、过渡族金属和稀有元素非常灵敏。测到一损失谱后，先定性地对电子损失峰进行化学元素鉴别，之后要扣除电子损失峰下面的背底而得到该峰的积分面积，即该元素电离损失峰的总强度 I_i，根据公式

$(N_A/N_B) = (I_A/I_B) \cdot (\sigma_B/\sigma_A)$可计算出多种元素的组成,其中$\sigma_i$为某元素的某一壳层电子电离的散射截面。但在实际操作过程中,很少用 EELS 来确定元素组成。

元素制图通过采集和处理一系列不同能量位置的图像来得到样品组成元素的二维投影分布,其对于合金材料的表征有着重要意义。之前对于合金材料的表征一般是采用 X 射线衍射并结合一些光谱分析技术,通过微小的谱峰位移来推测合金的组成,尽管在理论上这些方法存在一定的合理性,但是它们无法真实地反映合金材料的组成情况。而元素制图技术则突破了这方面的限制,可以选定不同的颜色代表不同元素,清晰地观测到材料中各元素的分布情况。当利用元素制图去分析材料组成时,首先要给出一张清晰的 TEM 图片,具体放大倍数可根据实际情况选定,然后依次给出不同元素的分布情况,分析过程中要确保各元素的采集区域与初始 TEM 图片相同,否则数据不具备参考价值。图 6.21 是 FeCo 合金分散于碳纳米管中的元素制图,在相同区域内作者依次给出了 C、Co 和 Fe 元素的分布情况,从图中可以看出 Co 和 Fe 元素具有完全相同的分布情况,说明 Co 和 Fe 元素是原子级别上的混合,是真正意义上的合金材料。

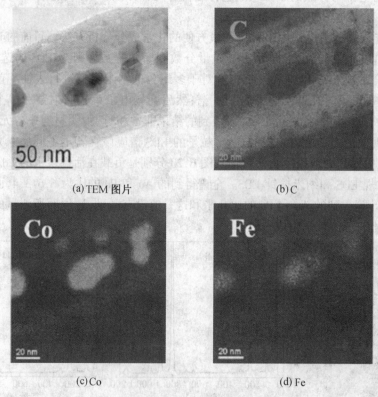

(a) TEM 图片　　(b) C
(c) Co　　(d) Fe

图 6.21　碳纳米管中的 FeCo 合金

元素制图技术不仅可以用来表征纳米粒子,对于其他类型的材料也是适用的。图 6.22 是具有规则介孔结构的 PtRu 合金,其中两种元素也达到了原子级别的混合。需要指出的是,元素制图分析过程中同样要选定样品较薄的区域,因为该分析方法得到的是元素分布在二维平面上的投影,如果所选区域太厚,就会将三维空间内的信息投影在二维平面上,从而干扰试样的真实信息。

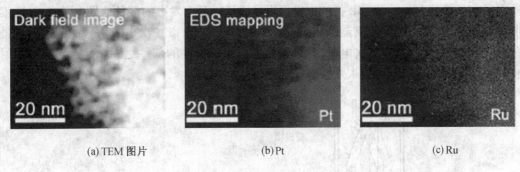

(a) TEM 图片　　　　　　　　(b) Pt　　　　　　　　(c) Ru

图 6.22　介孔结构的 PtRu 合金

6.3　扫描电子显微镜

扫描电子显微镜主要用于观察固体材料的表面形貌,它与透射电子显微镜有着本质上的不同,其成像信号主要依靠二次电子而不是透射电子,所观察的样品也不再需要超薄切片,更为重要的是通过扫描电镜可以得到三维立体的图像,而不再是透射电镜下的二维平面图像。

6.3.1　基本构造

扫描电镜包括电子光学系统,真空系统,信号收集和显示系统等部分。

6.3.1.1　电子光学系统

电子光学系统由四部分组成,如图 6.23 所示,即电子枪、磁透镜、扫描线圈和样品室。电子枪和磁透镜的作用与透射电镜中的类似,但是扫描电镜的电子枪多采用发夹式热发射钨丝栅极电子枪,所用加速电压一般为 0.5~30 kV。扫描线圈通常由两个偏转线圈组成。在扫描发生器的作用下,电子束在样品表面做光栅状扫描。样品室是固定样品以及电子束和样品相互作用产生各种信号电子的场所。一个理想的样品室应该具备以下几点:①有足够大的空间,以便放进样品后还能进行 360°旋转,倾斜 0~90°和沿三维空间做上下移动;②在试样台上,样品可进行拉伸、压缩、弯曲、加热等,以便研究一些动力学过程;③样品室四壁应该有数个备用窗口,除安装电子检测器外,还能同时安装其他检测器和谱仪,以便进行综合性研究;④备有与外界接线的接线座,以便研究有关电场和磁场所引起的衬度效应。现代的大型扫描电镜均备有各种高温、拉伸、弯曲等试样台,试样最大直径可达 100 mm,延 x 轴和 y 轴可各自平移 100 mm,延 z 轴可升降 50 mm,并且窗口还经常配有 X 射线波谱仪、X 射线能谱仪、二次离子质谱仪和图像分析仪等。

6.3.1.2　真空系统

扫描电镜的镜体和样品室内部都需要保持 $1.33 \times 10^{-2} \sim 1.33 \times 10^{-4}$ Pa 的真空度。因此必须用机械泵和扩散泵抽真空。真空系统还有水压、停电和真空自动保护装置,置换样品和灯丝时有气锁装置。

6.3.1.3　信号收集和显示系统

信号收集和显示系统把电子探针和样品相互作用产生的信号电子进行收集、放大、处理,最后在显像管上显示图像。扫描电镜可以接收从样品上发出的多种信号电子来成像,不同的信号电子要用不同的探测器。在高真空的工作状态下,以二次电子信号的图像质量最好。二次电子的探测器为二次电子探头,是扫描电镜最重要的部件之一。显示部分与透射电镜的显示部分比较相似,用来观察样品和记录数据。

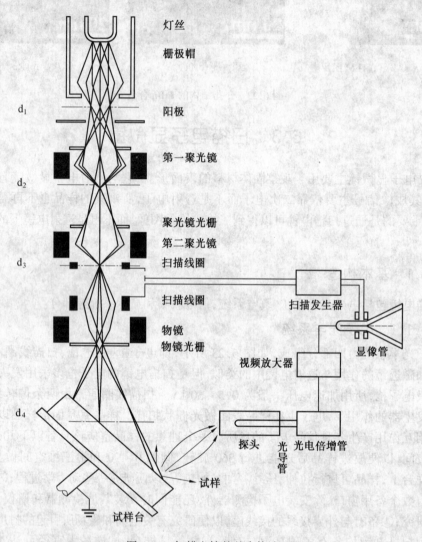

图 6.23　扫描电镜的基本构造

6.3.2　成像原理和信号电子

由电子枪发射出来的电子束,在加速电压作用下,经过电子透镜聚焦后,在样品表面按顺序逐行进行扫描,激发样品产生各种物理信号,如二次电子、背散射电子、吸收电子、X射线、俄歇电子等,如图6.24所示。这些物理信号的强度随样品表面特征而变。它们分别被相应地收集器接收,经放大器按顺序、成比例地放大后,送到显像管的栅极上,用来同步地调制显像管的电子束强度,即显像管荧光屏上的亮度。由于供给电子光学系统使电子束偏向的扫描线圈的电源就是供给阴极射线显像管的扫描线圈的电源,此电源发出的锯齿波信号同时控制两束电子束做同步扫描。因此,样品上电子束的位置与显像管荧光屏上电子束的位置是一一对应的。这样,在长余辉荧光屏上就形成一幅与样品表面特征相对应的画面——某种信息图,如二次电子像、背散射电子像等。画面上亮度的疏密程度表示该信息的强弱分布。

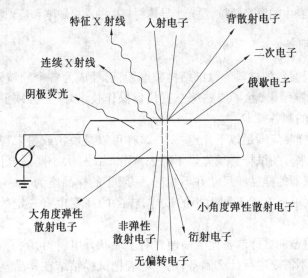

图 6.24　信号电子示意图

当入射电子受样品的散射与样品的原子进行能量交换时,使样品原子的外层电子受激发而逸出样品表面,这些逸出样品表面的电子就叫做二次电子。还有一部分二次电子是背散射电子逸出样品表面时激发的,在成像时形成本底。二次电子退出样品之前,受到样品本身的散射,能量有损失,因而能量较低(0~50 eV)。其发射深度为样品表面几纳米到几十纳米的区域。从样品得到的二次电子产率既与样品成分有关,又与样品的表面形貌有更密切的关系,所以它是研究样品表面形貌最佳的工具。通常所说的扫描电子像就是指二次电子像,其分辨率高、无明显阴影效应、场深大、立体感强,特别适用于粗糙表面及断口的形貌观察。

背散射电子是入射电子受到样品中原子核散射而大角度反射回来的电子。它的能量损失较小,能量值接近入射电子的能量。这种电子是入射电子深入到样品内部后被反射回来的,所以它在样品中产生区域较大(约为 1 μm)。背散射电子像与样品的原子序数有关,与样品的表面形貌也有一定关系。可以用双探测器获得背散射电子的组分像和形貌像。利用这种电子的衍射信息,还可研究样品的结晶学特性。

入射电子进入样品,如在原子核附近则受核库仑场作用而改变运动方向,同时产生连续X射线,即软X射线。如入射电子打到核外电子上,把原子的内层电子(如K层)打到原子之外,使原子电离,邻近壳层的电子(如L层)填充电离出的电子穴位,同时释放出X射线,该X射线的能量为两个壳层的能量差($\Delta E = E_K - E_L$)。各元素原子的各个电子能级能量为确定值,所以此时释放出的X射线叫特征X射线。分析特征X射线的波谱和能谱,就可以研究样品的组成元素和组成成分。

样品原子中的内层(如K层)电子被入射电子激发时样品发生了弛豫过程,多余的能量除发射特征X射线外,还可以使较外层(如L层)的两个电子相互作用,一个跳到内层填充空穴,另一个获得能量离开原子成为俄歇电子。俄歇电子能量为 $E = E_K - 2E_L$,不同元素的俄歇电子能量有不同的特定数值,分析俄歇电子能谱同样可以确定样品组成元素。

有些固体受电子束照射后,价电子被激发到高能级或能带中,被激发的材料同时产生了弛豫发光,这种光称为阴极荧光。其波长是红外光、可见光或紫外光,也可用来作为信号电子。用它可以研究矿物中的发光微粒、发光半导体材料中的晶格缺陷和荧光物质的均匀性等。

6.3.3 试样制备

应用扫描电镜观察各种材料的微细结构和形貌,已经成为各个领域研究工作的重要手段,要取得满意的观察结果,除了要熟练掌握仪器操作技术外,还必须了解样品的性质、特点,科学地掌握样品的制备技术。

首先,被测试的样品应满足以下几点要求:试样可以是块状或粉末颗粒,但在真空中要能够保持稳定,含有水分的试样必须先烘干除去水分。试样大小要适合仪器专用样品座的尺寸,不能过大,各仪器的样品座尺寸并不相同,一般小的样品座为 $\phi 3 \sim 5$ mm,大的样品座为 $\phi 30 \sim 50$ mm,分别用来放置不同大小的试样,样品的高度也有一定的限制,一般为 $5 \sim 10$ mm。

块状试样扫描电镜的试样制备比较简便。对于块状导电材料,除了大小要适合仪器样品座尺寸外,基本上不需要进行什么制备,用导电胶把试样粘结在样品座上,即可放在扫描电镜中观察。对于块状的非导电或导电性较差的材料,要先进行镀膜处理,在材料表面形成一层导电膜(多数情况选用 Au)。以避免电荷积累,影响图像质量,并可防止试样的热损伤。粉末试样的制备先将导电胶或双面胶纸粘结在样品座上,再均匀地把粉末样撒在上面,用洗耳球吹去未粘住的粉末,再镀上一层导电膜,即可上电镜观察。也可以先将粉末样品分散于有机溶剂中,超声振荡后取一滴悬浮液置于单晶硅片上,当溶剂挥发后,将单晶硅片粘结在导电胶上,镀膜后进行电镜观察,这样得到的图片效果更好。

6.3.4 应用及图例解析

与透射电镜不同,扫描电镜主要用于观察材料表面及断口处的微细形貌、组成,并对材料表面微区成分进行定性和定量分析。相对透射电镜而言,扫描电镜操作更简单,观察的视场大,并且图像富于立体感。

6.3.4.1 表面结构

材料的表面形貌直接影响到材料的物理和化学性质,对于一些具有特殊功能的材料必须通过扫描电镜来观察试样的表面形貌。在测试的时候,应首先给出大尺度照片,然后逐渐增大分辨率,在必要的时候还要给出样品侧面的图片。图 6.25 是具有超疏水性质的聚乙烯醇薄膜的扫描电镜图片,作者为了阐明薄膜超疏水的机理,给出了薄膜的侧面图片。

6.3.4.2 粒子大小和形貌

与透射电镜一样,扫描电镜也可以用来观测粒子的大小、形貌和粒径分布,方法也与透射电镜类似。但是扫描电镜由于仪器本身的限制,无法分辨过小的粒子(一般粒子直径要大于 20 nm)。图 6.26 是溅射法制备的 SiO_2 小球的扫描电镜图片,从中可以看出样品具有非常均一的形貌和尺寸,作者也是采用了逐级放大的方法精确测定了 SiO_2 小球的粒子尺寸。

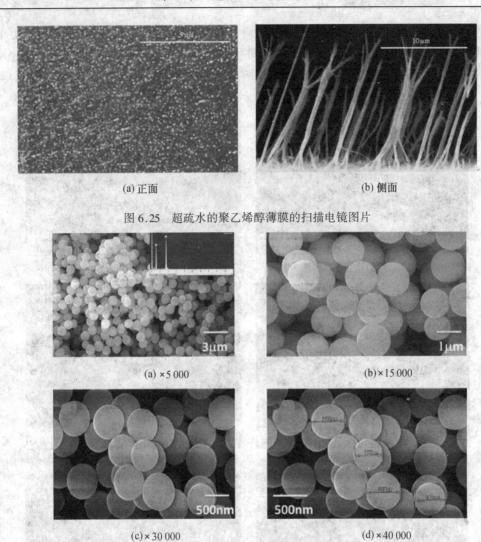

(a) 正面　　　　　　　　　　　　(b) 侧面

图 6.25　超疏水的聚乙烯醇薄膜的扫描电镜图片

(a) ×5 000　　　　　　　　　　(b) ×15 000

(c) ×30 000　　　　　　　　　　(d) ×40 000

图 6.26　溅射法制备的 SiO_2 小球的扫描电镜图片

另外,通过控制反应条件,也可以控制粒子的形貌,而精确表征这些形貌的变化,就需要在扫描电镜下做细致的研究,包括各种条件对产物形貌的影响等。图 6.27 是作者通过扫描电镜细致地研究了合成时间对一维 ZnO 形貌的影响。从图中可以看出,随着反应时间的延长,ZnO 的纳米棒逐渐生长完全。作者认为在延长反应时间的过程中,ZnO 的成核过程结束,微乳液滴由于相互作用发生了线性聚集,而这非常有利于 ZnO 晶体通过重结晶的方式形成单晶,并沿着优先方向定向生长。

6.3.4.3　分级结构

有时候得到的粒子比较大,但是形貌比较均一,在透射电镜下无法仔细观察其表面结构,这时候就要通过扫描电镜对其进行表征。图 6.28 是球状的 Fe_3O_4 和 γ-Fe_2O_3 及其前躯体材料的扫描电镜和透射电镜图片,其中(a)~(d)是前躯体材料的电镜图片,(e)和(f)是在氮气条件下煅烧后得到的 Fe_3O_4,(g)和(h)是在空气条件下煅烧后得到的 γ-Fe_2O_3。从图中可以看出,前躯体材料呈现了较为均一的球状形貌,但是由于球的尺寸太大,在透射电镜下无法得到球壳的精确信息,但是通过扫描电镜可以发现其球壳是一种分级结构,是由更小的粒子组装而成的,同时还可以发现在不同条件下热处理之后,得到的 Fe_3O_4 和 γ - Fe_2O_3 依然保持了原来的形状形貌,而且球壳部分依然存在分级结构。

图 6.27　合成时间对一维 ZnO 形貌的影响

除了这种分级结构,还经常会有复合结构,例如球中球结构等,这些特殊的结构通常只能在扫面电镜下才能得到试样的完整信息。图 6.29 是一种球中球结构的 SnO_2,由于球的尺寸太大,透射电镜的电子束无法穿透试样,因此也无法获得试样的精确信息。而在扫描电镜下可以发现试样具有较为均一的球状形貌,通过提高放大倍数可测得球的外径约为 2.5～3 μm,同时还可以观测到球壳表面富集了大量的孔道结构。通过一些破损的球,可以清晰地看到其中的球中球结构,这在透射电镜下是很难实现的,进一步放大倍数还能够对球壳断面进行深入分析。

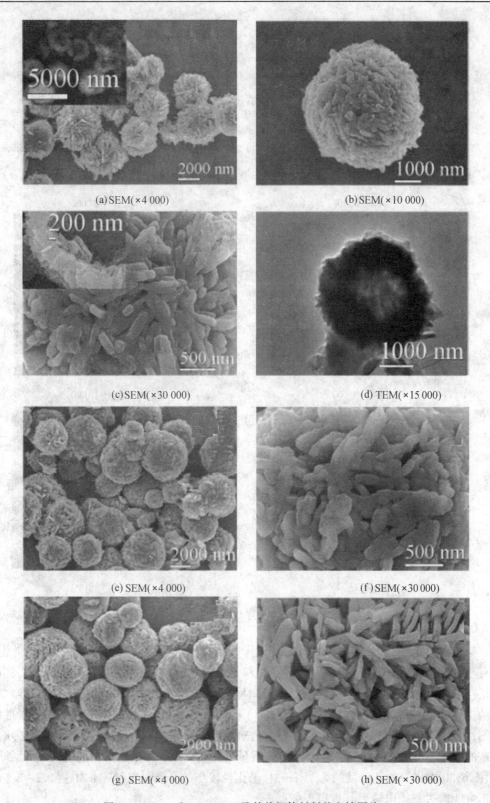

图 6.28 Fe_3O_4 和 γ - Fe_2O_3 及其前驱体材料的电镜图片

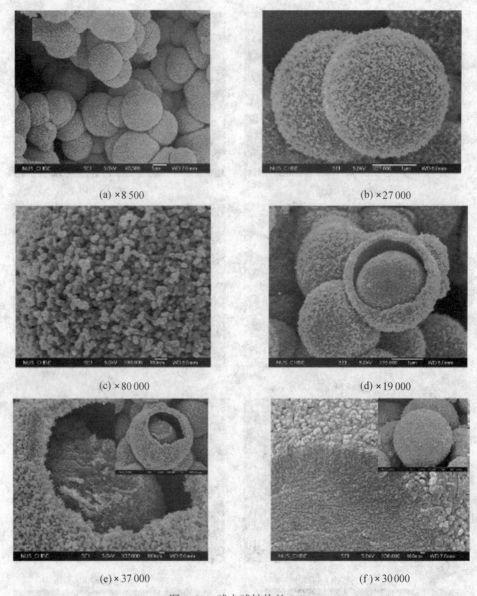

图 6.29 球中球结构的 SnO_2

6.3.4.4 孔结构

与透射电镜相比,扫描电镜的分辨率低了很多,所以其很少被用来表征孔结构。但是,在有些条件下,扫描电镜下也可以对介孔材料结进行观测,并且具有其自身的优势。图 6.30 就是一种介孔硅铝材料的扫描电镜。在该图片中可以清晰地观测到高度有序的二维六方介孔结构,同时还可以看到在材料中随机分布了很多大孔结构,这样的结果很难在一张透射电镜图片中同时体现。需要指出的是,利用扫描电镜对介孔材料进行表征时,测试者必须具有丰富的测试经验和技术,否则很难得到高质量的图片。另外,介孔材料的孔径也要尽可能大,图 6.30 中材料的孔径就约为 11 nm,对于孔径较小的介孔材料(如 MCM – 41,2～3 nm)几乎不可能通过扫描电镜对其进行表征。

对于单纯的大孔材料来说,因为在扫描电镜下的图片观测范围更广,所以也比透射电镜

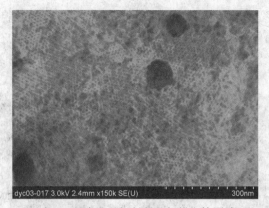

图 6.30 介孔硅铝材料的扫描电镜图片

更有说服力。另外,由于大孔材料的孔径较大,所以其块体的粒径也很大,用透射电镜表征时通常需要超薄切片技术,但是据文献报道这种切片技术在实施过程中同样会产生一定的大孔结构,从而无法判断试样的真实信息。因此,对于大孔材料的表征首选扫描电镜。图 6.31 是大孔 TiO_2 的扫描电镜图片,从中可以看出块状材料中富集了大量的孔结构,大小在 300~600 nm 之间。

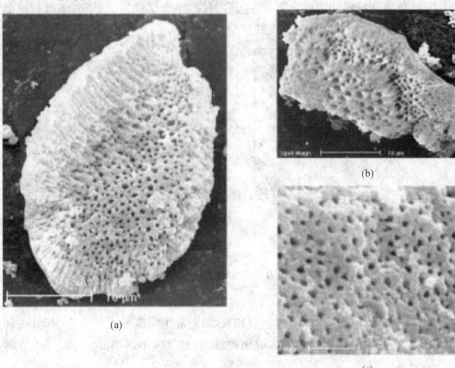

图 6.31 大孔的 TiO_2 的扫描电镜图片

6.3.4.5 断口、断层

对于金属或陶瓷材料,在合成或铸型过程中,经常会产生断口,而扫描电镜是观测这些断口最有效的手段。这里以沿晶断口为例。沿晶断裂是材料沿晶粒界面开裂的一种脆性断裂方式,宏观上无明显的塑变特征。高温回火脆、应力腐蚀、蠕变、焊接热裂纹等都常常导致晶界弱化,引发沿晶断裂。沿晶断裂的起因不同,其断口的微观形貌也不尽相同,多呈现类似冰糖块状的晶粒多面体形态并常常伴有沿晶的二次裂纹,也有的在晶粒界面上可看到一些小的浅韧窝,表明断裂过程中微观上有少量的塑性变形。图 6.32 给出了两种沿晶断口的形貌。

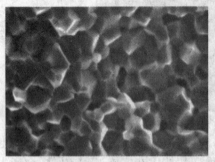 

(a)ZnO₂陶瓷三点弯曲断口形貌(×4000)　　(b)30 CrMn Si 应力腐蚀开裂断口形貌(×800)

图 6.32　两种沿晶断口的形貌

对于一些多组分材料,特别是多组复合的材料,在表征的时候,最好找到材料的断层处,这样才能清晰地观测到材料的组成。图 6.33 是一种三组分层状复合结构,通过扫描电镜照片,我们可以看到制备的材料与最初设计的模型基本一致。

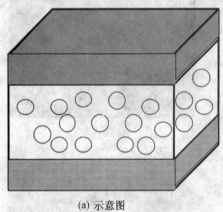 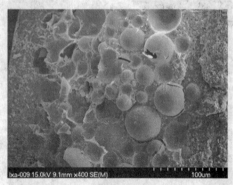

(a) 示意图　　　　　　　　　　　(b) 扫描电镜图片

图 6.33　三组分层状复合结构的示意图和扫描电镜图片

6.3.4.6　元素分析

在扫描电镜下,也可以通过 X 射线能谱(EDS)和元素制图进行元素分析,其方法和透射电镜基本相似,只是扫描电镜中所选的区域相对较大,这里就不再重复。

本章小结

本章简述了透射电镜和扫描电镜的基本构造和工作原理,并列举了它们在固体材料表征中的一些应用。二者结合使用,往往可以得到比较全面的样品信息。随着电子显微学的日益发展,又出现了很多更先进的技术,如球差矫正器、电子全息术、三维电子显微术和原位技术等,它们会进一步提升透射电镜和扫描电镜在固体材料表征中的地位。但是为了更好地利用透射电镜和扫描电镜,操作者必须有熟练的操作技术和较强的分析总结谱图的能力,此外还要掌握好晶体学、结构化学、固体物理学和量子力学等相关知识。

参考文献

[1] 黄兰友,刘绪平.电子显微镜与电子光学[M].北京:科学出版社,1991.

[2] 朱祖福.电子显微镜[M].北京:机械工业出版社,1984.

[3] 朱宜,张存瑾.电子显微镜的原理和使用[M].北京:北京大学出版社,1983.

[4] 孟庆昌.透射电子显微学[M].哈尔滨:哈尔滨工业大学出版社,1998.

[5] G 托马斯.材料的透射电子显微术[M].北京:机械工业出版社,1985.

[6] KIRKLAND E J. Advanced Computing in Electron Microscopy[M]. New York and London: Plenum Press, 1998.

[7] WANG X, ZHUANG J, PENG Q, et al. A General Strategy for Nanocrystal Synthesis[J]. Nature, 2005 (437): 121.

[8] REN J, TILLEY R D. Preparation, Self-Assembly, and Mechanistic Study of Highly Monodispersed Nanocubes[J]. J. Am. Soc. Chem., 2007 (129): 3287.

[9] HARUTA M. Size—and Support—dependency in the Catalysis of Gold[J]. Catal. Today, 1997 (36): 153.

[10] VALDEN M, LAI X, GOODMAN D W. Onset of Catalytic Activity of Gold Clusters on Titania with the Appearance of Nonmetallic Properties[J]. Science, 1998 (281): 1647.

[11] ZANELLA R, GIORGIO Z, HENRY CR, et al. Alternative Methods for the Preparation of Gold Nanoparticles Supported on TiO_2[J]. J. Phys. Chem. B, 2002 (106): 7634.

[12] GRUNWALDT J D, KIENER C, WOGERBAUER C, et al. Preparation of Supported Gold Catalysts for Low-Temperature CO Oxidation via "Size-Controlled" Gold Colloids[J]. J., Catal. 1999 (181): 223.

[13] AN K, LEE N, PARK J, et al. Synthesis, Characterization, and Self-Assembly of Pencil-Shaped CoO Nanorods[J]. J. Am. Soc. Chem., 2006 (128): 9753.

[14] CAI Q, LIN W Y, XIAO F S, et al. The Preparation of Highly Ordered MCM – 41 with Extremely Low Surfactant Concentration[J]. Micropor. Mesopor. Mater., 1999 (32): 1.

[15] LIU Z, SAKAMOTO Y, OHSUNA T, et al. TEM Studies of Platinum Nanowires Fabricated in Mesoporous Silica MCM – 41[J]. Angew. Chem. Int. Edit., 2000 (39): 3107.

[16] LI D, ZHOU H S, HONMA I. Design and Synthesis of Self-ordered Mesoporous Nanocomposite through Controlled In-situ Crystallization[J]. Nat. Mater., 2004 (3): 65.

[17] DU Y C, LIU S, JI Y Y, et al. Mesostructured Sulfated Tin Oxide and Its High Catalytic Activity in Esterification and Friedel-Crafts Acylation[J]. Catal. Lett., 2008 (124): 133.

[18] LI X H, ZHANG D H, CHEN J S. Synthesis of Amphiphilic Superparamagnetic Ferrite/Block Copolymer Hollow Submicrospheres[J]. J. Am. Soc. Chem., 2006 (128): 8382.

[19] KIM Y J, CHAI S Y, LEE W I. Control of TiO_2 Structures from Robust Hollow Microspheres to Highly Dispersible Nanoparticles in a Tetrabutylammonium Hydroxide Solution[J]. Langmuir,

2007 (23): 9567.

[20] FUERTES A B, SEVILLA M, VALDES-SOLIS T, et al. Synthetic Route to Nanocomposites Made up of Inorganic Nanoparticles Confined within a Hollow Mesoporous Carbon Shell[J]. Chem. Mater., 2007 (19): 5418.

[21] LEBEDKIN S, SCHWEISS P, RENKER B, et al. Single-Wall Carbon Nanotubes with Diameters Approaching 6 nm Obtained by Laser Vaporization[J]. Carbon, 2002 (40): 417.

[22] BAKARDJIEVA S, STENGL V, SZATMARY L, et al. Transformation of Brookite-Type TiO_2 Nanocrystals to Rutile: Correlation between Microstructure and Photoactivity[J]. J. Mater. Chem., 2006 (16): 1709.

[23] ZONG X, YAN H J, Wu G P, et al. Enhancement of Photocatalytic H_2 Evolution on CdS by Loading MoS_2 as Cocatalyst under Visible Light Irradiation[J]. J. Am. Soc. Chem., 2008 (130): 7176.

[24] SUN Y Y, YUAN L N, MA S Q, et al. Improved Catalytic Activity and Stability of Mesostructured Sulfated Zirconia by Al Promoter[J]. Appl. Catal. A-Gen, 2004 (268): 17.

[25] WANG D, VILLA A, PORTA F, et al. Single-phase Bimetallic System for the Selective Oxidation of Glycerol to Glycerate[J]. Chem. Comm., 2006: 1956.

[26] ZHANG J, MULLER J O, ZHENG W Q, et al. Individual Fe-Co Alloy Nanoparticles on Carbon Nanotubes: Structural and Catalytic Properties[J]. Nano Lett., 2008 (8): 2738.

[27] YAMAUCHI Y, TAKAI A, KOMATSU M, et al. Vapor Infiltration of A Reducing Agent for Facile Synthesis of Mesoporous Pt and Pt-based Alloys and Its Application for the Preparation of Mesoporous Pt Microrods in Anodic Porous Membranes[J]. Chem. Mater., 2008 (20): 1004.

[28] 郭素枝.扫描电镜技术及其应用[M].厦门：厦门大学出版社，2006.

[29] 廖乾初.扫描电镜原理及应用技术[M].北京：冶金工业出版社，1990.

[30] FENG L, SONG Y L, ZHAI J, et al. Creation of A Superhydrophobic Surface from An Amphiphilic Polymer[J]. Angew. Chem. Int. Ed., 2003 (42): 7.

[31] KUMAR G, SENTHILARASU S, LEE D N, et al. Synthesis and Characterization of Aligned SiO_2 Nanosphere Arrays: Spray Method[J]. Synth. Met., 2008 (158): 684.

[32] ZHANG J, SUN L D, JIANG X C, et al. Shape Evolution of One-dimensional Single-crystalline ZnO Nanostructures in A Microemulsion System[J]. Cryst. Growth. Des., 2004 (4): 309.

[33] CAO S W, ZHU Y J, MA M Y, et al. Hierarchically Nanostructured Magnetic Hollow Spheres of Fe_3O_4 and Gamma-Fe_2O_3: Preparation and Potential Application in Drug Delivery[J]. J. Phys. Chem. C, 2008 (112): 1851.

[34] DENG D, LEE J Y. Hollow Core-shell Mesospheres of Crystalline SnO_2 Nanoparticle Aggregates for High Capacity Li^+ Ion Storage[J]. Chem. Mater. 2008 (20): 1841.

[35] BLIN B L, LEONARD A, YUAN Z Y, et al. Hierarchically Mesoporous/Macroporous Metal Oxides Templated from Polyethylene Oxide Surfactant Assemblies[J]. Angew. Chem. Int. Ed., 2003 (42): 2872.

第 7 章 电子探针 X 射线显微分析技术

内容提要

电子探针 X 射线显微分析(Electron Probe X – Ray Microanalysis,EPMA),又称电子探针,是目前较为理想的一种微区化学成分分析手段。根据高能电子与固体物质相互作用的原理,利用电子枪发射的高能量电子流通过磁透镜聚焦成直径约为 $0.1\sim1~\mu m$ 的电子束(电子探针)轰击样品表面,使样品中被打击的微小区域(简称微区)内所含元素的原子激发而产生特征 X 射线谱。由于不同元素的原子结构各异,激发产生的 X 射线波长亦不相同。测量各种元素所产生的 X 射线的波长和强度,来对微小体积中所含元素进行定性和定量分析。本章简述了电子探针的构造、工作原理及其在材料科学中的应用情况。

7.1 引 言

1913 年,英国物理学家莫塞莱研究 X 射线光谱时发现,以不同元素作为产生 X 射线的靶时,所产生的特征 X 射线的波长不同。他将各种元素按所产生的特征 X 射线的波长排列后,发现其次序与元素周期表中的次序一致,称这个次序为原子序数。于是他提出了利用电子束照射样品表面,探测由此而产生出来的特征 X 射线,从而对样品所含元素进行分析的原理。1919 年,法国人卡斯坦提出了设计和制造这种仪器的想法,但一直未能实现。之后,随着电子光学和 X 射线测量技术等的飞速发展,在著名 X 射线衍射专家纪尼叶的指导下,卡斯坦采纳了莫塞莱的理论并作了进一步发展,在 1948 年终于制造了第一台电子探针仪。1958 年法国首先制造出商品仪器。电子探针仪与扫描电子显微镜在结构上有许多相同之处。20 世纪 70 年代以来生产的电子探针仪上一般都带有扫描电子显微镜功能,有的还附加另一些附件,使之除作微区成分分析外,还能观察和研究微观形貌、晶体结构等。

目前,电子探针 X 射线显微分析仪已经是世界上公认的最成熟和可靠的固体物质的表面微区分析仪器,其广泛应用于金属材料、半导体材料、矿物、植物、生物、陶瓷、化石、高分子、电子器件及机械、石油、化工、考古、防护、刑侦等领域。

7.2 基本构造

电子探针 X 射线显微分析仪的基本构造与扫描电镜颇为相似,如图 7.1 所示,此处不作过多讨论,可参考本书第 6 章。

电子探针的信号检测系统是 X 射线谱仪,用来测定特征波长的谱仪叫做波长分散谱仪(WDS)或波谱仪。用来测定 X 射线特征能量的谱仪叫做能量分散谱仪(EDS)或能谱仪。下面将对两种谱仪作分别介绍。

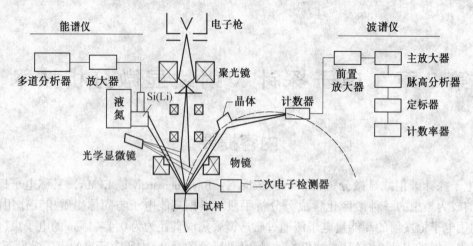

图 7.1　电子探针结构示意图

7.3　波长分散谱仪(WDS)

在能谱仪出现之前,波谱仪几乎是分析 X 射线特征谱的唯一仪器,主要结构包括了电子光学系统、分光系统、检测系统,如图 7.1 所示。

在电子探针中,X 射线是由样品表面以下一个微米乃至纳米数量级的作用体积内激发出来的。如果这个体积中含有多种元素,则可以激发出各个相应元素的特征波长 X 射线。若在样品上方水平放置一块具有适当晶面间距 d 的晶体,入射 X 射线的波长、入射角和晶面间距三者符合布拉格方程 $2d\sin\theta=\lambda$ 时,这个特征波长的 X 射线就会发生强烈衍射。不同波长的 X 射线以不同的入射方向入射时会产生各自的衍射束,若面向衍射束安置一个接收器,便可记录下不同波长的 X 射线,从而使样品作用体积内不同波长的 X 射线分散并展示出来。

虽然平面单晶体可以把各种不同波长的 X 射线分光展开,但就收集单波长 X 射线的效率来看是非常低的。因此这种检测 X 射线的方法必须改进。如果把分光晶体做适当的弹性弯曲,并使射线源弯曲晶体表面和检测器窗口位于同一个圆周上,这样就可以达到把衍射束聚焦的目的。此时,整个分光晶体只收集一种波长的 X 射线,使这种单色 X 射线的衍射强度大大提高。图 7.2 是两种 X 射线聚焦的方法。第一种方法称为约翰(Johann)型聚焦法(图 7.2(a)),虚线圆称为罗兰(Rowland)圆或聚焦圆。把单晶体弯曲使它衍射晶面的曲率半径等于聚焦圆半径的两倍,即 $2R$。当某一波长的 X 射线自点光源 S 处发出时,晶体内表面任意点 A、B、C 上接收到的 X 射线相对于点光源来说,入射角都相等,由此,A、B、C 各点的衍射线都能在 D 点附近聚集。从图中可以看出,因 A、B、C 三点的衍射线并不恰在一点,故这是一种近似的聚焦方式。另一种改进的聚焦方式叫做约翰逊(Johansson)型聚焦法。这种方法是把衍射晶面曲率半径弯成 R 的晶体表面磨制成和聚焦圆表面相合(即晶体表面的曲率半径和 R 相等),这样的布置可以使 A、B、C 三点的衍射束正好聚焦在 D 点,所以这种方法也叫做全聚焦法(图 7.2(b))。

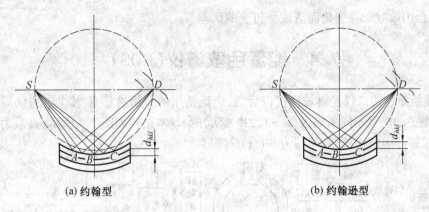

(a) 约翰型　　　(b) 约翰逊型

图 7.2　两种聚焦方法

另外,在实测过程中还存在两种谱仪的布置形式,即直进式波谱仪和回旋式波谱仪,如图 7.3 所示。直进式波谱仪的优点是 X 射线照射分光晶体的方向是固定的,即出射角 φ 保持不变,这样可以使 X 射线穿出样品表面过程中所走的路线相同,也就是吸收条件相等。由图中的几何关系分析可知,分光晶体位置沿直线运动时,晶体本身应产生相应的转动,使不同波长 λ_1、λ_2 和 λ_3 的 X 射线以 θ_1、θ_2 和 θ_3 的角度入射。在满足布拉格条件的情况下,位于聚焦圆周上协调滑动的检测器都能接收到经过聚焦的波长为 λ_1、λ_2 和 λ_3 的衍射线。以图中 O_1 为圆心的圆为例,直线 SC_1 长度用 L_1 表示,$L_1 = 2R\sin\theta_1$。L_1 是从点光源到分光晶体的距离,它可以在仪器上直接读得,因为聚焦圆的半径 R 是已知的,所以从测出的 L_1 便可求出 θ_1。根据布拉格方程 $2d\sin\theta = \lambda$,因分光晶体的晶面间距 d 是已知的,故可计算出和 θ_1 相对应的特征 X 射线波长 λ_1。把分光晶体从 L_1 变化至 L_2 或 L_3(可通过仪器上的手柄或驱动电机,使分光晶体沿出射方向直线移动),用同样方法可求得 θ_2、θ_3 和 λ_2、λ_3。

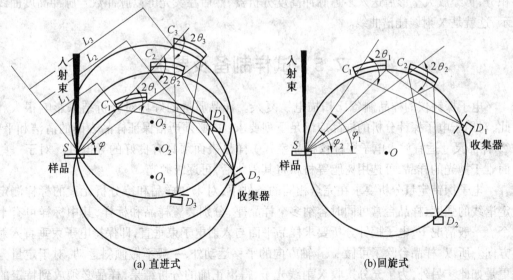

(a) 直进式　　　(b) 回旋式

图 7.3　波谱仪的两种放置方式

回旋式波谱仪的聚焦圆的圆心 O 不能移动,分光晶体和检测器在聚焦圆的圆周上以 1:2 的角速度运动,以保证满足布拉格方程。这种波谱仪结构比直进式波谱仪结构来得简单,出射方向改变很大。但是在表面不平度较大的情况下,由于 X 射线在样品内行进路线不同,往往会因吸收条件变化而造成分析上的误差。

7.4 能量色散谱仪(EDS)

X射线能量色散谱仪是继波谱仪以后,被广泛使用的分析特征X射线谱的仪器。它是按X射线光子的能量不同来展谱($\lambda = 1.2398/E$)的,基本结构如图7.4所示,其最为关键的部件是锂漂移硅固态检测器,简写为Si(Li)检测器。

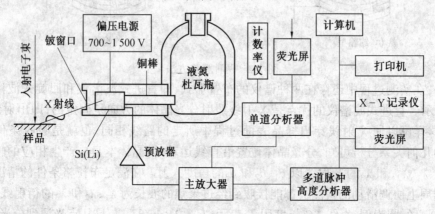

图7.4 能谱仪的基本结构

当X射线光子进入Si(Li)晶体的本征区后发生一系列的非弹性碰撞,产生电子空穴对。在液氮温度下,Si晶体内每产生一对电子空穴对平均消耗3.8 eV的能量,因此,入射X射线光子的能量E与电子空穴对的数目n之间的关系为$n = E/3.8$;Si(Li)检测器将接收后经过积分,再经放大整形后送入多道脉冲高度分析器,然后在荧光屏以脉冲数 – 脉冲高度曲线显示,这就是X射线能谱曲线。

7.5 试样制备及要求

电子探针仪的样品制备比扫描电镜复杂。样品质量的好坏对分析结果影响很大。因此,对用于电子探针分析的样品应满足下列要求:① 必须严格保证样品表面的清洁和平整;② 样品尺寸适宜放入电子探针仪样品室;③ 样品表面须具有良好的导电性。对于一些表面难于抛光的样品,可选用树脂等材料将其固化后,再逐级抛光。

电子探针定量分析要求在完全相同的条件下,对未知样品和待分析元素的标样测定特定谱线的强度,样品台常可同时容纳多个样品座,分别装置样品和标样,其中标样可有十几个。一般情况下,电子探针分析要求样品平面与入射电子束垂直,即保持电子束垂直入射的方向。所以,样品台除了可做x、y轴方向的平移运动外,一般不做倾斜运动,对于定量分析更是如此。另外,为了充分接收X射线光子,得出正确的分析结果,样品必须放到特定的高度(电压和束流固定时,上下移动样品位置,当X射线光子数达到最大值时,即为这台仪器观察能谱的最佳位置)。

7.6 分析方法

7.6.1 定点分析

首先用同轴光学显微镜进行观察,将待分析的样品微区移到视野中心,然后使聚焦电子束固定照射到该点上。以波谱仪为例,这时驱动谱仪的晶体和检测器连续地改变 L 值,记录 X 射线信号强度 I 随波长的变化曲线。检查谱线强度峰值位置的波长,即可获得所测微区内含有元素的定性结果。通过测量对应某元素的适当谱线的 X 射线强度就可以得到这种元素的定量结果。

7.6.2 线扫描分析

在光学显微镜的监视下,把样品要检测的方向调至 x 或 y 方向,使聚焦电子束在试样扫描区域内沿一条直线进行慢扫描,同时用计数率(计数率是指每秒接收到的 X 射线光子数)仪检测某一特征 X 射线的瞬时强度。若显像管射线束的横向扫描与试样上的线扫描同步,用计数率计的输出控制显像管射线束的纵向位置,这样就可以得到某特征 X 射线强度沿试样扫描线的分布。

7.6.3 面扫描分析

和线扫描相似,聚焦电子束在试样表面进行面扫描,将 X 射线谱仪调到只检测某一元素的特征 X 射线位置,用 X 射线检测器的输出脉冲信号控制同步扫描的显像管扫描线亮度,在荧光屏上得到由许多亮点组成的图像。亮点就是该元素的所在处。因此根据图像上亮点的疏密程度就可确定某元素在试样表面上的分布情况。将 X 射线谱仪调整到测定另一元素特征 X 射线位置时就可得到另一成分的面分布图像。

7.7 波谱仪与能谱仪的分析比较

在电子显微分析中,进行微区成分分析可采用波谱仪或能谱仪。波谱分析发展较早,但近年来没有太大的进展。能谱分析虽然只有 20 多年的历史,但各项指标提高迅速,成为微区分析的主要手段。下面简单比较一下两种方法的优劣:

(1) 能谱元素分析范围以前是从 Na(11) 到 U(92),现在完全可以做到和波谱一样从 B(5) 到 U(92)。

(2) 能谱仪结构简单、紧凑,可以做各种分析仪器的附件;而波谱仪体积庞大、结构复杂。

(3) 能谱仪所用的 Si(Li) 探测器尺寸小,可以装在靠近样品的区域。这样,X 射线出射角 φ 大,接收 X 射线的立体角大,X 射线利用率高,在低束流($10^{-10} \sim 10^{-12}$A) 情况下工作,仍能达到适当的计数率;电子束流小,束斑尺寸小,采样的体积也较小(即空间分辨率高),最小可达 $0.1~\mu m^3$(样品需足够薄),对样品的污染作用小。而波谱仪相对污染大,采样体积大于 $1~\mu m^3$。

(4) 能谱分析速度快,可在 2～3 s 内完成定点元素全分析的谱图(液氮冷却时间不计);而波谱分析慢,需要几十分钟。

(5) 能谱仪工作时,不需要像波谱仪那样聚焦,因为不受聚焦圆的限制,样品的位置可起伏 2～3 mm,适用于粗糙表面成分分析。也能进行低倍 X 射线线或面扫描分析,得到大视域的元素分布图。

(6) 由于能谱仪的几何效率和量子效率在一定条件下是常数,可以利用计算机软件进行无标样定量分析(除 Z_5～Z_{10} 元素外),这是波谱仪无法达到的。

(7) 波谱仪能量分辨率高,可达 10 eV,而能谱仪较低,只有 130 eV。所谓能量分辨率是指 ^{55}Fe 或 Mn 峰的半高宽值(是描述谱线扩展程度的一个指标)。

(8) 波谱仪检测灵敏度高,峰背比大,能谱要差一个数量级。

(9) Si(Li)探测器必须在液氮温度(77 K)下工作,使用不方便。用超纯锗探测器虽无此缺点,但其能量分辨率低,仅为 160 eV。

(10) 对于有些相邻元素,能谱仪不能很好地区分,而波谱仪在这方面的分辨率更高。

7.8 应用及图例分析

波谱仪和能谱仪的主要用途就是成分分析,检测待测样品的组成成分,广泛应用于分析金属材料、矿石矿物、陶瓷产品和生物体等各个方面。其目的在于确定它们的化学成分和元素在其中的分布状态。对于微小物质(粒径约为 1 μm)的鉴定与分析,电子探针更有其优越性。它们的谱图也相对简单,不同元素会根据谱线类别(K 系、L 系或 M 系)给出相应的谱峰,图 7.5 和图 7.6 分别为波谱图和能谱图。需要指出的是,它们的横坐标不同,波谱图的横坐标是波长,而能谱图的则是能量。下面简单介绍一下电子探针显微技术在不同领域的应用。

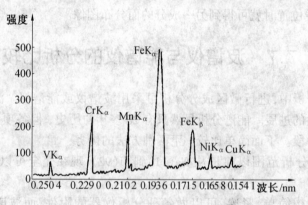

图 7.5 某合金钢的成分分析——波谱法(WDS)

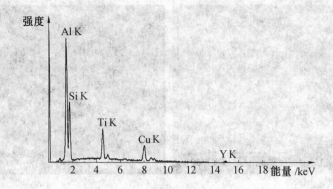

图 7.6 某耐火陶瓷成分分析——能谱法(EDS)

7.8.1 金属材料

金属材料特别是金属表面涂层的表征,经常会用到电子探针显微技术,不仅可以得到材料的组成信息,而且可以确切地得到各组分的含量,进一步通过线扫描和面扫描技术还可以得到各组成元素的分布信息,根据实际情况可分别选择能谱法或波谱法。图 7.7 是两种钢铁材料的表面涂层成分分析情况,从线扫描情况可以看出,越接近基体部分 Ni、Cr 的含量越少,而 Fe 含量则明显增加。

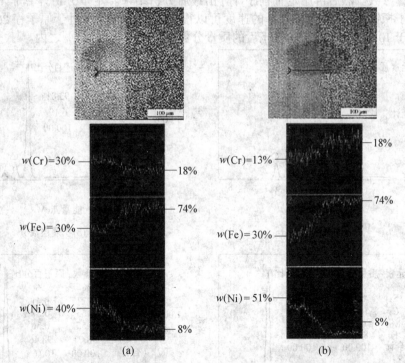

图 7.7 两种钢铁材料中表面涂层的线扫描分析(EDS)

图 7.8 同样是对某金属材料表面涂层的表征,已知涂层中主要含有 Cr、Ag、N 元素,通过面扫描技术可以看出 Ag 元素均匀分布在整个涂层中,并没有团聚现象,同样的方法也可得到 Cr 和 N 的元素分布。

图 7.8 某金属表面涂层中 Ag 元素的分布情况(WDS)

波谱法和能谱法都可以对金属材料中的成分进行定量表征。定量分析的目的是要求出试样中某元素的质量分数,它的依据是某元素的 X 射线强度与该元素在试样中的质量分数成比例。为了排除谱仪在检测不同元素谱线时条件不同所产生的影响,一般采用成分精确已知的标样。在定量分析的实验操作中,必须在完全相同的入射激发和接收条件下精确地测量未知样品和标样中同一元素 A 的同名特征谱线(通常是 K_α 线,对高原子序数的元素也可采用 α 或 L_α)强度。如今的很多仪器都带有专门的计算软件,对于 $Z_{11} \sim Z_{92}$ 的元素可不用标样法,直接给出结果,如图 7.9 所示。但是,对于含有轻元素($Z_5 \sim Z_{10}$)的样品,则需通过标样给出计算参数。然后再用定量程序计算出最后分析结果。定量分析计算非常繁琐,好在新型的电子探针都带计算机,计算的速度可以很快。一般情况下对于原子序数大于 10、质量分数大于 10% 的元素来说,修正后的质量分数误差可限定在 ±5% 之内。

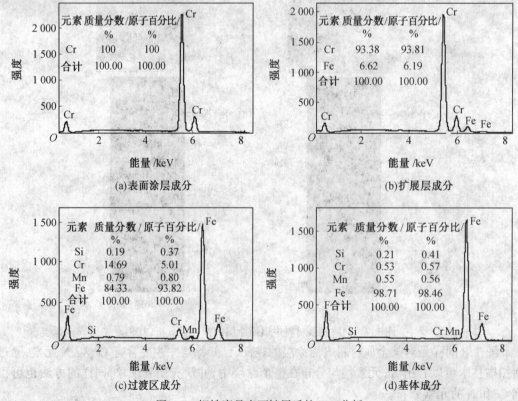

图 7.9 钢铁磨具表面镀层后的 EDS 分析

曾经有学者专门研究了波谱法和能谱法在定量分析过程中的差别。表7.1分别用波谱法和能谱法对天然辉石矿进行了分析,结果表明,两种分析方法所计算的结果相差无几。测试者可根据实际情况选择合适的分析方法。

表7.1 波谱法和能谱法定量分析结果比较

	矿物编号									
	1		2		3		4		5	
	EDS	WDS	EDS	WDS	EDS	WDS	EDS	WDS	EDS	WDS
Na_2O	0.51	0.50	0.20	0.39	0.12	0.35	0.22	0.47	0.23	0.38
MgO	16.43	16.47	15.62	15.68	17.37	17.02	16.54	16.70	15.71	15.50
Al_2O_3	3.62	3.61	3.41	3.84	2.75	2.79	3.12	3.05	3.79	3.78
SiO_2	51.16	51.18	50.70	50.15	51.85	51.89	51.60	51.96	50.54	50.26
K_2O	0.22	0.00	0.31	0.02	0.27	0.01	0.07	0.00	0.00	0.02
CaO	20.51	20.29	20.39	20.18	20.71	20.57	20.70	20.81	19.72	19.89
TiO_2	0.36	0.66	0.98	0.94	0.68	0.56	0.45	0.42	0.93	0.95
MnO	0.00	0.25	0.38	0.23	0.32	0.21	0.00	0.19	0.17	0.13
FeO	6.48	6.95	7.64	7.87	6.28	6.14	6.53	6.28	8.10	7.90
合计	99.29	99.91	99.63	99.30	100.35	99.54	99.23	99.88	99.19	98.81

另外,电子探针技术对于研究金属的扩散机理有很重要的作用。图7.10是Al/Co扩散偶不同加热温度、不同保温时间扩散溶解层的背散射电子像和能谱线扫描曲线。提高加热温度和延长保温时间都是为了促进扩散,随着Al和Co的不断扩散溶解,Al和Co界面处依次不断出现相层,每个相层都对应着相应的Al-Co金属化合物或固溶体,按照Al原子百分比由大到小的顺序排列为Co_2Al_9(81.82%),Co_4Al_{13}(76.47%),Co_2Al_5(71.43%)和$CoAl$(50%)。由于每个相层对应一个相,因此,每个相层的成分是均一的。在每个相层上任意测试一个点的成分,根据Al原子百分比就可以推断该相层对应相应的Al-Co金属间化合物。在加热温度和保温时间的双重作用下,在Al/Co镶嵌式扩散偶Al/Co界面处,CoAl相层首先在Co基体上形成,然后Co_2Al_5和Co_4Al_{13}相层几乎同时形成,Co_2Al_9相层是最后形成的。Al/Co扩散偶形成的最终扩散溶解层由4个层构成,对应的相分别为Al/Co_2Al_9/Co_4Al_{13}/Co_2Al_5/CoAl/Co,厚度约为170 μm,而且该扩散溶解层全部在Co基体上形成。

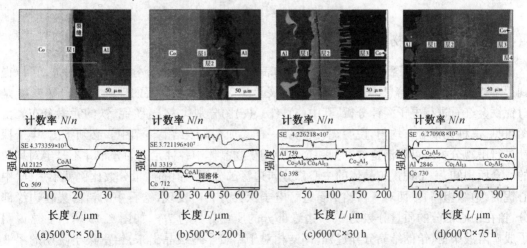

图7.10 Al/Co扩散偶不同加热温度和保温时间扩散溶解层背散射电子像和能谱线扫描曲线(EDS)

在钢铁材料中，经常存在一些表面缺陷，这会严重影响材料的力学性质，通过电子探针技术也可以对这些缺陷进行表征。如图 7.11 所示，对不锈钢丝 SEM 微观形貌观察时可以看到：不锈钢丝表面大部分区域呈较光滑状态，但表面一些区域上存在着呈不规则形状的凸起状暗色疵点（图 7.11(a)和(b)）。利用 WDS 对这些疵点进行 MAP 分析，显示疵点主要含有碳元素（图 7.11(c)），还含有微量的氧元素（图 7.11(d)），不含氮元素。再利用 EDS 对这些疵点进行分析，有些疵点还含有硫、氯、钾和钙等元素。

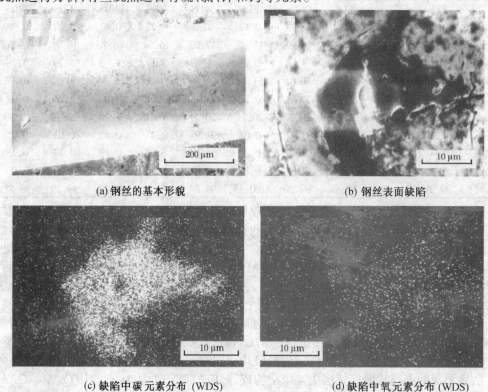

(a) 钢丝的基本形貌　　　　　　　　　(b) 钢丝表面缺陷

(c) 缺陷中碳元素分布 (WDS)　　　　(d) 缺陷中氧元素分布 (WDS)

图 7.11　不锈钢丝微观形貌

7.8.2　矿石矿物

电子探针技术被广泛应用于矿石矿物的表征，通过精确的成分分析及元素分布，可以得到很多相关的地质学信息，可以为地质的发展及演变规律提供重要的理论依据。图 7.12 是对铌铁金红石进行电子探针分析，其中(a)、(b)、(c)图分别代表了钛、铌、铁的元素分布。由图可见，三种元素分布均匀，说明铌、铁与钛一样参加在矿物结晶格架中。必须指出，电子探针进行微观分析还可以清楚地看到一个单独的矿物晶体中各种元素的分布并不是绝对均匀的。众所周知，一个铌铁矿晶体的中心部分与边缘部分铌与钽的质量分数比例就不一样（中心铌高，边缘钽高）。而对一富铪锆石进行电子探针分析时发现，锆石中的铪富集在边缘部分，铪在中心部分的质量分数为 3%，边缘部分的质量分数为 7%，如图 7.13 所示。这说明了成矿溶液中锆、铪的结晶分异过程，即锆相对于铪较早地结晶出来，铪富集于晚期的溶液中，结晶较晚。

第 7 章 电子探针 X 射线显微分析技术

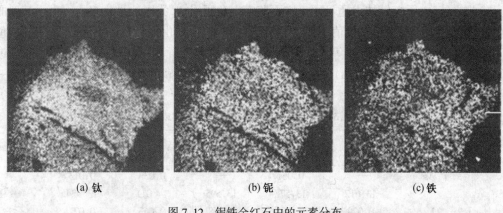

(a) 钛　　　　　　　　　(b) 铌　　　　　　　　　(c) 铁

图 7.12　铌铁金红石中的元素分布

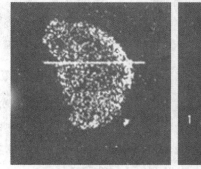 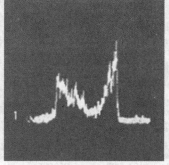 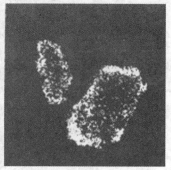

(a) 锆石中铪元素的分布　　(b) 沿 (a) 中直线扫描铪元素　　(c) 沿 (a) 中直线扫描得到的
　　　　　　　　　　　　　　　分布的积分曲线　　　　　　　　铪元素分布

图 7.13　扫描铪元素分布的积分曲线

前面只是介绍了电子探针对简单矿石的表征,一般在地质学上,需要对矿石进行全方位的表征,才能得到准确的地质信息。焦建刚等人利用电子探针对青海德尔尼铜(钴)矿床进行了较为全面的表征(表 7.2),并结合前人的结果,对德尔尼矿床的地质及地球化学等展开研究,并就矿床成因及成矿过程提出了新的认识。陈旭等人则通过电子探针技术,测定了花岗岩中 U – Th – Pb 元素,进而推算出岩石的形成年代。

表 7.2　德尔尼铜(钴)矿床与喀拉通克铜镍矿床中磁黄铁矿电子探针数据　　%

样品号	DN–17–1	DN–17–2	DN–17–3	DN–17–4	Kl2–7–1	Kl2–7–2	Kl2–7–3	Kl2–7–4	Kl2–7–5
S	38.990	38.040	38.600	38.610	39.000	39.180	39.130	38.970	38.360
Pt	0.000	0.233	0.029	0.409	0.526	0.205	0.439	0.000	0.000
Fe	59.510	58.540	60.290	59.830	60.910	60.470	59.940	59.270	60.190
Cu	0.003	0.049	0.000	0.049	0.068	0.042	0.382	0.000	0.122
Pd	0.046	0.041	0.032	0.000	0.000	0.000	0.000	0.023	0.041
Ni	0.278	0.197	0.211	0.279	0.676	0.465	0.638	0.597	0.689
Co	0.093	0.116	0.071	0.085	0.000	0.144	0.129	0.155	0.000
Co/Ni	0.330	0.590	0.340	0.300	0.000	0.310	0.200	0.260	0.000
合计	98.92	97.216	99.233	99.262	101.18	100.506	100.658	99.015	99.402

注:数据由西部矿产资源与地质工程教育部重点实验室分析;样品号中"DN"代表德尔尼铜矿床,"Kl"代表喀拉通克铜镍矿床。

除此之外,电子探针技术还可用于宝石鉴定。众所周知,我国的昌化鸡血石由于其瑰丽的色彩,被誉为"印石皇后",价值不菲,而鸡血石的"血"主要由辰砂(HgS)形成,但其"血"色的明暗深浅却各不相同。陈涛等人选取了不同色泽的鸡血石,对其中不同红色调的辰砂进行了电子探针成分测试(表7.3),探究鸡血石中"血"色与辰砂的化学成分之间是否存在一定的关系。

表7.3 昌化鸡血石样品中辰砂的化学成分　　　　　　　　　　　　%

元素	JX-1（鲜红色）	JX-2（暗红色）	JX-3（深红色）	JX-4（鲜红色）	JX-5（朱红色）
As	—	0.061	—	0.033	0.013
S	13.612	13.578	13.595	14.011	13.934
Fe	0.029	0.064	0.068	0.063	0.077
Se	—	0.465	0.021	0.008	—
Ag	0.094	0.042	0.101	0.135	0.071
Co	0.145	0.107	0.149	0.157	0.132
Sb	—	—	—	—	—
Ni	0.095	0.082	0.084	0.102	0.093
Te	—	—	—	—	—
Cu	0.153	0.156	0.165	0.160	0.181
Zn	0.236	0.196	0.240	0.230	0.257
Cd	0.035	0.003	0.012	—	—
Hg	85.058	84.703	85.085	84.916	84.253
合计	99.457	99.457	99.520	99.815	99.011

7.8.3 陶瓷材料

一般来说,电子探针技术在陶瓷领域的应用多数是针对于杂元素取代型陶瓷或者是陶瓷复合物来精细确定其中杂原子或复合物的质量分数、分布等信息。然而多数情况下,取代型陶瓷材料中杂原子含量很低,很难被检测,对于这类材料的测试要足够细心。图7.14是Y掺杂的$BaTiO_3$,由于Y的含量很低,直接在图谱中无法得到Y元素信息,但这并不代表产品中不含有Y元素,将图谱放大后才能够观测到Y元素的微弱谱峰。

但是有些情况下,个别元素能谱并不能很好地区分,如果测试者对被测样品没有大致的了解,就需要用其他仪器或方法进行辅助分析。如图7.14所示,其中Ba和Ti元素的峰位太近,甚至完全重叠,导致能谱法无法给出准确元素质量分数,所以作者通过波谱法(WDS)得到了样品的精确组分信息,见表7.4。

表7.4 两种 Y-$BaTiO_3$ 的 WDS 分析结果

样品	元素	质量分数/% ± σ_r	原子百分比/% ± σ_c	σ_r/%	σ_c/%
1	Ba	58.47 ± 0.29	19.91 ± 0.09	0.5	0.2
	Ti	20.68 ± 0.08	20.19 ± 0.08	0.4	0.2
	Y	0.42 ± 0.05	0.22 ± 0.03	13	5
2	Ba	58.60 ± 0.30	19.98 ± 0.09	0.5	0.2
	Ti	20.61 ± 0.08	20.15 ± 0.08	0.4	0.2
	Y	0.40 ± 0.05	0.21 ± 0.03	13	5

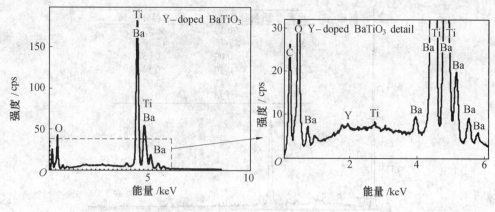

图 7.14 Y 掺杂的 $BaTiO_3$ 能谱图

同样,对于陶瓷材料电子探针也可以给出元素分布。图 7.15 是 Zr – Al 氧化物的元素分布图,从图中可以看出,虽然 Zr 元素的含量较少,但是 Zr 元素并非均匀分布,而是呈现小的聚集体,这说明 Zr 元素的存在状态是 ZrO_2,并没有进入 Al_2O_3 晶格形成共熔体。

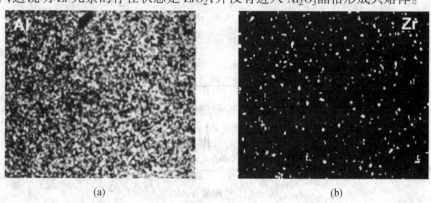

图 7.15　Zr – Al 氧化物中的元素分布

7.8.4　生物医学

除了上述列举的一些应用领域外,电子探针在生物医学领域也有着很广泛的应用,但是其宗旨仍是成分分析。例如,金银花为忍冬科植物,是常用的中药材,具有"清热解毒、凉散风热"的功效,但作为药用植物其质量与环境、地域等因素密切相关。李强等人分别对同一环境不同种质的金银花叶细胞进行了表征,如图 7.16 所示,结果发现两种细胞内的元素含量具有很大差别,这对于该地区合理引种金银花提供了理论指导。

在口腔医学中,电子探针也经常被用来分析牙齿中微量元素的成分,但需要指出的是,此时元素分析多采用线扫描,如图 7.17 所示。

总之,由于电子探针技术着眼于物质内的元素分析,因此其应用领域也十分广泛,而绝大部分的固体材料也都可以用电子探针来分析,此处就不再一一列举。

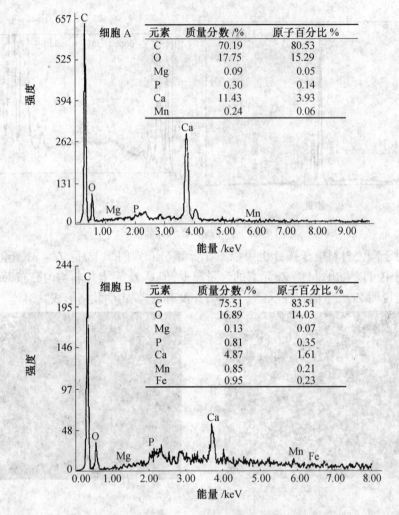

图 7.16 两种金银花叶细胞成分对比

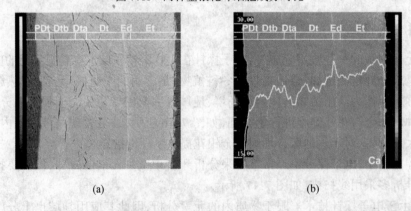

(a)　　　　　　　　　　　(b)

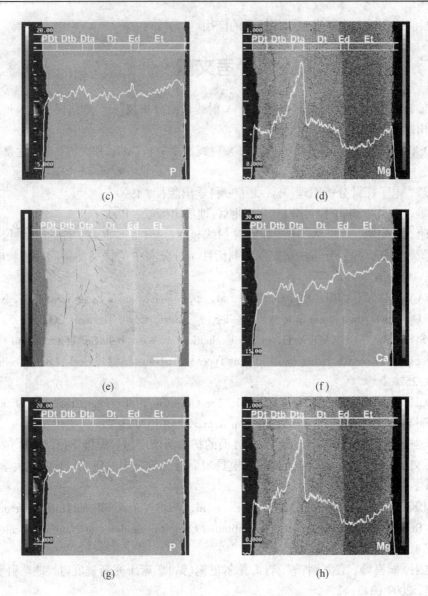

图 7.17　两种牙齿中微量元素线扫描分析

本章小结

本章简述了电子探针 X 射线显微分析仪(包括 X 射线波长分散谱仪和 X 射线能量分散谱仪)的基本构造、工作原理及性能,并列举了它们在固体材料表征中的一些分析方法和应用。通过电子探针测试,可以得到样品组成的精确信息,这使得该项技术具有非常广阔的应用前景。近年来,X 射线能量分散谱仪有了很大的发展,可以作为扫描电镜和透射电镜的附件,相比之下波谱仪技术没有大的创新,多数情况下作为能谱的辅助表征手段,但是二者结合使用,得到的信息往往更准确也更全面。随着科技的发展,目前已经出现了波谱仪和能谱仪的一体化系统,结合了能谱仪的高速度和波谱仪的高分辨率,而且可以同时采集能谱和波谱信号,相信这会进一步促进电子探针仪的应用。

参考文献

[1] 内山郁,渡边融,纪本静雄.电子探针X射线显微分析仪[M].刘济民,译.北京:国防工业出版社,1982.

[2] GOLDSTEIN J I. 扫描电子显微技术与X射线显微分析[M]. 张大同,译. 北京:科学出版社,1988.

[3] 徐萃章.电子探针分析原理[M].北京:科学出版社,1990.

[4] 周剑雄,毛水和.电子探针分析[M].北京:地质出版社,1988.

[5] 刘永康,叶先贤,林卓然.电子探针X射线显微分析[M].北京:科学出版社,1973.

[6] 包起薰.用电子探针分析法研究催化剂活性组分分布中的样品制备问题[J].电子显微学报,1983(4):75.

[7] FERNANDEZ E, GARCIA J R, CUETOS J M, et al. Behaviour of Laser Treated Cr, Ni Coatings in the Oxidative Atmosphere of a Steam Boiler [J]. Surf. Coat. Technol, 2005 (195): 1.

[8] YAO S H, SU Y L, KAO W H, et al. Evaluation on Wear Behavior of CrAg and Cr N PVD Nanocomposite Coatings Using Two Different Types of Tribometer [J]. Surf. Coat. Technol, 2006 (201):2520.

[9] ZELECHOWER M, SOPICKA – LIZER M. The Observation of Strong Absorption of the Yttrium Lα Line in Sialon Ceramics[J]. Mikrochim Acta, 2000(132):387.

[10] 宋玉强,李世春,杨泽亮.Al/Co相界面的扩散溶解层[J].焊接学报,2008(29):8.

[11] 唐丽文,杨蕙,赵玮霖.电子探针在模具表面强化研究中的应用[J].中北大学学报:自然科学版,2008(29):91.

[12] CUBUKCU H E, ERSOY O, AYDAR E, et al. WDS Versus Silicon Drift Detector EDS: A Case Report for the Comparison of Quantitative Chemical Analyses of Natural Silicate Minerals [J]. Micron, 2008 (39): 88.

[13] 焦建刚,黄喜峰,袁海潮,等.青海德尔尼铜(钴)矿床研究新进展[J].地球科学与环境学报,2009(31):42.

[14] 陈旭,刘树文,李秋根,等.西秦岭勉县北部光头山二长花岗岩独居石电子探针U–Th–Pb化学法定年及其地质意义[J].地质通报,2009(28):888.

[15] SAMARDZIJA Z, MAKOVEC D, CEH M. EPMA and Microstructural Characterization of Yttrium Doped BaTiO$_3$ Ceramics[J]. Mikrochim. Acta, 2000(132):383.

[16] SARKAR D, MOHAPATRA D, RAY S, et al. Synthesis and Characterization of Sol gel Derived ZrO$_2$ Doped Al$_2$O$_3$ Nanopowder[J]. Ceram. Int., 2007 (33):1275.

[17] 李强,余龙江,邓艳等.金银花叶细胞中元素含量与其生境的生物地球化学研究[J].农业环境科学学报,2006(25):648.

[18] AKIBA N, SASANO Y, SUZUKI O, et al. Characterization of Dentin Formed in Transplanted Rat Molars by Electron Probe Microanalysis[J]. Calcif. Tissue Int., 2006 (78):143.

第8章 核磁共振波谱分析技术

内容提要

核磁共振谱(Nuclear Magnetic Resonance, NMR)是原子核吸收电磁波后从一个自旋能级跃迁到另一个自旋能级而产生的波谱。核磁共振分析技术具有下述特点：能够直接提供样品中某一特定原子的各种化学状态或物理状态，其谱带积分面积与原子核数成正比，故不需要纯物质的校正就能得出定量数据；作为定性指标"化学位移"值的测定，也可用于分析未经分离提纯的混合样品，只要被测化合物的共振信息与杂质不互相重叠即可。核磁共振的方法与技术作为分析物质的手段，由于其可深入物质内部而不破坏样品，并具有迅速、准确、分辨率高等优点而得以迅速发展和广泛应用，已经从物理学渗透到化学、生物、地质、医疗以及材料等多种学科，在科研和生产中发挥了巨大作用。本章简述了核磁共振的仪器构造、基本原理、谱图解释、重要应用以及研究进展。

8.1 引　言

核磁共振现象是 1946 年由美国斯坦福大学布洛赫(F. Block)和哈佛大学珀赛尔(E. M. Purcell)各自独立发现的，两人因此获得 1952 年诺贝尔物理学奖。60 多来，核磁共振技术已成为一门具有完整理论的新学科，在化学、物理学和材料科学等领域得到广泛应用。脉冲傅里叶变换核磁共振仪(Pulse FT – NMR)的问世，极大地推动了 NMR 技术，特别是使 ^{13}C、^{15}N、^{29}Si 等核磁共振及固体 NMR 得以广泛应用。发明者 R. R. Ernst 也因此获 1991 年诺贝尔化学奖。

在过去 20 多年中，核磁共振谱在研究溶液及固体状态的材料结构中取得了巨大的进展。尤其是高分辨率固体核磁共振技术，综合利用魔角旋转、交叉极化及偶极去耦等措施，再加上适当的脉冲程序已经可以方便地用来研究固体材料的化学组成、形态、构型、构象及动力学。核磁共振成像技术可以直接观察材料内部的缺陷，指导加工过程。因此，高分辨率固体 NMR 技术已发展成为研究材料结构与性能的有力工具。

核磁共振谱是由具有磁矩的原子核，受电磁波辐射发生跃迁所形成的吸收光谱。电子能自旋，质子也能自旋。原子的质量数为奇数的原子核，如 ^1H、^{13}C、^{19}F、^{29}Si、^{31}P 等，由于核中质子的自旋而在沿着核轴方向产生磁矩，因此可以发生核磁共振。而 ^{12}C、^{16}O、^{32}S 等原子核不具有磁性，故不发生核磁共振。在材料结构与性能研究中，用得最多的是氢原子核的核磁共振谱(^1H NMR)，又称质子核磁共振谱 PMR，本章重点对 ^1H NMR 进行讨论，同时对 ^{13}C 核磁共振谱(^{13}C NMR)和 ^{29}Si 核磁共振谱(^{29}Si NMR)作一简单介绍。

NMR 灵敏度的增强一直是 NMR 发展中经久不衰的课题。众所周知，NMR 是所有谱学技术中分辨率最高的(线宽在几到几十 Hz 范围)，而伴随而来的固有弱点是灵敏度极低，是所有谱学技术中灵敏度最低的。半个世纪以来,人们在灵敏度增强方面作出了不懈的努力。在 NMR 工业中,采用了最简单但又是最有效的提高磁场强度的办法,使灵敏度得到极大地提高。早期的 60 MHz NMR 谱仪已逐渐被淘汰,代之而来的是 400 MHz 至 800 MHz,乃至 1 000 MHz 的强磁场谱仪。在这些强磁场谱仪中,用于质子 NMR 的分析浓度已能低至 mmol/L 量级。另一条提高检测灵敏度的途径是对检测线圈的改进。如用 YBaCuO 型高温超导材料制备能在 25~40 K 之间工作的 NMR 线圈也可用于常温样品的 NMR 实验检测。这种线圈的品质因子可达 10 000 至 20 000,与通常 NMR 探头中的射频线圈($Q = 100$)相比,有两个量级的提高,这在灵敏度增强方面是非同小可的发展。但遗憾的是,所用的高温超导材料都难以进行加工而不能微型化,同时线圈还需工作在 25~40 K,需通过液氦吹气保护,从而损失了填充因子,最终信噪比只得到 10 余倍的增强。但这无疑是 NMR 检测系统发展的有前景的方向之一。如果今后能发展出具有良好性能的超导材料并能工作在更高的温度,NMR 的灵敏度必将得到更大的提高。

8.2 仪器构造与样品制备

8.2.1 基本构造

核磁共振仪主要由磁铁、射频振荡器、射频接收器等组成,如图 8.1 所示。

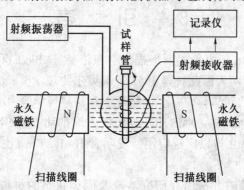

图 8.1 核磁共振仪示意图

(1)磁铁

可以是永久磁铁,也可以是电磁铁,前者稳定性较好,但用久了磁性会发生变化。磁场要求在足够大的范围内十分均匀。

当磁场强度为 1.409 T 时,其不均匀性应小于六千万分之一。这一要求,即使再精细加工也极难达到。因此在磁铁上备有特殊的绕组,以抵消磁场的不均匀性。磁铁上还备有扫描线圈,可以连续改变磁场强度的百万分之十几。可在射频振荡器的频率固定时,改变磁场强度,进行扫描。改变磁场强度以进行扫描的称扫场。

由永久磁铁和电磁铁获得的磁场一般不能超过 2.4 T,对应于氢核的共振频率为 100 MHz。为了得到更高的分辨率,应使用超导磁体,此时可获得高达 10~17.5 T 的磁场,其对应的氢核共振频率为 400~750 MHz,但超导核磁共振仪的价格及日常维持费用都很高。

(2) 射频振荡器

射频振荡器可以从一个很稳定的晶体控制的振荡器发生 60 MHz(对于 1.409 T 磁场)或 100 MHz(对于 2.350 T 磁场)的电磁波以进行氢核的核磁共振测定。如要测定其他的核，如 ^{19}F、^{13}C、^{11}B，则要用其他频率的振荡器。把磁场固定，改变频率以进行扫描的，称扫频。但一般以扫场较方便，扫频应用较少。

(3) 射频接收器

当振荡器发生的电磁波的频率 ν_0 和磁场强度 H_0 达到前述特定的组合时，放置在磁场和射频线圈中间的试样就要发生共振而吸收能量，这个能量的吸收情况为射频接收器所检出，通过放大后记录下来。所以核磁共振仪测量的是共振吸收。

仪器中还备有积分仪，能自动画出积分线，以指出各组共振吸收峰的面积。

磁场方向、射频线圈轴和接收线圈轴三者相互垂直。分析试样配成溶液后放在玻璃管中密封好，插在射频线圈中间的试管插座内，分析时插座和试样不断旋转，以消除任何不均匀性。

有的核磁共振仪、射频线圈和射频接收线圈合并为一个，并把它接入惠斯通电桥的一臂。射频振荡器的频率固定不变，改变磁场强度进行扫场。不发生共振吸收时，电桥处于平衡状态；当发生共振吸收时，射频强度发生改变，引起电桥不平衡而产生信号，经放大后记录下来。这样的核磁共振仪称单线圈核磁共振仪，前者则称为双线圈核磁共振仪。

8.2.2 核磁共振试验样品的制备

实验时样品管放在磁极中心，磁铁应该对样品提供强而均匀的磁场。但实际上磁铁的磁场不可能很均匀，因此需要使样品管以一定速度旋转，以克服磁场不均匀所引起的信号峰加宽。射频振荡器不断地提供能量给振荡线圈，向样品发送固定频率的电磁波，该频率与外磁场之间的关系为 $\nu = \gamma H_0/2\pi$。

做 ^1H 谱时，常用外径为 6 mm 的薄壁玻璃管。测定时样品常常被配成溶液，这是由于液态样品可以得到分辨率较高的谱图。要求选择采用不产生干扰信号、溶解性能好、稳定的氘代溶剂。溶液的浓度应为 5%~10%。如纯液体黏度大，应用适当溶剂稀释或升温测谱。常用的溶剂有 CCl_4、$CDCl_3$、$(CD_3)_2SO$、$(CD_3)_2CO$、C_6H_6 等。

复杂分子或大分子化合物的 NMR 谱即使在高磁场情况下往往也难分开。但若辅以化学位移试剂可使被测物质的 NMR 谱中各峰产生位移，从而达到重合峰分开，这一方法已为大家所熟悉和应用，并称具有这种功能的试剂为化学位移试剂，其特点是成本低，收效大。常用的化学位移试剂是过渡族元素或稀土元素的配合物，如 $Eu(fod)_3$、$Eu(thd)_3$、$Pr(fod)_3$ 等 (fod:6,6,7,7,8,8,8 - t 氟 - 2,2 - 二甲基 - 3,5 - 辛二酮;thd:2,2,6,6 - 四甲基 - 3,5 - 庚二酮酸)。

8.3 基本原理

在强磁场的激发作用下，一些具有某些磁性的原子核的能量可以裂分为 2 个或 2 个以上的能级。如果此时外加一个能量，使其恰等于裂分后相邻 2 个能级之差，则该核就可能吸收能量(称为共振吸收)，从低能态跃迁至高能态。因此，所谓核磁共振，就是研究磁性原子核对射频能的吸收。

8.3.1 原子核的磁性与自旋

由于原子核是带电荷的粒子,若有自旋现象,即产生磁矩。物理学的研究证明,各种不同的原子核,自旋的情况不同。原子核自旋的情况可用自旋量子数 I 表示(表8.1)。

表8.1 各种原子核的自旋量子数

质量数	原子序数	自旋量子数 I
偶数	偶数	0
偶数	奇数	1,2,3,…
奇数	奇数或偶数	1/2,3/2,5/2

自旋量子数等于零的原子核有 ^{16}O、^{12}C、^{32}S、^{28}Si 等。实验证明,这些原子核没有自旋现象,因而没有磁矩,不产生共振吸收谱,故不能用核磁共振来研究。

自旋量子数等于1或大于1的原子核:$I = \frac{3}{2}$ 的有 ^{11}B、^{35}Cl、^{79}Br、^{81}Br 等;$I = \frac{5}{2}$ 的有 ^{17}O、^{127}I;$I = 1$ 的有 ^{2}H、^{14}N 等。这类原子核电荷分布可看做一个椭圆体,电荷分布不均匀。它们的共振吸收常会产生复杂情况,目前在核磁共振的研究上应用还很少。

自旋量子数 I 等于 $\frac{1}{2}$ 的原子核有 ^{1}H、^{19}F、^{31}P、^{13}C 等。这些核可当做一个电荷均匀分布的球体,并像陀螺一样自旋,故有磁矩形成。这些核特别适用于核磁共振实验。前面三种原子在自然界的丰度接近100%,核磁共振容易测定。尤其是氢核(质子),不但易于测定,而且它又是组成化合物材料的主要元素之一,因此对于氢核核磁共振谱的测定,在材料分析中占重要地位。一般有关讨论核磁共振的书,主要讨论的是氢核的核磁共振。对于 ^{13}C、^{19}F 和 ^{31}P 的核磁共振的研究,近年来有较大的发展。

8.3.2 核磁共振现象

已如前述,自旋量子数 I 为1/2的原子核(如氢核),可当做电荷均匀分布的球体。当氢核围绕着它的自旋轴转动时就产生磁场。由于氢核带正电荷;转动时产生的磁场方向可由右手螺旋定则确定,如图8.2(a)和(b)所示。由此可将旋转的核看做一个小的磁铁棒(图8.2(c))。

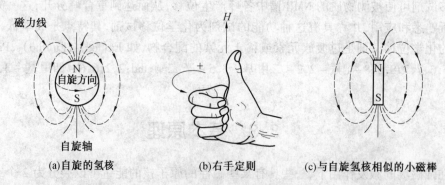

(a)自旋的氢核　　(b)右手定则　　(c)与自旋氢核相似的小磁棒

图8.2　氢核自旋产生的磁场

如果将氢核置于外加磁场 H_0 中,则它对于外加磁场可以有 $(2I + 1)$ 种取向。由于氢核

的 $I = \frac{1}{2}$，因此它只能有两种取向：一种与外磁场平行，这时能量较低，以磁量子数 $m = +\frac{1}{2}$ 表示；一种与外磁场逆平行，这时氢核的能量稍高，以 $m = -\frac{1}{2}$ 表示，如图 8.3(a) 所示。在低能态(或高能态)的氢核中，如果有些氢核的磁场与外磁场不完全平行，外磁场就要使它取向于外磁场的方向。也就是说，当具有磁矩的核置于外磁场中时，它在外磁场的作用下，核自旋产生的磁场与外磁场发生相互作用，因而原子核的运动状态除了自旋外，还要附加一个以外磁场方向为轴线的回旋，它一面自旋，一面围绕着磁场方向发生回旋，这种回旋运动称进动(Precession)或拉摩尔进动(Larmor Precession)。它类似于陀螺的运动，陀螺旋转时，当陀螺的旋转轴与重力的作用方向有偏差时，就产生摇头运动，这就是进动。进动时有一定的频率，称拉摩尔频率。自旋核的角速度 ω_0，进动频率 ν_0 与外加磁场强度 H_0 的关系可用拉摩尔公式表示为

$$\omega_0 = 2\pi\nu_0 = \gamma H_0 \tag{8.1}$$

式中，γ 为各种核的特征常数，称磁旋比，各种核有它的固定位值。

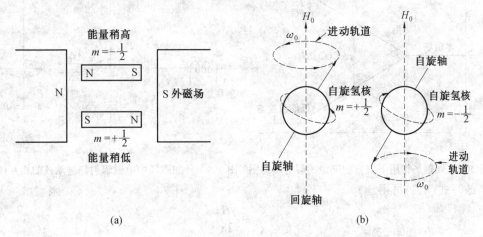

图 8.3　自旋核在外磁场中的两种取向示意图

图 8.3(b) 表示了自旋核(氢核)在外磁场中的两种取向。图中斜箭头表示氢核自旋轴的取向。在这种情况下，$m = -\frac{1}{2}$ 的取向由于与外磁场方向相反，能量较 $m = +\frac{1}{2}$ 者为高。显然，在磁场中核倾向于具有 $m = +\frac{1}{2}$ 的低能态。而两种进动取向不同的氢核，其能量差 ΔE 为

$$\Delta E = \frac{\mu H_0}{I} \tag{8.2}$$

由于 $I = \frac{1}{2}$，故

$$\Delta E = 2\mu H_0 \tag{8.3}$$

式中，μ 为自旋核产生的磁矩。在外磁场作用下，自旋核能级的裂分可用图 8.4 示意。由图可见，当磁场不存在时，$I = \frac{1}{2}$ 的原子核对两种可能的磁量子数并不优先选择任何一个，此时具有简并的能级；若置于外加磁场中，则能级发生裂分，其能量差与核磁矩有关(由核的性质决定)，也和外磁场强度有关[式(8.3)]。因此在磁场中，一个核要从低能态向高能态跃迁，

就必须吸收 $2\mu H_0$ 的能量。换言之，核吸收 $2\mu H_0$ 的能量后，便产生共振，此时核由 $m = +\frac{1}{2}$ 的取向跃迁至 $m = -\frac{1}{2}$ 的取向。

所以，与吸收光谱相似，为了产生共振，可以用具有一定能量的电磁波照射核。当电磁波的能量为

$$\Delta E = 2\mu H_0 = h\nu_0 \tag{8.4}$$

时，进动核便与辐射光子相互作用(共振)，体系吸收能量，核由低能态跃迁至高能态。式(8.4)中 ν_0 = 光子频率 = 进动频率。在核磁共振中，此频率相当于射频范围。如果与外磁场垂直方向放置一个射频振荡线圈，产生射电频率的电磁波，使之照射原子核，当磁场强度为某一数值时，核进动频率与振荡器所产生的旋转磁场频率相等，则原子核与电磁波发生共振，此时将吸收电磁波的能量而使核跃迁到较高能态($m = -\frac{1}{2}$)，如图8.5所示。

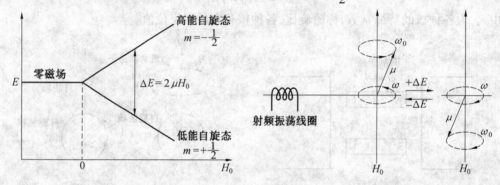

图8.4 外磁场作用下核自旋能级的裂分示意图　图8.5 外加磁场中电磁辐射与进动核的相互作用

改写式(8.1)可得

$$\nu_0 = \frac{\gamma H_0}{2\pi} \tag{8.5}$$

式(8.5)或式(8.1)是发生核磁共振时的条件，即发生共振时射电频率 ν_0 与磁场强度 H_0 之间的关系。此式还说明下述两点：

① 对于不同的原子核，由于 γ(磁旋比)不同，发生共振的条件不同，即发生共振时的 ν_0 与 H_0 相对值不同。表8.2列举了几种磁性核的磁旋比和它们发生共振时 ν_0 和 H_0 的相对值。即在相同的磁场中，不同原子核发生共振时的频率各不相同，根据这一点可以鉴别各种元素及同位素。例如用核磁共振方法测定重水中的 H_2O 的含量，D_2 和 H_2 的化学性质十分相似，但两者的核磁共振频率却相差极大。因此核磁共振法是一种十分敏感而准确的方法。

表8.2 几种磁性核的磁旋比及共振时 ν_0 和 H_0 的相对值

同位素	$\gamma(\omega_0/H_0)/$ r·T^{-1}·S^{-1}	ν_0/MHz	
		$H_0 = 1.409$ T	$H_0 = 2.350$ T
^{1}H	2.68	60.0	100
^{2}H	0.411	9.21	15.4
^{13}C	0.675	15.1	25.2
^{19}F	2.52	56.4	94.2
^{31}P	1.088	24.3	40.5
^{203}Tl	1.528	34.2	57.1

② 对于同一种核，γ 值一定。当外加磁场一定时，共振频率也一定；当磁场强度改变时，共振频率也随之改变。例如氢核在 1.409 T 的磁场中，共振频率为 60 MHz，而在 2.350 T 时，共振频率为 100 MHz。

8.3.3 弛豫

前已述及，当磁场不存在时，$I = \frac{1}{2}$ 的原子核对两种可能的磁量子数并不优先选择任何一个，这类核中，m 等于 $+\frac{1}{2}$ 及 $-\frac{1}{2}$ 的核的数目完全相等。在磁场中，则倾向于具有 $m = +\frac{1}{2}$ 的核，此种核的进动是与磁场定向有序排列的(图 8.3(b))，即与指南针在地球磁场内定向排列的情况相似。所以，在有磁场存在下，$m = +\frac{1}{2}$ 比 $m = -\frac{1}{2}$ 的能态更为有利，然而核处于 $m = +\frac{1}{2}$ 的趋向，可被热运动所破坏。根据玻耳兹曼分布定律可以计算，在室温 (300 K) 及 1.409 T 强度的磁场中，处于低能态的核仅比高能态的核稍多一些，约多百万分之十，见式(8.6)。

$$\frac{N_{(+\frac{1}{2})}}{N_{(-\frac{1}{2})}} = e^{\Delta E/kT} = e^{\gamma h H/2\pi kT} = 1.000\ 009\ 9 \tag{8.6}$$

式中，$N_{+\frac{1}{2}}$ 为处于低能态核数；$N_{-\frac{1}{2}}$ 处于高能态核数；k 为玻耳兹曼数；T 为热力学温度。

因此，在射频电磁波的照射下（尤其在强照射下），氢核吸收能量发生跃迁，其结果就使处于低能态的氢核的微弱优势趋于消失，能量的净吸收逐渐减少，共振吸收峰渐渐降低，使吸收无法测量，这时发生"饱和"现象。但是，若较高能态的核能够及时回复到较低能态，就可以保持稳定信号。由于核磁共振中氢核发生共振时吸收的能量 ΔE 很小，因而跃迁到高能态的氢核不可能通过发射谱线的形式失去能量而返回到低能态（像发射光谱那样），这种由高能态回复到低能态而不发射原来所吸收的能量的过程称为弛豫过程。

弛豫过程有两种，即自旋-晶格弛豫和自旋-自旋弛豫。

(1) 自旋-晶格弛豫(Spin-Lattice Relaxation)

处于高能态的氢核，把能量转移给周围的分子(固体为晶格，液体则为周围的溶剂分子或同类分子)变成热运动，氢就回到低能态。对于全部的氢核而言，总的能量下降，也称其为纵向弛豫。

由于原子核外围有电子云包围着，因而氢核能量的转移不可能和分子一样由热运动的碰撞来实现。自旋-晶格弛豫的能量交换可以描述如下：当氢核处于外磁场中时，每个氢核不但受到外磁场的作用，也受到其余氢核所产生的局部场的作用。局部场的强度及方向取决于核磁矩、核间距及相对于外磁场的取向。在液体中分子在快速运动，各个氢核对外磁场的取向一直在变动，于是就引起局部场的快速波动，即产生波动场。如果某个氢核的进动频率与某个波动场的频率刚好相符，则这个自旋的氢核就会与波动场发生能量弛豫，即高能态的自旋核把能量转移给波动场变成动能，这就是自旋-晶格弛豫。

在氢核的自旋体系中，经过共振吸收能量以后，处于高能态的氢核增多，不同能级氢核的相对数目就不符合玻耳兹曼分布定律。通过自旋-晶格弛豫，高能态的自旋氢核渐渐减少,低能态的渐渐增多,直到符合玻耳兹曼分布定律(平衡态)。

自旋 – 晶格弛豫时间以 t_1 表示,t_1 是处于高能态核寿命的一个量度。t_1 越小,表明弛豫过程的效率越高,t_1 越大,则效率越低,容易达到饱和。t_1 的大小与核的种类、样品的状态及温度有关。气体、液体的 t_1 一般只有 $10^{-4} \sim 10^2$ s,固体和高黏度的液体的振动、转动频率较小,不能有效地产生纵向弛豫,t_1 较大,有的甚至可达数小时。

(2) 自旋 – 自旋弛豫(Spin – Spin Relaxation)

两个进动频率相同、进动取向不同的磁性核,即两个能态不同的相同核,在一定距离内时,它们互相交换能量,改变进动方向,这就是自旋 – 自旋弛豫。通过自旋 – 自旋弛豫,磁性核的总能量未变,因而又称横向弛豫。

自旋 – 自旋弛豫时间以 t_2 表示,一般气体、液体的 t_2 约为 1 s。固体及高黏度液体中,由于各个核的相互位置比较固定,有利于相互间能量的转移,故 t_2 极小,约为 10^{-3} s,即在固体中各个磁性核在单位时间内迅速往返于高能态与低能态之间。其结果是使共振吸收峰的宽度增大,分辨率降低,所以在通常进行的核磁共振实验分析中固体试样应先配成溶液。

8.3.4 化学位移(信号位置)

8.3.4.1 屏蔽效应和化学位移

氢核 ^{1}H 若只在同一频率下共振,好像核磁共振结构分析数据。其实不然,在分子中,磁性核外有电子包围,电子在外部磁场垂直的平面上环流,会产生与外部磁场方向相反的感应磁场。因此使氢核实际"感受"到的磁场强度要比外加磁场的强度稍弱。为了发生核磁共振,必须提高外加磁场强度,去抵消电子运动产生的对抗磁场的作用,结果吸收峰就出现在磁场强度较高的位置。人们把核周围的电子对抗外加磁场强度所起的作用,叫做屏蔽作用。如图 8.6 所示,同类核在分子内或分子间所处化学环境不同,核外电子云的分布也不同,因而受到的屏蔽作用也不同。

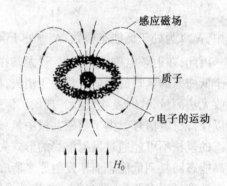

图 8.6 质子的屏蔽作用

显然,质子周围的电子云密度越高,屏蔽效应越大,即在较高的磁场强度处发生核磁共振,反之,屏蔽效应越小,即在较低的磁场强度处发生核磁共振。

磁场强度	低场	H_0	高场
屏蔽效应	小		大

在甲醇分子中,由于氧原子的电负性比碳原子大,因此甲基(—CH_3)上的质子比羟基(—OH)上的质子有更大的电子云密度,也就是—CH_3 上的质子所受的屏蔽效应较大,而—OH 上的质子所受的屏蔽效应较小,即—CH_3 吸收峰在高场出现,—OH 吸收峰在低场出现,如图 8.7 所示。

这种由于电子的屏蔽而引起的核磁共振吸收位置的移动称为化学位移,常用 δ 表示,δ 为一无因次量。所以,电子对原子核的屏蔽是化学位移的物理基础,化学位移的实质是核外电子云密度之差。化学位移(绝对值)与外加磁场的强度成正比,即当外加磁场的强度从 H_0

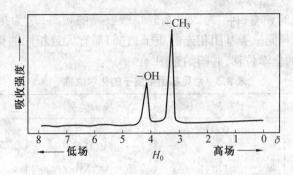

图 8.7　甲醇的核磁共振谱

增大到 H_0' 时,发生共振的电磁波频率也由 ν_0 增大到 ν_0',如图 8.8 所示。

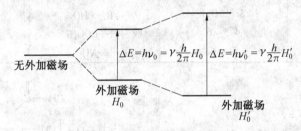

图 8.8　外加磁场的强度与频率

化学位移有几种表示方法,一种是以频率表示(绝对值),单位是赫兹(Hz),用这种方法表示时,必须要注明外加磁场强度 H_0,因为共振频率随着外加磁场 H_0 的改变而变化,这是绝对值表示化学位移的缺点,为了克服这一不足,常用相对值来表示化学位移,用得最多的是 δ 值,优点在于同一磁核不论在何种磁场强度的仪器上测定,得到的化学位移值都相等。

8.3.4.2　化学位移的测定

由于化合物分子中各种质子受到不同程度的屏蔽效应,因而在 NMR 谱的不同位置上出现吸收峰。但这种屏蔽效应所造成的位置上的差异是很小的,难以精确地测出其绝对值,因而需要用一个标准来做对比,测出其相对值。

化学位移测定的方法有外标(准)法和内标(准)法两种。外标法是把标准样品装入毛细管中(封口),放入被测试的样品管中进行测试,这种方法很少采用;内标法是把标准样品直接放入被测试的样品溶液中,使得标准样品与样品受到同样的溶剂作用和磁场作用。

选用标准物应该具有:化学稳定性好,即与样品和溶剂不发生任何反应;磁性各向同性,分子具有球形对称,只给出一个很易识别的尖锐单峰;便于比较,可以与使用的溶剂混溶,并且容易回收。对 ^{1}HNMR、^{13}CNMR 来说,目前使用最理想的标准是四甲基硅烷$(CH_3)_4Si$(简称 TMS),基本符合上述要求。一般把 TMS 配成 1.0% ~ 10% 四氯化碳或重氢氯仿溶液,测试样品时,加入此溶液 2~3 滴即可。除了 TMS 外,也可采用六甲基硅醚(HMOS)作为标准。如用 TMS 作为标准物质,人为将其吸收峰出现的位置定为零。某一质子吸收峰出现的位置与标准物质质子吸收峰出现的位置之间的差异称为该质子的化学位移,常以"δ"表示,见式(8.7)。

$$\delta = \frac{\nu_s - \nu_{TMS}}{\nu_0} \times 10^6 \tag{8.7}$$

式中，ν_s 为样品吸收峰的频率；ν_{TMS} 为四甲基硅烷吸收峰的频率；ν_0 为振荡器的工作频率。在各种化合物分子中，与同一类基团相连的质子，它们都有大致相同的化学位移，表 8.3 列出了常见基团中质子的化学位移，并归纳至图 8.9。

表 8.3　常见基团中质子的化学位移

质子类别	δ	质子类别	δ
R—CH$_3$	0.9	Ar—H	7.3±0.1
R$_2$CH$_2$	1.2	RCH$_2$X	3~4
R$_3$CH	1.5	O—CH$_3$	3.6±0.3
=CH—CH$_3$	1.7±00.1	—OH	0.5~5.5
≡C—CH$_3$	1.8±0.1	—COCH$_3$	2.2±0.2
Ar—CH$_3$	2.3±0.1	R—CHO	9.8±0.3
=CH$_2$	4.5~6	R—COOH	11±1
≡CH	2~3	—NH$_2$	0.5~4.5

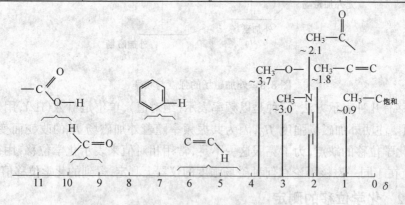

图 8.9　常见基团中质子的化学位移示意图

化学位移是一个很重要的物理常数，它是分析分子中各类氢原子所处位置的重要依据。δ 值越大，表示屏蔽作用越小，吸收峰出现在低场；δ 值越小，表示屏蔽作用越大，吸收峰出现在高场。

8.3.4.3　化学位移与分子结构的关系

化学位移是由核外电子云密度决定的，因此影响核外电子云密度的各种因素都将影响化学位移。通常，影响质子化学位移的结构因素主要有下述几个方面：

(1) 取代基的诱导效应和共轭效应

取代基的电负性直接影响与它相连的碳原子上质子的化学位移，并且通过诱导方式传递给邻近碳上的质子。这主要是电负性较高的基团或原子，使质子周围的电子云密度降低（去屏蔽），导致该质子的共振信号向低场移动（δ 值增大）。取代基的电负性越大，质子的 δ 值越大。例如 $CH_4(\delta_{0.23})$、$CH_3Cl(\delta_{3.85})$、$CH_2Cl_2(\delta_{5.30})$、$CHCl_3(\delta_{7.27})$。如将 O—H 键与 C—H 键相比较，由于氧原子的电负性比碳原子大，O—H 的质子周围电子云密度比 C—H 键上的质子要小，因此 O—H 键上的质子峰在较低场。

(2) 邻近化学键的影响——磁各向异性效应

在分子中，质子与某一官能团的空间关系，有时会影响质子的化学位移。这种效应称各

向异性效应。各向异性效应是通过空间而起作用的,它与通过化学键而起作用的效应是不一样的。例如

$$CH_3CH_3(\delta_{0.98})、CH_2\!=\!\!CH_2(\delta_{3.85})、CH\!\equiv\!CH(\delta_{2.88})、\bigcirc(\delta_{7.2})$$

在乙烯分子中,碳原子是 sp^2 杂化,所以,电负性比乙烷中的碳原子强,从而使相连氢核的化学位移值增大,但不能以此来解释为什么乙炔和苯环的氢核的化学位移值分别为 2.88 和 7.2,产生这一异常现象的原子是由于分子中其他原子或基团的核外电子所产生的屏蔽效应对所要研究质子的影响,而对某一磁核,这种影响的大小是距离和方向的函数,故称为各向异性效应。

$C\!=\!C$ 或 $C\!=\!O$ 双键中的 π 电子云垂直于双键平面,它在外磁场作用下产生环流。如图 8.10 所示,在双键平面上的质子周围,感应磁场的方向与外磁场相同而产生去屏蔽,吸收峰位于低场。然而在双键上下方向则是屏蔽区域,因而处在此区域的质子共振信号将在高场出现。其他含有双键的基团,如 $\diagdown\!\!C\!=\!N$,$\diagdown\!\!C\!=\!S$,$\diagdown\!\!C\!=\!C\!\diagup$ 都有同样的效应。

芳环有三个共轭双键,它的电子云可看做上下两个面包圈似的 π 电子环流,环流半径与芳环半径相同,如图 8.11 所示。在芳环中心是屏蔽区,而四周则是去屏蔽区。因此芳环质子共振吸收峰位于显著低场(δ 在 7 左右)。

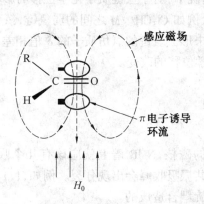

图 8.10 双键质子的去屏蔽

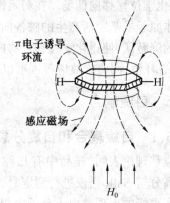

图 8.11 芳环流产生的磁场

叁键屏蔽效应可以乙炔为例,乙炔是一个直线分子,叁键上 π 电子云环流,乙炔分子顺着外磁场排列,环流产生的抗磁磁场使处在轴线上的质子化学位移移向高场($\delta=2.0\sim3.0$),含有 $-C\equiv N$ 基团的化合物,在外加磁场中也具有同样的效应。炔烃的屏蔽效应如图8.12所示。

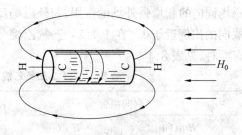

图 8.12 炔烃的屏蔽效应

(3) 溶剂效应

由于溶剂的不同,同一样品其化学位移也不相同,这种因溶剂的不同使得化学位移发生变化的效应叫做溶剂效应。以二甲基甲酰胺为例,其存在式(8.8)的共振。

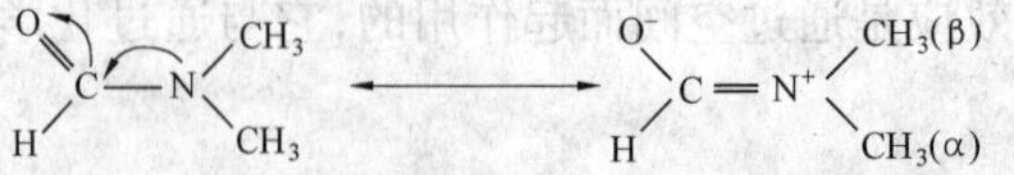

$$\text{(8.8)}$$

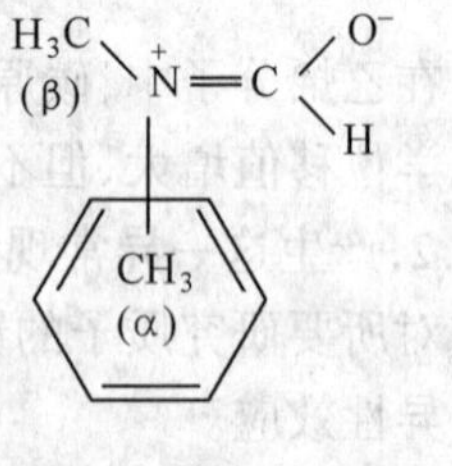

由于 N 原子上的孤对电子与羰基发生了 $p-\pi$ 共轭作用,导致了 N 原子上的两个甲基与羰基处于同一平面内,使得两个甲基处于不同的环境;另一方面,共轭效应使 N—C 键具有部分双键性质,自由旋转受到限制,因而,N 原子上的两个取代甲基上的质子表现为两个化学位移值。图 8.13 为苯对二甲基甲酰胺的屏蔽作用。当以苯为溶剂时,苯与二甲基甲酰胺会形成复合物,由于苯环的磁各向异性效应,结果使得 α、β 两个甲基分别处于苯环的不同屏蔽区。

图 8.13 溶剂苯的屏蔽作用

(4) 氢键的影响

氢键对于质子的化学位移有比较明显的影响,氢键质子的 δ 值比无氢键质子的 δ 值大,位移往往在 10 以上,氢键对质子化学位移影响的起因,目前还研究得不够清楚,一般认为对于形成的强氢键,给体原子或基团所产生的静电效应是主要的($X—H^{\delta+}\cdots Y^{\delta-}$),由于给体的存在,使得 X—H 键的电子推向 X,结果造成 H 周围电子云密度的降低,因而去屏蔽效应增强,质子的化学位移移向低场。在弱氢键形成的情况下,对于氢键质子化学位移的影响主要是由于给体原子或基团所产生的磁各向异性效应,例如 $Cl_3CH\cdots M$ 之间的弱氢键,氯仿质子处在苯环的屏蔽区,使得化学位移值移向高场,与未形成氢键的氯仿质子的 δ 值相差 -0.9。此外,温度、pH 值、同位素效应等因素也会影响化学位移的改变。

8.3.5 自旋耦合

8.3.5.1 自旋耦合和自旋分裂

化学位移理论表明,样品中有几种化学环境的磁核,NMR 谱上就应该有几个吸收峰。但在采用高分辨 NMR 谱仪进行测定时,有些核的共振吸收峰会出现分裂。例如,1,1,2-三氯乙烷。多重峰的出现是由于分子中相邻氢核自旋耦合造成的。

质子能自旋,相当于一个小磁铁,产生局部磁场。在外加磁场中,氢核有两种取向,与外磁场同向的起增强外场的作用,与外磁场反向的起减弱外场的作用。质子在外磁场中两种取向的比例近于 1。在 1,1,2-三氯乙烷分子中,—CH$_2$—的两个质子的自旋组合方式可以有两种,见表 8.4。

表 8.4 1,1,2-三氯乙烷分子中—CH$_2$—质子的自旋组合

取向组合		氢核局部磁场	—CH— 上质子实受磁场
H 取向	H' 取向		
↑	↑	$2H$	$H_0 + 2H$
↑	↓	0	H_0
↓	↑	0	H_0
↓	↓	$2H'$	$H_0 - 2H$

第8章 核磁共振波谱分析技术

在同一分子中,这种核自旋与核自旋间相互作用的现象叫做"自旋–自旋耦合"。由自旋–自旋耦合产生谱线分裂的现象叫"自旋–自旋分裂"。

由自旋–自旋耦合产生的多重峰的间距叫耦合常数,用 J 表示。它具有下述规律:

①耦合裂分是质子之间相互作用所引起的,因此 J 值的大小表示了相邻质子间相互作用力的大小,与外部磁场强度无关。这种相互作用的力是通过成键的价电子传递的,当质子间相隔三个键时,这种力比较显著,随着结构的不同,J 值在 1~20 Hz 之间;如果相隔四个单键或四个以上单键,相互间作用力已很小,J 值减小至 1 Hz 左右或等于零。在共轭体系化合物中,耦合作用可沿共轭链传递到第四个键以上。

②由于耦合是质子相互之间彼此作用的,因此互相耦合的两组质子,其耦合常数 J 值相等。

③J 值与取代基团、分子结构等因素有关。

④等价质子或磁全同质子之间也有耦合,但不裂分,谱线仍是单一尖峰。

由于耦合裂分现象的存在,使人们可以从核磁共振谱上获得更多的信息,这对有机物的结构剖析极为有用。一些质子的自旋–自旋耦合常数见表 8.5。

表 8.5 一些质子的自旋–自旋耦合常数

结构类型	J/Hz	结构类型	J/Hz
H–C–H	12~15	C=CH–CH	4~10
C=CH₂ (H,H geminal)	0~3	C=CH–CH=C	10~13
HC=CH (顺/反)	顺式 6~14 反式 11~18	CH–C≡CH	2~3
CH–CH (自由旋转)	5~8	CH–OH(不交换)	5
环状 H₃		CH–CHO	1~3
邻位	7~10	CH(CH₃)₂	5~7
间位	2~3	—CH₂–CH₃	7
对位	0~1		

自旋分裂现象,对氢核来说一般有 $n+1$ 规律,即有 n 个相邻氢,就出现 $n+1$ 个分裂

峰,且分裂峰面积比为1:1(双峰)、1:2:1(三峰)、1:3:3:1(四重峰)、…即为$(a+b)^n$式展开后各项的系数(n为相邻氢的个数)。

8.3.5.2 质子耦合常数与分子结构的关系

质子与邻近磁核耦合,在氢谱上出现分裂信号裂分的数目和耦合常数,可以提供非常有用的结构信息。在很多情况下判断分子中某些结构单元是否存在,就是通过分裂模型来辨认的,例如在一些简单的谱图中,信号裂分为三重峰,说明质子与亚甲基相邻;四重峰分裂表明它与甲基相连等。

在脂肪族化合物中,相隔两个键(H—C—H)的质子间耦合,称为"同碳耦合",耦合常数用符号"$^2J_{HH}$"表示。相隔三个键(H—C—C—H 或者 H—C=C—H)质子间的耦合称为"邻碳耦合",耦合常数用"$^3J_{HH}$"表示。在芳环体系中,质子相隔三个键的"邻位耦合",相隔四个键的"间位耦合",甚至相隔五个键的"对位耦合"都能观察得到。

耦合常数与分子的许多物理因素有关,其中最重要的是碳原子的杂化状态、传递耦合的两个碳氢键所在平面的夹角以及取代基的电负性等。

在有机化合物的氢谱中,除了质子间的耦合之外,质子与^{13}C,^{19}F,^{31}P也会耦合,但耦合常数较大。

自旋-自旋裂分现象对结构分析非常有用,它可以鉴定分子中的基团及其排列次序。

大多数化合物的 NMR 谱都比较复杂,需要进行计算才能解析,但对于一级光谱,可以通过自旋-自旋裂分直接进行解析。所谓一级光谱,即相互耦合的质子的化学位移差 $\Delta\nu$ 至少是耦合常数的6倍。

8.3.6 信号强度

NMR 谱上信号峰的强度正比于峰下面的面积,也是提供结构信息的重要参数。NMR 谱上可以用积分线高度反映出信号强度。各信号峰强度之比应等于相应的质子数之比。由图 8.14 可以看到,由左至右呈阶梯形的曲线,此曲线称为积分线。它是将各组共振峰的面积加以积分而得。积分线的高度代表了积分值的大小。由于谱图上共振峰的面积是和质子的数目成正比的,因此只要将峰面积加以比较,就能确定各组质子的数目,积分线的各阶梯高度代表了各组峰面积。于是根据积分线的高度可计算出和各组峰相对应的质子峰,图8.14 中 a 组峰积分线高 36 mm,b 组峰积分线高 24 mm,由强度之比($a:b = 3:2$)可知 a 组峰为三个质子,是—CH_3;而 b 组峰为两个质子,是—CH_2I。

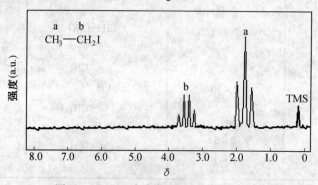

图 8.14 CDCl$_3$溶液中 CH$_3$CH$_2$I 的核磁共振谱

8.4 谱图解析

8.4.1 有关术语

(1) 自旋耦合系统

有机分子中存在着几组磁核,每组磁核之间有耦合而与系统以外的任何磁核都不耦合(但并非是系统内所有磁核之间都互相作用),把这样的一组磁核叫自旋耦合系统。例如,在乙基异丙基醚(图8.15(a))中,乙基质子是一种自旋耦合系统,异丙基质子是另一种自旋耦合系统。

(2) 化学等价质子

分子中化学位移值相等的质子称为化学等价质子。如 CH_3CH_2X 中,X 为卤素原子或其他基团,则三个甲基质子是化学等价的质子。同样,亚甲基上两个质子也是化学等价的。

(3) 磁等价质子

在一个自旋耦合系统中,若一组化学等价质子同时对系统内任一磁核的耦合都相同(即耦合常数相同)时,称为磁等价(或磁全同)质子。例如,CH_3CH_2X 中甲基上三个质子不但化学等价而且对亚甲基质子的耦合常数也相等,反过来,两个亚甲基质子不但化学等价对甲基质子的耦合常数也相等,所以三个甲基质子是一组磁等价质子;在对一氟硝基苯(图8.15(b))中,H_a 和 H_b 化学等价,它们对于氟核虽有相同键距和键角,但对 H_c 和 H_d 都有不同的耦合常数($J_{H_aH_c} \neq J_{H_bH_c}$),故 H_a 和 H_b 是磁不等价的,同样 H_c 和 H_d 也是磁不等价的。

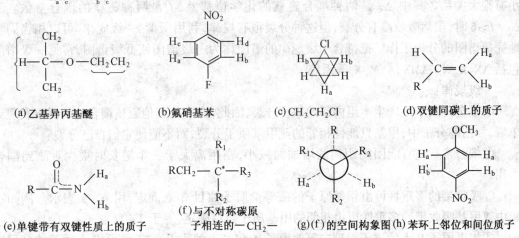

图 8.15 几种分子中的质子等价情况

一般情况下,磁等价质子也是化学等价质子,但化学等价质子不一定是磁等价质子。下列情况会产生不等价质子:

① 单键不能自由旋转时,会产生不等价质子。

例如 CH_3CH_2Cl 构象如图 8.15(c)所示,H_a 处于 Cl 的对位,H_b 处于 Cl 的邻位,所以两者是不等价质子。

② 构象固定环上 CH_2 质子是不等价的。

例如环己烷分子中的两种椅式构象中的六个平伏键质子和六个直立键质子,当温度为 $-70℃\sim-100℃$ 时,由于翻转速度极小,而形成不等价质子,不再为单峰。

③双键同碳上的质子(图 8.15(d)),H_a、H_b 是不等价质子。

④单键带有双键性质上的质子是不等价质子(图 8.15(e))。

⑤与不对称碳原子相连的—CH_2—为不等价质子,例如图 8.15(f)的构象可写做图 8.15(g)。

⑥苯环上邻位和间位质子是不等价质子,如图 8.15(h)所示,$J_{H_a'H_b'}\neq J_{H_aH_b}$。

8.4.2 自旋系统命名方法

为了表示自旋系统的组成情况(这种情况密切关系着分析谱图的方法和特点),现已有一套命名自旋系统的方法。

把英文字母分成三组:A,B,C,…为一组;L,M,N,…为一组;X,Y,Z,…为另一组。化学位移相近的质子用同一组字母代表(上述三组的任何一组);化学位移相差较大的质子用不同组的字母代表;磁等价质子用同一个字母代表,它们的数目用阿拉伯数字注在字母的右下角,化学等价而磁不等价的质子用同一字母表示,但在字母右上角分别加撇和不加撇加以区别,如 $CH_2=CF_2$,就是 $AA'XX'$ 系统。

8.4.3 核磁共振谱图的类型

8.4.3.1 一级谱图(低级谱图)

由于自旋耦合的结果,吸收峰发生分裂,使谱图复杂化,而复杂程度与 $\Delta\nu/J$ 的比值大小有很大关系。其中 $\Delta\nu$ 是两种耦合磁核的化学位移差,J 是两种磁核的耦合常数。当 $\Delta\nu/J\geq 6$ 时,虽然吸收峰有分裂,但这种分裂很有规律,利用所谓"一级规律"可以相当满意地完成谱图的分析工作。把符合一级规律的谱图称为一级谱图或低级谱图,常见一级谱图包括 AX、A_mX_n、AMX、$A_mM_nX_q$ 等系统。

一级规律:

①磁全同质子不产生本组内部的耦合分裂,因此,在不与其他磁核耦合的情况下表现为单峰,如乙醇分子中,甲基只能使相邻的亚甲基质子分裂,而不能使它们自己分裂。

②耦合常数随官能团间距离的增加而减小,在距离大于三个键长时很少观测到耦合作用。

③吸收带的多重性可由相邻原子的磁等价质子数目 n 来确定,用 $n+1$ 表示。例如乙醇中亚甲基吸收带的多重性可由相邻的甲基质子数目确定,等于 $3+1$。

④如果原子 B 上的质子受到非等效原子 A 和 C 上的质子影响,那么 B 上质子的多重性等于 $(n_A+1)(n_C+1)$,这里 n_A 和 n_C 分别为 C_A 和 C_C 上等效质子的数目。

⑤多重峰的近似相对面积对称于吸收带的中心,其裂分峰面积比等于 $(a+b)^n$ 展开式各项系数之比。

⑥质子化学位移的值在多重峰的中间。

⑦A 和 X 为彼此耦合的磁核,那么 A 峰分裂的间距必等于 X 峰分裂的间距。

⑧如果耦合质子 A 和 X 的 $\Delta\nu/J$ 比 6 略小,谱仍可看成一级谱图,裂分峰的数目一般仍符合 $n+1$ 规律,但裂分峰的强度比不再符合二项式展开的系数比,两组吸收峰的内侧偏

高,外侧偏低,化学位移值也已不是多重峰的中点,而是在每组分裂峰的"重心"位置上,图8.16中ν_1和ν_2就是质子A和X的化学位移值(指一个质子对一个质子的耦合分裂)。

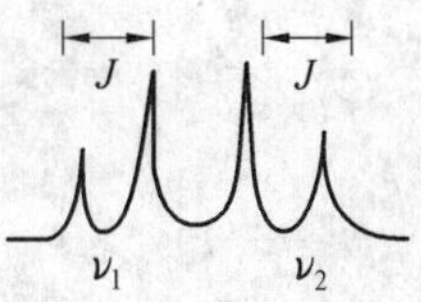

8.4.3.2 二级谱图(高级谱图)

当$\Delta\nu/J<6$时,即相互耦合的两种质子,化学位移互相接近(也可能是J值增大)时,谱图就逐渐离开一级规律而变得较为复杂,这种谱图称为高级谱图或二级谱图。

图8.16 两个质子自旋耦合的近似一级图

对于高级谱图来说,各种分裂峰的间距不一定相同,除了个别的类型外,化学位移δ和耦合常数J不能从谱图直接读出,需经过计算,各裂分峰的强度比无规律可循,裂分峰的数目也不服从$n+1$规律。高级谱图一般包括AB、AB_2、ABX、ABC、A_2、B_2、AA′BB′、AA′XX′等类型。

8.4.4 辅助分析和简化谱图的实验方法

8.4.4.1 改变外加磁场强度

在^{1}HNMR谱上,要判明吸收峰的间距是化学位移差$\Delta\nu$还是耦合分裂的裂距J,可以采用在测试时改变磁场的方法。因为$\Delta\nu$随磁场变化而变化,而J不随外磁场变化而变化。比值$\Delta\nu/J$是决定^{1}HNMR谱复杂性的关键因素,只要$\Delta\nu/J$足够大(如>6),就可以利用一级近似规律求解。能够用一级近似规律得到的都是简单易解的谱图,由于外磁场能够影响$\Delta\nu/J$(成正比),而不影响J,所以,原则上只要外磁场足够强,高级谱图都能变成一级谱图(至少近似一级谱图)。但是实际上,外磁场的增强受到技术条件的限制,所以,只能说这是简化谱图的一种方向。图8.17说明改变外加磁场强度可以使原本为图8.17(a)的AB系统的$\Delta\nu/J$逐渐增大变为图8.17(b),与8.17(c)中的AX系统相近。

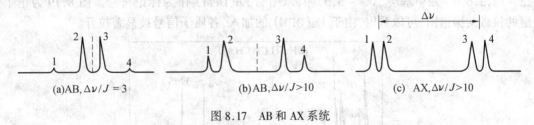

(a) AB, $\Delta\nu/J=3$ (b) AB, $\Delta\nu/J>10$ (c) AX, $\Delta\nu/J>10$

图8.17 AB和AX系统

8.4.4.2 自旋去耦技术

NMR谱的复杂情况主要来自核磁之间的自旋耦合,为了简化因这些原因引起的复杂情况,可以在实际中采取自旋去耦的方法,即在样品受到固定的射频照射进行扫场的同时,用另一种能引起去耦磁场共振的射频进行饱和照射,这时受饱和照射的磁核进行快速跃迁,不能与邻近磁核实现耦合,谱图上与此相关的耦合分裂也就消失,使谱图得到简化,如图8.18所示。

8.4.4.3 NOE技术

NOE技术属另一类型的双照射技术。某一自旋核被饱和时,与其相近的另一个核的共振信号强度(吸收峰面积)会加强,产生这一现象的原因是自旋-晶格弛豫效率增大,此时

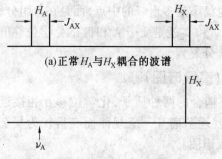

图 8.18 自旋去耦示意图

ΔE 变大,反映在谱图上即吸收峰面积增加。由于耦合核的吸收面积的改变与两核之间的距离有关,所以在结构测定上 NOE 技术是很有价值的。例如,

$$\underset{Cl}{\overset{H_3C}{>}}C=C\underset{COOC_2H_5}{\overset{H_a}{<}}$$

当饱和照射—CH_3 时,H_a 吸收峰面积增加 16%,照射—C_2H_5 时,H_a 峰面积无变化。

8.4.4.4 位移试剂

能够引起不等价质子的化学位移差距增大的试剂叫做位移试剂,常为一些过渡元素的有机配合物(稀土族-镧系离子),质子共振峰之所以会发生位移是由于位于试剂中顺磁性离子(如 Er,Pr)所含未成对电子引起的,它可以部分地在整个分子中有所扩散,因此对各个磁核有强烈的影响。共振谱中的某一吸收峰,由于溶剂或结构的改变向低磁场移动,称为顺磁性位移,δ 值增大。反之,向高磁场移动称为抗磁性位移,δ 值减小。常用的位移试剂是三-(2,2,6,6-四甲基庚二酮-3,5)铕,以缩写 $Eu(DPM)_3$ 作为标记符号。图 8.19 为正丁醚的核磁共振谱图,可以看出,由于 $Eu(DPM)_3$ 的加入,各质子信号被显著拉开。

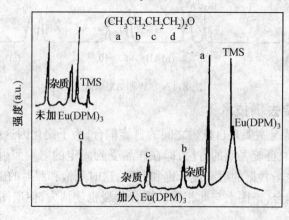

图 8.19 位移试剂应用实例

8.4.4.5 重氢交换

与 N、O、S 原子连接的活泼氢(OH、NH、SH)可用重水处理,产生重氢(氘)交换,交换后的 NMR 谱中不再出现活泼氢的共振信号。这是由于在同一磁场中,氘的共振信号离质子的共振信号相当远。例如,质子在 60 MHz 共振时,氘在 9.2 MHz 处共振,从信号的消失可以判断分子中含有活泼氢。此外,当活泼氢与其他质子之间存在耦合时,经过重氢交换,耦合分裂现象在谱图中会消失,因为重氢的耦合常数仅是质子的 1/6.3,相当于去耦作用,从而使谱图得到简化。

8.4.4.6 溶剂效应

如前所述,选择不同的溶剂会对样品的化学位移产生不同的影响,使原来重叠或相距非常近的吸收信号拉开,以简化谱图。例如,对于乙腈、N-烷基甲酰胺、醛、α,β-不饱和酮以及一些芳香化合物,当用苯做溶剂时,由于苯的各向异性效应,使不同质子受到不同的屏蔽作用,结果吸收信号被拉开,如图 8.20 所示。

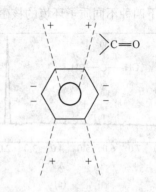

图 8.20 苯环对酮的屏蔽作用

8.4.5 核磁共振氢谱解析

在进行谱图解析之前,了解样品的原始背景,如物态、气味、色泽、物理常数、来源及合成方法等,对于谱图分析有一定的辅助作用。比较复杂的谱图亦可采用简化谱图的一些实验方法加以简化,使其接近一级谱图,必要时还可以结合其他波谱技术进行综合分析等。具体到某一有机物 NMR 谱图的分析,就是由谱图中主要的三方面信息,即吸收峰的位置(化学位移)、峰的强度(积分面积)和峰形(耦合裂分情况),来分析确定各类质子的归属(定性分析)以及相对应的不同环境质子的数目(定量分析)等。下面举例说明如何用这些信息来解释谱图。

8.4.5.1 结构信息

①峰的组数:标志分子中磁不等价质子的种类,多少种 H;

②峰的强度(面积):分析不等价质子数的相对比值,多少个 H,不同"各类"的质子数与积分面积成线性关系;

③峰的位移(δ):确定各吸收峰与之对应质子的归属,在化合物中的位置,因为 δ 值与每类质子所处的化学环境有关;

④峰的裂分数:分析不等价质子之间的相互关系,相邻碳原子上 H 质子数,对于低级耦合系统,利用 $n+1$ 规律,分析一类质子相对于其他邻近质子的环境;

⑤耦合常数(J):确定化合物构型。

8.4.5.2 谱图解析步骤

①由分子式求不饱和度;

②由积分曲线求 ^{1}H 核的相对数目;

③解析各基团;

首先解析:$H_3CO—$,$H_3CN—$,$H_3C—Ar$,$H_3C—CO—$,$H_3C—CH=$;

再解析:—COOH,—CHO(低场信号);

最后解析:芳烃质子和其他质子活泼氢 D_2O 交换,解析消失的信号;

④由化学位移,耦合常数和峰数目用一级谱图解析;

⑤参考 IR,UV,MS 和其他数据推断结构;

⑥得出结论,验证结构。

8.4.5.3 谱图解析举例

1. 质子环境示例

以下四种不同质子环境的核磁共振谱图分别如图 8.21(a)~(d)所示。

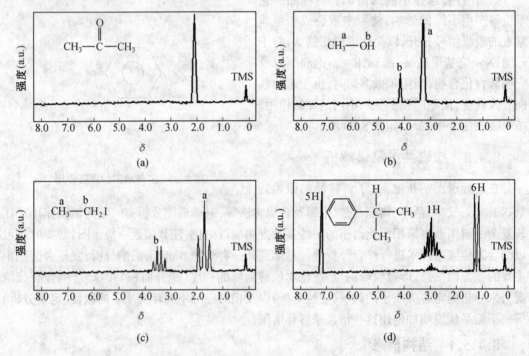

图 8.21 四种不同环境质子的吸收峰

①如图 8.21(a)所示,6 个 H 处于完全相同的化学环境,单峰;没有直接与吸电子基团(或元素)相连,在高场出现。

②如图 8.21(b)所示,两类质子(H_a 与 H_b)所处的化学环境不同,两个单峰,单峰指没有相邻碳原子(或相邻碳原子无质子)。H_b 直接与吸电子元素相连,产生去屏蔽效应,峰在低场(相对与 H_a)出现;H_a 也受其影响,峰也向低场位移。

③如图 8.21(c)所示,裂分与位移情况遵循 $n+1$ 规律。H_a 相邻碳原子有 2 个质子,裂分为 3 个峰;H_b 相邻碳原子有 3 个质子,裂分为 4 个峰。H_b 直接与吸电子元素相连,产生去屏蔽效应,峰在低场(相对与 H_a)出现;H_a 受的影响较小,在高场出现。

④如图 8.21(d)所示,苯环上的质子(5H)在低场出现;与苯环相连 C 上的质子(1H)比其余两个甲基上的质子(6H)的化学位移大。

2. 谱图解析与结构确定

【例 8.1】 已知化合物 $C_{10}H_{12}O_2$ 及其同分异构体的核磁共振谱图分别如图 8.22 和图

8.23所示,试解释各个吸收峰并给出两种同分异构体的分子式。

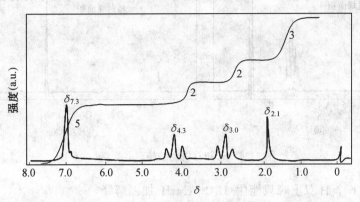

图 8.22 $C_{10}H_{12}O_2$ 的核磁共振谱

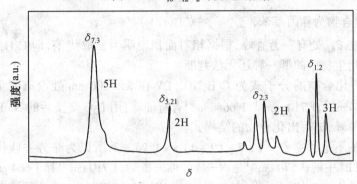

图 8.23 $C_{10}H_{12}O_2$ 同分异构体的核磁共振谱

解 化合物的不饱和度 $\Omega = 1 + 10 - 12 \times (1/2) = 5$;(a) $\delta_{3.0}$ 和(b) $\delta_{4.30}$ 三重峰,各 2 个 H,应为—CH_2CH_2—相互耦合;(c) $\delta_{2.1}$ 单峰三个氢,—CH_3 峰,结构中有 O 原子,可能有

$$-\overset{O}{\underset{\|}{C}}-CH_3\ ;$$ (d) $\delta_{7.3}$ 芳环上 5 个 H,可确定为单峰烷基单取代。故结构为

$$\underset{d}{C_6H_5}-\underset{a}{CH_2}-\underset{b}{CH_2}-O-\underset{}{\overset{O}{\underset{\|}{C}}}-\underset{c}{CH_3}$$

异构化合物的不饱和度 $\Omega = 1 + 10 - 12 \times (1/2) = 5$;(a) $\delta_{2.3}$ 四重峰和(b) $\delta_{1.2}$ 三重峰各有 2 个 H 和 3 个 H,应为—CH_2CH_3 相互耦合;(c) $\delta_{7.3}$ 芳环上 5 个 H,单峰烷基单取代;(d) $\delta_{5.21}$ 单峰 2 个 H,应为—CH_2,位于低场,应与电负性基团相连。故结构为

$$\underset{c}{C_6H_5}-\underset{d}{CH_2}-O-\underset{}{\overset{O}{\underset{\|}{C}}}-\underset{a}{CH_2}-\underset{b}{CH_3}$$

【例 8.2】 两种无色只含有 C 和 H 的同分异构液体的 NMR 谱如图 8.24 所示,试鉴定这两种化合物($CDCl_3$ 溶剂)。

解 图上在大约 $\delta_{7.2}$ 处的单一峰,说明有一个芳香结构存在,此峰的相对面积与 5 个 H 相对应,因此,可以判定它可能是苯的单取代衍生物,对于 $\delta_{2.9}$ 处出现的单一 H 的 7 个峰和

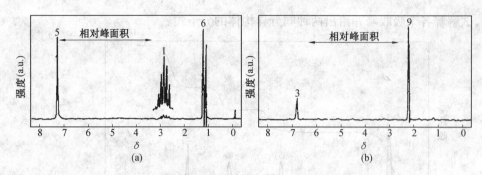

图8.24 未知有机物的核磁共振谱

在 $\delta_{1.2}$ 处出现的 6 个 H 双重峰只能用 $H_3C-\underset{\underset{CH_3}{|}}{C}-H$ 加以解释。

因此,这一化合物为异丙基苯,C₆H₅—CH(CH₃)₂。

异构化合物在 $\delta_{6.8}$ 处有一芳香峰,根据相对面积说明为三取代苯,即 $C_6H_3(CH_3)_3$,至于是三种三甲基苯衍生物中的哪一种还无法判断。

【例8.3】 一化合物的分子式为 $C_5H_9NO_3$,UV 在 $\lambda > 200$ nm 处没有明显吸收,IR 在 3 570 cm⁻¹、3 367 cm⁻¹、1 710 cm⁻¹、1 664 cm⁻¹ 有特征峰,用 D_2O 交换后的 NMR 谱表明只有两个相等强度的单峰,试写出化合物的结构式。

解 化合物的不饱和度 $\Omega = 1 + 5 - (9-1) \times (1/2) = 2$,所以为非芳香族化合物;UV 表明没有共轭体系;IR 中的 3 570 cm⁻¹ 是 N—H 的伸缩振动,1 710 cm⁻¹ 和 1 664 cm⁻¹ 分别为酮(羧酸)和酰胺中的 C=O 伸缩振动;在 D_2O 中,—OH 和 —CONH₂ 中的 H 可被交换而失去信号,留下两个相等的单峰。故其结构式可能为

$$CH_3-\underset{\underset{}{\overset{\overset{O}{\|}}{}}}{C}-\underset{\underset{CH_3}{|}}{\overset{\overset{OH}{|}}{C}}-\underset{\underset{}{\overset{\overset{O}{\|}}{}}}{C}-NH_2$$

【例8.4】 已知一化合物的分子式为 $C_4H_6O_2$,其红外光谱和核磁共振谱图如图 8.25 所示,其中 NMR 谱中积分高度比为 3.0∶6.5∶10.8,试推测其结构式。

解 化合物的不饱和度 $\Omega = 1 + 4 - 6 \times (1/2) = 2$,所以为非芳香族化合物;红外光谱中的 1 770 cm⁻¹、1 640 cm⁻¹、1 120 cm⁻¹ 吸收峰,分别表明 C=O、C=C 和 C—O—C 的存在;NMR 谱中积分高度比为 3.0∶6.5∶10.8 ≈ 1∶2∶3,故三种不等价质子数之比为 1∶2∶3。因而,可能的结构式为

$$\underset{a}{CH_3}-\overset{\overset{O}{\|}}{C}-O-\underset{b}{CH}=\underset{\underset{H_d}{}}{\overset{\overset{H_c}{}}{C}} \qquad \underset{\underset{H_d}{}}{\overset{\overset{H_c}{}}{C}}=\underset{b}{CH}-\overset{\overset{O}{\|}}{C}-\underset{a}{OCH_3}$$

$$(1) \qquad\qquad\qquad (2)$$

(1)的最低场是一个 H_b,被 H_c、H_d 裂分为四重峰,最高信号由三个 H_a 所引起,H_c 和 H_d 之间因耦合常数小,与谱图相符合;若为(2),则最低场应为三个 H_a 所引起的信号,最高场是 H_c 和 H_d 两个双重峰,一个 H_b 的四重峰处于 H_a、H_c 和 H_d 的信号之间,与谱图不符。因而,可以确

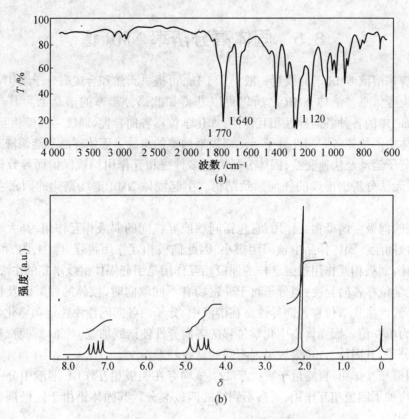

图 8.25 化合物 $C_4H_6O_2$ 的红外光谱和核磁共振谱图

证是(1)式。

【例 8.5】 对氯甲苯的 NMR 谱如图 8.26 所示,单峰位于 $\delta_{2.28}$,双峰的中心分别为 $\delta_{7.04}$ 与 $\delta_{7.19}$,自旋耦合常数为 8.5 Hz,指出各吸收峰的归属。

解 $\delta_{2.28}$ 的单峰为芳香环上的甲基,两个双峰为芳香环上的 H,双峰的自旋耦合是由邻位上氢核的相互作用得到的,双峰的中心为 $\delta_{7.04}$ 与 $\delta_{7.19}$,高磁场一端的吸收为甲基作用。

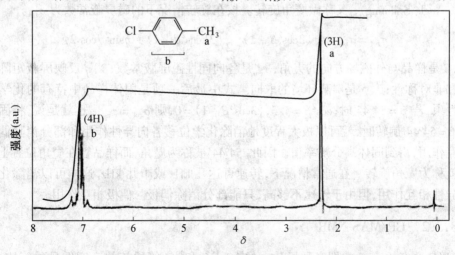

图 8.26 对氯甲苯的核磁共振谱图

8.5 固体高分辨率 NMR 谱

高分辨率溶液 NMR 谱的线宽一般小于 1 Hz，可提供天然和合成高分子结构、构象、组成和序列结构等信息。液体 NMR 之所以可以获得如此高分辨率的谱是因为其自旋哈密顿 (Hamiltonian) 中的各种各向异性相互作用，如化学位移各向异性、偶极-偶极相互作用等，因分子在液体中的快速各向同性分子运动而被平均掉的缘故。固体样品不能像液态分子那样进行快速分子运动及快速交换，固体分子内的多种强相互作用均被保留而导致谱线的剧烈增宽，常常无法分辨出谱线的任何细致结构。引起固体 NMR 谱线宽化的因素主要有以下几种。

(1) 核的偶极-偶极相互作用：它包括同核或异核间的偶极相互作用，其大小取决于核的磁矩和核间距。固体样品中核间距很小，因此偶极相互作用很强，像 ^1H、^{19}F 和 ^{31}P 等磁矩较大的丰核，偶极相互作用很强。核的偶极相互作用是引起固体谱线增宽的主要因素。

(2) 化学位移各向异性：当分子对于外磁场有不同取向时，核外的磁屏蔽及核的共振频率出现差异，产生化学位移各向异性。在溶液中，分子的各向同性快速运动将化学位移各向异性平均为单一值。而固体谱中化学位移的各向异性使谱线加宽，对于球对称、轴对称和低对称性的分子，其固体 NMR 谱线呈现不同的宽线峰形。

(3) 四极相互作用：自旋量子数大于 1/2 核均存在四极相互作用，溶液中分子的快速翻转运动平均掉了四极相互作用，观察不到峰的四极裂分。其固体谱由于四极耦合作用而使谱线大大加宽。

(4) 自旋-自旋标量耦合作用引起谱线加宽。

(5) 核的自旋-自旋弛豫时间过短引起谱线加宽。

8.5.1 MAS NMR

为了使固体 NMR 谱线窄化，除了采用高功率 ^1H 去耦技术外，最主要的一种技术叫 MAS (Magic Angle Spinning)，又称做魔角旋转。核在旋转情况下的磁屏蔽常数为 σ_{rot}。

$$\sigma_{rot} = \sigma_{iso} + \frac{1}{2}(3\cos^2\beta - 1) \cdot \frac{\delta}{2}[3(\cos^2\theta - 1) + \eta\sin^2\theta\cos 2\phi]$$

式中，β 是样品与外磁场方向的夹角；σ_{iso} 是各向同性磁屏蔽常数；δ、η 反映屏蔽矩阵的各向异性和非对称性；θ、ϕ 是屏蔽环境的取向。式中最后一项是固体样品中特有的化学位移各向异性项，若 $\beta = 54°44'$ 时，$\cos^2\beta = 1/3$，$(3\cos^2\beta - 1) = 0$，则 $\sigma_{rot} = \sigma_{iso}$。也就是说，将固体样品置于 $\beta = 54°44'$ 旋转时，就可以极大程度地消除化学位移各向异性作用和部分消除偶极-偶极相互作用，得到固体高分辨率谱。因此，$54°44'$ 被称为魔角，而样品管在魔角位置上的整体转动就称为魔角旋转。在通常情况下，转速可达几 kHz 或十几 kHz，这样可以消除化学位移各向异性相互作用，但由于转速不够高，只能部分消除偶极-偶极相互作用。

8.5.2 CP/MAS NMR

CP (Cross Polarization) 即交叉极化。像 ^{13}C、^{15}C 和 ^{29}Si 等稀核的丰度低且磁旋比小，NMR 检测灵敏度低，而且往往这些核的自旋-晶格弛豫时间长，需要采样的弛豫延迟较长。交叉极化方法是使丰核(如^{1}H)与稀核(如^{13}C)的射频场(B_1)满足 Hartmann – Haln 匹配条件(I = 1/2):$\gamma_S B_{1S} = \gamma_I B_{1I}$(S 是稀核,I 是丰核,$\gamma_S$、$\gamma_I$、$B_{1S}$、$B_{1I}$分别代表 S、I 核的核自旋磁旋比及射频场强度)。

实现丰核向稀核的极化转移,从而大大增强了稀核共振信号强度,^{1}H—^{13}C 的交叉极化使^{13}C 信号增强 γ_H/γ_C = 4 倍。在 CP 的脉冲序列中要实现两个核的自旋锁定,其弛豫延迟是取决于丰核^{1}H 的 T 1p,往往^{1}H 的 T 1p 比^{13}C 短得多,因此大大提高了信号累加的效率,特别是对检测季碳有利。综合结果是 CP 技术大大提高了稀核固体 NMR 谱的检测灵敏度。交叉极化的基础是稀核和丰核的偶极 – 偶极相互作用,不同化学环境的稀核周围丰核的数量和运动状态不同,CP 的效率不同,因此可对物质结构、表面吸附性质和表面化学反应等提供许多有用的信息。另外对于那些无溶剂能溶解、结构又较复杂的化合物或混合物,CP/MAS NMR 是非常有效的手段。最初主要采用^{1}H—^{13}C,^{1}H—^{29}Si 等 I = 1/2 核的 CP/MAS 技术,近来^{1}H 与四极矩核(如^{27}Al、^{17}O 等)的 CP/MAS 实验在 NMR 的研究中也得到了广泛的应用。CP/MAS 技术与^{1}H 高功率去耦相结合可以获得高灵敏、高分辨率的固体 NMR 谱。

8.6 ^{13}C 核磁共振谱(^{13}C NMR)

^{13}C 和^{1}H 一样,自旋值 $I = \frac{1}{2}$,所以,在一定的条件下也应产生核磁共振,这样就可以提供比^{1}H 核磁共振谱对有机化合物更加直接的信息。但是,^{13}C 的天然丰度只有 1.11%(相对于^{12}C),和 H 相比较,^{13}C 核的磁旋比 γ 为 H 核的$\frac{1}{4}$,由于核磁共振的灵敏度与磁旋比的三次方成正比,所以,在同位素丰度相同的情况下,^{13}C 核磁共振的灵敏度为^{1}H 核磁共振的$\frac{1}{64}$,实际上其灵敏度只有^{1}H 核磁共振的$\frac{1}{5800}$。因此,采用和^{1}H 核磁共振同样的方法来测定^{13}C 核磁共振谱是非常困难的,所测信号也相当微弱。

近年来,采用全频率脉冲的办法,即在一瞬间用^{13}C 核磁共振全频率的强烈脉冲照射样品,得到一个横向核磁自由衰变的干涉波,经过多次累加,然后用傅里叶变换核磁共振(简称 FT – NMR),这样就可以在^{13}C 天然丰度小的情况下,得到合适的^{13}C 核磁共振谱。

8.6.1 测定方法

由于^{13}C 同位素天然丰度低,所以两个^{13}C 核自旋之间发生相互作用的概率极小,但是,^{13}C 和^{1}H 之间存在着耦合,结果使 C 信号发生了严重的分裂,降低了灵敏度,加之不同^{13}C 的多重峰相互重叠,难以区分,因而给碳谱的应用带来困难,为了克服这一缺点,采用质子去耦的办法。

(1) 质子宽带去耦(COM 谱)

质子宽带去耦又叫质子噪声去耦,是在测定^{13}C 谱的同时,用另一个包括所有质子回旋频率的射频照射样品,致使^{1}H—^{13}C 之间完全去耦,结果每种不同的 C 核只显示一个单峰。另外,由于 C—H 耦合的多重峰合并和 NOE 效应,信号被加强,灵敏度也得到提高。

(2) 偏共振去耦(OFR 谱)

偏共振去耦也称不完全去耦，与质子宽带去耦相似，只是此时使用的干扰射频使各种质子的共振频率偏离，使碳上质子在一定程度上去耦，耦合常数变小(剩余耦合常数)。峰的分裂数目不变，但裂距变小，谱图得到简化，但又保留了碳氢耦合信息。随着干扰射频频率与氢核共振频率的接近，偏共振去耦谱即变成宽带质子去耦谱。

(3) 离频去耦

宽带去耦虽然可以充分地简化碳谱，并增加信号强度，但是失去 ^1H—^{13}C 之间的耦合，亦失去了每个谱线归属的重要信息，为了克服这一缺点，采用射频频率偏离质子的共振频率(几百 Hz)，结果邻近 C 原子上的质子耦合和其他远程耦合则全部消失，只留下直接连在 C 原子上的质子的耦合，得到一个容易辨认的一级谱图(图 8.27 为 $(CH_3)_2N$—⟨苯环⟩—CHO 的质子宽带去偶碳谱，有时也不符合)，若 ^{13}C 裂分为 n 重峰，说明 ^{13}C 与 $n-1$ 个 ^1H 核相连。例如

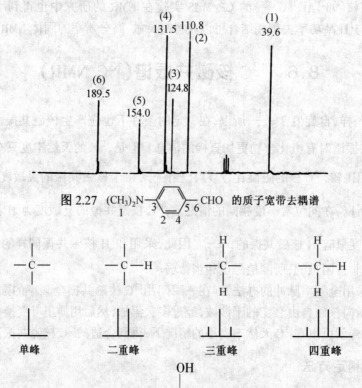

图 2.27 $(CH_3)_2N$—⟨苯环⟩—CHO 的质子宽带去耦谱

图 8.28 为 1,3—丁二醇的碳谱。CH_3—CH(OH)—CH_2—CH_2—OH (a,b,c,d) 最高场为 C_a 与三个 H 耦合引起的信号，离频去耦后显示为四重峰，C_b、C_d 由于与 O 相连处于低场，最低场由 C_b—H 所引起，C_c 和 C_d 与 H 的耦合处于 C_a 和 C_b 之间。

(4) 无畸变增强极化转移技术(DEPT 谱)

无畸变增强极化转移技术可以大大提高对 ^{13}C 核的观测灵敏度；可利用异核间的耦合对 ^{13}C 信号进行调制的方法来确定碳原子的类型。

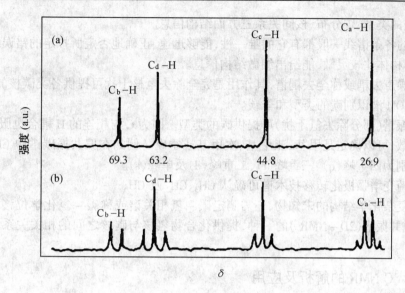

图 8.28　1,3-丁二醇的 ^{13}CNMR 谱
(a)—宽带去耦；(b)—离频去耦

8.6.2　化学位移

^{1}H 的化学位移范围为 0~15，但不同 ^{13}C 化学位移变化范围一般为 0~250（以 TMS 的甲基碳为内标），因此可以得到很丰富的信息。

化学位移的位置从高磁场的一端按饱和烃、含有杂原子的饱和烃、双键不饱和烃、芳香烃、羧酸、酮的顺序排列，与 ^{1}HNMR 排列顺序大体一致。例如，

$$\diagdown C=O\ (150\sim 220),\quad \diagdown C=C\diagup\ (100\sim 150)$$

$$-C-O-(50\sim 80),\ 饱和烷烃碳原子(0\sim 60)$$

烷烃的化学位移出现在高场，伯碳、仲碳、叔碳和季碳原子的化学位移依次增加。另外，当 ^{13}C 的个数相同时，相连 ^{1}H 的多少对于峰高的影响从大到小的顺序为

$$-CH_3、-CH_2、HC-、-\overset{|}{\underset{|}{C}}-$$

羰基碳原子化学位移，酮类：188~228；醛类：185~208；酸类：165~182。

8.6.3　耦合常数及信号强度

由于 ^{13}C 同位素的天然丰度小，所以两 ^{13}C 核之间发生相互作用的概率极小，即难以观察到 ^{13}C—^{13}C 之间的自旋耦合，而 ^{1}H 的天然丰度为 99.98%，在 ^{13}C NMR 谱中，^{13}C—^{1}H 之间的自旋耦合很重要，^{13}C 核与其直接结合的 ^{1}H 相互作用的自旋耦合常数大约为 150~200 Hz。

在 ^{1}H NMR 谱中吸收峰强度是质子定量分析的基础，即信号强度和质子数成正比，但是在常规的 ^{13}C NMR 谱中，信号的强度不具有定量碳数的作用（弛豫时间和 NOE 效应）。

8.6.4　核磁共振碳谱在综合光谱解析中的作用

(1)核磁共振碳谱（^{13}C NMR）与氢谱类似，主要提供化合物的碳"骨架"信息，也可提供

化合物中碳核的类型、碳分布、核间关系三方面结构信息。

(2)碳谱的各条谱线一般都有它的唯一性,能够迅速、正确地否定所拟定的错误结构式。碳谱对立体异构体比较灵敏,能给出细微结构信息。

(3)质子噪声去耦或称全去耦谱,其作用是完全除去氢核干扰可提供各类碳核的准确化学位移。由 COM 谱识别碳的类型和季碳。

(4)偏共振谱(部分除去氢干扰)可提供碳的类型。因为 C 与相连的 H 耦合也服从 $n+1$ 律,由峰分裂数,可以确定是甲基、亚甲基、次甲基或季碳。例如在偏共振碳谱中 CH_3、CH_2、CH 与季碳分别为四重峰(q)、三重峰(t)、二重峰(d)及单峰(s)。

(5)由无畸变增强极化转移技术谱可确认 CH_3、CH_2 及 CH;

(6)具有复杂化学结构的未知物,还需测定碳-氢相关谱或称碳-氢化学位移相关谱,它是二维核磁共振谱(2D-NMR)的一种,提供化合物氢核与碳核之间的相关关系,测定细微结构。

8.6.5　^{13}C NMR 的解析及应用

碳谱与氢谱可互相补充:

(1)氢谱不能测定不含氢的官能团,如羰基、氰基等;对于含碳较多的有机物,如甾体化合物、萜类化合物等,常因烷氢的化学环境类似,而无法区别,是氢谱的弱点。

(2)碳谱弥补了氢谱的不足,碳谱不但可给出各种含碳官能团的信息,且光谱简单易辨认,对于含碳较多的有机物,有很高的分辨率。当有机物的相对分子质量小于 500 时,几乎可分辨每一个碳核,能给出丰富的碳骨架信息。

(3)普通碳谱(COM 谱)的峰高常不与碳数成比例是其缺点,而氢谱峰面积的积分高度与氢数成比例,因此二者可互为补充。

与氢谱类似,要充分利用其提供的信息,其解析步骤如下:

(1)尽量设法获取有关信息;如已知分子式,计算不饱和度;

(2)确定谱线数目,推断碳原子数,注意分子对称性;

(3)分析各碳原子的化学位移,推断碳原子所属官能团;

(4)推断合理结构式。

【例 8.6】 化合物的分子式为 $C_8H_6O_3$,其质子宽带去耦谱如图 8.29 所示,各峰的化学位移值和偏共振去耦谱得到的峰的裂分数为:190.2(s),153.0(s),148.7(s),131.8(s),128.6(d),108.3(d),106.5(d),102.3(t),试推导其结构式。

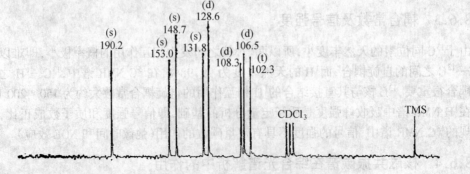

图 8.29　化合物 $C_8H_6O_3$ 的质子宽带去耦谱

解 化合物的不饱和度为6；90.2为醛基的羰基碳，δ 153.0~106.5 为 6 个苯环碳；扣除一个—CHO 和一个苯环，共占 5 个不饱和度后，剩余部分为 CH_2O_2，占一个不饱和度；计算苯环碳的 δ 值，表明此化合物的结构为(1)，而不是(2)。

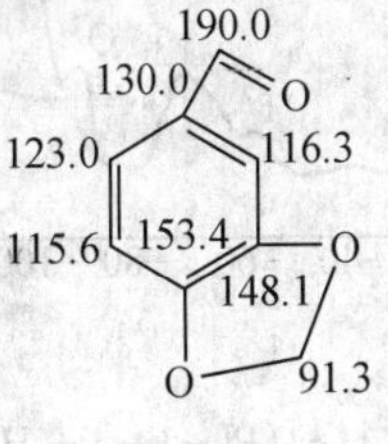

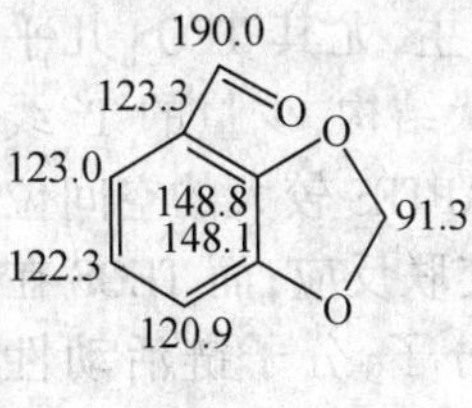

8.7 ^{29}Si 核磁共振谱(^{29}Si NMR)

^{29}Si 是 $I = 1/2$ 核，天然丰度为 4.6%。^{29}Si 化学位移总宽度为 500，硅化合物的杂化体系中有两种基本的硅结构单元，以聚酰亚胺/SiO_2 杂化材料(PI-F-P-H)为例，一种来源于偶联剂 γ-氨丙基三乙氧基硅烷(APTES)，具有三官能团，用 T^x 表示，其中 x 表示已经缩合的硅氧键数，即 T^0 表示 $Si(OH)_3$，T^1 表示 $Si(OH)_2$，T^2 表示 $Si(OH)_1$，T^3 表示 $Si(OH)_0$，如图 8.30 所示；另一种来自正硅酸乙酯(TEOS)，它具有四官能团，用 Q^y 表示，其中 y 也表示已经缩合的硅氧键数，即 Q^0 表示 $Si(OH)_4$，Q^1 表示 $Si(OH)_3$，Q^2 表示 $Si(OH)_2$，Q^3 表示 $Si(OH)_1$，Q^4 表示 $Si(OH)_0$，如图 8.31 所示。

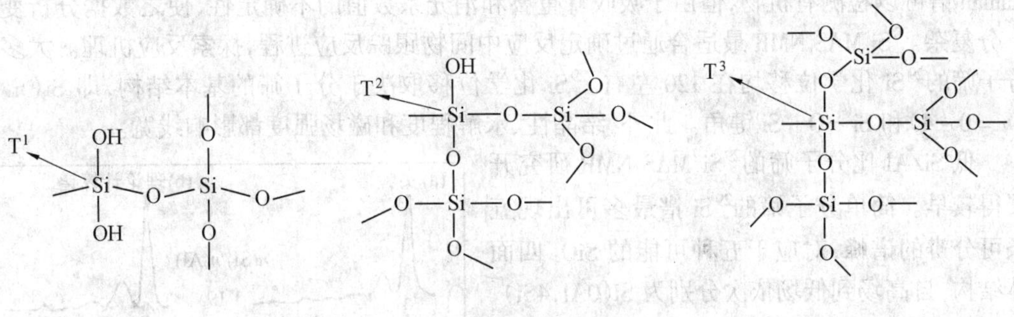

图 8.30

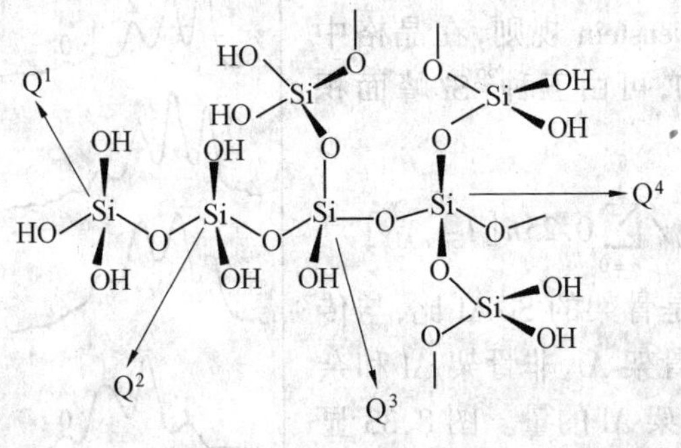

图 8.31

图 8.32 为杂化材料(PI-F-P-H)的 ^{29}Si MAS NMR 谱图，可以看出，Q^2、Q^3、Q^4 的化学

位移分别为 -91、-103、-113；而 T^2 和 T^3 的化学位移分别为 -59 和 -67，说明 APTES, TEOS 都已进行了有效的交联反应。从图中还可以看出，杂化材料中是以 T^3、Q^3、Q^4 结构为主，尤其 TEOS 几乎全部形成了交联网状结构，少量的 T^2 线的存在可能是由于 APTES 较大的空间位阻阻碍了进一步的交联反应；而 TEOS 在 Q^1、Q^2 阶段为线型分子，分子链活动性高，容易形成 Q^3、Q^4 结构。

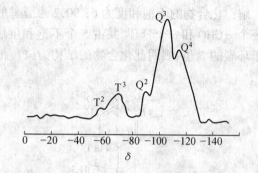

图 8.32 杂化材料(PI-F-P-H)的 ^{29}Si MAS NMR 谱

固体 ^{29}Si MAS NMR 波谱已广泛应用于分子筛和其他多相催化剂的结构表征。分子筛通常是微晶结构，人们难以用常规的方法研究其结构特征。固体高分辨率 MAS NMR 技术的发展，给分子筛化学提供了一种研究工具，用以探测分子筛骨架的所有元素组分和晶体结构。X 射线衍射方法(XRD)得到的结构信息来自于远程的晶序，是结构的平均；固体高分辨率 MAS NMR 对局部结构和几何性敏感，能提供局部结构和排列的重要信息。因此，MAS NMR 已成为催化材料结构表征的最重要技术之一。MAS NMR 和 XRD 结构研究方法的互补，将提供更完整的结构信息。^{29}Si 等固体高分辨率 MAS NMR 技术已被广泛地应用于研究分子筛骨架结构、催化过程及影响催化活性的诸多因素。

因为大多数多相催化剂是多孔材料，因此，表面电子能谱在多相催化剂研究中已受到了限制；原位粉末 XRD 方法最适合确定反应中的催化剂结构变化，但无法检测有机分子；IR 和 Raman 谱可以检测有机物，但由于吸收峰重叠和消光系数值的不确定性，使之数据分析变得十分复杂。^{29}Si MAS NMR 最适合通过确定反应中间物跟踪反应进程，探索反应机理。大多数分子筛的 ^{29}Si 化学位移均在 120 左右。^{29}Si 化学位移取决于分子筛的基本结构，即 Si(nAl) ($n = 0 \sim 4$) 和 Si—O—Si 键角。此外，结晶性、水解程度和磁场强度都影响线宽。

低 Si/Al 比分子筛的 ^{29}Si MAS NMR 研究开展得较早。简单分子筛的 ^{29}Si 谱最多可出现五条可分辨的谱峰，对应于五种可能的 SiO_4 四面体结构，自高场到低场依次分别为 Si(0Al,4Si)、Si(1Al,3Si)、Si(2Al,2Si)、Si(3Al,1Si) 和 Si(4Al,0Si) 共振峰。根据 Loewenstein 规则，在晶格中不存在 Al—O—Al 结构，可由五种 ^{29}Si 峰面积(I)计算出 Si/Al 比：

$$Si/Al_{NMR} = \sum_{n=0}^{4} I_{Si(nAl)} / \sum_{n=0}^{4} 0.25n[I_{Si(nAl)}]$$

由 ^{29}Si 谱计算出的是骨架的 Si/Al 比，与传统的化学分析法(包括骨架 Al、非骨架 Al 和杂质 Al)比较，可得到非骨架 Al 的量。图 8.33 显示了不同 Si/Al 比八面沸石的 ^{29}Si 谱及用上式计算出的 Si/Al 比，并由理论计算谱得到各个 ^{29}Si 峰强度。

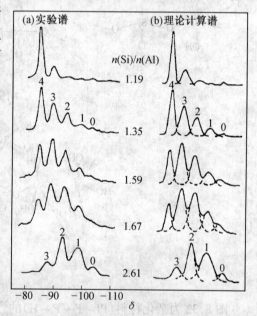

图 8.33 不同硅铝比八面沸石的 ^{29}Si MAS NMR 谱

NMR 的检测结果反映了整个平均的 Si 原子的局部环境。即使 Si/Al 比相同,也因分子筛的生成机理不同显示出局部环境完全不同的分布。谱线的加宽表明 ^{29}Si 的化学位移有个范围,受 ^{29}Si 核附近不同环境影响所致,反映了晶格的无序。只要实验中采用足够长的弛豫延迟时间,^{29}Si MAS NMR 谱可以得到可靠的定量数据。^{29}Si Cp/MAS NMR 谱灵敏度较低,但是它有一个重要的应用,可以提供分子筛缺陷位[Si(OR)$_3$OH]的信息,将 ^{29}Si CP/MAS NMR 谱与相应的 ^{29}Si MAS NMR 谱比较,若 CP/MAS 谱中某一谱峰明显增高,表明此处有 SiOH 存在,是 1H 交叉极化所致,但不可用来定量分析,因为同一位置上还会有其他物种的存在。

8.8 应用举例

核磁共振的方法与技术由于可深入物质内部而不破坏样品,并具有迅速、准确、分辨率高等优点而得以迅速发展和广泛应用,在科研和生产中发挥了巨大作用。核磁共振与红外光谱一样,单独一种方法不足以鉴定一种化合物,但如果与其他测试手段,如元素分析、紫外(UV)、红外(IR)、质谱(MS)等相互配合,NMR 谱则是鉴定化合物的一种重要工具。目前核磁共振在实际中可发挥的主要用途归纳表 8.6。

表 8.6 核磁共振的重要实际应用

应用 1	应用 2
分子结构的测定	生物膜和脂质的多形性研究
化学位移各向异性的研究	脂质双分子层的脂质分子动态结构
金属离子同位素的应用	生物膜蛋白质——脂质的互相作用
动力学核磁研究	压力作用下血红蛋白质结构的变化
质子密度成像	生物体中水的研究
$T_1 T_2$ 成像	生命组织研究中的应用
化学位移成像	生物化学中的应用
其他核的成像	在表面活性剂方面的研究
指定部位的高分辨成像	原油的定性鉴定和结构分析
元素的定量分析	沥青类化学结构分析
有机化合物的结构解析	涂料分析
表面化学	农药鉴定
有机化合物中异构体的区分和确定	食品分析
大分子化学结构的分析	药品鉴定

从以上几节的介绍可知,一张 NMR 谱从三个方面给人们提供了化合物结构的信息,即化学位移、峰的裂分、耦合常数以及各峰的相对面积。下面主要介绍核磁共振谱在材料分析研究中的几种典型应用。

8.8.1 分子结构的测定

未知化合物的定性鉴别可利用标准谱图。例如,高分子 NMR 标准谱图主要有萨特勒

(Sadler)标准谱图集。使用时,必须注意测定条件,主要有溶剂、共振频率等。需要对不同环境的质子进行指认时,表8.7提供了较详细的化学位移值可供参考。

表8.7 各类质子的 δ 值

质子	δ	质子	δ
TMS	0	—CH(—O—)CH$_2$	2.29
—CH$_2$—,环丙烷	0.22	—CH$_2$—C=C	1.88~2.31
CH$_3$CN	0.88~1.08	CH$_3$—N—N—	2.31
CH$_3$—C—(饱和)	0.85~0.95	—CH$_2$—CO—R	2.02~2.39
CH$_3$—C—CO—R	1.2	CH$_3$—SO—R	2.50
—N—C—CH$_2$	1.48	CH$_3$—Ar	2.25~2.50
—CH$_2$—C—(饱和)	1.20~1.43	—CH$_2$—S—R	2.39~2.53
—CH$_2$—C—O—COR 和 —CH$_2$—C—O—Ar	1.50	CH$_3$—CO—SR	2.33~2.54
RSH	1.1~1.5	—CH$_2$—C≡N	2.58
RNH$_2$(在惰性溶剂中浓度小于 1 mol)	1.1~1.5	CH$_3$—C=O	2.1~2.6
—CH$_2$—C—C=C—	1.13~1.60	CH$_3$—S—C≡N	2.63
—CH$_2$—CN	1.20~1.62	CH$_3$—CO—C=C 或 CH$_3$—CO—Ar	1.83~2.68
—C—H(饱和)	1.40~1.65	CH$_3$—CO—Cl 或 Br	2.66~2.81
—CH$_2$—C—Ar	1.60~1.78	CH$_3$—I	2.1~2.3
—CH$_2$—C—O—R	1.21~1.81	CH$_3$—N=	2.1~3
CH$_3$—C=C—NOH	1.81	—C=C—C≡C—H	2.87
—CH$_2$—C—I	1.65~1.86	—CH$_2$—SO$_2$—R	2.92
—CH$_2$—C—CO—R	1.60~1.90	—C≡C—H(非共轭)	2.45~2.65
CH$_3$—C=C	1.6~1.9	—C≡C—H (共轭)	2.8~3.1
CH$_3$—C=C—O—CO—R	1.87~1.91	Ar—C=C—H	3.05
—CH$_2$—C=C—OR	1.93	—CH$_2$(C=C—)$_2$	2.90~3.05
—CH$_2$—C—Cl	1.60~1.96	—CH$_2$—Ar	2.53~3.06
CH$_3$—C=C—COOR 或 CN	1.94~2.03	—CH$_2$—I	3.03~3.20
—CH$_2$—C—Br	1.68~2.03	—CH$_2$—SO$_2$	3.28
CH$_3$—C=C—CO—R	1.93~2.06	Ar—CH$_2$—N=	3.32

续表 8.7

质子	δ	质子	δ
—CH$_2$—C—NO$_2$	2.07	—CH$_2$—N—Ar	3.28~3.37
—CH$_2$—C—SO$_2$—R	2.16	Ar—CH$_2$—C=C—	3.18~3.38
—CH$_2$—N$\lessgtr$	3.40	—CH=C—O—R	4.56~5.55
—CH$_2$—Cl	3.35~3.57	—CH=C—C≡N	5.75
—CH$_2$—O—R	3.31~3.58	CH$_3$—N—N	2.31
CH$_3$—O—	3.5~3.8	Ar—C=CH—	5.28~5.40
—CH$_2$—Br	3.25~3.58	—C=C—CO—R	5.68~6.05
CH$_3$—O—SO—OR	3.58	R—CO—CH=CO—R	6.03~6.13
—CH$_2$—N=C=S	3.61	Ar—CH=C—	6.23~6.28
CH$_3$—SO$_2$—Cl	3.61	—C=C—H(共轭)	5.5~6.7
Br—CH$_2$—C≡N	3.70	—C=C—H(无环,共轭)	6.0~6.5
—C≡C—CH$_2$—Br	3.82	H—C=C— / H COR	6.30~6.40
Ar—CH$_2$—Ar	3.81~3.92	—C=CH—O—R	6.22~6.45
Ar—NH$_2$,Ar—NHR 或 ArNHAr	3.40~4.00	Br—CH=C—	6.62~7.00
CH$_3$—O—SO$_2$—OR	3.94	—CH=C—CO—R	5.47~7.04
—C=C—CH$_2$—O—R	3.90~4.04	—CH=CH—O—CO—CH$_3$	7.25
Cl—CH$_2$—C≡N	4.07	R—CO—NH	6.1~7.7
—C≡C—C—CH$_2$—C≡C	3.83~4.13	Ar—CH—C—CO—R	7.38~7.72
—C≡C—CH$_2$—Cl	4.09~4.16	ArH(苯环)	7.6~8.0
—C≡C—CH$_2$—OR	4.18	H—C=O / N=	7.9~8.1
—CH$_2$—O—CO—R 或 —CH$_2$—O—Ar	3.98~4.29	H—C=O / O—	8.0~8.2
—CH$_2$—NO$_2$	4.38	—C=C—CHO(α,β 不饱和脂肪族)	9.43~9.68
Ar—CH$_2$—Br	4.41~4.43	RCHO(脂肪族)	9.7~9.8
Ar—CH$_2$—OR	4.36~4.49	ArCHO	9.7~10
Ar—CH$_2$—Cl	4.40	R—COOH	10.03~11.48
—C=CH$_2$	4.63	—SO$_3$H	11~12
—C=C—(无环、非共轭)	5.1~5.7	—C=C—COOH	11.43~12.82
—C=C—(环状、非共轭)	5.2~5.7	RCOOH(二聚)	11~12.8
—CH(OR)$_2$	4.80~5.20	ArOH (分子间氢键)	10.5~12.5
Ar—CH$_2$—O—CO—R	5.26	ArOH (多聚,缔合)	4.5~7.7
ROH(在惰性溶剂中浓度小于 1 mol)	3.0~5.2	烯醇	15~16

聚丙烯、聚异丁烯和聚异戊二烯的 NMR 谱如图 8.34 所示,虽然它们同为碳氢化合物,但其 ^{1}H NMR 谱却有着明显差异。下面举几个实例说明与其他测试手段(如紫外、红外、质

谱等)结合可用于对分子结构的测定,以达到鉴定化合物的目的。

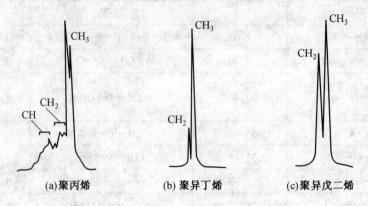

图 8.34 不同聚烯烃的 ^{1}HNMR 谱

【**例 8.7**】 某未知物 $C_{11}H_{16}$ 的 UV、IR、^{1}H NMR、MS 谱图及 ^{13}C NMR 数据见图 8.35 及表 8.8,推导未知物结构。

解 (1) 从分子式为 $C_{11}H_{16}$,计算不饱和度 $\Omega = 4$。

(2) 根据各谱图的信息对结构式进行推导

①UV:240~275 nm 吸收带具有精细结构,表明化合物为芳烃;

②IR:695 cm^{-1}、740 cm^{-1} 表明分子中含有单取代苯环;

③MS:$\dfrac{m}{z} = 148$ 为分子离子峰,其合理丢失一个碎片,得到 $\dfrac{m}{z} = 91$ 的苄基离子;

表 8.8 ^{13}CNMR 数据

序号	δ_c	碳原子个数	序号	δ_c	碳原子个数
1	143.0	1	6	32.0	1
2	128.5	2	7	31.5	1
3	128.0	2	8	22.5	1
4	125.5	1	9	10.0	1
5	36.0	1			

④^{13}C NMR:在 40~10 的高场区有 5 个 sp^3 杂化碳原子;

⑤^{1}H NMR:积分高度比表明分子中有一个 CH$_3$ 和四个—CH$_2$—,其中 1.4~1.2 为两个 CH$_2$ 的重叠峰;

因此,此化合物应含有一个苯环和一个 C_5H_{11} 的烷基。

^{1}H NMR 谱中各峰裂分情况分析,取代基为正戊基,即化合物的结构为

$$\text{C}_6\text{H}_5-\overset{\alpha}{\text{CH}_2}\overset{\beta}{\text{CH}_2}\overset{\gamma}{\text{CH}_2}\overset{\delta}{\text{CH}_2}\text{CH}_3$$

(3) 指认(各谱数据的归属)

①UV:$\lambda_{max} = 208$ nm 为苯环 E$_2$ 带(乙烯型谱带),是苯环中的共轭乙烯键所引起的,属于 π→π* 跃迁,故又称 K 带(共轭谱带),265 nm 为苯环 B 带(苯型谱带),是苯环振动及 π→π* 重叠引起的;

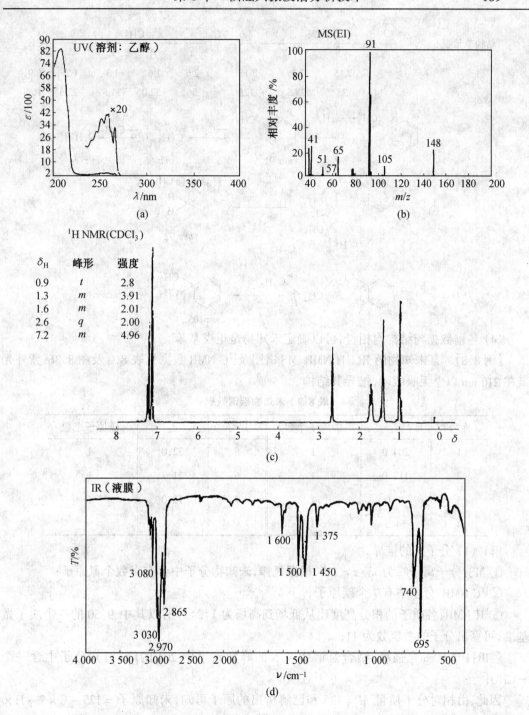

图 8.35 例 8.7 图

②IR:3 080 cm^{-1}、3 030 cm^{-1} 为苯环的 ν_{C-H},2 970 cm^{-1}、2 865 cm^{-1} 为烷基的 ν_{C-H},1 600、1 500 cm^{-1} 为苯环骨架,740 cm^{-1}、695 cm^{-1} 为苯环的 δ_{C-H},单取代,1 375 cm^{-1} 为 CH$_3$ 的 δ_{C-H},1 450 cm^{-1} 为 CH$_2$ 的 δ_{C-H};

③^{1}H NMR 和 ^{13}C NMR;

④MS:主要的离子峰可由以下反应得到:

结构单元	苯环				CH$_2$				CH$_3$
	1	2	3	4	α	β	γ	δ	
δ_H		7.15	7.25	7.15	2.6	1.6	1.3	1.3	0.9
δ_C	143	128	128.5	125	36	32.0	31.5	22.5	10

(4) 各谱数据与结构均相符,可以确定未知物是正戊基苯。

【例 8.8】 某未知物的 IR、^{1}H NMR、MS 谱图及 ^{13}C NMR 数据见表 8.9 及图 8.36,紫外光谱在 210 nm 以上无吸收峰,推导其结构。

表 8.9 未知物碳谱数据

序号	δ_c	碳原子个数	序号	δ_c	碳原子个数
1	204.0	1	5	32.0	1
2	119.0	1	6	21.7	1
3	78.0	1	7	12.0	1
4	54.5	1			

解 (1) 分子式的推导

① MS:分子离子峰为 $m/z = 125$,根据氮律,未知物分子中含有奇数个氮原子;

② ^{13}C NMR:分子中有 7 个碳原子;

③ ^{1}H NMR:各质子的积分高度比从低场到高场为 1:2:2:6,以其中 9.50 的一个质子做基准,可算出分子的总氢数为 11;

④ IR:1 730 cm^{-1} 强峰,结合氢谱中 9.5 的峰和碳谱中 204 的峰,可知分子中含一个 —CHO;

因此,由相对分子质量 $M = 125$ 和已解析出的原子可知,未知原子 = 125 − C × 7 − H × 11 − O × 1 = 14,即分子含有 1 个 N 原子,所以分子式为 C$_7$H$_{11}$NO。

(2) 计算不饱和度 $\Omega = 3$。(该分子式为合理的分子式)

(3) 结构式推导

① IR:2 250 cm^{-1} 有 1 个小而尖的峰,可确定分子中含一个 R—CN 基团;

② ^{13}C NMR:119 处有一个季碳信号;

③ UV:210 nm 以上没有吸收峰,说明腈基与醛基是不相连的;

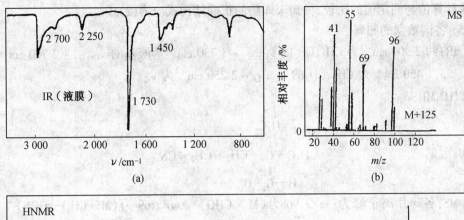

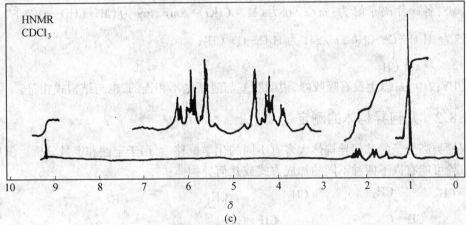

图 8.36　例 8.8 图

④ ^{1}H NMR。

H 数	峰型	结构单元
6	单峰	
2	多重峰	—CH$_2$—CH$_2$—
2	多重峰	对称（A$_2$B$_2$ 系统）
1	单峰	—CHO

可能组合的结构有

$$\underset{(1)}{\overset{\underset{|}{\text{CH}_3}}{\underset{\underset{|}{\text{CN}}}{\text{H}_3\text{C}-\overset{d}{\text{C}}_c-\overset{b}{\text{CH}_2}-\overset{a}{\text{CH}_2}-\text{CHO}}}} \qquad \underset{(2)}{\overset{\underset{|}{\text{CH}_3}}{\underset{\underset{|}{\text{CNO}}}{\text{H}_3\text{C}-\overset{d}{\text{C}}_c-\overset{b}{\text{CH}_2}-\overset{a}{\text{CH}_2}-\text{CN}}}}$$

(4) 计算两种结构中各烷基 C 原子的化学位移值，并与实例值比较，见表 8.10。

表 8.10

H 原子环境		a	b	c	d
计算值	A	37.4	34.5	28.5	24.1
	B	10.9	34.0	56.5	21.6
测定值		12.0	32.0	54.5	21.7

从计算值与测定值的比较,可知未知物的正确结构式应为(2)式。

(5) 各谱数据的归属

①IR:约 2 900 cm^{-1} 为 CH_3、CH_2 的 ν_{C-H},~1 730 cm^{-1} 为醛基的 $\nu_{C=O}$,~2 700 cm^{-1} 为醛基的 ν_{C-H},1 450 cm^{-1} 为 CH_3、CH_2 的 δ_{C-H},~2 250 cm^{-1} 为 $\nu_{C\equiv N}$;

②^{1}HNMR:δ_H

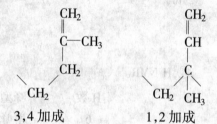

③MS:各碎片离子峰为:m/z 96 为 $(M-CHO)^+$,m/z 69 为 $(M-CHO-HCN)^+$,基峰 m/z 55 为 $H_3C-C=CH_2$,m/z 41 为 $H_3C-\overset{+}{C}=CH_2$;
$\overset{|}{+CH_2}$

④UV:210 nm 以上没有吸收峰,说明腈基与醛基是不相连的,也与结构式相符。

8.8.2 几何异构体的测定

双烯类高分子的几何异构体大多有不同的化学位移,可用于定性和定量分析。例如,聚异戊二烯可能有以下四种不同的加成方式或几何异构体:

反,1,4 加成　　　顺 1,4 加成　　　3,4 加成　　　1,2 加成

由双键碳上质子的化学位移可以测定 1,4 加成和 3,4 加成(或 1,2 加成)的比例。对 1,4 加成(包括顺式和反式)的 $C=CH-C$,$\delta=5.08$;对 3,4 加成(或 1,2 加成)的 $C=CH_2$,$\delta=4.67$。用此法测得天然橡胶中 3,4 加成或 1,2 加成的含量仅为 0.3%。由 CH_3 的化学位移可以测定顺式 1,4 加成和反式 1,4 加成之比。顺式 1,4 加成异构体,$\delta=1.67$;反式 1,4 加成,$\delta=1.60$。用此法测得天然橡胶中含 1% 反式 1,4 加成结构。

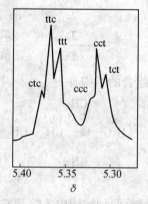

图 8.37　聚异戊二烯链 ^{1}HNMR 谱中的顺 1,4 和反 1,4 单元

^{1}H NMR 谱还可用于研究高分子链上几何异构单元的分布,从图 8.33 可以辨认出,在聚异戊二烯链中由顺 1,4(用 c 表示)和反 1,4(用 t 表示)组成的三单元,即 ccc、cct、tct、ctc、ttc 和 ttt,分别在不同 δ 值处出峰,从而提供了几何异构序列分布的信息。

8.8.3 聚合物数均相对分子质量的测定

数均相对分子质量(Number-average Molecular Weight)指聚合物中用不同相对分子质量的分子数目平均的统计平均相对分子质量。基于端基分析的化合物数均相对分子质量的 NMR 测定,往往无需标准校正,而且快速,尤其适用于线形分子的数均相对分子质量的测定。在基于端基分析的高聚物数均相对分子质量的 NMR 测定方法中,端基峰必须与高聚物链中其他基团的峰彼此能够分开。现以聚乙二醇 $HO(CH_2CH_2O)_nH$ 为例,说明此法的实际应用,图 8.38 为聚乙二醇的 ^1H NMR 谱。

$HO(CH_2CH_2O)_nH$ 的 ^1H NMR 谱中—OH 峰与 OCH_2CH_2O 峰相距甚远,互不干扰,因此可以用于聚乙二醇的相对分子质量测定。设它们的面积(或归一化积分强度)分别为 x 和 y,根据羟基上的质子数量与亚甲基上的质子数量比值可知

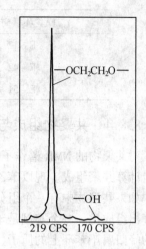

图 8.38 聚乙二醇的 ^1H NMR 谱

$$\frac{x}{y} = \frac{2}{4n} \tag{8.9}$$

故

$$n = \frac{y}{2x} \tag{8.10}$$

据此,由下式可计算 $HO(CH_2CH_2O)_nH$ 的数均相对分子质量为

$$\overline{M}_n = 44n + 18 = 22\frac{y}{x} + 18 \tag{8.11}$$

此法的准确度依赖于—OH 峰的准确积分和样品中不能有水。

再以 E 型环氧树脂为例,由 ^1H NMR(图 8.39)可看出,环氧基作为环氧树脂的端基,其亚甲基氢峰的位置在 $\delta = 3.3$ 处,而环氧树脂中的甲基氢峰位置在 $\delta = 1.6$ 处,这两个峰基本上都是孤立单峰,并且相距较远,可用于环氧树脂相对分子质量的测定。设它们的归一化积分强度分别为 x 和 y,而

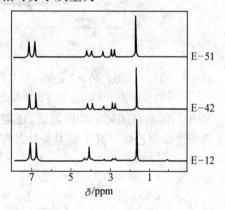

图 8.39 三种 E 型环氧树脂的 ^1H NMR 谱

$$\frac{x}{y} = \frac{2}{6n+6} \tag{8.12}$$

故

$$n = \frac{y}{3x} - 1 \tag{8.13}$$

由此可计算环氧树脂的数均相对分子质量为

$$\overline{M}_n = 284.4n + 340.4 \tag{8.14}$$

E 型环氧树脂的甲基氢的归一化积分强度值 y 和环氧基中亚甲基氢的归一化积分强度

值 x 及由此计算出的聚合度 n、数均相对分子质量 M_n 列于表 8.11 中。

表 8.11

E 型环氧树脂	x	y	n	M_n
E - 12	0.04	0.96	7.00	2 331
E - 42	0.16	0.84	0.75	554
E - 51	0.19	0.81	0.42	460

8.8.4 共聚物组成与序列结构的测定

对共聚物的 NMR 谱作了定性分析后,根据峰面积与共振核数目成比例的原则,就可以定量计算共聚组成。现以苯乙烯 - 甲基丙烯酸甲酯共聚物为例加以说明。

如果共聚物中有一个组分至少有一个可以准确分辨的峰,就可以用它来代表这个组分,推算出组成比。一个实例是苯乙烯 - 甲基丙烯酸甲酯二元共聚物,在 $\delta = 8$ 左右的一个孤立的峰归属于苯环上的质子(图 8.40),用该峰可计算苯乙烯的摩尔分数

$$x = \frac{8}{5} \cdot \frac{A_{苯}}{A_{总}} \tag{8.15}$$

式中,$A_{苯}$ 为 $\delta = 8$ 附近峰的面积;$A_{总}$ 为所有峰的总面积;$8A_{苯}/5$ 为苯乙烯对应的峰面积。

图 8.40 苯乙烯 - 甲基丙烯酸甲酯二元共聚物的 ^{1}HNMR 谱
注:35℃,质量体积浓度为 10% 的 $CDCl_3$ 溶液

NMR 不仅能直接测定共聚组成,还能测定共聚序列分布,这是 NMR 的一个重要应用。一个例子是偏氯乙烯 - 异丁烯共聚物的序列结构的研究。如图 8.39 所示,该共聚物的单体单元如下:

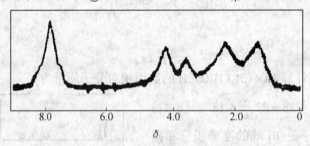

文献证实,均聚的聚二氯乙烯在 $\delta = 4(CH_2)$ 处出峰,均聚的聚异丁烯在 $\delta = 1.3(CH_2)$ 和 $\delta = 1(CH_3)$ 处出峰。从二者形成的共聚物的 ^{1}HNMR 谱图(图 8.41)上可知,在 $\delta = 3.6$(a 区)和 $\delta = 1.4$(c 区)处分别有一些吸收峰,它们应分别归属于 M_1M_1 和 M_2M_2 二单元组;而在 $\delta = 3$ 和 $\delta = 2.2$ 处(b 区)的吸收应对应于杂交单元组 M_1M_2。此外,从图 8.42 进一步可以看到,a、b 和 c 区共振峰的相对强度随共聚物的组成而变,因此根据其相对吸收强度值也可以计算共聚物的组成。

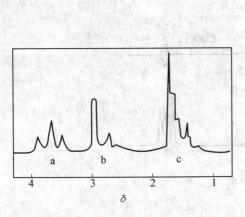

图 8.41 偏氯乙烯-异丁烯共聚物的 ^{1}H NMR 谱

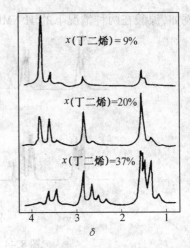

图 8.42 各种组成的偏氯乙烯-异丁烯共聚物的 ^{1}H NMR 谱

核磁共振是测量分子结构的有效工具。迄今为止,利用高分辨核磁共振谱仪已测定了上万种有机化合物的核磁共振谱图,许多实验室都出版有谱图集。有时,仅需要做几个谱图(如:^{1}H、^{13}C 等),然后通过对照标准谱图,就能确定一个分子的结构,但更多的情况下需要做一系列谱图:1D 谱图主要有氢谱(^{1}H)、碳谱(^{13}C)、极化转移谱(DPET);2D 谱图主要有氢-氢化学位移相关谱(^{1}H-^{1}HCOSY)、碳-氢化学位移相关谱(^{13}C-^{1}HCOSY)及 J 分辩谱等。对于简单分子的结构,通过以上谱图的解析就能确定,而不必借助于其他谱学实验,而对于要确定未知物的结构,应再结合其他一些数据,如:质谱、红外、元素分析等。另外,通过对聚合反应过程中间产物及副产物的辨别鉴定,可以研究有关聚合反应历程及合成路线是否可行等问题。

8.9 其他 NMR 技术的进展

8.9.1 核磁双共振

核磁双共振是同时用两种频率的射频场作用在两种核组成的系统上,第一射频场 B_1 使某种核共振,第二射频场 B_2 使另外一种核共振,这样两个原子核同时发生共振,原理图如图 8.43 所示。

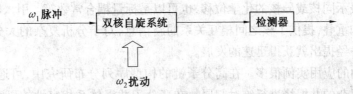

图 8.43 核磁双共振示意图

第二射频场为干扰场,通常用一个强射频场干扰谱图中某条谱线,在另一个射频场观察其他谱线的强度、形状和精细结构的变化,从而确定各条谱线之间的关系,区分相互重叠的谱线。例如,糠酸在两种情况下的 ^{1}H NMR 谱分别如图 8.44(a)和(b)所示。

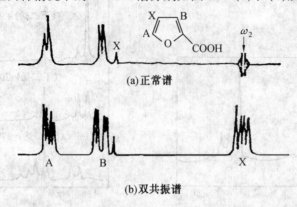

图 8.44 糠酸的 ^{1}H NMR 谱

8.9.2 二维 NMR 谱技术

在过去的 20 多年中,NMR 的发展非常迅速,它的应用已扩展到所有自然科学领域。NMR 在探索高聚物、生物大分子的化学结构及分子构象方面可以提供极其丰富的信息,尤其在研究蛋白质及核酸方面,NMR 谱的信息量巨大。为了在一个频率面上而不是一根频率轴上容纳及表达丰富的信息,扩展 NMR 谱,就需要二维谱学。

1974 年,R.R.Ernst 用分段步进采样,然后进行两次傅里叶交换,得到了第一张 2D NMR 谱。事实证明,2D NMR 技术对生命科学、药物学、高分子材料科学的研究和发展具有深远的意义。

二维 NMR 谱(2D - NMR)可看成一维 NMR 谱的自然推广,两者的主要区别是前者采用了多脉冲技术。一维谱图的信号是一个频率的函数,记为 $S(\omega)$,共振峰分布在一条频率轴上。而二维谱图的信号是两个独立频率变量的函数,记为 $S(\omega_1, \omega_2)$,共振峰分布在由两个频率轴组成的平面上,如图 8.45 所示。在二维谱图平面上,处于对角线上的峰表示化学位移,不在对角线上的峰叫做交叉峰,反映核磁矩之间的相互作用。其中一个轴表示化学位移,而另一

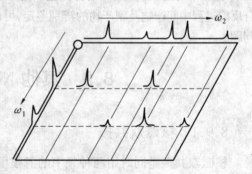

图 8.45 二维谱图示意图

个轴则可以表示同核或异核的化学位移,也可以是标量耦合常数等。引入第二维后,减少了谱线的拥挤和重叠,提供了核之间相互关系的新信息,对于分析复杂的大分子特别有用,所以二维谱图一经提出就获得迅速的发展。

二维谱图的应用实例很多。在高分子链的构型序列分布研究中,可通过 ^{1}H 和 ^{13}C 异核相关谱对其复杂的共振峰进行绝对归属。在高分子共混体系相容性的研究中,分子链间有较强相互作用的两种聚合物混容时,在二维谱图上会出现新的交叉峰,因此通过对共混体系的 2D - NMR 谱图中交叉峰数目的比较,可判断二者是否混容。

二维谱图在研究更大分子体系时,谱线也出现了严重的重叠,为了解决这一问题,人们

将二维推广到三维。

本章小结

核磁共振技术是一门边缘科学,其研究涉及某些物理和数学的专门知识,但作为一种分析工具应用于物质的结构分析,并非一定要具备这些知识。核磁共振谱在化学中主要用来测定分子的化学结构,尤其是天然存在的复杂有机分子结构,从液体核磁共振谱中可得到多方面的结构信息,而这些信息用其他方法是难以得到的。核磁共振谱多在液体中测定,固体核磁则是完全不同的实验技术,而且谱图的解释也是相当复杂的。本章通过对核磁共振的研究,获得了以下的结论:

①所有自旋量子数不等于零的原子核理论上皆能产生核磁共振信号;
②核磁共振谱的两个基本参数(化学位移和耦合常数)与分子结构之间存在密切联系;
③在进行有机分子的结构研究尤其是天然产物的结构研究中,如分子基本骨架已知,可以直接利用核磁共振谱确定分子中的功能基与立体化学从而得到其结构类型,而对于完全未知的化合物,则需要预先根据质谱与元素分析确定分子式,再结合 IR、UV – vis 等其他分析技术确定其结构;
④对于复杂结构分子的核磁共振谱,可以通过改变外加磁场强度、自旋去耦技术、NOE 技术、加入位移试剂、重氢交换、溶剂效应等手段实现谱图的简化。

参考文献

[1] 杨定国.波谱分析基础及应用[M].北京:纺织工业出版社,1993.
[2] 裘祖文,裴凤奎.核磁共振波谱[M].北京:科学出版社,1989.
[3] 毛希安.核磁共振基础理论[M].北京:科学出版社,1996.
[4] 毛希安.现代核磁共振实用技术[M].北京:科学技术文献出版社,1994.
[5] 高汉斌.简明核磁共振手册[M].武汉:湖北科学技术出版社,1987.
[6] 赵瑶兴.有机分子结构鉴定[M].北京:科学出版社,2003
[7] 马礼敦.高等结构分析[M].上海:复旦大学出版社,2001.
[8] 冀克俭,刘元俊,张银生.E 型环氧树脂的 NMR 研究[J].高分子材料科学与工程,2000(16):162.
[9] 龚运淮,丁立生.天然产物核磁共振碳谱分析[M].昆明:云南科技出版社,2006.
[10] EMSLEY J W, FEENEY J. Milestones in the First Fifty Years of NMR[J]. Prog. Nucl. Magn. Reson. Spectrosc., 1995 (28):1.
[11] ERNST R R, ANDERSON W A. Application of Fourier Transform to Magnetic Resonance Spec-Troscopy[J]. Rev. Sci. Instrum., 1966 (37):93.
[12] AUE W P, BARTHOLDI E, ERNST R R. Two-dimensional Spectroscopy Application to Nuclear Magnetic Resonance[J]. J. Chem. Phys., 1976 (64):229.
[13] 韩秀文,张维萍,包信和.固体催化剂的研究方法[J].石油化工,2000(29):884.
[14] WILLIAMSON M P, HAVEL T F, WUTHRICH K. Solution Conformation of Proteinase Inhibitor

IIA From Bull Seminal Plasma by 1H Nuclear Magnetic Resonance and Distance Geometry[J]. J. Mol. Biol., 1985 (182): 295.

[15] BACCILE N, LAURENT G, BABONNEAU F, et al. Structural Characterization of Hydrothermal Carbon Spheres by Advanced Solid-state MAS ^{13}C NMR Investigations[J]. J. Phys. Chem. 2009 (113): 9644.

[16] ANDREW E R, BRADBURY A, EADE R G. Removal of Dipolar Broadening of Nuclear Magnetic Resonance Spectra of Solids by Specimen Rotation[J]. Nature, 1959 (183): 1802.

[17] KLINOWSKI J, RAMDAS S, THOMAS, J, M, et al. A Re-examination of Si, Al Ordering in Zeolites NaX and NaY[J]. J Chem Soc, Farad Trans II, 1982 (78): 1025.

[18] DU Y C, LAN X J, LIU S. The Search of Promoters for Silica Condensation and Rational Synthesis of Hydrothermally Stable and Well Ordered Mesoporous Silica Materials with High Degree of Silica Condensation at Conventional Temperature[J]. Microporous Mesoporous Mat. 2008 (112): 225.

[19] HAN Y, LI D F, ZHAO L, et al. High-temperature Generalized Synthesis of Stable Ordered Mesoporous Silica-based Materials by Using Fluorocarbon-hydrocarbon Surfactant Mixtures[J]. Angew. Chem., Int. Ed. 2003 (42):3633.

[20] STEEL A, CARR S W, ANDERSON M W, ^{29}Si Solid-State NMR Study of Mesoporous M41S Materials[J]. Chem. Mater. 1995 (7): 1829.

[21] ZHAO X S, LU G Q, WHITTAKER A K, et al. Comprehensive Study of Surface Chemistry of MCM-41 Using ^{29}Si CP/MAS NMR, FTIR, Pyridine-TPD, and TGA[J]. J. Phys. Chem. B 1997 (101): 6525.

[22] EPPING J D, CHMELKA B F. Nucleation and Growth of Zeolites and Inorganic Mesoporous Solids: Molecular Insights from Magnetic Resonance Spectroscopy[J]. Curr. Opin. Colloid Interf. Sci. 2006 (11): 81.

[23] GERSTEIN B C, PACKER K J. High-Resolution N M R in Solids with Strong Homonuclear Dipolar Broadening: Combined Multiple-Pulse Decoupling and Magic Angle Spinning [and Discussion][J]. Phil. Trans. R. Soc. Lond. A, 1981 (299): 521.

[24] SCHMIDT-ROHR K, SPIESS H. W. Multidimensional Solid-state NMR and Polymers[M]. Academic Press, London, 1994.

[25] IBBETT R N. NMR Spectroscopy of Polymers[M]. Blackie Academic&Professional, London, 1993.

第 9 章 电子顺磁共振谱分析技术

内容提要

本章对电子顺磁共振技术进行了细致的介绍,电子顺磁共振是直接检测和研究含有未成对电子的顺磁性物质的现代分析方法。电子顺磁共振的条件是 $h\nu = g\mu_B B$,电子顺磁共振谱图是以 g 因子、超精细结构分裂常数等参数来表征的。电子顺磁共振仪的结构简单,但测量精度却非常高,主要包括微波系统、磁铁系统、信号处理系统等,电子顺磁共振仪具有多种实验方法可以选择使用,包括稳定性顺磁物质的直接检测,自旋捕获方法,自旋标记法和自旋探针法。电子顺磁共振主要是研究未成对电子物质,包括自由基和顺磁性金属离子(大多数过渡金属和稀土离子)及其化合物。电子顺磁共振的应用范围非常广,在有机自由基、催化剂、电化学、高分子材料、环境保护方面、生物和医学等领域内获得了广泛的应用。

9.1 引 言

电子顺磁共振(Electron Paramagnetic Resonance,EPR)是为测量不配对电子的磁矩研制的一种磁共振技术,可用于从定性和定量方面检测物质原子或分子中所含的不配对电子,并探索其周围环境的结构特性。对自由基而言,轨道磁矩几乎不起作用,总磁矩的绝大部分(99%以上)的贡献来自电子自旋,所以电子顺磁共振亦称"电子自旋共振"(Electron Spin Resonance,ESR)。

EPR 现象首先是由苏联物理学家 E.K.扎沃伊斯基于 1944 年从 $MnCl_2$、$CuCl_2$ 等顺磁性盐类发现的。物理学家最初用这种技术研究某些复杂原子的电子结构、晶体结构、偶极矩及分子结构等问题。化学家根据 EPR 测量结果,阐明了复杂的有机化合物中的化学键和电子密度分布以及与反应机理有关的许多问题。美国的 B.康芒纳等人于 1954 年首次将 EPR 技术引入生物学的领域之中,他们在一些植物与动物材料中观察到有自由基存在。20 世纪 60 年代以来,由于仪器不断改进和技术不断创新,EPR 技术至今已在物理学、半导体、有机化学、配合物化学、辐射化学、化工、海洋化学、催化剂、生物学、生物化学、医学、环境科学、地质探矿等许多领域内得到广泛的应用。

电子顺磁共振研究的对象是具有未耦电子的物质,如①具有奇数个电子的原子,如氢原子;②内电子壳层未被充满的离子,如过渡族元素的离子;③具有奇数个电子的分子,如 NO;④某些少数分子虽然不含奇数个电子,但其总角动量不为零,如 O_2;⑤在反应过程中,物质因受辐射作用产生的自由基;⑥固体缺陷中的 F 中心或 V 中心,以及半导体和金属等。

电子顺磁共振谱是以 g 因子、超精细结构分裂常数等参数来表征的,因此如何从实验波谱推算这些参数并合理地解释它们,是波谱工作者的重要任务。另一方面,它们又与原子、分子中的电荷分布、化学键的性质紧密相关,所以探讨其间的相互关系,不仅可加深对波谱分析的理解,而且对验证现代化学键理论,促进其发展亦有现实意义。

9.2 电子顺磁共振波谱仪构造

电子顺磁共振波谱仪主要由微波系统、磁铁系统、信号处理系统以及显示和记录等部件组成。仪器的主要结构框图如图 9.1 所示。

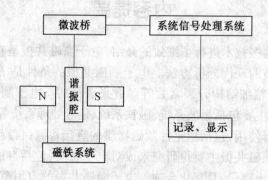

图 9.1 EPR 波谱仪的主要结构框图

9.2.1 微波系统

根据共振条件 $h\nu = g\mu_B B$ 可知,任意一个频率电磁波都有一个对应的共振磁场 B。但实际上,只有采用较高频率的电磁波,才能获得较高的灵敏度。通常,商品波谱仪采用的电磁波频率都在微波范围内。所谓微波是指波长为 1 mm ~ 1 m 的电磁波。一般,EPR 波谱是采用扫场式来实现顺磁共振的,即固定微波频率,改变磁场强度来满足共振条件。

微波系统主要由微波桥和谐振腔等构成。

微波桥由产生、控制和检测微波辐射的器件组成。通常用速调管或耿氏(Gunn)二极管振荡器作为产生微波的微波源。微波桥内有波导、隔离器、衰减器、环型器、晶体检测器、参考臂等微波器件,以及自动频率控制(AFC)单元。微波桥的一臂与谐振腔连接。

谐振腔是电子顺磁共振谱仪的核心部件。样品置于谐振腔的中心,谐振腔能使微波能量集中于腔内的样品处,使样品在外磁场作用下产生共振吸收。品质因数 Q 值是谐振腔的一个重要参数,它反映了谐振腔集聚微波功率的能力。谐振腔通常有矩形腔和圆形腔两种类型。典型的矩形腔的 Q 值为 10 000 左右,圆形腔的 Q 值可达 20 000。谐振腔的 Q 值越高,谱仪的灵敏度也越高。

9.2.2 磁铁系统

目前,在 EPR 波谱仪中,较多的是用电磁铁作为磁场源。但当需要较高的磁场时,如在 25 kGs 以上,通常采用超导磁体做磁场源。表 9.1 列出了若干微波波段的波谱仪的波谱频率、波长以及相应的共振磁场。EPR 波谱仪中最常用的是 X 波段,但现代波谱仪也有配备多种波段的微波系统,可供切换使用。

表 9.1 各波段波谱仪的对应磁场强度

波段	大约频率/GHz	大约波长/mm	大约磁强(对 $g = 2$ kGs)
L	1.1	300	0.3
S	3	90	1.1
X	9	30	3.3
K	24	12	8.5
Q	35	8	12.5
E	70	4	25
W	94	3	33.5

9.2.3 信号处理

信号处理系统主要由调制、放大、相敏检波等电子学单元组成。其功能主要是把弱的直流 EPR 吸收信号调制成高频交流信号,经高频放大,相敏检波后得到原吸收线型的一次微分信号,即 EPR 谱。现代波谱仪都配有微型计算机的数据系统,能把 EPR 信号进行储存、显示、打印或绘图,以及波谱分析等数据处理。

9.3 基本原理与影响因素

9.3.1 电子顺磁共振产生条件

当含有未成对电子的物质置于外磁场中时,电子的磁矩 μ 与外磁场 B_0 的相互作用能为

$$E = -\mu \cdot B_0 = -\mu B_0 \cos\theta = -\mu_z B_0 = m_s g_e \mu_B B_0 \tag{9.1}$$

式中,θ 为 μ 与 B_0 间的夹角(图 9.2);g_e 为自由电子的 g 因子;μ_z 为 μ 沿 B_0 方向的投影;m_s 是电子的磁量子数,可取值为 $s、s-1、\cdots、-s$,共 $2s+1$ 个值。其相邻能级的能量差为

$$\Delta E = g_e \mu_B B_0 \tag{9.2}$$

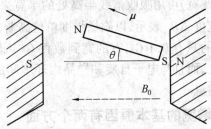

图 9.2 磁矩 μ 与外磁场 B_0 的相互作用

如果只有一个未成对电子,则沿磁场 B_0 方向的分量 m_s 只取 $\pm\frac{1}{2}$ 两个值。其两种可能状态的能量分别是

$$E_\alpha = \frac{1}{2} g_e \mu_B B_0, \quad E_\beta = -\frac{1}{2} g_e \mu_B B_0 \tag{9.3}$$

式(9.3)表明,当 $B_0 = 0$ 时,$E_\alpha = E_\beta = 0$,两种自旋的电子具有相同的能量。当 $B_0 \neq 0$ 时,分裂为两个能级,能级分裂的大小与外磁场 B_0 成正比(图9.3(a)),两能级间能量差为

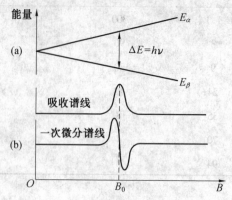

图9.3 电子自旋的分裂及 EPR 谱图

$$\Delta E = E_\alpha - E_\beta = g_e \mu_B B_0 \tag{9.4}$$

由式(9.4)知,顺磁物质分子中未成对电子在直流磁场作用下产生能级分裂,如果在垂直于磁场 B_0 的方向上施加频率为 ν 的电磁波,由于磁能级跃迁的选律是 $\Delta m_s = \pm 1$,所以当满足下面条件

$$h\nu = g_e \mu_B B_0 \tag{9.5}$$

时,则处在上下两能级的电子发生受激跃迁,其净结果是有一部分低能级中的电子吸收电磁波能量跃迁到高能级中。这就是电子顺磁共振现象。式(9.5)称为 EPR 共振条件式,式中 h 是普朗克常数。受激跃迁产生的吸收信号经电子学系统处理可得到 EPR 吸收谱线,EPR 谱的谱线形状反映了共振吸收强度随磁场变化的关系。通常,现代 EPR 波谱仪记录的是吸收信号的一次微分线型,即一次微分谱线,如图9.3(b)所示。

9.3.2 电子顺磁共振波谱的线宽及线型

9.3.2.1 线 宽

EPR 谱线的宽度(简称线宽)可用吸收谱线半高处的半宽来表示,但多数情况下用一次微分谱的峰-峰极值间的宽度 ΔB_{pp} 表示,以磁场强度单位高斯(Gs)为单位。不同样品的谱线宽度可以有很大差别,有的只有 0.1 Gs,有的宽到数百 Gs。谱线宽度不仅与电子自旋和外加磁场间的相互作用有关,而且与电子自旋和样品内环境间的相互作用有关。因此研究线宽可以获得自旋环境的信息。

9.3.2.2 导致谱线增宽的基本原因有两个方面

寿命增宽(Lifetime Broadening)和久期增宽(Secular Broadening)。寿命增宽是由于电子不是静止地固定在某一能级上,而是不停地跃迁在两个能级之间,这是一个动态平衡过程,因此电子停留在某一自旋能级上的寿命只能是有限值。导致电子不停地跃迁的原因是由于顺磁粒子和"晶格"(即它所处的周围环境)之间存在着能量的耦合,即称为"自旋-晶格相互作用"。这种作用愈强,Δt 越短,根据测不准关系,ΔB 越宽。要减弱自旋-晶格相互作用,必须尽量减弱顺磁粒子和晶格热振动之间的耦合。这就是有些 EPR 实验需要在低温下

(4.2 K)进行的原因。久期增宽是由顺磁粒子周围变化的局部磁场所引起的,这时样品中有许多小磁体(未成对电子、磁性核),它们之间存在着相互作用。如果增加这些顺磁性粒子间的距离,这种自旋-自旋相互作用就可减弱。通常,用逆磁性材料(如溶剂)稀释样品的方法,可减弱这类增宽效应,使 EPR 谱线变窄。实际上,上述两种增宽原因是引起谱线增宽的一个总效应,即自旋-自旋相互作用和自旋-晶格相互作用的两方面综合的结果,使谱线有一定的宽度。

9.3.3.3 线 型

在实验中得到的 EPR 谱线形状是多种多样的,从理论上分析其线形可分为洛伦兹(Lorentz)线型和高斯(Gauss)线型两类,如图9.4所示。

两者主要的区别是洛伦兹线型比高斯线型有较长拖尾现象。洛伦兹线型通常意味着所有自由基共振于同一磁场(均匀加宽)。高斯线型是体系中各顺磁粒子共振于稍有不同磁场的结果。稀溶液顺磁体系的线型是洛伦兹线型,而许多洛伦茨线型谱线的叠加结果就趋于高斯线型。实际情况往往是处于中间状态。两类线型的解析形式如下:

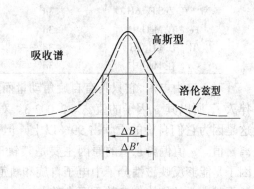

图9.4 洛伦兹和高斯吸收线型的比较

洛伦兹型

$$Y = \frac{a}{1 + bX^2} \tag{9.6}$$

高斯型

$$Y = a\mathrm{e}^{-bX^2} \tag{9.7}$$

9.3.3 电子顺磁共振波谱的 g 因子

式(9.5)的 EPR 共振条件 $h\nu = g_e\mu_B B_0$ 仅仅适合自由电子。对于实际体系的分子中的分子磁矩,除了电子磁矩外还要考虑到轨道磁矩的贡献。实际上各种顺磁物质的 g 因子并不都等于自由电子的 g_e,利用式(9.5),当波谱仪采用扫场法时,固定微波频率为 ν,则下式成立

$$\nu = g\mu_B B/h \tag{9.8}$$

对于不等于 g_e 的新定义的 g 因子,EPR 共振需要的实际磁场强度不是 B_0 而是 B,所以从分子实际发生共振吸收时的磁场强度 $B = B_0 + B'$,可得到该分子的 g 因子。式(9.8)是更通用的电子自旋共振条件。其中 B' 是分子内部各种磁性粒子所产生的局部磁场,该局部磁场 B' 由分子结构确定。因此 g 因子在本质上反映了分子内局部磁场的特性,所以说它是能够提供分子结构信息的一个重要参数。

g 因子反映了分子内部的结构特征(即与自旋角动量、轨道角动量以及它们的相互作用的结构有关),例如 Ni^{2+} 化合物中 Ni^{2+} 信号的 g 因子值依赖于 Ni^{2+} 周围的配位场,$NiBr_2$ 是2.27,$NiSO_4 \cdot 7H_2O$ 是2.20,$Ni(NH_3)_6Br_2$ 是2.18,$[Ni(H_2O)_6]^{2+}$ 是2.25等,因此 EPR 中的 g 因

子与 NMR 中的化学位移 δ 在反映结构特征方面有其相似之处。表 9.2 列出了一些典型顺磁物质的 g 因子值。

表 9.2 一些顺磁化合物的 g 值

化合物	电子组态	g 值	说明	
自由电子		2.002 3		
有机自由基		2.002 2 ~ 2.010		
Fe^{3+} 在 ZnO 中	$3d^5$	2.006 0	半充满	$g \approx g_e$
Ni^{2+} 在 $ZnSiF_6 \cdot 6H_2O$	$3d^8$	2.25	大于半充满	$g > g_e$
Fe^{2+} 在 MgO 中	$3d^6$	3.43	大于半充满	$g > g_e$
Ti^{3+} 在 CH_3OH	$3d^1$	1.953 2	小于半充满	$g < g_e$
Co^{2+} 在 MgO 中	$3d^7$	4.278	大于半充满	$g > g_e$

对于自由电子,它只具有自旋角动量而无轨道角动量,或者说它的轨道角动量已经完全猝灭了,所以其 g 因子的值 $g_e = 2.002\ 3$。对于大部分自由基而言,其 g 值都十分接近 g_e 值,这是因为它们自旋的贡献占 99% 以上。但是大多数过渡金属离子及其化合物的 g 值都偏离 g_e 值。g 值偏离 g_e 值的原因主要是其轨道角动量对电子磁矩的贡献不等于零。所以,g 因子是能够反映磁性分子中电子自旋和轨道运动之间相互作用,即自旋角动量和轨道角动量贡献大小的结构信息的重要参数。

当顺磁样品的原子处在固体晶体或大分子中时,其 g 因子具有各向异性的特性。实验表明,不少固体的谱线显著地依赖于晶体样品在磁场中间的取向。例如,固体受辐照后,在其中产生取向的自由基,单晶中的过渡金属离子,以及单晶中顺磁点缺陷等都呈现各向异性的性质。g 因子的各向异性通常用二级张量形式来描述。如果分子的主轴用 x、y、z 做标记,则各向异性 g_{xx}、g_{yy}、g_{zz} 分别表示磁场中的分子沿 x、y、z 方向的 g 因子。

如果分子在八面体、四面体或立方体等高度对称的体系中,x、y、z 方向都是相同的,则 $g_{xx} = g_{yy} = g_{zz}$,在这种体系中,g 因子是各向同性的,可用一个单值来表示。如果顺磁粒子在低黏滞性的溶液中,分子的快速翻滚使全部 g 因子的各向异性都被平均掉了,则 g 因子也表现为各向同性。这时 g 因子可以认为是对所有取向取平均的有效值,即

$$g_{av} = \frac{1}{3}(g_{xx} + g_{yy} + g_{zz}) \tag{9.9}$$

如果分子含有一个 n 重对称轴,且 $n \geq 3$(即含三重或多重对称轴),这称为轴对称分子。在这种情况下,如果对称轴为 z,则 x 与 y 方向相同,即 $g_{xx} = g_{yy} \neq g_{zz}$。通常用 $g_{//}$ 代表平行于对称轴 z 的 g 因子(即 $g_{//} = g_{zz}$),用 $g_\perp$ 代表垂直于此轴的 g 因子即($g_\perp = g_{xx} = g_{yy}$)。对于不含三重或多重对称轴的分子,$g$ 因子的主值就都不同,即 $g_{xx} \neq g_{yy} \neq g_{zz}$。

对随机取向的顺磁物质所观察到的波谱代表 B 的所有可能值的叠加。在杂乱无序的情况下,g 因子的各向异性使谱线比固有线宽大为增宽,可能只得到一条宽而无结构的谱线,结果 g 因子主值的一切信息都丢失了。但是,如果 g 因子主值差别非常显著,即使体系是无序的,也能得到部分信息,这一事实可用 $g_{//} > g_\perp$ 的情况来说明,如图 9.5(a) 和 9.5(b) 所示。图 9.5(c) 和 9.5(d) 表示 $g_{xx} \neq g_{yy} \neq g_{zz}$ 时的谱线形状。

g 因子的测量可根据式(9.8)得 $g = h\nu/\mu_B B$,只要用微波频率计和高斯计分别测得频率(Hz)和磁场(Gs)数据,即可计算得出 g 值。

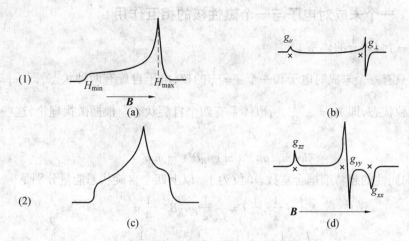

图 9.5 随机取向体系的 EPR 谱
注:"×"号标志出现各 g 值的位置
(1) $g_{//} > g_\perp$:(a)吸收谱,(b)一次微分谱
(2) $g_{xx} \neq g_{yy} \neq g_{zz}$:(c)吸收谱,(d)一次微分谱

9.3.4 电子顺磁共振波谱的超相互作用

顺磁物质分子中的未成对电子不仅与外磁场有相互作用,而且还与附近的磁性核有相互作用,这种未成对电子自旋与核自旋磁矩间的相互作用称为超精细耦合或超精细相互作用。由于超精细相互作用,使原先单一的 EPR 谱线分裂成多重谱线,这些谱线称为超精细谱线。通过分析谱线数目、谱线间隔及其相对强度,可以判断与电子相互作用的核的自旋种类、数量及相互作用的强弱,有助于确定自由基等顺磁物质的分子结构。

原子核的磁性取决于原子的质量和原子序数的奇偶性。常用磁性核的自旋量子数列于表 9.3 中。由于未成对电子受邻近的磁性核的作用,所以,在电子处除了感受到外磁场作用外,还受到了磁性核产生的局部磁场的作用。磁性核的核自旋量子数 I 是量子化的,即 m_I 有 $(2I+1)$ 个值,所以局部磁场的大小也有 $(2I+1)$ 个值,这就可能在 $(2I+1)$ 个外磁场处观察到共振,波谱就分裂成多条谱线。下面讨论几种简单的体系。

表 9.3 一些原子的常用磁性核的自旋量子数

元素	自旋量子数	元素	自旋量子数	元素	自旋量子数
^{1}H	1/2	^{2}H	1	^{6}Li	1
^{7}Li	3/2	^{11}B	3/2	^{13}C	1/2
^{14}N	1	^{15}N	1/2	^{17}O	5/2
^{19}F	1/2	^{23}Na	5/2	^{25}Mg	5/2
^{27}Al	5/2	^{29}Si	1/2	^{31}P	1/2
^{35}Cl	3/2	^{39}K	3/2	^{43}Ca	7/2
^{45}Sc	7/2	^{47}Ti	5/2	^{49}Ti	7/2
^{51}V	7/2	^{53}Cr	3/2	^{55}Mn	5/2
^{57}Fe	1/2	^{59}Co	7/2	^{61}Ni	3/2
^{63}Cu	3/2	^{65}Cu	3/2	^{67}Zn	5/2
^{77}Se	1/2	^{95}Mo	5/2	^{95}Mo	5/2
^{109}Ag	1/2	^{127}I	5/2	^{129}Xe	1/2
^{133}Cs	7/2	^{207}Pb	1/2		

9.3.4.1 一个未成对电子与一个磁性核的相互作用

(1) 含有一个 $I = \frac{1}{2}$ 的体系

该体系中只有一个未成对电子和一个 $I = \frac{1}{2}$ 的核，电子自旋有两种状态，即 $m_s = \pm \frac{1}{2}$，磁性核也有两种状态，即 $m_I = \pm \frac{1}{2}$，所以体系有四个自旋状态。根据微扰理论，这些状态能量公式为

$$E(m_s, m_I) = m_s g \mu_B B + m_s m_I a' \tag{9.10}$$

式中，a' 是各向同性的超精细耦合常数，单位为 J。以上四个自旋状态能量分别是

$$E_1\left(-\frac{1}{2}, \frac{1}{2}\right) = -\frac{1}{2} g \mu_B B - \frac{1}{4} a'$$

$$E_2\left(-\frac{1}{2}, -\frac{1}{2}\right) = -\frac{1}{2} g \mu_B B + \frac{1}{4} a'$$

$$E_3\left(\frac{1}{2}, -\frac{1}{2}\right) = \frac{1}{2} g \mu_B B - \frac{1}{4} a'$$

$$E_4\left(\frac{1}{2}, \frac{1}{2}\right) = \frac{1}{2} g \mu_B B + \frac{1}{4} a'$$

根据 EPR 的跃迁选律，$\Delta m_s = \pm 1, \Delta m_I = 0$，四个能级间只有两个是允许跃迁的能量，如图 9.6 所示，只能产生两条谱线，即

$$h\nu = \Delta E_{4,1} = g \mu_B B_1 + \frac{1}{2} a'$$

$$h\nu = \Delta E_{3,2} = g \mu_B B_2 - \frac{1}{2} a'$$

令 $B_0 = \frac{h\nu}{g\mu_B}, a = \frac{a'}{g\mu_B}$，($a$ 也是各向同性的超精细耦合常数，其单位为 Gs)，于是上式中

$$B_1 = \frac{h\nu}{g\mu_B} - \frac{1}{2} \frac{a'}{g\mu_B} = B_0 - \frac{a}{2}, \quad B_2 = \frac{h\nu}{g\mu_B} + \frac{1}{2} \frac{a'}{g\mu_B} = B_0 + \frac{a}{2} \tag{9.11}$$

由式(9.11)可以看出，若 $a > 0$，则 B_1 出现在低场，B_2 出现在高场；若 $a < 0$，则情况相反。但是在实验中，不能判断哪条线是 B_1，所以也无法确定 a 的符号，只能得到 a 的绝对值，即

$$|a| = |B_1 - B_2| \tag{9.12}$$

(2) 含一个 $I = 1$ 的体系

氘原子($_1^2 H$)是 $s = \frac{1}{2}$ 和 $I = 1$ 的一个体系，其 $m_s = \pm \frac{1}{2}$，$m_I = 1, 0, -1$，共有六个自旋状态，相应能量可由式(9.10)求出，即

$$E_1\left(-\frac{1}{2}, 1\right) = -\frac{1}{2} g \mu_B B - \frac{1}{2} a'$$

$$E_2\left(-\frac{1}{2}, 0\right) = -\frac{1}{2} g \mu_B B$$

$$E_3\left(-\frac{1}{2}, -1\right) = -\frac{1}{2} g \mu_B B + \frac{1}{2} a'$$

$$E_4\left(\frac{1}{2}, -1\right) = \frac{1}{2} g \mu_B B - \frac{1}{2} a'$$

$$E_5\left(\frac{1}{2},0\right) = \frac{1}{2}g\mu_B B$$

$$E_6\left(\frac{1}{2},1\right) = \frac{1}{2}g\mu_B B + \frac{1}{2}a'$$

根据 EPR 的跃迁选律,六个能级间只有三个是允许跃迁的能量,产生三条谱线,即

$$h\nu = \Delta E_{6,1} = g\mu_B B_1 + a', B_1 = B_0 - a$$

$$h\nu = \Delta E_{5,2} = g\mu_B B_2, B_2 = B_0$$

$$h\nu = \Delta E_{4,3} = g\mu_B B_3 - a', B_3 = B_0 + a$$

因为所有的能级无重合状态,即都是非简并的,所以这三条谱线是等强度的。如图 9.7 所示,根据实验谱可以定出 a 的绝对值,即

$$|a| = |B_1 - B_2| = |B_2 - B_3| \tag{9.13}$$

总之,对于一个未成对电子与一个核自旋为 I 的核相互作用,可以产生 $2I+1$ 条等强度和等间距的超精细线,相邻两谱线间的距离 a 称为超精细耦合常数。

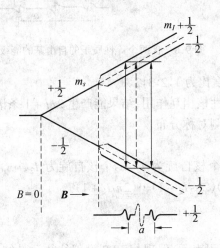

图 9.6 $s=\frac{1}{2}$ 和 $I=\frac{1}{2}$ 体系的能级

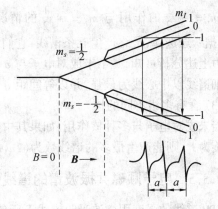

图 9.7 氘原子的能级(体系 $s=\frac{1}{2}$, $I=1$)

9.3.4.2 一个未成对电子与多个磁性核的相互作用

在许多情况下,由于自由基中未成对电子的轨道常常分布到多个原子核,因此必须考虑未成对电子与几个核同时有相互作用的超精细结构。

(1) 含有两个 $I=\frac{1}{2}$ 的等性核

·CH_2OH 自由基就是一例,其中未成对电子与 C 上的两个质子等性耦合,^{12}C 和 ^{16}O 都是无核磁矩(非磁性核),而 OH 中质子的耦合较弱,在分辨率不高的仪器中无法观察到它的超精细结构,因此只要考虑与两个质子的相互作用。第一个质子与未成对电子相互作用的结果,使 $m_s=\pm\frac{1}{2}$ 的两个能级进一步分裂成四个能级;同时,第二个质子与已分裂的四个能级再相互作用,再进一步一分为二,共分裂为八个能级。根据跃迁选律,只有四个允许跃迁的能量。由于等性的两个质子与未成对电子的作用强弱相等,因此产生的分裂大小也相等,故中间 $m_I=0$ 处有两个相等的能级重合在一起,强度是两侧的 2 倍,所以产生的三条线的谱强

度为 1:2:1,如图 9.8 所示。

·CH_3 自由基含有三个 $I = 1/2$ 的等性质子,它的 EPR 谱是 1:3:3:1 的四条谱线,产生超精细谱线的分析方法与上述类似。

若有 n 个 $I = 1/2$ 的等性核与未成对电子相互作用,则产生 $n + 1$ 条等间距的谱线,其强度正比于 $(1 + X)^n$ 的二项式展开系数。

(2) 含 2 个 $I = 1$ 的等性核

若两个氮核与一个未成对电子有等同的作用,由于 ^{14}N 核的 $I = 1, m_I = 1, 0, -1$。第一个氮核与未成对电子 $m_s = +\frac{1}{2}$ 作用分裂成三个能级,在此基础上,第二个氮核进一步发生分裂,由于作用的强弱与第一个氮核相同,所以有部分能级发生重合,最后产生五个能级;两个氮核和 $m_s = -\frac{1}{2}$ 的作用与 $m_s = +\frac{1}{2}$ 的情况类似,根据跃迁选律,最终产生五条谱线,它们的强度比为 1:2:3:2:1。

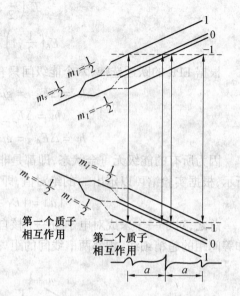

图 9.8 含两个等性质子的自由基的能级

由上述分析可知,一个未成对电子与 n 个等性核相互作用,结果能产生 $2nI + 1$ 条谱线,超精细谱线以中心线为最强,并以等间距 a 向两侧对称分布。

(3) 含有多组不同的核

当未成对电子与多种核作用,如果其中有 n_1 个核自旋为 I_1,n_2 个核自旋为 I_2,$\cdots$,n_k 个核自旋为 I_k,则能产生最多的谱线数为 $(2n_1I_1 + 1)(2n_2I_2 + 1)\cdots(2n_kI_k + 1)$。

9.3.5 电子顺磁共振波谱的谱线强度

EPR 谱线的强度用微波吸收谱线下所包的面积表示,但现代 EPR 谱仪往往记录的是它的一次微分谱线,对此要用两次积分法求出谱线的面积。

如果两样品谱线的线形和线宽相同,则可用一次微分谱线的峰–峰幅度代表谱线的相对强度。如果谱线的线形相同,而线宽不同。则其相对强度 I 与谱线峰–峰幅度 Y 和线宽 ΔB_{pp} 的关系如下

$$I \propto Y(\Delta B_{pp})^2 \tag{9.14}$$

样品中含未成对电子的量用自旋浓度表示,即单位质量或单位体积中未成对电子的数目(自旋数),如自旋数/g,自旋数/mL。

通常,样品中的自旋数用比较法测量,即用已知自旋数的标准样品与未知样品进行比较测量,然后根据两样品的谱线面积比例关系求出未知样品的自旋数。

9.4 电子顺磁共振测试方法

9.4.1 稳定性顺磁物质的直接检测

电子顺磁共振是直接研究和检测顺磁性物质的最直接和有效的方法。由于顺磁性物质含有未成对电子,所以大多数都呈现相当活泼的化学性质。但因其结构的不同,其活泼性也不一样。以自由基为例,有的自由基分子中存在共轭体系、电子离域和未成对电子分散到更多的原子上的情况,增加了未成对电子的电子云分散性,这就提高了自由基的稳定性。有的自由基中存在空间位阻,或存在螯合作用等因素,这也提高了自由基的稳定性。像二苯基苦基肼基(Diphenyl Picryl hydrazyl, DPPH)、三苯甲基自由基以及目前经常使用的大多数氮氧自由基都是相当稳定的顺磁性物质。有的能稳定数天或数月,有的甚至能稳定数年。对于性质稳定的顺磁性物质,不管其是固体、液体,还是气体,都可以直接进行检测。电子顺磁共振分析方法的特点是制样简单,通常不用对样品进行特别处理,直接取样即可,检测方便、快捷;灵敏度很高,如在测量稳定的顺磁性标准样品 DPPH 时,检测下限达 10^{-14} mol。

9.4.2 自旋捕获方法

大多数顺磁性物质的特点是具有活泼的化学性质,以致化学反应性强,寿命短,在化学反应体系中,难以达到一定的浓度。虽然 EPR 的灵敏度很高,但也很难检测如此低浓度的活性物质。例如,羟基自由基·OH 的寿命大约是微秒级的,因此,难以用通常的直接测量方法进行检测。自旋捕获(Spin Trapping)方法是专门用于研究高活性、短寿命自由基的一种技术。它已广泛用于有机化学、电化学、高分子化学、生物学和医学等反应过程中低浓度、短寿命自由基的检测和结构研究。

自旋捕获方法是利用一种逆磁性的不饱和化合物 ST(称自旋捕获剂)和反应中的活性自由基 R·起反应,生成另一种较为稳定的自由基产物 ST-R·(称自旋加合物):

$$ST + R· \longrightarrow ST-R·$$

用 EPR 方法可检测这种自旋加合物,并根据其波谱特性来研究自由基的结构和性质。

常用的自旋捕获剂有 2-甲基-2-亚硝基丙烷二聚物(2-Methyl-2-nitrosopropane-dimer, MNP)、2,3,5,6-四甲基亚硝基苯(nitrosodurene, ND)、2,4,6-三叔丁基亚硝基苯(2,4,6-Tritert-butylnitrosobenzene, TNB)、α-苯基叔丁基硝酮(α-Phenyl-tert-butylnitrone, PBN)、5,5-二甲基-1-吡咯啉-N-氧化物(5,5-Dimethyl-1-Pyrroline-N-oxide, DMPO)和 α-(4-吡啶基-1-氧)-N-叔丁基硝铜,(α-(4-Pyridyl-1-oxide)-N-tert-butyl,nitrone)-4-POBN)等。

在使用自旋捕获技术时,除了要考虑反应体系的性质和反应中产生活性物质的特性外,更要考虑捕获剂的稳定性,捕获活性自由基的种类和能力,以及产生加合物的稳定性,加合物能提供结构信息的能力等因素。例如,MNP 和 ND 都是较稳定的捕获试剂,它们都适用于捕获碳中心自由基。ND 的捕获速率常数大,在捕获短寿命的自由基时,容易达到检测浓度,而且它对可见光和紫外线均不敏感,其加合物的性质也较稳定。MNP 的特点是其加合物的 EPR 谱对活性自由基 R·极为敏感,容易呈现来自 R·的超精细结构,有利于鉴别 R·的种类和结构。又如，DMPO是一种氮酮类化合物，它对氧中心自由基具有快的捕获速率，能与短寿命的羟基自由基或超氧阴离子自由基反应：

$$DMPO + \cdot OH \longrightarrow DMPO\text{—}OH, DMPO + O_2^- \cdot + H^+ \longrightarrow DMPO\text{—}OOH$$

生成的 DMPO—OH 和 DMPO—OOH 自旋加合物能呈现特征性的 EPR 谱图(图9.9)。

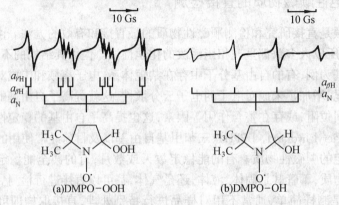

图 9.9 DMPO—OOH 和 DMPO—OH 的 EPR 谱图

DMPO—OOH 的谱由四组 12 条谱线组成，$a_N = 14.3$ Gs、$a_{\beta H} = 11.7$ Gs、$a_{\gamma H} = 1.25$ Gs。DMPO—OH 的 EPR 谱由四条谱线组成，其强度比为 1:2:2:1，$a_N = a_{\beta H} = 14.9$ Gs。这两个自旋捕获反应常被用于判断反应体系中是否存在羟基自由基或超氧阴离子自由基的特征性反应。

9.4.3 自旋标记法和自旋探针法

自旋标记(Spin Label)法和自旋探针(Spin Probe)法的共同特点是把一种稳定的顺磁性基团引入逆磁性的被研究体系，利用顺磁性物质的 EPR 信号及其变化来研究逆磁性物质的物理和化学性质。

自旋标记法是用化学反应的方法把顺磁性分子通过共价结合的方式引入被研究的逆磁性分子的特定部位，例如，为了研究聚合物的动态过程及其分子结构，可以用共聚或修饰的方法把自旋标记化合物引入高分子聚合物。如果把自旋标记化合物引入生物体系，则可研究生物膜、蛋白、酶、核酸的结构、性质及其变化情况。

目前，用得最多的自旋标记化合物是氮氧自由基，常用的氮氧自由基主要有以下几种类型：

(1) 哌啶氮氧自由基　(2) 吡咯烷氮氧自由基　(3) 噁唑烷氮氧自由基

上述结构式中的 R 基可以根据不同的实验要求来选择烷基、芳基或其他基团。

自旋探针法与自旋标记法的唯一区别是探针分子以非价键结合方式引入被研究体系。显然，自旋探针法制备样品的技术比较简单、方便。例如，在高分子聚合物中引入氮氧自由基的探针分子时，只要将选择的探针分子用溶解、熔融或蒸汽渗入等方法，均匀地分布于聚合物内即可，但要注意控制探针分子在体系中的浓度，一般应低于 10^{-3} mol/L。常用的自旋探针，除氮氧自由基外，有时也用 Cu^{2+}、Mn^{2+} 等金属离子，或者用能产生特征性 EPR 谱的某些逆磁性化合物。

自旋标记和自旋探针的方法能把一些逆磁性的物质也作为 EPR 研究的对象，从而为 EPR 波谱技术应用开拓了新的天地，扩展了 EPR 的研究范围。

9.5 研究对象和应用举例

9.5.1 研究对象

泡利(Pauli)不相容原理指出，一个分子轨道至多能容纳两个自旋相反的电子，所以，如果分子中所有的分子轨道都已成对地填满了电子，它们的自旋磁矩就完全对消，这种分子就是逆磁性的。通常所见的大多数化合物就属于这种情形，EPR 不能研究这种逆磁性化合物，也就是说它们不能成为 EPR 的研究对象。EPR 只能研究具有未成对电子的特殊化合物，所以和光谱、X 射线谱、核磁共振等方法不同，EPR 的应用范围很狭窄，它的研究对象主要有自由基和过渡金属离子及其化合物两大类。

9.5.1.1 自由基

自由基指的是在分子中具有一个未成对电子的化合物，例如，二苯苦基肼基(缩写 DPPH)的一个氮原子和三苯甲基的一个碳原子上就各有一个未成对电子。又如蒽分子，它本身是逆磁分子，因为它的所有电子均已成对，但如将蒽溶于四氢呋喃中，在真空无水的条件下用金属钾还原，蒽就能从钾上获得一个电子成为蒽负离子(An^-)，或者将蒽溶于 98% 的浓硫酸中，蒽就会丢掉一个电子给硫酸成为蒽正离子(An^+)，如图 9.10 所示。这样都有一个未成对电子，所以都可以用 EPR 进行研究。

(1) 二苯苦基肼基　　　(2) 三苯甲基　　　(3) 蒽

9.5.1.2 双基(Biradical)或多基(Polyradical)

在一个分子中含有两个或两个以上未成对电子的化合物，并且这两个未成对电子相距甚远，它们之间相互作用很弱，就像两个稍有相互作用的自由基。例如，图 9.11 中的(a)、(b)都是双自由基分子。(a)中两个碳原子上都有一个未成对电子，它们之间相隔两个苯环，(b)中两个氧原子上都有一个未成对电子，相隔两个甲基取代的杂环，因此这样的两个电子间相互作用很弱，所以这就是一种"双基"，同理也可以有"三基"或"多基"。

9.5.1.3 三重态分子(Triplet Molecule)

三重态分子化合物在分子轨道中也具有两个未成对电子，但与双基不同的是，这两个未成对电子相距很近，彼此间有很强的相互作用。

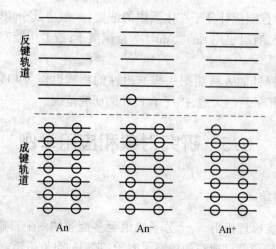

图9.10 蒽和蒽正负离子的分子轨道(HMO近似)

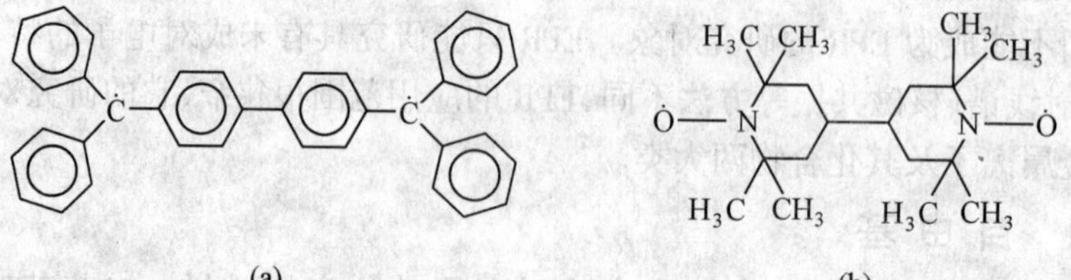

(a)   (b)

图9.11 双自由基分子

有机三重态分子有两类:一类是在热或光的激发下,由原来的逆磁性分子变成顺磁性的三重态分子,称为激发三重态分子;另一类化合物基态本身就是三重态分子。如将二苯基偶氮甲烷(Diazo Diphenyl Methane)溶于二苯酮中制备成固溶单晶,在紫外光照射下,它光解成二苯基次甲基(Diphenyl Methylene),这就是一种基态三重态分子。

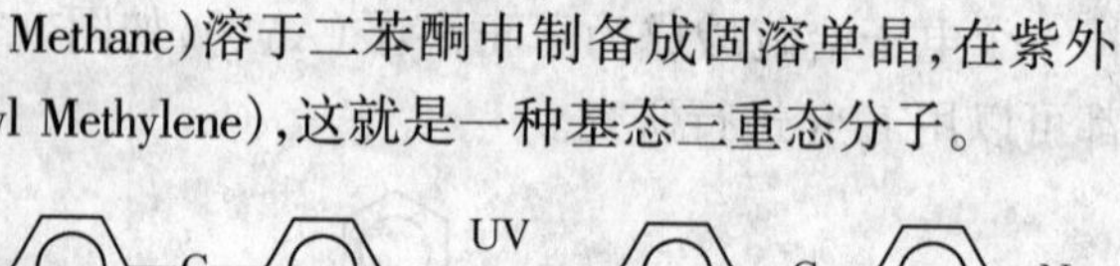

这里碳上两个未成对电子,一个在 p_x 轨道,另一个在 p_y 轨道,彼此自旋平行,由于它们都在同一个碳原子上,所以彼此间有很强的相互作用。

9.5.1.4 过渡金属离子和稀土离子

上述三类化合物都是在分子轨道中出现未成对电子,而过渡金属离子和稀土离子是在原子轨道中就出现未成对电子。过渡金属离子包括铁族、钯族、铂族离子,它们依次具有未充满的3d、4d、5d壳层;稀土离子则具有未充满的4f壳层。例如 Ti^{3+}、V^{4+} 离子,它在3d轨道上有一个未成对电子(记作 $3d^1$),它有EPR信号,但 V^{5+} 离子是 $3d^0$,没有EPR信号。

9.5.1.5 固体中的某些局部晶格缺陷

一个或多个电子或空穴陷落在缺陷中或其附近,形成一个有单电子的物质,如面心、体心等。

9.5.1.6 其他体系

具有奇数电子的原子和含有单电子的分子等。例如有一些分子如 O_2、NO_2 等本身就是顺磁性分子，NO_2 分子的电子数是奇数，应当是顺磁性的，但 O_2 分子的电子数是偶数，它却也是顺磁性的，其原因可以用分子轨道理论解释。早期的分子轨道理论已经说明，由两个氧原子构成 O_2 的过程是

$$2O[(1s)^2(2s)^2(2p)^4] \rightarrow O_2[KK(\sigma 2s)^2(\sigma^* 2s)^2(\sigma 2p)^2(\pi_y 2p)^2(\pi_z 2p)^2(\pi_y^* 2p)^1(\pi_z^* 2p)^1]$$

这里，$(\pi_y^* 2p)$ 轨道和 $(\pi_z^* 2p)$ 轨道具有相同的能量，所以根据 Hund 规则，电子的填入必须按自旋平行电子数最多的方式填入，这样 O_2 分子就应有两个自旋平行的电子，所以它也是一种三重态分子，基态为 $^3\Sigma$ 态。

当然，EPR 的研究对象还有许多，如半导体等，但在化学研究中主要是上述一些体系，所以，在本章中的讨论也就局限在自由基和过渡金属离子两大类。

9.5.2 EPR 技术的特点

EPR 与核磁共振（NMR）技术均由分子与外磁场的作用产生，二者的主要区别在于：① EPR 是研究电子磁矩与外磁场的相互作用，即通常认为的电子塞曼（Zeeman）效应引起的，而 NMR 是研究核在外磁场中核塞曼能级间的跃迁，换言之，EPR 和 NMR 是分别研究电子磁矩和核磁矩在外磁场中重新取向所需的能量；② EPR 的共振频率在微波波段，NMR 的共振频率在射频波段；③ EPR 的灵敏度比 NMR 的灵敏度高，EPR 检出所需自由基的绝对浓度约在 10^{-8} mol/L 数量级；④ EDR 和 NMR 在仪器结构上也有显著差别，前者是恒定频率，采取扫场法，后者是恒定磁场，采取扫频法。

EPR 在自由基化学中占有极重要的地位，因为无论是自由基还是三重态分子，一般地说，它们都具有寿命短、化学活性高、不稳定等特点。用通常的物理或化学方法研究它们的性质往往是很困难的，而 EPR 方法不仅可以检查它们的存在，测定其浓度或质量分数、决定未成对电子云密度在自由基分子中的分布情形等，更重要的是在研究过程中不会改变或破坏自由基本身。自由基的 EPR 谱有两个显著的特征：① g 值总非常接近 g_e 值（$g_e = 2.0023$）；② 对溶液自由基来说，线宽很狭窄，往往呈现出分辨很好的超精细结构。解释这种 EPR 谱比较容易，这是因为对自由基来说，轨道磁矩的贡献仅是很少的一部分，绝大多数（>99%）的贡献来自自旋部分，所以作为一个较好的近似处理可以认为全部贡献都是自旋磁矩引起的。

和自由基不同，过渡金属离子的 EPR 谱比较复杂，线宽一般都很宽，理论处理也困难得多，其原因是：① 在液体或固体中，它并不是以自由离子形式存在的，它的周围有许多带负电荷的配位体，离子处在由配位体组成的晶体场中，不但是离子本身的性质决定着 EPR 谱，晶体场的大小和对称性也强烈地影响着 EPR 谱的特征；② 过渡金属离子可以有多于一个未成对电子，如 Mn^{2+} 离子的电子组态是 $3d^5$，在高自旋情况下它有五个未成对电子，并且由于它们都处在离子的 d 壳层中，它们的自旋运动和轨道运动间有很强的"自旋-轨道耦合作用"，通过"自旋-轨道耦合作用"就能在基态再生出一定的轨道磁矩，使理论处理复杂化；③ 往往需要很低温度（如 77 K 或 4 K）才能看到 EPR 谱；④ 对于具有偶数个未成对电子的离子就可能看不到 EPR 谱。研究过渡金属离子的 EPR 谱也是十分重要的，因为从 EPR 谱中可以确定它的价态，所处晶体场的大小及其对称性等重要信息。

EPR 技术虽然具有以上很多优点，但最大的缺点是它的局限性很大，应用范围太狭窄，原因是多数稳定化合物都是逆磁性的，只有先把它变成相应的自由基或顺磁性化合物才可

以进行 EPR 研究,但是经这样处理后,它已经不是原来的逆磁性化合物了,关于产生自由基的方法目前已有许多种,如金属钾还原法、电解还原法、高能射线或高速电子辐照法、流动法等。另一个缺点是对于含有顺磁性原子或离子的化合物,EPR 一般也只能给出极少的结构信息,例如像血红朊这么大的分子,EPR 也只能给出其中一个铁原子及其最邻近环境的局部信息,这和红外光谱、X 射线谱、核磁共振等方法比较,显然差距较大,所以为了弥补这一根本缺点,技术上需要作不断的改进和研究,比如应用连续流动法、快速冷冻法及电子计算机技术可以研究寿命为 10 ms 和短寿命自由基,再如用自旋标记技术将稳定自由基接枝或混合到普通化合物中也可得到一些间接信息,从而有利于扩大 EPR 技术的应用领域。

9.5.3 实验方法与谱图分析

本节通过举一些自由基的 EPR 谱的实例说明上述理论,同时也以溶液自由基为例对产生自由基的各种实验方法作一概要的介绍。

【例 9.1】 ·CH_2OH 自由基

·CH_2OH 自由基有两种制备方法:一种是流动法,其 EPR 谱如图 9.12 所示;另一种是把甲醇混入一些 H_2O_2,然后用紫外线辐照得到的,其 EPR 谱如图 9.13 所示;·CH_2OH 在甲醇中,它反映出 OH 上质子的超精细分裂。

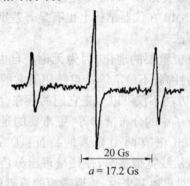

图 9.12 用流动法制备的·CH_2OH 自由基的 EPR 谱(pH = 1.03)

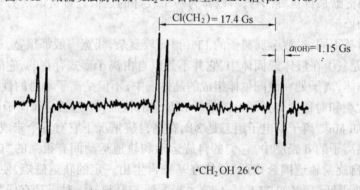

图 9.13 紫外线照射法制备的·CH_2OH 自由基的 EPR 谱

流动法是目前制备溶液自由基的一种很有效的方法,它可用来研究高活性短寿命的自由基,凡寿命在 10 ms 以上的可用此法产生。把两种溶液分别储在两个储槽内,一种溶液含 $TiCl_3$、H_2SO_4、CH_3OH 和水,另一种溶液含 H_2O_2、H_2SO_4、CH_3OH 和水,然后在快速通过谐振腔前将两种溶液混合,此时 $TiCl_3$ 和 H_2O_2 发生氧化还原反应,产生 ·OH 自由基,由于 ·OH 自由基的化学反应活性很高,它迅速和 CH_3OH 作用生成 ·CH_2OH 自由基,即

$$Ti^{3+} + H_2O_2 \longrightarrow \cdot OH + Ti^{4+}$$

$$CH_3OH + \cdot OH \longrightarrow \cdot CH_2OH + H_2O$$

·CH_2OH 也是短寿命的,但只要从开始混合到通过谐振腔的时间短于它的寿命,溶液中就有一定浓度的自由基,因此可测得 EPR 谱。图 9.12 中只有三条线,它是—CH_2—上两个氢核反映的,由于溶液内含有 H_2SO_4,因此 ·CH_2OH 中的—OH 基会和 H^+ 产生快速的质子交换反应

$$\cdot CH_2OH_{(a)} + H^+_{(b)} \longrightarrow \cdot CH_2OH_{(b)} + H^+_{(a)}$$

所以,用此法制得的 ·CH_2OH 看不到未成对电子和—OH 基上质子的超精细分裂。

在用紫外线辐照法中,首先,紫外光辐照使 H_2O_2 光解,产生 ·OH 自由基,然后,·OH 和 CH_3OH 反应产生 ·CH_2OH 自由基,用反应式表示,即

$$H_2O_2 \xrightarrow{h\nu} 2\cdot OH$$

$$CH_3OH + \cdot OH \longrightarrow \cdot CH_2OH + H_2O$$

由于此时不存在 H^+ 和 −OH 基间的质子交换,故—OH 基上的质子也出现超精细分裂,测得三组 6 条谱线的 EPR 谱如图 9.12 所示。现对该反应的分析和 EPR 谱线归属如下:

在 ·CH_2OH 自由基中的未成对电子受到两种类型的质子作用,一种是—CH_2—中的两个等性质子,根据超精细谱线产生的原理,它应有 1:2:1 的分裂,另一种是—OH—基中的一个质子,它应有 1:1 的超精细分裂。另外,由 ·CH_2OH 自由基的分子结构可知,两个等性质子与未成对电子的距离较近,它们之间的相互作用应比较强,由此产生的超精细分裂常数 a 值应较大;同理,—OH 中一个质子产生 a 值应较小。因此,根据 EPR 谱线的强度、数目和谱线间的距离以及实验的测量,得到 $a(CH_2) = 17.4$ Gs, $a(OH) = 1.15$ Gs。

【例 9.2】 ·CH_3 自由基

·CH_3 自由基的制备可在室温下用流动法将 Ti^{3+}—H_2O_2 和二甲基亚砜(($CH_3)_2SO$, DMSO)作用后生成,也可以将液体乙烷放在谐振腔内用高速电子轰击生成。·CH_3 的未成对电子基本上处在 $2p_z$ 轨道中,它和三个 ^1H 核等性耦合,产生 1:3:3:1 四线,测得 a 值为 23.0 Gs(图 9.14)。

【例 9.3】 含有 ^{19}F 和 ^{31}P 化合物的超精细分裂

^{19}F 和 ^{31}P 的 $I = \frac{1}{2}$。实验已观察到许多含氟有机自由基的 ^{19}F 和 ^{31}P 超精细分裂,例如 ·CF_3, $a(F) = 144.75$ Gs。PO_3^{2-} 自由基具有很大的 ^{31}P 各向同性超精细分裂(~600 Gs),这表明 PO_3^{2-} 具有金字塔结构,非常接近 sp^3 杂化,因为如果 PO_3^{2-} 是平面结构,它就只能有相当小的各向同性超精细分裂值。图 9.15 是 γ 辐照 NH_4PF_6 单晶得到的 EPR 谱。

这里含有三种自由基 PF_4, FPO_2^- 和 PO_3^{2-},PO_3^{2-} 是双线,FPO_2^- 有两个不等性的 $I = \frac{1}{2}$ 核 (^{19}F 和 ^{31}P),故它为四条线。PF_4 有四个等性的 ^{19}F 和一个 ^{31}P 核,故应为两组 1:4:6:4:1 的 10 条线,但实际看到的是 18 条线,原因是 ^{19}F 和 ^{31}P 分裂很大,一级近似分析是不够的,必须采用二级近似才能解释它。

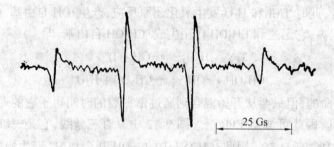

图 9.14　·CH_3 自由基在 25℃水溶液中的 EPR 谱

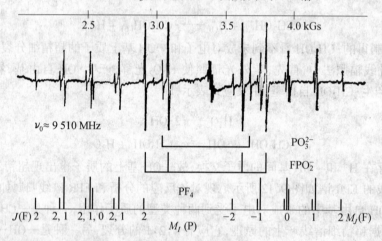

图 9.15　γ 辐照 NH_4PF_6 单晶的 EPR 谱

注:存在三种自由基,其中 PF_4 表现出二级分裂,$J(F)$ 是耦合表象中总的氟核自旋量子数

【例 9.4】 ^{13}C 的超精细分裂

天然的碳内含有 1.1% 的 ^{13}C,它的 $I = \dfrac{1}{2}$,故应表现出超精细结构,但强度较弱需用高灵敏度仪器才能观察。$^{12}CO_2^-$ 只有一条线,$^{13}CO_2^-$ 有两条线,其强度只是中央强线强度的 0.55%,因为两条线强度的总和才是 1.1%。

对于含有 n 个等性碳原子的体系,每条弱卫线相对于中央 ^{12}C 强线的相对强度是 0.55% × n,如苯负离子基,卫线的相对强度是 3.3%(图 9.16)。

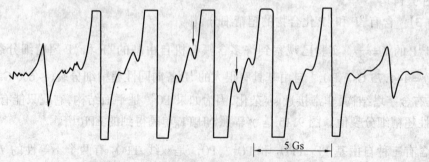

图 9.16　苯负离子基的 EPR 谱

注:每条质子谱线两侧的弱双线(箭头所示)即为 ^{13}C 分裂

2,5 - 二羟基对苯半醌自由基有两种不同的 ^{13}C 超精细分裂(图 9.17),中央 1:2:1 强线

是全部^{12}C同位素的化合物所贡献的,因为它有两个等性的质子,两侧卫线是含有一个^{13}C核的化合物贡献的,这里^{13}C可以在位置2,也可以在位置1,得到的分裂值是不同的,$a(C_1)$较小。

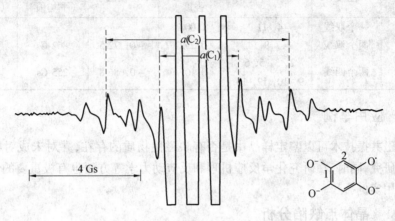

图9.17　2,5-二羟基对苯半醌负离子基的EPR谱

【例9.5】 XeF自由基的EPR谱

从以上的例子可以发现,在多数的溶液自由基中,一级近似的分析方法已足够精确,再举一个XeF自由基的EPR谱。

Xe有许多同位素:有52.4%属于质量数为偶数的同位素,包括质量数为124、126、128、130、132、134、136,这是一些非磁性核,有26.4%属于^{129}Xe($I=\frac{1}{2}$),有21.2%属于^{131}Xe($I=\frac{3}{2}$)。将XeF$_4$单晶进行γ辐照可得XeF自由基,由于偶XeF只有^{19}F是磁性核,故它为两条线(图9.18中4和11)。^{129}XeF有两个不等性的$I=\frac{1}{2}$核:^{129}Xe和^{19}F,故它为四条线(图9.18中1,7,8,14),^{131}XeF应是$(2×\frac{3}{2}+1)(2×\frac{1}{2}+1)=8$(图9.18中2,3,5,6,9,10,12,13),所以总共是14条线(图9.18)。由此可得表9.4。

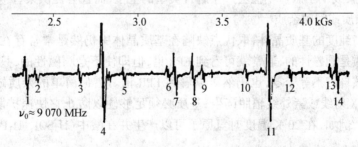

图9.18　俘获在XeF$_4$单晶中的XeF自由基的EPR谱

表 9.4　XeF 自由基的 EPR 谱图信息

自由基种类	谱线图纹	图 9.18 中编号	理论的相对强度	Xe 核磁矩（单位核磁子）	Xe 的超精细分裂值（平均值）	F 的超精细分裂值（平均值）
偶XeF	一个双线	4, 11	1.000	—	—	959 Gs
^{129}XeF	两个双线	1, 7, 8, 14	0.252	−0.7725	862 Gs	960 Gs
^{131}XeF	两个四线	2, 3, 5, 6, 9, 10, 12, 13	0.101	+0.6868	255 Gs	960 Gs

9.5.4 应用举例

电子顺磁共振技术可以鉴定样品中是否有顺磁性物质的存在，并对未成对电子以及分子结构进行研究，同时，在研究化学反应机理和反应动力学等方面也有极重要的价值。下面列举几个应用实例。

9.5.4.1 晶体点缺陷分析

所谓"点缺陷"是晶体中的定位缺陷，它和位错那样的"线缺陷"不同。主要类型的点缺陷是空位、在取代或间隙晶位中的杂质原子或离子、俘获电子中心、俘获空穴中心、断键。许多点缺陷是顺磁性的，在顺利的情况下，可以从 EPR 谱鉴定出点缺陷的品种和结构，空位本身不是顺磁性的，但它的存在会形成某些顺磁中心。

(1) 空位

在离子辐射（γ射线、X 射线或紫外线）下可以产生相当数量的空位，在碱金属卤化物中产生大量的阴离子空位，在辐照中，这些空位可以俘获一个或两个自由电子；另一方面，辐照固体可以使电子从某些晶位中释放出来，这些晶位具有相当低的电子亲和力。生成的空穴可以定位在同一个晶位上（自俘获空穴如 F_2^- 离子），也可以在晶体中游荡直到它被杂质离子或阴离子空位所俘获。如果在用电子或离子辐射辐照的同时就记录 EPR 谱，可检查出短寿命的自由基品种。在许多固体中，X 或 γ 辐射不能使晶位中的原子产生位移，对于这些物质，用高能质子束或中子照射不但会产生各种类型的空位，而且会提供某些电子。

(2) 取代杂质或间隙杂质

即使是最高纯度的基质晶体，取代点缺陷在基质晶体中仍然是常常存在的。如果取代杂质或间隙杂质是顺磁性的，通常就可看到 EPR 谱，但即使不是顺磁性的，只要它邻近顺磁中心并且它的核自旋不等于零，也仍然可以看到 EPR 谱。谱最简单的杂质缺陷是原子，它可以用 γ 射线、X 射线或紫外线辐照产生，基质必须足够硬以防止它快速扩散，因扩散后原子要发生重合。例如，在 20 K 温度时氢原子可以产生并在酸中（H_2SO_4，H_3PO_4 或 $HClO_4$）被俘获，但在较高的温度中，EPR 谱迅速消失，但是俘获在 CaF_2 或 $CaSO_4 \cdot \frac{1}{2} H_2O$ 中的氢原子在室温可保存数年。

CaF_2 中俘获的氢原子是个很好的例子，说明 EPR 方法可以详细地研究这些"中心"，"中心"由下列两步处理产生：

① 在存在金属铝的情况下，将 CaF_2 和 H_2 一起加热，此时就在氟离子晶位上形成氢化物离子（H^-）；

② X射线辐照后，H^-就失去一个电子，随即氢原子就从空位逸出一段距离到一个间隙晶位，图9.19表明了氢原子的最后环境，氢原子的双线进一步分裂成强度为二项式分布的九线，表明它周围有八个等性的^{19}F核，这说明氢原子是在一个立方体的中心，这个立方体的八个角上各占一个^{19}F核。当磁场平行[100]方向（即$H//[110]$）时，所有的H-F轴都和磁场夹有相同的角度，这就得到图9.19(a)，图中弱线是"禁阻"跃迁引起的，由于a是各向异性的（$a_{//}^F = 173.8$ MHz，$a_{\perp}^F = 69.0$ MHz），因此，当$H\|[110]$时，出现如图9.19(b)所示的谱。

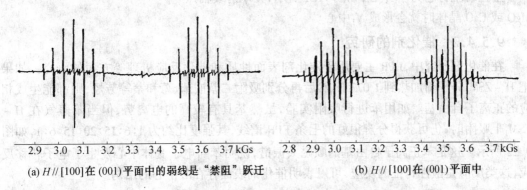

(a) $H//[100]$在(001)平面中的弱线是"禁阻"跃迁　　　(b) $H//[100]$在(001)平面中

图9.19　X射线辐照CaF_2产生的间隙氢原子的EPR谱

在碱金属卤化物的U_2心，氢原子周围同时被卤素离子的四面体和碱金属离子的四面体包围着，EPR谱由两组13条线组成，两组线间隔约500 Gs。对于$H\|[110]$，卤核的超精细耦合常数依次为45 MHz（在NaCl中）、25 MHz（在KCl中）和133 MHz（在KBr中），碱金属阳离子的超精细分裂没有分辨开。许多过渡金属或稀土离子常常作为取代杂质存在于各种基质中，这些都是EPR研究的对象，很容易看到许多单晶中的Cr^{3+}、Mn^{2+}或Fe^{3+}离子，这些谱的解释需结合晶体场理论。

(3) 俘获电子中心

阴离子空位中俘获一个电子通常称为F中心，研究得最多的是碱金属卤化物的F中心，图9.20是NaH中的F中心，NaH可以看成是一种假的碱金属卤化物，19条线的相对强度是1:6:21:56:120:216:336:456:546:580:546:…，它是六个等性的最邻近^{23}Na离子（$I=\frac{3}{2}$）贡献的，对于其他碱金属卤化物的F中心（除了LiF、NaF、RbCl、CsCl），EPR谱中含有大量彼此重叠的超精细线，因此只能看到一条宽的包络线。F中心附近原子核的超精细结构数据可以详细地提供俘获电子波函数的空间分布情况，由于F中心邻近可以有许多递次壳层，离壳层越远作用越弱，但问题一般是很复杂的。NaF还比较简单，因^{23}Na和^{19}F自然丰度都是100%，没有其他同位素。对于KCl它有^{39}K、^{41}K、^{35}Cl、^{37}Cl，这就更增加F中心波谱的复杂性。

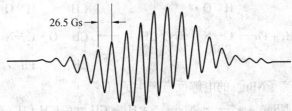

图9.20　NaH中F中心的EPR谱
注:77 K时有19条超精细线微波频率是9.153 9 GHz

(4) 俘获空穴中心

当中心拿掉电子后就形成俘获空穴中心,俘获空穴中心是缺电子中心(从阴离子上拿掉一个电子就剩下一个净的正电荷)这就是"正空穴"或简称"空穴"。空穴可以在晶体中自由游荡,在下列两种情形它被俘获,一种是它遇到可变价的杂质原子,另一种是它遇到阳离子空位。当空穴被俘获在阳离子空位时就称它为 V_1 中心,如图 9.21 所示,在 γ 射线辐照 MgO 或 CaO 晶体时就会形成 V_1 中心。

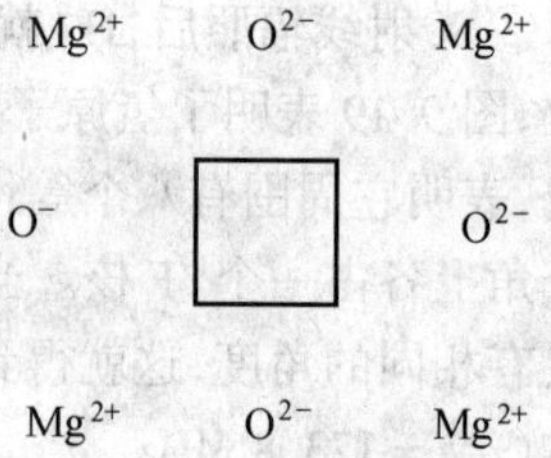

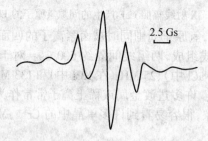

图 9.21 MgO 中 V_1 中心的模型

9.5.4.2 催化剂的研究

在催化剂研究中,EPR 主要用于催化剂表面性质和催化反应机理等方面的研究。如果把 H–ZSM_1 分子筛加热到 1 073 K,然后再分别吸附二萘嵌苯、蒽和萘等芳烃,则都能生成相应的正离子自由基。如用苯进行吸附实验,虽然苯具有较高的电离势,但当苯蒸气在 H–ZSM_1 上吸附时,仍可获得分辨很好的七条 EPR 谱线,其强度比约为 1:6:15:20:15:6:1,如图 9.22 所示。这是苯正离子自由基的顺磁共振谱,说明苯与电子受体中心发生了电子转移反应,这类反应是酸性特征的反应,可以表明催化剂表面存在酸中心的结构。

图 9.22 H–ZSM_1 吸附苯形成的 EPR 谱

9.5.4.3 电化学反应过程研究

在电化学反应过程中,对于短寿命的中间产物,一般用现场 EPR–自旋捕获技术。杂多酸及其盐类的催化氧化反应就可用现场电解池进行研究。将六钨酸四丁基铵$(NBu_4)_2W_6O_{19}$、异丙醇和捕获试剂苯亚甲基特丁基氮氧化物(PBN)的乙腈溶液经除氧后加入电解池,直接放在谐振腔内进行恒电位电解。电解反应的产物随时间变化,其 EPR 信号如图 9.23 所示。其中,图 9.23(a)表明电解反应前期,异丙醇氧化过程中产生的中间产物 A·,该自由基被 PBN 捕获:

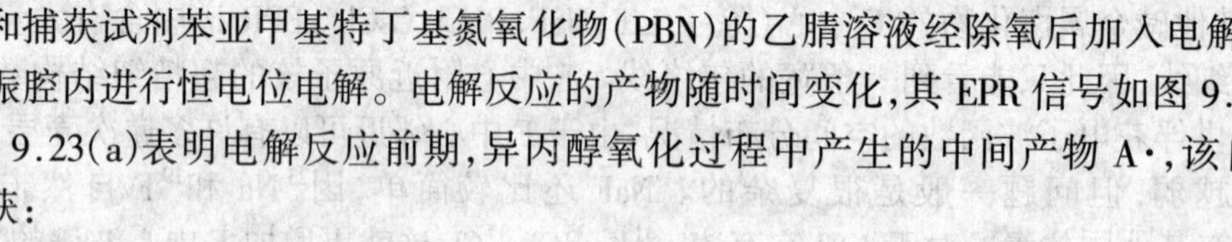

$$CH_3-\underset{A·}{\underset{|}{\overset{O·}{\overset{|}{C}H}}}-CH_3 + Ph-\underset{PBN}{\overset{H}{\underset{|}{C}}}=\overset{O·}{\underset{|}{N}}-C(CH_3)_3 \longrightarrow \underset{CH_3}{\underset{|}{\overset{CH_3}{\overset{|}{C}H}}}-O-\underset{Ph}{\underset{|}{\overset{H}{\overset{|}{C}}}}-\underset{}{\overset{O·}{\underset{|}{N}}}-C(CH_3)_3$$

在 180 min 时,阳离子 NBu_4^+ 的电解反应产生了 H·:

$$NBu_4^+ + e^- \longrightarrow [Nbu·]^+ + H· + CH_2=CHCH_2CH_3$$

PBN 捕获 H·,产生 1:2:1 的三重峰。图 9.23(c)是两种自旋加合物的叠加谱。图 9.23(d)是计算机模拟谱,与实验谱(图 9.23(c))完全吻合。电解后的溶液呈蓝绿色,表明钨(Ⅴ)的存

在。红外光谱证实产物中有丙酮存在。因此,提出催化氧化反应的历程如下:

$$[W_6O_{19}]^{2-} + e \longrightarrow [W_6O_{19}]^{3-}$$
$$[W_6O_{19}]^{3-} + AH \longrightarrow [HW_6O_{19}]^{3-} + A\cdot$$
$$A\cdot + [HW_6O_{19}]^{3-} \longrightarrow [H_2W_6O_{19}]^{3-} + CH_3COCH_3$$

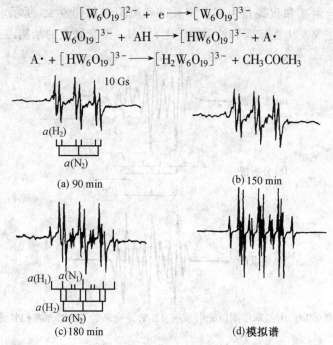

图 9.23 $(NBu_4)_2W_6O_{19}$ + 异丙醇 + PBN 的乙腈溶液经不同时间电解产生的 EPR 谱

9.5.4.4 高分子材料研究

用自旋捕获法可研究高分子聚合反应及高聚物的降解、交联和老化等机理。近年来,聚乙烯样品快速交联的理论和应用研究已取得了突破性进展。用二苯甲酮(BP)做光引发剂,在紫外光辐照下引发低密度聚乙烯(LDPE)发生交联反应,选用能耐受紫外光辐照作用而不产生 EPR 信号的 2,3,5,6 - 四甲基亚硝基苯(ND)为自旋捕获试剂,在 100~413 K 范围内观察光引发 LDPE 产生交联自由基中间体。图 9.24 是 413 K 的 ND 自旋加合物的 EPR 谱。波谱分析认为,在紫外光和引发剂作用下,聚乙烯链的氢被夺取后产生了仲碳自由基(Ⅰ)和叔碳自由基(Ⅱ),自由基(Ⅰ)和(Ⅱ)被 ND 捕获,分别生成了(Ⅰa)和(Ⅱa)两种自由基。

根据超精细结构原理,加合物自由基(Ⅰa)的未成对电子分别与 $\alpha - N$ 和 $\beta - H$ 作用,产生三组双重峰;自由基(Ⅱa)只产生三重峰。实验测得的是(Ⅰa)和(Ⅱa)两种自由基叠加谱。用各向同性的模拟程序进行两种自由基的叠合模拟,得到了图 9.24(c)所示的模拟谱。

在上述 LDPE/BP 光引发交联的反应体系中,用 2,4,6 - 三特丁基亚硝基苯(TBN)做捕获剂,也捕获到了仲碳自由基和叔碳自由基。实验谱和模拟谱如图 9.25 所示。实验表明,LDPE 的光引发交联点主要发生在叔碳和仲碳原子上,且 H - 型交联点的结构占主导地位。

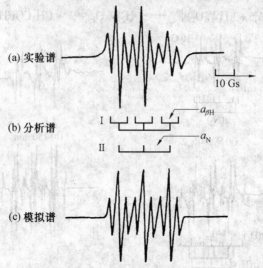

图 9.24 用二苯甲酮做光引发剂,LDPE 光交联的 ND 加合物 EPR 谱

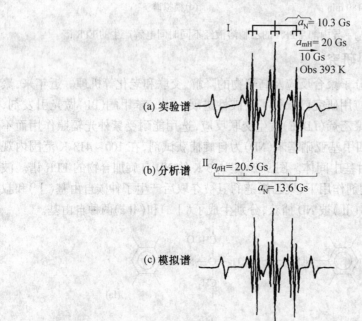

图 9.25 用(2,4,6 -)三叔丁基亚硝基苯做捕获剂,LDPE 光交联的 ND 加合物 EPR 谱

9.5.4.5 环境保护方面

随着科学技术的发展,人们对周围环境的认识也更加深入,近年来已有重要突破,在研究大气环境中,发现大气中除了有稳定的自由基外,还存在着多种重要的活泼自由基:·OH、HOO·、RO·、ROO·。虽然这些自由基的浓度很低(大气中·OH 自由基的全球平均值约为 7×10^5 个/cm^3),但由于它们的化学活性高,因而在大气化学领域起着极重要的作用。

自旋捕获法可检测大气环境中的自由基。选择 4 - POBN 为自旋捕获剂,将含有 4 -

POBN 的滤纸安装到航空机载采样系统中,由航空器载着采样系统到对流层中采集大气样品。当大气通过有捕获剂的滤纸时,·OH 自由基与 4-POBN 发生反应,生成自旋加合物,然后用溶剂萃取自旋加合物,用 EPR 法分析,测得如图 9.26 所示的谱图。定量分析结果表明,在离地面 6 km 和 10 km 的高空,·OH 自由基的平均浓度分别约为 $2×10^6$ 个/cm^3 和小于 $1×10^6$ 个/cm^3。

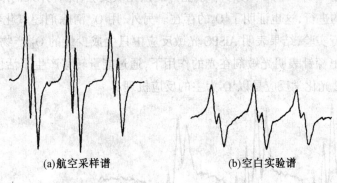

(a)航空采样谱　　　　(b)空白实验谱

图 9.26　4-POBN 自旋加合物的 EPR 谱

用高压汞灯的紫外线($\lambda<310$ nm)进行光解 O_3 产生·OH 的模拟实验,测得的 4-POBN 加合物的 EPR 谱证实航空采样得到的谱图是·OH 的加合物。用气质联用(GC/MS)分析方法也证实了 4-POBN 在对流层中捕获到的是·OH 自由基,说明·OH 是大气中的臭氧分子分解的重要中间产物。

9.5.4.6　生物和医学方面

在生物体系中,许多情况下存在着活性自由基,都可以利用自旋捕获法进行研究。例如,当多晶态嘧啶核苷类样品——固态脱氧胞苷在室温下受 γ 射线辐照后,将其溶于自旋捕获剂 MNP 的水溶液(空气饱和,pH = 2.7)中,测得自旋加合物的 EPR 谱如图 9.27(a)所示。通过对谱图分析,测得 a_N = 15.4 Gs,$a_{\beta H}$ = 2.2 Gs,$a_{\beta N}$ = 1.9 Gs。被捕获的自由基应有如图 9.27(b)所示的结构。脱氧胞苷在受到 γ 射线辐照时,其中嘧啶碱基被损伤,氢原子加成于碱基的 C(5)位,打开了 5,6-双键,未成对电子定域在嘧啶环的 C(6)位上,形成了自由基。该自由基与自旋捕获试剂 MNP 生成加合物,与 C(6)位碳连接的 H 和 N 产生 β 位置的超精细分裂。按照常规分析,一个未成对电子同时与 β 位的质子和一个氮核相互作用,若 $a_{\beta H}>a_{\beta N}$,则应产生 $2×3$ 条谱线。但是由于该分子中的 $a_{\beta H}≈a_{\beta N}$,谱线难以分辨而发生重合,结果谱线呈现 1∶2∶2∶1 的四条谱线。又由于捕获剂中氮原子核引起的一级分裂,故共出现三组四重的 12 条谱线。这说明 EPR-自旋捕获法可以用来鉴定自由基的结构。

又如在用光敏剂治疗肿瘤的实验过程中,发现新光敏剂磺化铝酞菁(AlSPC)对离体人癌细胞和动物移植肿瘤具有杀灭作用。为研究光敏剂的反应机理,选择了一种逆磁性化合物 2,2,6,6-四甲基-4-羟基哌啶醇(TMHP)作为探针,加入 AlSPC 水溶液中,在光照下,产生了如图 9.28(a)所示的 EPR 信号。该信号的强度随光照时间的增加而线性地增强。如果将样品样中的氧气除尽,则在光照实验中,不能测得 EPR 信号。由上可知,探针分子 TMHP 和氧气在光敏剂作用下产生了氮氧自由基。

根据光敏剂分子与氧气作用的动力学研究,一般认为光敏剂分子吸收光子后将跃迁至单重激发态 ^1S,然后弛豫到三重激发态 ^3S,^3S 为亚稳态,可与氧分子发生两种作用:一种是与基态氧发生能量转移,产生单线态氧$^1O_2$;另一种是与基态氧发生单电子转移,生成O_2^-。在上面反应中,用重水(D_2O)代替普通水做溶剂,其光敏反应产生的 EPR 信号要强得多,如图 9.28(b)所示。由图中直线 1 和直线 5 的斜率比可得,D_2O 对光敏反应增效达 10 多倍。这是由于 $^1O_2$ 在 D_2O 中的寿命比在 H_2O 中长 13~14 倍,所以,重水效应表明光敏体系中存在 $^1O_2$ 的中间产物。用 $^1O_2$ 猝灭剂 β-胡萝卜素能抑制该光敏反应,随着猝灭剂浓度增加,甚至能完全阻断该反应的进行,这也证明了 $^1O_2$ 的存在。另外,用 O_2^- 清除剂超氧化物歧化酶(SOD)和细胞色素 C 进行实验,结果表明 AlSPC 光敏反应中只生成少量的 O_2^- 产物。因此,在上述光敏反应中,TMHP 探针表明光敏剂在光的作用下,通过能量转移产生了活性氧 $^1O_2$,即 EPR 研究证实了 AlSPC 光化学反应是以 $^1O_2$ 为主的反应机理。

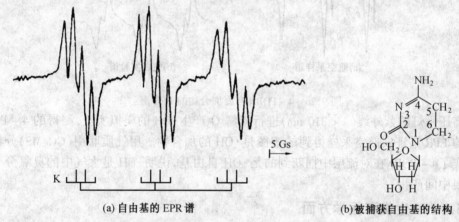

(a) 自由基的 EPR 谱　　　　　　(b) 被捕获自由基的结构

图 9.27　脱氧胞苷受 γ 辐照后,在 MNP 水溶液中自旋捕获

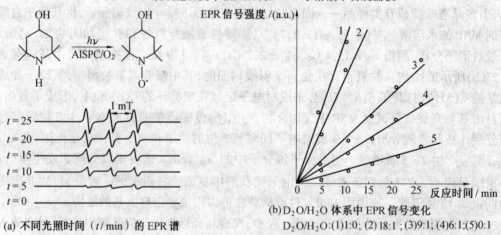

(a) 不同光照时间（t/min）的 EPR 谱

(b) D_2O/H_2O 体系中 EPR 信号变化
D_2O/H_2O:(1)1:0; (2)18:1; (3)9:1; (4)6:1; (5)0:1

图 9.28　TMHP/AlSPC 的光敏反应

本章小结

电子顺磁共振现象发现至今已有六十多年的历史,在半个多世纪中,EPR 理论、实验技术、仪器结构性能等方面都有了很大的发展,尤其是电子计算机技术和固体器件的使用,使

EPR 谱仪的灵敏度、分辨率均有了数量级的提高,从而进一步拓展了 EPR 的研究和应用范围。EPR 这一现代分析方法在物理学、化学、生物学、医学、生命科学、材料学、地矿学和年代学等领域内获得了越来越广泛的应用。通过对电子顺磁共振的研究,获得了以下结论:

①电子顺磁共振产生的条件:$h\nu = g\mu_B B$;

②g 因子,超精细结构分裂常数等参数是分析电子顺磁共振波谱的关键;

③在电子顺磁共振实验方法中,自旋标记和自旋探针的方法也可以研究逆磁性物质,扩展了研究范围;

④电子顺磁共振的研究对象主要是自由基和顺磁性金属离子及其化合物。

参考文献

[1] 邓景发,范康年.物理化学[M].北京:高等教育出版社,1997.

[2] 宁永成.有机化合物结构鉴定与有机波谱学[M].2 版.北京:科学出版社,2000.

[3] 杨文火.核磁共振原理及其在结构化学中的应用[M].福州:福建科学技术出版社,1988.

[4] 易大年,徐光漪.核磁共振波谱——在药物分析中的应用[M].上海:上海科学技术出版社,1985.

[5] 裘祖文,裴奉奎.核磁共振波谱[M].北京:科学出版社,1989.

[6] 裘祖文.电子自旋共振波谱[M].北京:科学出版社,1980.

[7] 陈贤镕.电子自旋共振实验技术[M].北京:科学出版社,1986.

[8] 张建中,赵保路,张清刚.自旋标记 EPR 波谱的基本理论和应用[M].北京:科学出版社,1987.

[9] LIVINGSTON R, ZELDES H J. Paramagnetic Resonance Study of Liquids during Photolysis: Hydrogen Peroxide and Alcohols [J]. J. Chem. Phys., 1966 (44):1245.

[10] FESSENDEN R W. Determination of the Relative Signs of EPR Hyperfine Constants from Higher-order Effects [J]. J. Mag. Res., 1969 (1):277.

[11] BOLTON J R. ^{13}C Hyperfine Splitting in the Benzene Negative Ion [J]. Mol. Phys., 1963 (6):219.

[12] MORTON J R, FALCONER W E. Electron Spin Resonance Spectrum of XeF in γ-Irradiated Xenon Tetrafluoride [J]. J. Chem. Phys., 1963(39):427.

[13] WERTZ J E, BOLTON J R. Electron Spin Resonance:Elementary Theory and Practical Applications [M]. New York: Chapman and Hall, 1986.

[14] DE VOS D E, WECKHYSEN B M, BEIN J. EPR Fine Structure of Manganese Ions in Zeolite A Detects Strong Variations of the Coordination Environment [J]. J. Am. Chem. Soc., 1996 (118):9615.

[15] BOX H C. Electron Paramagnetic Resonance Spectroscopy [M]. New York:Academic Press, 1997.

[16] ATKINS P W. Physical Chemistry [M]. Oxford:Oxford University Press, 1998.

[17] DAI H X, NG C F, AU C T. Raman Spectroscopic and EPR Investigations of Oxygen Species on

$SrCl_2$ – promoted $Ln(2)O(3)$ (Ln = Sm and Nd) Catalysts for Ethane-Selective Oxidation to Ethene [J]. Appl. Catal. A – Gen., 2000 (202): 1.

[18] XU J, YU J S, LEE J S, et al. Electron Spin Resonance and Electron Spin Echo Modulation Studies of Adsorbate Interactions with Cupric Ion on the Aluminum Content in Cu – AlMCM – 41 Materials [J]. J. Phys. Chem., B. 2000 (104): 1307.

[19] KARP E S, INBARAJ J J, LARYUKHIN M, et al. Electron Paramagnetic Resonance Studies of an Integral Membrane Peptide Inserted into Aligned Phospholipid Bilayer Nanotube Arrays [J]. J. Am. Chem. Soc., 2006(128): 9549.

[20] METCALFE E E, TRAASETH N J, VEGLIA G. Serine 16 Phosphorylation Induces an Order-to-disorder Transition in Monomeric Phospholamban [J]. Biochemistry, 2005 (44): 4386.

[21] RODI P M, CABEZA M S, GENNARO A M. Detergent Solubilization of Bovine Erythrocytes. Comparison between the Insoluble Material and the Intact Membrane [J]. Biophys. Chem., 2006 (122): 114.

第 10 章 衍射散射式激光粒度分析技术

内容提要

粒度分析技术是研究、表征微纳米分散体系性能的重要技术方法,具有重要的研究意义,特别是随着纳米材料科学及其应用技术的发展,粒度将成为重要的表征指标。激光粒度分析技术利用颗粒对激光的衍射和散射特性作等效对比,所测出的等效粒径为等效散射粒径,即用与实际被测颗粒具有相同散射效果的球形颗粒的直径来代表这个颗粒的实际大小。针对不同被测体系粒度范围,可具体划分为激光衍射式和激光动态光散射式粒度分析方法,动态光散射法采用光子相关光谱法。衍射式粒度仪能够准确测定亚微米、纳米级颗粒,散射式粒度仪可以测量 20 nm ~ 3 500 μm 的颗粒。本章讲述了夫朗禾费(Fraunhofer)衍射理论与米氏(Mie)散射理论,以理解激光粒度分析仪的工作原理,并通过实例分析简述了影响粒度测定的重要因素、应用领域以及研究进展。

10.1 引 言

随着现代科学技术的发展,粉体材料,特别是超细粉体材料以其诸多的优良性能逐渐成了现代化学工业、国防建设和高科技领域中的重要材料,并逐渐在微电子、光电技术、医药、日常生活用品、精细化工、航空航天、军事领域等方面获得了广泛的应用。粉体颗粒材料的许多重要特性是由颗粒的平均粒度及粒度分布等参数决定的,例如,粒度的分布影响白砂糖的晶体质量;颜料粒度决定其着色能力;水泥粒度决定水泥的凝结时间;荧光粉粒度决定电视机、显示器等屏幕的显示亮度和清晰度等。此外,颗粒粒度对食品的味感、药物的效用及炸药的爆炸强度也有很大的影响。正因为粉体颗粒粒度的大小和尺寸分布参数与颗粒的特性密切相关,同时也是颗粒材料的生产制备以及应用中离不开的一个重要环节,因此粉体颗粒粒度的表征是这些超细粉体技术应用的基础和关键。

早在 19 世纪夫朗禾费和米氏等人就已描述了粒子与光的相互作用,但直到 20 世纪 70 年代,才随着激光技术、光电技术以及计算机技术的迅速发展,使这些理论得以快速地应用到颗粒的粒度测量中,使基于光散射原理的颗粒测量仪器得到了长足的发展。衍射散射法又称小角前向散射法,它是各种光散射式颗粒测量仪中发展最为成熟,应用最为广泛的一种,在颗粒测量技术中已经得到了普遍的采用。它以激光为光源,因此习惯上又简称为激光测粒仪。目前已有众多厂家研制或生产该类测粒仪,其性能也在不断完善和提高之中。

激光粒度分析法的主要优点是:

①可测量颗粒的粒径范围广,约为 0.5 ~ 2 000 μm,个别情况下测量上限可达 3 500 μm。当引入侧向和背向散射光检测器后,测量下限可达 0.02 μm。

②不仅可用于固体颗粒的测量,还可对液体颗粒进行测量,适用范围更广泛。

③由于光电转换的时间很短，且光学法易于与电子计算机配合使用，为此可以实现快速测量。一般情况下，1~2 min内即可完成整个测量过程，并打印输出全部测量结果，具有很高的自动化程度。

④在某些情况下，不需要知道被测颗粒和分散介质的物理特性（如密度、黏度等）即可进行测量，使用过程中的限制少。

⑤由于光的透射性，可以实现非接触测量，无需从被测介质中抽取试样，因而，可以实现在线测量，这对生产工艺过程的自动监测十分重要。

⑥与其他传统测粒方法相比，激光测粒仪能给出准确可靠的测量结果，并且重复性好，对聚苯乙烯标准粒子的重复性测量误差可小于1%~2%。

⑦衍射散射式激光测粒仪的原理虽然比较复杂，但其操作简单。由于自动化程度很高，尤其不受操作人员主观情绪等因素的影响，保证了测量结果的客观性。

10.2 仪器简介

激光粒度分析仪的组成如图10.1所示。由激光器（一般为He-Ne激光器）发出的光束经针孔滤波及扩束器后成为直径约为8~10 mm的平行单色光。当该平行光照射到测量区中的颗粒群时便会产生光的衍射现象，形成一定的空间光强分布。衍射散射光的强度分布与测量区中被照射的颗粒直径和颗粒数量有关。

图10.1 激光粒度分析仪组成框图

用接收透镜（一般为傅里叶透镜）将由各个颗粒散射出来的相同方向的光聚焦到焦平面上，在这个平面上放置一个光电探测器，用来接收衍射光能的分布。光电探测器将散射光信号转变为电信号，在这些电信号中包含颗粒粒径大小及分布信息。电信号经放大和模数转换后一起送入计算机，按事先编制的程序，根据衍射理论进行数据处理，把衍射谱的空间分布反演为颗粒的大小分布。

激光衍射粒度分析仪所基于的原理是：颗粒在激光束的照射下，其散射光的角度与颗粒的直径成反比关系，而散射光强随角度的增加呈对数规律衰减。颗粒越大，其衍射光的角度越小，颗粒越小，其衍射光的角度越大。不同粒径的粒子所衍射的光会落在不同的位置，因此，通过衍射光的位置可反映出粒径大小。另一方面，通过适当的光路配置，同样大的粒子所衍射的光会落在同样的位置，所以叠加后的衍射光的强度反映出粒子所占的相对多少。

图10.2显示了衍射光的强度随角度及粒径变化的曲线。由图可见，当粒径变小时，衍射光的强度变弱且对角度的依赖性变差，因此，对激光衍射法而言，如何准确地检测小粒子是仪器设计的关键。

图10.3为激光衍射粒度分析仪的工作示意图。由He-Ne激光器发射出的一束一定波长的激光，该光束经过滤镜后成为单一的平行光束。该光束照射到颗粒样品后发生散射现象，而散射角与颗粒的直径成反比。散射光经反傅里叶透镜后成像在排列有多个检测器的焦平面上，散射光的能量分布与颗粒直径的分布直接相关。通过接收和测量散射光的能量

第 10 章 衍射散射式激光粒度分析技术

分布就可以得出颗粒的粒度分布特征。

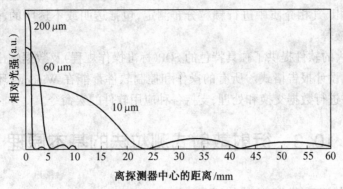

图 10.2 衍射光的强度随角度及粒径变化曲线

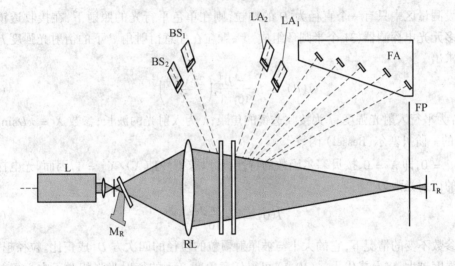

图 10.3 激光衍射粒度分析仪的工作示意图

L—氦氖主激光器；M_R—滤光镜；RL—反傅里叶透镜；FP—焦平面；FA—前倾角检测器；
LA—大角度检测器；BS—背散射光检测器；T_R—遮光度检测器

以 Mastersizer S 激光粒度分析仪为例，简述激光粒度分析的特点：

(1) 采用 He-Ne 气体激光器作为光源，所发射的激光波长为 633 nm。该光源具有良好的抗震性，并且背景噪声低。根据瑞利散射定律可知，粒子的衍射光的强度与粒径的 6 次方成正比，而与激光波长的 4 次方成反比，所以颗粒对 633 nm 波长的散射光能量是普通固体激光器(波长大于 700 nm)的 2 倍，提高了小粒子散射信号的强度。

(2) 采用反傅里叶光路系统，克服了传统的傅里叶光路对检测角度的限制。在主检测器的基础上，增加了大面积的前向和背向检测器群组，使检测角最高达到 135°，粒度检测下限可达 50 nm。

(3) 具备功率连续可调的超声波分散功能和搅拌分散功能，以满足对干粉、液体悬浮液、乳液等不同样品粒度测定的要求。

(4) 采用完全激光衍射法，避免了在同一仪器中使用多种方法造成的结果链接时的系统误差及不同方法对测量条件所要求的不一致性。

(5) 采用完全的米氏理论，考虑了反射光、透射光及介质的折光率影响，引入了样品光学参数对结果进行修正,克服了只采用夫朗禾费近似理论的仪器对小颗粒检测时引起的误差。可在水相、有机相、气相介质中进行颗粒分布测定,包括透明或不透明的、带色或无色的固体、油珠或乳化液等。

(6)功能强大的软件提供了独具特色的SOP(标准操作规程)及数据输出功能,并且用户可根据需要随意设计报告格式。所有的操作和控制软件都能在Windows环境下运行,并能与其他应用软件进行数据交换和处理,支持各种应用软件的宏命令。

10.3 衍射散射式测粒法的基本原理

10.3.1 夫朗禾费衍射散射理论

假设测量区中只有一个直径为 D 的颗粒,则在单色平行光的照射下,在接收透镜的焦平面即多元光电探测器(31个半圆环组成)上,颗粒在任意衍射角 θ 下的衍射光强度 $I(\theta)$ 可用下式求出

$$I(\theta) = I_0 \frac{\pi^2 D^4}{16 f^2 \lambda^2} \left(\frac{2J_1(X)}{X} \right)^2 \tag{10.1}$$

式中,I_0 为平行入射光强度;f 为接收透镜的焦距;λ 为入射光的波长;参数 $X = \pi D \sin\theta / \lambda$;$J_1$ 为 X 的一阶贝塞尔(Bessel)函数。

令 $\theta = 0$,即 $X = 0$,按贝塞尔函数的特性,可以求得 $[2J_1(X)/X] = 1$,因而,光电探测器中心处的衍射光强为

$$I(0) = I_0 \frac{\pi^2 D^4}{16 f^2 \lambda^2} \tag{10.2}$$

在其他参数不变的情况下,它的大小与被照射颗粒的粒径的四次方 D^4 成正比。粒径越大,衍射光的强度越大。将上式代入式(10.1)可得任意角度 θ 下的衍射光强相对于中心衍射光强比的分布为

$$P(\theta) = \frac{I(\theta)}{I(0)} = \left(\frac{2J_1(X)}{X} \right)^2 \tag{10.3}$$

由圆孔衍射可知,对于一定直径的颗粒,式(10.3)决定的衍射图形是一组同心的明暗交替的光环,其中心亮斑即为艾里斑,它的半径的张角 θ_0,即衍射图形中的第一极小点对衍射中心法线的夹角为

$$\theta_0 = \arcsin \frac{1.22\lambda}{D} \approx 1.22 \frac{\lambda}{D} \tag{10.4}$$

对于一定的入射光波长 λ,颗粒直径 D 越大,则张角越小,也即艾里斑越向中心靠拢,或整个衍射图形集中在前向较小的角度范围内。由式(10.2)还可知道,粒径 D 越大,相应的衍射光也就越亮。因此,当颗粒直径变化时,衍射图形也随之而变,衍射图形与颗粒直径之间存在着完全确定的对应关系。

衍射光经接收透镜后,在光电探测器每个环上所获得的光能量可通过对式(10.1)在每个环面上的积分得到。对于多元光电探测器的第 n 环(设环半径从 S_n 到 S_{n+1},对应的衍射角从 θ_n 到 θ_{n+1},如图10.4所示),其光能量为

$$E_n = \int_{s_n}^{s_{n+1}} I(\theta) 2\pi S dS \quad (n = 1, 2, \cdots) \tag{10.5}$$

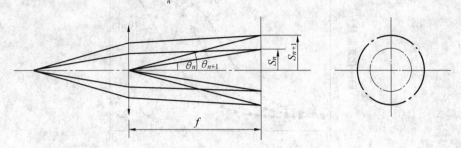

图 10.4 光能量计算示意图

由于接收透镜的焦距 f 远大于光电探测器的最大半径,即衍射角 θ 很小,因此可以作如下近似

$$\sin\theta \approx \theta \approx \frac{S}{f} \tag{10.6}$$

将式(10.1)、(10.6) 代入式(10.5),通过积分变量变换,并化简后可得

$$E_n = \frac{I_0 \pi D^2}{2} \int_{X_n}^{X_{n+1}} J_1^2(X) dX \quad (n = 1, 2, \cdots, 30) \tag{10.7}$$

式中 $X_n = \frac{\pi D \theta_n}{\lambda}$, $X_{n+1} = \frac{\pi D \theta_{n+1}}{\lambda}$。利用贝塞尔函数的递推公式

$$J_n(X) = \frac{n+1}{X^n} J_{n+1}(X) + X^{n+1} \frac{d}{dX} J_{n+1}(X) \tag{10.8}$$

$$dJ_n(X)/dX = -J_{n+1}(X) \tag{10.9}$$

其中 $J_n(X)$ 称为第一类 n 阶贝塞尔函数。令 $n = 1$,则有

$$\begin{aligned} J_1^2(X)/X &= J_1(X) \cdot J_1(X)/X = J_1(X)[J_0(X) - dJ_1(X)/dX] = \\ &- [J_0(X) dJ_0(X)/dX + J_1(X) dJ_1(X)/dX] = \\ &- \frac{1}{2} d[J_0^2(X) + J_1^2(X)]/dX \end{aligned} \tag{10.10}$$

将式(10.10) 代入式(10.7) 经积分后可得

$$e_n = \frac{I_0 \pi D^2}{4} [J_0^2(X_n) + J_1^2(X_n) - J_0^2(X_{n+1}) - J_1^2(X_{n+1})]$$

$$(n = 1, 2, \cdots, 30) \tag{10.11}$$

已知颗粒的直径和多元光电探测器各环的内外半径以及接收透镜的焦距,利用上式即可计算出衍射光在光电探测器各个环上的光能量。图 10.5 中给出了当颗粒直径分别为 10 μm、20 μm 和 30 μm 时光能量分布的理论计算曲线。图中的横坐标为光电探测器环数,纵坐标为归一化光能量。

从图 10.5 可以看出,不同直径的颗粒所产生的衍射光在光电探测器各个环上的光能量分布是不同的。例如,颗粒直径越大,光能分布曲线的第一峰值越向中心(即环数 n 较小方向) 偏移。因此,如果能够测得光电探测器各个环的衍射光能分布,从理论上讲,就能利用式 (10.11) 求出一个与该光能分布对应的颗粒直径,而且这个值是唯一的。这就是衍射式粒度分析仪的理论基础。

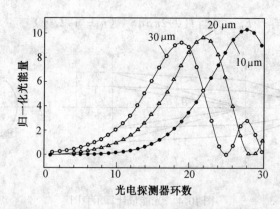

图 10.5 不同颗粒直径所对应的光能量分布

以上讨论分析的是假设测量区中只有一个颗粒的情况。实际情况下,测量区中的颗粒数往往很多。最简单的情况是,颗粒群中所有颗粒的大小 D 完全相同。假定这些颗粒的排列无一定规则,则当颗粒数 N 足够大时,可以证明,所有这些颗粒所产生的总的衍射光能将是单个颗粒衍射时衍射光能的 N 倍(即假设这些颗粒群所产生的散射光满足不相关的单散射条件),则光电探测器第 n 环所接收到的衍射光能量将是式(10.11) 的 N 倍,即

$$E_n = \frac{NI_0\pi D^2}{4}[J_0^2(X_n) + J_1^2(X_n) - J_0^2(X_{n+1}) - J_1^2(X_{n+1})]$$

$$(n = 1,2,\cdots,30) \tag{10.12}$$

进一步推论可得,如果测量区中是由许许多多大小不同的颗粒所组成的颗粒群,并设有直径为 D_i 的颗粒数共有 N_i 个,则该颗粒群所产生的总的衍射光能将是每种颗粒所产生的衍射光能的总和。这时,光电探测器第 n 个环上的总的衍射光能量就为

$$E_n = \frac{I_0\pi}{4}\sum_i N_i D_i^2[J_0^2(X_{i,n}) + J_1^2(X_{i,n}) - J_0^2(X_{i,n+1}) - J_1^2(X_{i,n+1})]$$

$$(n = 1,2,\cdots,30) \tag{10.13}$$

式中,$X_{i,n} = \frac{\pi D_i \theta_n}{\lambda}$;$X_{i,n+1} = \frac{\pi D_i \theta_{n+1}}{\lambda}$。

在很多情况下,颗粒的尺寸分布不是采用颗粒数 N,而是采用质量频率 W 来表示。设直径为 D_i 的颗粒质量占 W_i,则颗粒质量 W_i 和颗粒数 N_i 之间存在下列简单关系

$$N_i = \frac{6W_i}{\pi\rho D_i^3} \tag{10.14}$$

将式(10.14) 代入式(10.13),并化简可得

$$E_n = C\sum_i \frac{W_i}{D_i}[J_0^2(X_{i,n}) + J_1^2(X_{i,n}) - J_0^2(X_{i,n+1}) - J_1^2(X_{i,n+1})] \quad (n = 1,2,\cdots,30)$$

$$\tag{10.15}$$

式中,$C = \frac{3I_0}{2\rho}$ 为一常数,在数据处理过程中,由于对光能量的计算采用归一化方法,同时对颗粒的尺寸分布用百分率表示,因此常数 C 在计算中可略去不计。为方便起见,在今后的有关方程中将省略不写。

多元光电探测器共有 30 个环(取的是前 30 个环或后 30 个环),对其中的每一个环按式

(10.15) 写出其衍射光能,可得到一个线性方程组

$$\left.\begin{aligned} E_1 &= t_{1,1}\omega_1 + t_{2,1}\omega_2 + t_{3,1}\omega_3 + \cdots \\ E_2 &= t_{1,2}\omega_1 + t_{2,2}\omega_2 + t_{3,2}\omega_3 + \cdots \\ &\vdots \\ E_{30} &= t_{1,30}\omega_1 + t_{2,30}\omega_2 + t_{3,30}\omega_3 + \cdots \end{aligned}\right\} \quad (10.16)$$

其中

$$t_{i,j} = \frac{1}{D_i}[J_0^2(X_{i,j}) + J_1^2(X_{i,j}) - J_0^2(X_{i,j+1}) - J_1^2(X_{i,j+1})] \quad (10.17)$$

用矩阵形式可表示为

$$\boldsymbol{E}_{总} = \boldsymbol{TW} \quad (10.18)$$

其中

$$\boldsymbol{E}_{总} = (e_1, e_2, \cdots, e_{30})^{\mathrm{T}} \quad (10.19)$$

称为光能分布列向量。

$$\boldsymbol{W} = (W_1, W_2, W_3, \cdots)^{\mathrm{T}} \quad (10.20)$$

称为尺寸分布列向量,而

$$\boldsymbol{T} = \begin{bmatrix} t_{1,1} & t_{2,1} & t_{3,1} & \cdots \\ t_{1,2} & t_{2,2} & t_{3,2} & \cdots \\ \vdots & \vdots & \vdots & \\ t_{1,30} & t_{2,30} & t_{3,30} & \cdots \end{bmatrix} \quad (10.21)$$

称为光能分布系数矩阵,矩阵中的每一个元素 $t_{i,j}$ 的物理意义是直径为 D_i 的颗粒所产生的衍射光落在多元光电探测器第 j 环上的光能量。

10.3.2 米氏散射理论

颗粒与入射光之间的光散射规律服从于经典的米氏理论。米氏理论对均质的球形颗粒在平行单色光照射下的电磁场方程的精确解,适用于一切大小和不同折射率的球形颗粒。而夫朗禾费衍射理论只是经典米氏散射理论的一个近似或一个特例,仅当颗粒直径 D 与入射光波长 λ 相比很大时($D \gg \lambda$)才能适用。这就决定了基于夫朗禾费衍射理论的激光测粒仪的测量下限不能很小。因此,各种基于夫朗禾费衍射理论的激光粒度分析仪在小颗粒范围内的测量精度是不够的。为了克服这一缺点,目前市场上的激光测粒仪都采用了米氏修正的方法,即在大粒径范围内,应用夫朗禾费衍射理论,而在小粒径范围内应用经典的米氏散射理论,从而在保持大粒径范围内测量精度的条件下,提高在小粒径范围内的测量精度。

按照米氏理论,当一束强度为 I_0 的自然光入射到各向异性的球形微粒时,其散射光强为

$$I(\theta, a, m) = \frac{\lambda^2}{8\pi^2 r^2} I_0 [i_1(\theta, a, m) + i_2(\theta, a, m)] \quad (10.22)$$

而当入射光为一平面偏振光时,在散射面上的散射光强为

$$I(\varphi) = \frac{\lambda^2}{4\pi^2 r^2} I_0 [i_1 \sin^2\varphi + i_2 \cos^2\varphi] \quad (10.23)$$

上两式中，θ 为散射角；$a = \dfrac{\pi D}{\lambda}$ 为无因次尺寸参数；$m = n + i\eta$ 为粒子相对于周围介质的折射率（虚部不为零，表示粒子有吸收）；λ 为入射光在粒子周围介质中的波长；r 为散射体（颗粒）到观察面的距离；φ 为入射光的电矢量相对于散射面的夹角；i_1、i_2 分别为垂直及平行于散射平面的散射强度函数分量。

由光强公式(10.22)，可求出在米氏散射时单个颗粒在多元光电探测器第 n 环上的散射光能为

$$E_n = \int_{s_n}^{s_{n+1}} \frac{\lambda^2}{8\pi^2 r^2} I_0 (i_1 + i_2) 2\pi s \, ds \qquad (10.24)$$

对于实际多颗粒系统，则为

$$E_n = c' \sum_i \frac{W_i}{D_i^3} \int_{s_n}^{s_{n+1}} \frac{i_1 + i_2}{r^2} s \, ds \qquad (10.25)$$

或改写为

$$E_n = c' \sum_i t_{ni} W_i \qquad (10.26)$$

式中，$t_{ni} = \dfrac{1}{D_i^3} \int_{s_n}^{s_{n+1}} \dfrac{i_1 + i_2}{r^2} s \, ds$，$c'$ 为常数，在归一化数据处理过程中，可忽略不计。式(10.26)也可更简单地写成矩阵形式，即

$$\boldsymbol{E} = \boldsymbol{TW} \qquad (10.27)$$

式(10.27)就是用米氏散射理论计算颗粒在光电探测器各环上散射光能分布的计算公式。比较式(10.27)与式(10.18)可见，用夫朗禾费衍射理论与用米氏散射理论计算光能分布的公式在形式上完全相同，两者的主要差别仅是光能分布系数矩阵 $\boldsymbol{T}$ 中对应的各元素 t_{ni} 的计算公式不同。

表 10.1 给出了用夫朗禾费衍射式激光测粒仪与米氏散射式激光测粒仪对部分标准颗粒的对比性测量结果。

表 10.1 夫朗禾费衍射式与米氏散射式激光测粒仪测量结果的比较

标准粒子的名义直径 /μm	米氏散射式激光测粒仪		夫朗禾费衍射式激光测粒仪	
	测量值 /μm	误差 /%	测量值 /μm	误差 /%
0.58	0.59	1.71	0.74	27.6
0.71	0.70	1.41	1.00	40.8
1.25	1.25	0	1.45	16.0
3.17	3.24	2.24	1.76	44.5

由表的右半部分的数据可以看出，当用夫朗禾费衍射式激光测粒仪测量小尺寸的颗粒时，其测量精度难以满足工程应用上的需要。而表的左半部分的数据则很好地说明了当衍射式激光测粒仪采用米氏修正后，小粒径范围内的测量精度有很大的提高和改善。夫朗禾费衍射理论所适应的测量粒径范围多大于 3 μm，米氏散射理论可测出 1 μm 左右超细颗粒的粒径分布。

10.3.3 光子相关光谱

夫朗禾费衍射散射理论和米氏散射理论皆属于静态光散射(Static Light Scattering,

SLS)理论,本节讨论的光子相关光谱技术是光散射式颗粒粒径测量技术中的一个重要分支,属于动态光散射(Dynamic Light Scattering, DLS)理论,专门用于测量超细颗粒或纳米颗粒的粒径。当颗粒粒度小于光波波长时,由瑞利散射理论,散射光相对强度的角分布与粒子大小无关,不能够通过对散射光强度的空间分布(即上述的静态光散射法)确定颗粒粒度,动态光散射正好弥补了在这一粒度范围其他光散射测量手段的不足。原理是当光束通过产生布朗运动的颗粒时,会散射出一定频移的散射光,散射光在空间某点形成干涉,该点光强的时间相关函数的衰减与颗粒粒度大小有一一对应的关系。通过检测散射光的光强随时间变化,并进行相关运算可以得出颗粒粒度大小。动态光散射法适于测定亚微米级颗粒,测量范围为 1 nm ~ 5 μm。

光子相关光谱法(Photon Correlation Spectroscopy, PCS)的测量下限约为 0.003 ~ 0.005 μm,这一技术之所以能够测量小到几个纳米的超细颗粒,是因为它的测量原理建立在颗粒的随机热运动或布朗运动基础之上。由分子运动学理论可知,一个悬浮在液体(水)中的颗粒要受到周围介质分子的不断碰撞,而一个颗粒表面四周的液体分子数约正比于二者直径比的平方。例如,一个粒径为 100 nm 的颗粒四周约有 100 万个水分子(水分子的直径约为 0.1 nm),即使一个粒径为 5 nm 的颗粒四周也有多达 2 500 个水分子,颗粒不断地受到水分子的碰撞而做随机的布朗运动。图 10.6 为 PCS 法的测量原理简图。

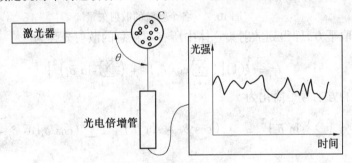

图 10.6　PCS 法测量原理图

样品池 C 中盛有待测超细颗粒试样的悬浮液,来自激光器的光束经光学系统聚集后照射到试样颗粒中,测量区中的颗粒群受到激光的照射产生散射光,在某一角度 θ 下采集其散射光,并由光电倍增管接收。

假设测量区中的被测试样颗粒是完全"均匀一致"的,则光电倍增管所接收到的散射光信号将是恒定值,不随时间变化。但是,由于受到周围液体分子的撞击,超细颗粒不断地做随机的布朗运动,布朗运动使得颗粒相对于光电倍增管的距离改变,各颗粒之间的相位也不断地变化。此外,布朗运动使颗粒不断地"进入"和"离开"光束等,这就使得光电倍增管所接收到的散射光信号不再保持恒定,而是围绕某一平均值随时间不断地起伏涨落(Fluctuation),产生许多噪声分量。当试样颗粒的粒径较小时,颗粒在液体中扩散得较快,即布朗运动较快,散射光信号的起伏涨落也相应地较快;反之,当试样颗粒的粒径较大时,颗粒的布朗运动较慢,散射光信号的起伏涨落也较慢。由此可知,散射光信号的瞬间变化(或信号的起伏涨落)中包含有被测试样粒径大小的信息。

由上所述,PCS 的工作原理可以简单地归纳为:测量颗粒试样的散射光信号,应用相关技术由散射光信号的起伏涨落中求得颗粒的平移扩散系数 D_T,平移扩散系数求得后再按斯托克斯－爱因斯坦公式(Stokes-Einstein)求得颗粒的当量球形直径。

10.3.3.1 散射光信号的起伏涨落

在讨论某一散射集合内多个颗粒各自对散射光强的贡献时,可以先计算一个颗粒的散射电场 E_{is},然后矢量相加并取其平方值,所得即为散射光强。以下为讨论方便起见,假设所有颗粒具有相同的粒径(单分散颗粒系),则每个颗粒的散射电场 E_{is} 的数值相同,但相位不同,如图 10.7 所示。矢量相加后得

$$E_s = \sum_i E_{is} = iE_s\sum \cos\delta_i + jE_s\sum \sin\delta_i \tag{10.28}$$

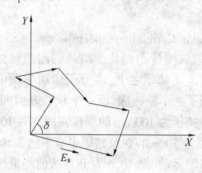

图 10.7　各个颗粒的散射矢量

对式(10.28)取平方,即得到散射集合体中所有颗粒总的散射光强为

$$I_s = I(1)\left[\left(\sum_{i=1}^N \cos\delta_i\right)^2 + \left(\sum_{i=1}^N \sin\delta_i\right)^2\right] \tag{10.29}$$

式(10.29)中的方括号可简化为

$$\left(\sum_{i=1}^N \cos\delta_i\right)^2 + \left(\sum_{i=1}^N \sin\delta_i\right)^2 = \sum_{i=1}^N(\cos^2\delta_i + \sin^2\delta_i) + 2\sum_{j,i=1}(\cos\delta_i\cos\delta_j + \sin\delta_i\sin\delta_j) =$$

$$N + 2\sum_{j,i=1}^N \cos(\delta_i - \delta_j) \tag{10.30}$$

代回式(10.29)后得

$$I_s = I_s(1)\left[N + 2\sum_{j,i=1}^N \cos(\delta_i - \delta_j)\right] \tag{10.31}$$

式中,$I_s(1)$ 为一个颗粒的散射光强;N 为颗粒数;δ_i 和 δ_j 分别为散射集合体中第 i 和第 j 个颗粒散射电场的相位角;$\delta_i - \delta_j$ 为颗粒之间的相位差,由于颗粒处于不断运动之中,其值与时间有关,但在一段时间内,$\cos(\delta_i - \delta_j)$ 的平均值为零。因此,在静态光散射中,散射光强的时间平均值为

$$\langle I_s \rangle = NI_s(1) \tag{10.32}$$

式中,$\langle I_s \rangle$ 值为一个颗粒散射光强的 N 倍。

在动态光散射情况下,式(10.31)括号中后一项数值在某一瞬间并不为零。因而,散射集合体的散射光强将随时间以某一平均值 $\langle I_s \rangle$ 而不断的起伏涨落,如图 10.8 所示,其起伏涨落的部分为噪声分量。散射光强在极值之间扰动一次的时间间隔取决于两个颗粒的相位差从 0 变化到 2π 的时间,该时间与散射角度及颗粒粒径有关,一般在几个微秒(小颗粒)到几个毫秒(大颗粒)之间。

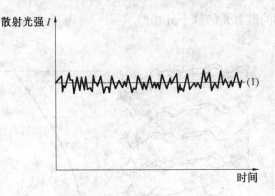

图 10.8 散射光强随时间的涨落

10.3.3.2 斯托克斯 - 爱因斯坦公式

有关颗粒在分散介质中的扩散系数,在普通物理学中都有讨论。对球形颗粒,平移扩散系数 D_T 与颗粒粒径 D 之间可用斯托克斯 - 爱因斯坦公式表示

$$D_T = \frac{K_B T}{3\pi \eta D} \tag{10.33}$$

式中,K_B 为玻耳兹曼常数;η 为分数介质的黏度;T 为绝对温度。

斯托克斯 - 爱因斯坦公式是在不存在其他作用力的条件下得到的。因此,在进行 PCS 测量时,试样的浓度应充分稀释,避免颗粒之间的范氏作用力,颗粒表面也不应有静电荷等,以消除颗粒间的一切可能相互作用。由式(10.33)可知,扩散系数 D_T 线性地正比于绝对温度,分数介质的黏性系数也随温度变化。为此,为得到可靠的测量结果,测量应在恒温下进行,样品池通常置于恒温浴槽中。由散射光强信号的起伏涨落信号中得到扩散系数 D_T 后,即可按式(10.33)求得被测颗粒试样的粒径。

10.3.3.3 时间自相关函数

在超细颗粒粒径测量技术的早期发展阶段,各国学者曾较多地采用频率域方法,利用频率分析技术和频谱分析仪器测定颗粒的扩散系数 D_T。目前,频率域方法已被时间域方法所取代。相比之下,时间域方法的测量仪器比较简单,特别是当数字式相关仪器发展之后,测量变得更为简单直接,在时间域方法中,与频率谱相当的就是光强自相关函数,它是对频率域中的噪声谱进行傅里叶变换后得到的。

当前,在 PCS 方法中,为了由散射光强的起伏涨落中探求颗粒的布朗运动,进而求得其扩散系数 D_T,都采用了相关技术。相关技术是处理随机过程及噪声理论中常用的一种方法。这里采用的是时间自相关函数,时间自相关函数是对随机过程的一种统计表征,它的定义是

$$G(\tau) = \langle I(t)I(t+\tau) \rangle = \lim_{T \to \infty} \frac{1}{T} \int_0^T I(t)I(t+\tau) dt \tag{10.34}$$

式中,$I(t)$ 为 t 时刻光电倍增管所接收到的试样的散射光强信号;$I(t+\tau)$ 为 $(t+\tau)$ 时刻光电倍增管所接收到的试样的散射光强信号;τ 为延滞时间;括号 $\langle \rangle$ 为时间平均值;T 为总实验时间。

从数学上来说,一个函数的积分表示该曲线下的面积,但从物理上说,自相关函数还有其自己的意义,它不是实际时间(即实验时间)T 的函数,而是延滞时间(或相关时间)τ 的函数。为了说明问题,图 10.9 中给出了某一典型的随时间变化的信号 $I(t)$ 曲线,它与 PCS 法中

光电倍增管所接收到的散射光信号十分相似。

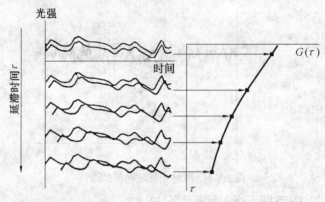

图 10.9　随机变化信号的自相关函数

下面分析自相关函数的物理意义,先设 $\tau = 0$,式(10.34)内的数学积分式为 $I(t)^2$,对 t 积分就相当于计算曲线 $I(t)^2$ 下的面积。显然,此时 $I(t)$ 与 $I(t+\tau)$ 互相重合($\tau = 0$),二曲线的峰与谷完全对准而处处得到加强。为此,其面积或积分值最大,这就是自相关函数 $G(\tau)$ 在 $\tau = 0$ 时的取值。设延滞时间 $\tau \neq 0$,且逐渐增大,这就相当于把曲线 $I(t)$ 和 $I(t+\tau)$ 彼此离开一个距离,这时,曲线的峰与谷的"对应性"变差,二者互相有"补偿"和"抵消",相乘再相加后,其值减小。延滞时间越大,二曲线离开得越多,"对应性"越差,积分值降低得越多。为此,自相关函数 $G(\tau)$ 随 τ 的增加而不断减小,表现为一衰减曲线。根据时间自相关函数的性质,当 $\tau \to \infty$ 时,其值趋近于某一平均值 $<I>^2$。可解释为自相关函数是二曲线 $I(t)$ 及 $I(t+\tau)$ 之间的相似性或相关性的一个度量,在短时间内,二者有着较好的相关性,随着时间的增大,相关性逐渐丧失,信号"忘记"了它的以前状态。

光强的时间自相关函数在 PCS 测量中十分重要。根据自相关函数可以确定颗粒的扩散系数 D_T,进而按式(10.33)求得试样的粒径 D。测量装置中的相关器就是用来对光电倍增管所接收到的大量散射光强随机信号反复进行"相乘"再"相加",计算得到试样的自相关曲线。对一随机过程,为得到可靠的统计性结果,信号数应该是大量的。目前制造厂商生产的 PCS 仪器,每次试样测量所采集的信号数一般都在 100 万(10^6)个以上。随着科学技术的发展,仪器所配置的数字式相关器已经能够在很短的时间内(一般不超过 1~2 min)对所采集的大量数据进行相应的相关计算,实时得到相关曲线。

光子相关光谱技术的局限性在于,这种方法对单分散或窄分布颗粒体系能给出相当准确的测量结果,但对宽分布和双(多)峰分布的颗粒体系,其测量结果的准确性有所降低。

10.3.4　衍射式分析法和散射式分析法比较

激光粒度分析法是目前最为主要的纳米材料体系粒度分析方法。针对不同被测体系粒度范围,又可具体划分为激光衍射式和激光动态光散射式粒度分析方法,动态光散射法采用光子相关光谱法。当一束波长为 λ 的激光照射在一定粒度的球形小颗粒上时,会发生衍射和散射两种现象,通常当颗粒粒径大于 10λ 时,以衍射现象为主;当粒径小于 10λ 时,则以散射现象为主。目前的激光衍射式粒度仪多以 500~700 nm 波长的激光作为光源,仅对粒径在 5 μm 以上的颗粒分析结果非常准确,而对于粒径小于 5 μm 的颗粒则采用了一种数学上的米氏修正,因此,它对亚微米和纳米级颗粒的测量有一定的误差,甚至难以准确测量。对于散射式激光粒度仪,则直接对采集的散射光信息进行处理,因此,它能够准确测定亚微米、纳米级颗粒。

光散射粒度分析方法的优点包括:① 测量范围广,现在最先进的激光光散射粒度测试仪可以测量 20 nm～3 500 μm 范围的粒度分布,获得的是等效球体积分布,基本满足了超细粉体技术的要求,也适合混合物料的测量;② 测定速度快,自动化程度高,操作简单。由于应用了傅里叶变换,使得光散射原理很容易通过计算机数值计算实现。利用高速计算机系统,从对光、校正背景光值、测量,到给出各种统计结果,一般只需 1～1.5 min;③ 测量准确,重现性好。尽管激光光散射法在粒度测试中有上述优点,并且正得到更加广泛而深入的应用,仍应客观地看到由其基本原理而产生的局限性:① 应用于高浓度的样品时,由于使用的是光源,对于高浓度的样品(尤其在线测量时),光线无法正常穿过,因此无法准确得到光强分布信息;② 颗粒的形状、粒径分布特性对最终粒度分析结果影响较大,应用于形状不规则的颗粒时,由于在 $d \sim \lambda$ 的通常情况下,应用的是米氏理论,而建立在球形粒子模型基础上的该理论对粒子的非球形度很敏感,因此在测量薄片状、长圆柱状、纤维状的颗粒时,便会引起误差。

利用光子相关光谱方法可以测量 1～3 000 nm 范围的粒度分布,特别适合超细纳米材料的粒度分析研究,对粒度在 5 μm 以下的纳米、亚微米颗粒样品分析准确。此外,测量体积分布,准确性高,测量速度快,动态范围宽,可以研究分散体系的稳定性。其缺点是不适用于粒度分布宽的样品测定。

10.4 激光粒度分析方法

对于纳米材料颗粒体系,影响粒度分析数据的因素主要来自仪器和分析条件。在得到粒度分析结果时,应同时结合具体分析条件来判断,才能够得到合理的结果。

10.4.1 粒度与粒度分布类型

微纳米颗粒体系分析所得粒度与粒度分布数据,有数均、重均、光强平均等类型,它们之间有很大的不同。由于不同的分析仪器其分析原理不同,因此,一种仪器仅能得出一种最准确的原始数据,即不同原理的仪器仅能够对最直接的信息进行准确处理,如由电镜照片统计得出数均粒度;离心式粒度分析仪直接得出重均粒度;激光粒度仪得出光强粒度。仪器通过理论模型及软件程序分析、运算,提供合理的其他测算出的粒度及粒度分布数据作为参考,这些数据结果都是间接结果,不同仪器、不同数学模型给出的结果往往差别很大。

10.4.2 非球形颗粒粒度分析

对于微纳米尺寸范围内小粒子的粒径分析,仪器分析原理多基于粒子为完整球形理论模型,而实际颗粒的形状多为非正规球形,因此,造成分析困难,分析数据与实际情况有一定的差异。当颗粒形状为片状、棒状和条状等极不规则的形状时,不同方法分析得到的数据结果差异也非常大。这种情况在实际过程中经常遇见,容易造成误解,分析数据时应当参考不同方法的结果来进行合理分析。

对激光粒度分析仪,粉体试样颗粒的形状会使测量到的平均粒度小于实际粒度,而颗粒粒度分布范围大于实际的粒度的分布范围。现行的各种激光粒度分析仪均假定颗粒是球形的,当测量非球形微粉体样品时,测量的粒度分布宽度必大于实际宽度。因为对于非球形颗粒在不同方向上的遮光面积是不同的。

傅里叶后焦面环形光电探测器面上的光强分布公式为

$$I(X) = I_0 \left[\frac{J_1(X)}{X}\right]^2, \quad X = \frac{\pi r D^2}{\lambda f} \tag{10.35}$$

式中,πD^2 为粒子遮光面积;f 为傅里叶透镜的焦距;λ 为波长;r 为环形探测器面上的径向半径。由式(10.35)可知,粒子的遮光面积对光能分布有着重要的影响,而粉体颗粒的遮光面积与该粒度颗粒的形状系数有很大关系。颗粒形状系数增大,会使样品颗粒在不同方向的遮光面积变化增大。相同粒径的粉体颗粒,形状系数大者,比表面积大,在正面迎光时,遮光面积大;侧面迎光时,遮光面积小,测量得到的颗粒粒度分布宽度比真实宽度大。因此,相同粒度条件下,颗粒比表面积越大,则粒度分布宽度误差越大。在研究测量粉体颗粒时,应了解粉体颗粒的形态特征和比表面积,从而能够知道所测试粉体的粒度分布宽度误差大小。

10.4.3 粉体试样溶液质量浓度的影响

当粉体试样溶液质量浓度较大时,颗粒在溶液中分散比较困难,造成颗粒间相互吸附团聚,同时颗粒间容易发生复散射,造成测试结果的平均粒径偏大,粒度分布范围较宽,测试结果误差较大。当粉体试样溶液浓度非常稀或比较小时,粉体试样分散液中单位体积溶液的颗粒数相对较少,此时光线大都畅通无阻地通过样品池。根据衍射原理产生较小的散射角,所得到的将会是粒径比较小、分布范围比较窄的结果。但是质量浓度小到一定程度时,样品中的颗粒数已大大减小,而太少的颗粒数会产生较大的取样及测量随机误差,致使样品不具有代表性,所以测量时也应该控制浓度的下限范围。不同样品的性质存在差异,因此对于不同样品的最佳检测浓度也有所不同,需通过具体实验确定。

例如,以已知粒度分布的红辉沸石为粉体样品,10 mL 蒸馏水为溶剂,不加分散剂,配制成不同质量浓度试样溶液 6 份,用超声波振荡 3 min,测试温度为 20 ℃,当质量浓度为 0.10 g/L、0.20 g/L、0.25 g/L、0.30 g/L、0.32 g/L、0.35 g/L 时,体积平均粒径分别为 3.75 μm、7.94 μm、8.37 μm、8.57 μm、10.8 μm、15.00 μm。从测试结果分析,最佳粉体试样溶液质量浓度应为 0.25 ~ 0.30 g/L。

又如,以蒸馏水做分散介质,不加表面活性剂,配制不同质量浓度的矿渣粉体试样 6 份,分别用超声波分散器分散 5 min,然后进行粒度测定,结果见表 10.2。在满足测试需要的最少样品量(使遮光率达到 10 % 左右)的前提下,该矿渣粉体试样的最佳质量浓度为 0.90 ~ 1.10 g/L,在此范围内测得的 D_{50}(中位粒径)值很接近。

表 10.2 不同浓度样品的 D_{50} 值

质量浓度/(g·L^{-1})	D_{50}/μm
0.50	8.995
0.70	9.580
0.90	9.885
1.10	10.07
1.20	10.39
1.30	10.93

10.4.4 粉体试样溶液温度的影响

温度升高,各颗粒的内能增大,振动加剧,虽有利于颗粒分散,但容易对颗粒进行一次再破碎,使得颗粒粒径变小;温度低时,粉体颗粒不易分散,增大测量误差。因此,在准备试样的过程中,温度过低或过高对测试结果都是不利的,粉体试样的温度应控制在 20~35 ℃ 范围内。

以蒸馏水做分散介质,不加表面活性剂,配制相同浓度的矿渣粉体试样 6 份,用超声波分散器分散 5 min,然后分别在不同温度下测试粒度,测定结果如图 10.10 所示。

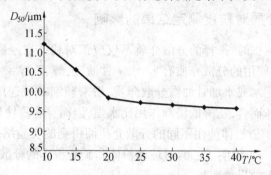

图 10.10 矿渣粉体粒度随温度变化曲线

10.4.5 颗粒分散性条件

对于微纳米颗粒体系,良好的分散条件是准确测量粒度的前提;反之,粒度分析结果也是反映体系分散性优劣的一项重要指标。对于微纳米分散体系,粒度和粒子分散性在粒度分析及产品开发应用中是不可分割的。分散性条件的研究使该领域技术难度最大,也是关系微纳体系特性能否体现的一项重要研究内容。

激光粒度分析的试样通常采用超声波分散,如果测试的颗粒结构比较松散,较易被超声波振动击碎,则不宜用超声波进行长时间分散,以免粉体试样颗粒经超声波分散后再次破碎,颗粒变小,导致测量误差。一般情况下,超声波振荡的时间为 2~5 min 比较合适。具体情况应根据被测试的粉体试样而定。

例如,配制质量浓度为 0.30 g/L 的红辉沸石粉体试样 4 份,溶液温度为 25 ℃,粉体试样溶液分别用超声波振荡 0 min、3 min、7 min、10 min。得到粉体试样的体积平均粒径分别为 13.70 μm、8.75 μm、8.90 μm、8.97 μm。从测试结果可知,未经过超声波振荡的粉体试样溶液中,粗颗粒的分布含量远高于其余 3 份试样。粉体试样溶液在超声波的振荡过程中,使溶液中的颗粒能达到有效的分散,从而保证测试结果的合理性。3 min 和 7 min、10 min 的结果相差不大,这是由于经过 3 min 超声波的振荡后,颗粒已均匀地分散了,红辉沸石结构较为紧密,单个颗粒不易被超声波破碎。

又如,以蒸馏水做分散介质,不加表面活性剂,配制质量浓度为 1.00 g/L 的矿渣粉体试样 6 份,分别用超声波分散器分散不同的时间,然后进行粒度测定,结果见表 10.3。由表 10.3 可知,最佳分散时间为 5~10 min,再增加分散时间,效果已不明显。

表 10.3 不同分散时间下样品的 D_{50} 值

分散时间/min	$D_{50}/\mu m$
0	14.25
3	12.12
5	10.57
10	9.965
15	9.766
20	9.649

10.4.6 分散介质对粒度测定结果的影响

进行粉体的粒度测试时,选择的分散介质不仅应该对粉体有浸润作用,而且要成本低、无毒、无腐蚀性。通常使用的分散介质有水、水+甘油、乙醇、乙醇+水、乙醇+甘油、环乙醇等。粉末较粗时可选用水或水加甘油做分散介质,粉末较细时可选用乙醇或乙醇加水做分散介质。对大多数粉体而言,乙醇的浸润作用比水强,因而更容易使颗粒得到充分分散。表10.4 是对玻璃粉体及矿渣粉体使用不同的分散介质而得到的实验结果。

表 10.4 中数据进一步说明了乙醇对玻璃粉体和矿渣粉体的分散效果明显好于蒸馏水。另外,粉体越细,则分散效果越明显。

表 10.4 不同分散介质中样品的 D_{50} 值 μm

分散介质	100%水	80%水+20%乙醇	50%水+50%乙醇	20%水+50%乙醇	100%乙醇
矿渣粉	10.22	10.09	9.721	9.498	9.466
玻璃粉	3.606	3.551	2.896	2.357	2.292

10.4.7 分散剂种类与质量浓度对粒度测定结果的影响

选择合适的分散剂是当今研究的热点,而分散剂中使用最多的是表面活性剂。表面活性剂的类型主要有:阴离子表面活性剂、阳离子表面活性剂、两性表面活性剂、非离子表面活性剂、特殊类型表面活性剂等。粉体在水中通常是带电的,加入具有同种电荷的表面活性剂后,由于电荷之间的相互排斥而阻碍了表面吸附,从而可达到分散粉体的目的。不同的表面活性剂对不同种类粉体的分散效果不同,在测定时要比较几种表面活性剂的分散效果,最后确定一种最理想的表面活性剂。以蒸馏水做分散介质,配制相同质量浓度的玻璃粉体试样 6 份,分别加入不同种类的分散剂,用超声波分散器分散 5 min,然后进行粒度测定,结果见表10.5。

表 10.5 加入不同分散剂后样品的 D_{50} 值

分散剂	$D_{50}/\mu m$
1	2.465
2	2.374
3	2.422
4	2.629
5	2.568
6	2.522

表 10.5 中数据显示,使用不同的分散剂,粒度测定结果相差较大。另外,对于玻璃粉体来讲,比较适宜的分散剂是十二烷基苯磺酸钠和聚丙烯酰胺。分散剂的浓度对测定结果也有一定影响,使用时应加以控制。以聚丙烯酰胺为例,比较不同分散剂浓度下的玻璃粉体的分散效果,测试结果如图 10.11 所示。试验中发现,分散剂浓度过高时,体系内发生了絮凝现象(这也是导致粒度测定结果升高的原因之一);用聚丙烯酰胺分散玻璃粉体时,分散剂的最佳浓度约为 1.0~2.0 g/L。

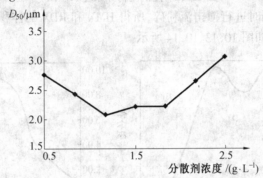

图 10.11 玻璃粉体粒度随分散剂聚丙烯酰胺浓度变化曲线

10.4.8 粉体试样溶液在样品池中停留时间的影响

随着粉体试样溶液在样品池中停留的时间增长,粒径有从小到大不断增大的趋势,粒度分布范围亦有从窄到宽的趋势。这是由于溶液中颗粒间存在相互吸引作用,使部分分散的颗粒团聚在一起,变成粒径较大的团粒。其次,颗粒在溶液中静止状态的增长,颗粒会沉淀,在样品池底部形成一薄薄的粗颗粒层,当激光从颗粒层通过时,不能使激光产生合适的衍射角,误认为溶液中存在粒径较大的颗粒而给出误差较大的结果。所以试样溶液配制好后,应尽量缩短试样溶液在样品池中的停留时间,力求减少测试时间,以减少误差。

例如,配制质量浓度为 0.30 g/L 的红辉沸石粉体试样溶液 5 份,超声波振荡 3 min,测试温度 20 ℃,分别对粉体试样溶液放入样品池后 0 min、1 min、2 min、3 min、4 min 内进行测试。得到粉体试样的体积平均粒径分别为 8.40 μm、10.60 μm、12.50 μm、14.00 μm、14.68 μm。由此可见,停留时间越长,测量结果的误差越大。

10.5 激光粒度分析举例

激光粒度分析在微纳米材料的制备、微纳米产品的质量控制以及纳米粉体的应用方面均有着重要应用,本节主要举例说明激光粒度分析方法在这些方面的一些作用。

【例 10.1】 撞击流法制备超细颗粒

撞击流法是制备超细颗粒的一种重要方法,其原理如图 10.12 所示。主要通过两股流体的撞击产生粉碎作用,形成超细颗粒,对一些脆性材料来说可以粉碎到纳米、亚微米级。下面选择易燃易爆品硝胺化合物奥克托金(HMX)和黑索金(RDX)粉的粉碎为例加以说明。所得微米级 HMX 和 RDX 颗粒的粒度测定采用英国 MALVERN 公司 MS/E 型激光衍射粒度仪;亚微米级颗粒采用美国 BROOKHAVEN 公司 ZetaPlus 型激光散射粒度仪。

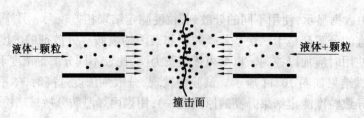

图 10.12 撞击流粉碎原理示意图

在未加表面活性剂时进行撞击流粉碎,所得 HMX 和 RDX 的体积中位粒径 D_{50} 值为微米级,粒度分布测试结果如图 10.13、10.14 所示。

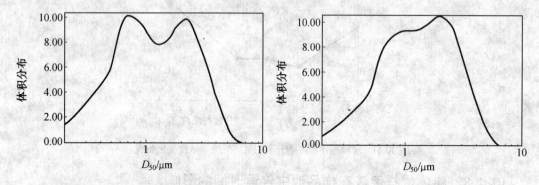

图 10.13 微米级 HMX 的粒度分布　　图 10.14 微米级 RDX 的粒度分布

使用表面活性剂,并在正交实验优化的工艺条件上,进一步制得了亚微米级超细 HMX 和 RDX。以超细 HMX 为例,有效粒径为 612.2 nm,粉碎下限为 236.5 nm,上限为 1 286.0 nm,最高峰值为 1 057.8 nm,粒径小于 1 μm 的约占 70%,粒度分布如图 10.15 所示。

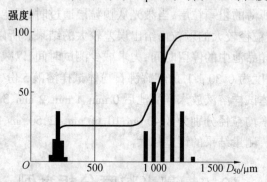

图 10.15 超细 HMX 粒度分布图

(1) 颗粒悬浮体分散性研究

颗粒悬浮体分散性的好坏对产品颗粒粒度大小有较大的影响。分散性不好,颗粒易团聚,用于直接破碎单颗粒体的加载功减少,导致粒度不能达到预期的粉碎目标。解决悬浮体分散性的一个方法是加入表面活性剂,活性剂在颗粒表面形成一层很薄的吸附层,改变了颗粒表面的状态,使 Zeta 电位大幅度提高,这样颗粒间的排斥力增大,使得颗粒容易分散。利用过滤微米级 HMX 和 RDX 细颗粒所得亚微米颗粒为样品,选用烷基苯基聚氧乙烯醚(OP)与十二烷基苯磺酸钠(SDBS)按 1∶0.5 配比复合分散剂,用 Zeta 电位实验选择最佳分散条件,并配以一定时间的超声波分散达到较好的分散效果。

颗粒悬浮体的 Zeta – pH 值关系如图 10.16 所示。可以看到 HMX 和 RDX 的等电点基本在 pH = 3 的位置,此时颗粒处于最容易团聚的状态。当 pH = 10 时,Zeta 电位提高到 – 50 mV,此时颗粒间排斥力增大,悬浮体分散性好且稳定,在此分散条件下即可制备超细颗粒。

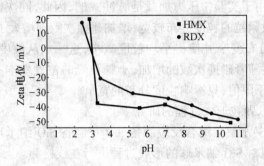

图 10.16　超细 HMX 和 RDX 的 Zeta – pH 关系曲线

(2) 加载压力和循环碰撞次数对粒度的影响

研究结果表明,加载压力和循环碰撞次数是影响产品颗粒粒度大小及分布的两个重要因素。不同压力和碰撞次数下 HMX 的体积中位粒径 D_{50} 与粒度分布如图 10.17 ~ 图 10.20 所示。

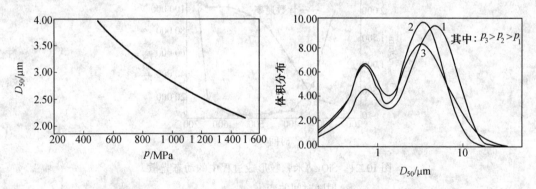

图 10.17　加载压力 p 与体积中位粒径 D_{50} 的关系　　图 10.18　不同加载压力 p 下 HMX 的粒度分布

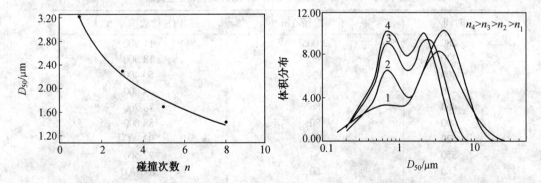

图 10.19　碰撞次数 n 与体积中位粒径 D_{50} 的关系　　图 10.20　不同碰撞次数 n 下 HMX 的粒度分布

图中结果表明,随着加载压力和碰撞次数的增高,颗粒的平均粒径减小、小颗粒峰增强、颗粒分布变窄。通过力学分析和数值计算证明:颗粒的破碎主要是由于颗粒间的强冲击压力引起的,冲击压力大小与颗粒的速度、波速、密度成正比,在波速和密度一定的条件下,颗粒的速度决定了颗粒承受冲击压力的大小,当颗粒运动速度 $u_p = 700$ m/s 时,颗粒间的冲击压力 $p_p \approx 5\,040$ MPa,强力作用下导致颗粒迅速粉碎。在本研究中,加载压力的高低直接决定悬浮液流的速度,同时也决定了颗粒运动速度的大小,因此加载压力的高低对产品颗粒的粒度大小起决定作用。由于实验中压力加载是脉冲式的,因此,同次碰撞过程中,不同颗粒所受力的大小不同,导致颗粒的粒度分布较宽,增加碰撞次数即增大了颗粒受相同大小力作用的概率,可以使粒度分布变窄并使得平均粒度减小,这一点从粒度分布图中可以明显看出。另外实验结果表明:随着碰撞次数的增加,小颗粒峰的位置基本不变,这说明碰撞次数基本不影响粉碎粒度的下限值,只影响粒度分布的宽窄。

【例 10.2】 SiO_2 纳米颗粒形成过程的研究

正硅酸四乙酯(TEOS)水解 – 缩合反应制备 SiO_2 是制备 SiO_2 纳米球的经典方法,采用动态光散射技术(DLS)可以对 SiO_2 纳米球的形成过程进行在线检测。

将 TEOS 加入乙酸水溶液中,TEOS、CH_3COOH、H_2O 的摩尔比为 1:4:4,室温(26 ± 1 ℃)下搅拌 1 min,放入 1 cm 的标准聚丙烯比色皿中,采用 Malvern autosizer Ⅱc 型粒度分析仪在线检测 SiO_2 的粒度变化,每 30 s 记录一次,检测到 670 s。图 10.21 和表 10.6 为 SiO_2 纳米颗粒形成过程中的动态光散射随时间的变化。

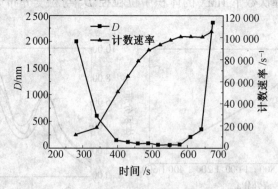

图 10.21 SiO_2 纳米颗粒形成过程中的动态光散射随时间的变化

表 10.6 SiO_2 颗粒形成过程中的 DLS 数据(典型实验)

时间/s	平均粒径/nm	DLS 计数速率/s^{-1}
280	2 006	11 900
340	587	18 300
400	124	50 400
430	114	64 600
460	86	78 700
490	80	88 000
520	52	93 200
550	54	97 500
580	60	100 700
610	211	100 700
640	341	100 000
670	2 363	105 700

注:280 s 之前没有检测到颗粒。

280 s 以前,DLS 没有检测到颗粒,溶胶几乎保持澄清。280 s 检测到大的不稳定聚合体,该聚合体数量少,且不同实验的 DLS 检测重复性差,DLS 计数速率在 3 000 ~ 10 000 s^{-1} 之间变化,粒度在 2 000 ~ 3 000 nm 之间变化。大约 400 s 时,溶胶变浑浊,表明在溶胶中出现了 SiO_2 固体颗粒。大的不稳定聚合体解聚成小聚合体时,DLS 计数速率逐渐增大,表明溶胶中的颗粒数目逐渐增加。一旦最小颗粒(520 s,52 nm)形成后,DLS 计数速率在颗粒的生长过程中(550 ~ 670 s)几乎保持不变。以上结果表明,SiO_2 颗粒的生长过程是,在均相溶液中首先形成晶核,然后,液相组分在晶核表面沉积,使颗粒逐渐长大,而不是颗粒之间的聚集长大。

10.6 激光粒度分析仪的应用

激光粒度分析仪在石油石化、材料科学、化工、纺织、制药、地质、涂料和颜料、陶瓷、磨料、造纸、电池、能源、稀土、航天、军工、墨粉、食品、环保(水处理和沙尘)等领域得到广泛应用。

10.6.1 环保领域

激光粒度分析技术可用于无机聚合颗粒的研究,铝盐和铁盐的水解聚合形成无机胶体粒子,是水净化中的关键技术。水解形成聚合物的过程以及无机聚合物颗粒大小和分布直接决定了其性能。一般在水中形成的溶胶粒子的大小在几个纳米,通常的方法很难系统研究。而利用光子相干光谱则可以直接研究溶胶体系中无机高分子絮凝材料的颗粒大小和形态分布,转化规律以及混凝动力学。

表 10.7 为不同 Fe 浓度制备的溶胶的测量结果以及与 $B(OH^-/Fe^{3+})$ 值之间的关系。从表中数据可见,B 值越大,形成的胶态颗粒的粒径越小,而当 B 值达到 1.0 以上时,则其对胶态颗粒大小的影响很小。从 PCS 分布图可见,当 B 值低时,含有极少的颗粒态;而高 B 值时,颗粒物的粒径分布在 5 ~ 11 nm。低浓度样品的颗粒粒径要比高浓度样品的大,如图 10.22 所示。

表 10.7 聚合铁样品的颗粒平均有效直径　　　　　　　　　　nm

$B(OH/Fe^{3+})$	浓度:0.058 mol/L	浓度:0.230 mol/L
0.0	—	—
0.2	—	—
0.6	24.1 ± 0.5	10.5 ± 0.6
1.0	7.4 ± 0.3	5.2 ± 0.3
1.8	6.3 ± 0.5	5.1 ± 0.5
2.4	6.7 ± 0.7	6.6 ± 0.2

此外,图 10.23 和图 10.24 分别为用 PCS 方法研究商品聚合铝样品和制备聚合铝样品的粒度分布,发现聚合铝样品在水中可以形成两种颗粒分布态,粒径分别为 2 ~ 5 nm 和 50 ~ 100 nm。而商品聚合铝则同样也是两态分布,分别是 1 ~ 5 nm 和 40 ~ 500 nm,这主要与制备

方法有关。

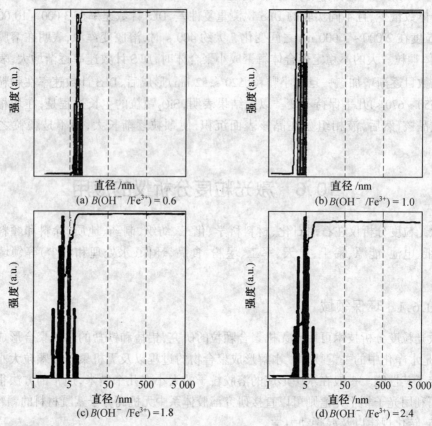

图 10.22　0.23 mol/L 聚合铁样品中的颗粒粒度分布

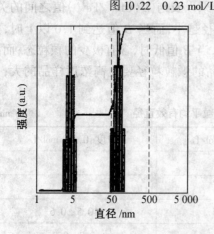

图 10.23　实验室制备聚合铝的粒度分布

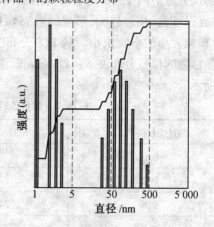

图 10.24　商品聚合铝的粒度分布

10.6.2　生物医药领域

人们在医药研究方面,一直致力于临界微胞集附近的离子微胞测量,主要是研究与脂肪类或乳胶体有关的临界相变问题。众所周知,由于水中的亲水脂分子可以自行凝结以保护其疏水的部分不受溶剂的稀释,这样形成的凝结就成为微胞(Micro-cell,MC)。微胞在特定的亲水集聚上就形成了临界微胞集(Critical Micro-cell, CMC)。这种相变直接影响到药物的医疗效果。虽然相变过程可以通过传统的光散射方法研究,但是利用 PCS 方法可以直接测出分子的平均大小及质量,以研究其相变形成过程。类似的 PCS 方法也可以应用于高度净化的十二烷基硫酸钠在水溶液中的 3 种不同的临界集聚,通过直接测量有关参量以研究临界集聚状态。

医药领域的一个重要研究课题是含有类固醇化合物溶剂的微胞问题。这项工作的目的是研究含有类固醇化合物溶剂用于生物、医药用途时的物理化学特性,即实现对化合物配方的管理,工业生产线上医药控制和对临床应用时注射量控制。例如,镇咳药——美沙芬和抗炎药——氟地塞米松都封装在卵磷脂的小单层微胞中,利用 PCS 方法可以在溶剂中测量出现的微气泡以及观测溶液脱气过程。实际测量中,将样品分成 7 个群组,分别在光散射角度 $10°\sim 90°$ 之间利用 PCS 方法测量单层微胞的平均大小和扩散系数。研究结果表明,临界微胞集理想的粒子平均大小在 $55\sim 60$ nm 之间。同时储藏时间增加,如存放 70 h 以上,其粒子平均直径有所增加,说明凝结方法的高度敏感性使研究者估计出长时间存放将有 $2\%\sim 7\%$ 的小颗粒转换为大颗粒。在这项研究中,可以对 7 个不同组的微胞分别进行重复测量,测量结果重复实现。由此得出,这项技术不但能够实现在对溶液气泡的大小和结构测量时快捷、无任何破坏性,而且对于临界条件下研究开发微胞医药,有助于确定其物理化学的稳定性和重复性。

又如用 PCS 方法对医药中用途最广泛的生理盐水 NaCl 溶液的研究表明:在室温 25 ℃ 时,NaCl 溶液的临界微胞集为每微胞集 0.5×10^{-3} kg,实验测量出此时微粒的平均大小约为 2.4 nm。相对分子质量是 26 000 单位,对应的凝聚指数为 90,电荷量减少到每微胞 14 个电子。进一步分析还得到:随着 NaCl 溶液质量浓度的变化,上述 CMC 呈现出线性变化关系。由此表明这种变化关系是由于 NaCl 溶液微粒的带电相互作用和粒子的大小保持恒定的结果。

在生物医药方面,磷脂稳定的乳液一直广泛应用于肠胃外营养药,并进一步可以作为药物载体使用。为了研究这些乳化剂对药物口服效果的影响,必须确定与乳液内部结构相关的参量。利用 PCS 技术则可以测量出粒子的半径分布,计算出小液滴总的表面积。实际研究结果表明,样品乳液拥有一个复杂的内部结构,它包含各种结构的油滴粒子,其中有包含单层乳化剂的油滴,微层乳化剂的油滴,双乳化剂的油滴和可能存在的单层气泡。

在油包水型和水包油型乳液方面,由于乳液作为表面活化剂能够增加药物的吸收或提高口服药的有效率,所以它们也是生物医药工程研究的一个重要课题。活化剂的形成过程一般是乳液用水稀释,直到一种油包水型和水包油型乳液状态的出现。对乳液要研究的因素包括温度效应、pH 值、离子强度、存储时间以及外加肽等。利用 PCS 技术研究结果表明,对于新鲜乳液、外加肽乳液或长时间保存加肽乳液的油包水型乳液,当稀释至微粒半径为 $5\sim 200$ nm 时,形成"精炼"的微乳液,临床实验证明此时的药物产生理想疗效,同时还证明,在某些条件下,如 60 ℃ 以上的环境、不加肽长时间保存等,乳液则变成浑浊状态,测量微粒半径则大幅度增加,此时的药物疗效显著下降。

10.6.3 高分子材料领域

高分子材料的性质和性能不仅受分子特征(相对分子质量、相对分子质量分布、链结构)

影响，而且与分子形态学特征，如颗粒表面形貌、平均粒度、粒度分布有密切的关系。如聚氯乙烯树脂是一种多毛细孔的粉状物质，聚氯乙烯的分子和形态学特征又决定了聚合物在成型加工时的特征和制品性能。研究表明，树脂的颗粒形态好、平均粒径适中、粒度分布均匀有利于聚合物的成型加工。因此，人们往往需要对聚氯乙烯树脂进行粒度的分级测试。在纳米添加剂改性塑料方面，在塑料中添加纳米材料作为塑料的填充材料，不仅可以增加塑料的机械强度，还可以增加塑料对气体的密闭性能以及增加阻燃等性能。添加的纳米材料的形状、颗粒大小以及分布等因素对这些性能起着决定性的作用。因此，必须对这些纳米添加剂进行颗粒度的表征和分析。

10.6.4 陶瓷领域

陶瓷是很多电子零部件如电容、压电元件、滤光器、触发器、电阻元件等的制造材料，是在数百度到近 2 000 ℃的高温下烧结而成的。烧结程度决定着产品的好坏，能够左右烧结程度的就是所有原材料的粒径分布。为了提高钛酸钡、氧化锌、氧化钛、碳酸钙、铝等主要原料的性能，需要添加各种氧化金属。尤其是纳米颗粒构成的功能陶瓷是目前陶瓷材料研究的重要方向，通过使用纳米材料形成功能陶瓷不仅可以增加陶瓷的韧性，还可以显著改变功能陶瓷的物理化学性能，而陶瓷粉体材料的许多重要特性均由颗粒的平均粒度及粒度分布等参数决定。

制砖业，从浴室、厨房等用砖到大楼外墙壁等，砖的用途非常广泛。材料的粒度分布很大程度上决定了加工是否简易，色泽是否优美，耐久性是否好等诸多因素。

10.6.5 其他领域

激光粒度分析法在石油、橡胶、造纸、纺织等领域也有着广泛的应用。如润滑油油滴的大小影响了其稳定性和寿命，另外，压延板材等的表面冷却时使用的乳胶油滴的粒径分布也大大地左右着压延润滑性。开采油田时常常检查泥沙等非石油混入物。由混入量可推测使用储量。在资源、能源等调查和开采过程中，粒度测定装置非常重要。在制造汽车、拖车和地铁等使用的轮胎时，也要进行原料粒度监测，以延长其寿命。

10.7 展　　望

激光粒度分析主要向在线分析以及纳米分析方向发展。20 世纪 80 年代后期，检测技术和进样系统取得了很大的进步，定剂量导入促进了进样自动化，而干式分散进样系统(用气体做分散介质)使得样品无须经过液体溶剂分散这个步骤，直接进入测量系统；远程遥感测量又将分析师从生产线上解放出来，这一切都极大地推进了在线分析的发展。通过测量量程的进一步扩大，将多种光散射原理结合起来，通过计算机的人工智能系统来自动灵敏地改变测量模式，从而扩大粒度测试的范围。利用夫朗禾费衍射原理和多普勒技术可以同时测量非球形粒子的流速和等效直径。通过 PCS(光子相关光谱法)和 CLS(经典光散射法)的联用可以测量球形高分子的粒子质量、转动半径和水动力半径。测量内容也进一步多样化，利用前向光散射可以同时测量二维粒子的平均粒径和形状。国际上又在发展将粒度测试仪与其他的现代仪器，如红外、质谱、核磁共振等连用。随着颗粒测试要求的多样化(如不仅需要准确的粒度分布的数据，还要了解该粉体的化学成分、晶型结构等)和各类仪器智能化的发展,仪器连用将成为一种潮流。此外,发展多种多样的激光源,现在普遍使用的是 λ = 632 nm 的红外激光源。假如采用 X 射线激光源,可以进行更小颗粒尺度的测量。

本章小结

激光粒度分析法是目前最为主要的微纳米材料体系粒度分析方法,针对不同被测体系粒度范围,又可具体划分为激光衍射式和激光动态光散射式粒度分析方法。本章通过对激光粒度分析技术的研究,获得了以下的结论:

① 激光衍射粒度分析方法是基于激光与颗粒之间的相互作用,主要理论是夫朗禾费衍射理论,通过衍射的光能分布与粒度分布的联系计算获得粒度分布;

② 动态光散射技术专门用于测量超细颗粒或纳米颗粒的粒径,应用光子相关光谱(PCS)技术能够测量粒度为纳米量级的悬浮物粒子;

③ 影响粒度分析数据的主要因素来自仪器和分析条件,在进行粒度分析时,应综合考虑颗粒形貌、试样溶液质量浓度、试样溶液温度、分散介质种类与质量浓度、测试停留时间等因素对测试的影响,才能够得到合理的分析结果;

④ 衍射散射式激光粒度分析技术的测量范围可以达到 20 nm ~ 3 500 μm,且测定速度快,测量值准确,是目前应用最为广泛的粒度分析方法之一。

参考文献

[1] 胡松青,李琳,郭祀远,等.现代颗粒粒度测量技术[J].现代化工,2002(22):58.
[2] 袁玉燕,白华萍,李凤生.激光光散射法的原理及其在超细粉体粒度测试中的应用[J].兵器材料科学与工程,2001(24):59.
[3] 陈军,尤政,周兆英.激光散射理论及其在计量测试中的应用[J].激光技术,1996(20):359.
[4] 黄伟.光子相关光谱技术及其应用[J].物理实验,2002(22):17.
[5] 王东升,汤鸿霄,曹福苍.光子相关光谱(PCS)在无机高分子絮凝剂形态表征中的应用[J].环境化学,1997(16):442.
[6] 张小宁,杨海军,丁明玉,等.微纳颗粒分散体系的粒度分析[J].石化技术与应用,2001(19):213.
[7] 陈南春.影响 OMEC 激光粒度分析仪测试精确度的主要因素——以红辉沸石作粉体试样为例[J].桂林工学院学报,2000(20):203.
[8] 杨玉颖,张学文,赵红,等.粒度分析样品分散条件的研究[J].建筑材料学报,2002(5):198.
[9] 张小宁,徐更光.撞击流粉碎制备超细颗粒工艺的研究[J].功能材料,1999(30):657.
[10] DE G, KARMAKAR B, GANGULI D. Hydrolysis-Condensation Reactions of TEOS in the Presence of Acetic Acid Leading to the Generation of Glass-like Silica Microspheres in Solution at Room Temperature [J]. J. Mater. Chem., 2000 (10): 2289.
[11] KIM K D, KIM H T. New Process for the Preparation of Monodispersed, Spherical Silica Particles [J]. J. Am. Ceram. Soc., 2002 (85): 1107.

第 11 章 氮气吸附分析技术

内容提要

气体吸附法测定固体材料的孔结构和比表面的依据是气体在固体表面的吸附特性。在一定的压力下,被测样品颗粒(吸附剂)表面在超低温下对气体分子(吸附质)具有可逆物理吸附作用,并对应一定压力存在确定的平衡吸附量。通过测定出该平衡吸附量,利用理论模型来等效求出被测样品的相关结构信息,如:固体材料的表面积、外表面积、孔容(孔体积)、孔分布、吸附脱附等温线(形状)、吸附特性、孔几何学以及孔道的连通性等。另外,由于气体吸附法测试原理的科学性,测试过程的可靠性,测试结果的一致性,在国内外各行各业中被广泛采用。通常采用的吸附质有氮气、氩气和氧气,其中氮气因其易获得性和良好的可逆吸附特性,是最常用的吸附质。

11.1 引 言

20世纪50年代前,为了适应生产与科学技术的发展,建立了各种吸附机理和经验性的表面积测试法,例如氮气吸附(N_2 Absorption)法、芳烃指数法、染料吸附法、量热法、显微镜法等,其中氮气吸附法,因其具有较为完善的理论基础,测量结果准确以及实验设备简单等特点而被广泛应用,其多层吸附等温方程成为后来发展吸附法的基础,并在此基础上建立和完善了静态吸附容量法和重量法实验测试技术。与此同时,华西堡(Washborn)也在开尔文(Kleivn)方程基础上提出了压汞法理论设计,并在20世纪40年代中期建立起采用压汞原理测定孔结构(Pore Structure)的实验测试方法。以后的发展逐步形成以氮气吸附和压汞两种技术为主,测试介孔和大孔结构,可以说这一时期是近代孔结构测试方法的奠基阶段。

20世纪50年代末到70年代初,是孔结构分析研究的主要发展时期。不仅在研究吸附等温线的基础上提出了多种简便的表面积计算方法,而且吸附的凝聚理论与体积充填理论得到充分发展,还提出了多种计算孔分布的方法,如 BJH、MP、SF、HK、NLDFT、MC 等,动态吸附法迅速发展成为常规分析技术。20世纪70年代后,是近代电子计算技术在孔结构分析中应用与发展时期,表现出以下主要特点:各种孔结构分析计算程序化、各类测试孔结构商品仪器高度自动化和表面积测试标准化。而进入20世纪90年代,随着人们对纳米材料研究的不断深入,气体吸附方法也成为纳米材料的孔分析及粒径测量的主要手段。目前,静态容量法逐渐取代了动态吸附法成为国内外比表面积(BET)及孔分析仪器中普遍采用的方法。

11.2　基本结构

静态容量法是目前普遍采用的测试方法,以此为例,简单介绍相关仪器的核心部分,如图 11.1 所示。把被测样品放入样品管中,并将样品管浸入液氮,打开电磁阀 1、2、4,充分抽真空;关掉电磁阀 2 和 4,V_d 及 V_e 空间中的压力为零;关 1,开电磁阀 2、3,充气至 p_1;关电磁阀 2、3,开电磁阀 1,至平衡压力 p_2,此时样品的氮气吸附量可由公式(11.1)计算

$$n = \frac{p_1 V_d}{RT} - \left(\frac{p_2 V_d}{RT} + \frac{p_2 V_e}{RT} \right) \tag{11.1}$$

式中,V_d 为电磁阀 1、2 及压力计之间的体积;$V_e = V_c - V_x$,V_c 为电磁阀 1 以下样品管的体积;V_x 为样品所占体积。

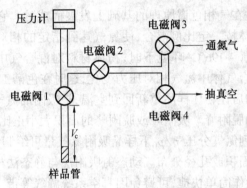

图 11.1　氮气吸附仪的核心组成(静态容量法)
注:图中阴影部分为样品所占体积。

11.3　基本原理

气体或蒸气分子同具有洁净表面的孔性物质接触,有部分气体或蒸气分子会附着或结合在孔性物质的表面,使得气固二相界面上气体分子的摩尔浓度富集,对定量气体而言,在定容条件下可观察到气体压力的降低;而在定压条件下,便有体积的缩小,这种现象通常称为吸附。被吸附的气体称为吸附物或吸附质,吸附气体分子的固体称为吸附剂。

吸附质分子与吸附剂表面的相互作用力的性质不同,可把吸附作用分为两类,一类是物理作用力,即分子间范德华力引起的,称为物理吸附,它和蒸气的凝聚很相似,不论在任何同类或不同类分子间都存在,所以吸附作用是非选择性的,而且往往是多层吸附。另一类是吸附质被吸附后,吸附分子与吸附剂表面分子形成化学键,称为化学吸附,它类似于化学反应,因此只能在特定的吸附质与吸附剂之间进行,故具有选择性,且是单分子层吸附。

在指定的温度和压力下,吸附平衡时,吸附剂吸附气体的量与吸附剂的结构、化学组成以及吸附质分子的化学、物理性质都有关系,对于给定的吸附剂与吸附质体系,吸附平衡时,单位质量吸附剂对吸附质的吸附量 w,则是吸附温度 T、吸附质的压力 p 的函数

$$w = f(T, p) \tag{11.2}$$

若吸附温度保持不变,则吸附量只与吸附质的压力有关,随着 p 的增大,w 值增加,当 w 不

再随着 p 的增加而增加时,该吸附量称为饱和吸附量。这种关系曲线称为吸附等温线。通过测得的气体吸附量,进一步计算,可得到样品的其他信息,如比表面积、孔径分布、孔容大小等。

11.4 测试方法

现有的测定氮气吸附量的方法分为两类:一种方法是动态法,也称连续流动色谱法;另一种方法是静态法,它又包括静态重量法和静态容量法。

11.4.1 动态法

连续动态氮吸附法是在气相色谱原理的基础上发展而成的。它以氮气为吸附质,以氦气或氢气为载气,两种气体按一定比例混合,使氮气达到指定的相对压力,流经粉体材料样品管。当样品管置于液氮($-196℃$)环境下时,粉体材料对混合气中的氮气发生物理吸附,而载气不被吸附,造成混合气体中氮气相对压力变化,这时在色谱工作站(气体传感器系统)即出现吸附峰。吸附饱和后让粉体样品重新回到室温,被吸附的氮气就会脱附出来,在工作站上形成与吸附峰相反的脱附峰。吸附峰或脱附峰的面积大小正比于样品表面吸附的氮气量的多少,通过测定一系列氮气分压 p/p_0 下样品吸附氮气量可绘制出氮等温吸附或脱附曲线,从而求得样品的比表面积或孔径分布。动态氮吸附法与静态法相比,测试系统在常压下工作,无需抽真空,测试操作简单快捷,可避免因真空系统漏气等带来的误差。

11.4.2 静态重量法

静态重量法是根据吸附前后试样重量的变化来求吸附量,即在一个密闭的系统中,改变样品室中的氮分压,用一个高度精密的弹簧秤,直接测量样品吸附前后的重量变化。对于重量很轻的吸附质,特别是吸附能力弱的吸附剂,重量法的测量误差比容量法大得多,产生误差的原因还有试样温度、浮力、对流和吸附气体的非理想性等,因为测量样品直接挂在弹簧秤上,试样温度与恒温槽的温度差别大,所以不适于真空和低温下的测量。此方法目前已很少有人采用。

11.4.3 静态容量法

静态容量法测量氮吸附量与动态法不同,它是在一个密闭的系统中,改变粉体样品表面的氮气压力,从 0 逐步变化到接近 1 个大气压,用高精度压力传感器测出样品吸附前后压力的变化,再根据气体状态方程计算出气体的吸附量或脱附量。测出了氮吸附量后,根据氮吸附理论计算公式,便可求出 BET 比表面积及孔径分布。静态容量法测试技术的关键因素主要有压力传感器的精度、死容积测量精度、真空密封性、试样温度和冷却剂液面的变化、样品室的温度场校正等。目前,国外的氮吸附比表面积及孔径分布仪几乎都采用静态容量法。

11.4.4 静态容量法与动态法的对比

静态容量法和动态法是两种比较常见的测试方法,在此对两种方法的优缺点进行简单比较,见表 11.1。

表 11.1 静态容量法和动态法的对比

		静态容量法	动态法
1	原理	液氮温度下的氮吸附	液氮温度下的氮吸附
2	吸附平衡状态	静态平衡	流动态相对平衡
3	测定氮吸附量的方法	用压力传感器通过气体状态方程求出	用热导检测器通过标定物求出
4	氮气分压的获得	直接控制氮气的压力	通过氮和氦两种气体流量的控制来实现
5	试验气体	只用氮气,且消耗量极小	需用高纯氮和高纯氦两种气体,且实验过程中,气体一直向外排放,消耗量很大
6	测试过程中样品管的位置	实验全过程中,样品管一直浸在液氮杜瓦瓶中,易于密封,液氮消耗很小	每测一点,样品管必须进出液氮杯一次,液氮消耗量大,测试费时
7	功能与特点		
	①直接对比法测比表面积	无需对比	每个样品只需 5 min
	②BET 及朗缪尔(langmuir)法测比表面积	BET 比表面积只需 15 min	BET 比表面积需 30 min
	③吸附、脱附等温曲线	吸附、脱附等温曲线完整	只有脱附等温曲线
	④吸附等温曲线孔径分布测定	有,可节省很多时间	不能测孔径分布
	⑤脱附等温曲线孔径分布测定	测的点数多,每点需时少,测试精度高	测的点数少,每点需时多,测试精度低
	⑥孔容体积和平均孔径	孔径测试范围大	相对压力较高的点测试困难,测试范围较小
8	样品预处理	同机进行,真空高,效果好	不能同机进行
9	测试精度和重复性	线性好,重复性高	较好
10	测试范围:比表面积孔径	≥ 0.01 m^2/g,无规定上限 0.4 nm ~ 400 nm	≥ 0.01 m^2/g,无规定上限 2 nm ~ 100 nm

11.5 试样制备

在进行吸附测量之前,应通过"脱气"除去吸附剂表面的物理吸附物质。对该步骤的基本要求是,既能够保证吸附数据的重现性,又不会引起吸附剂表面发生不可逆的变化。脱气工艺应依据所研究的吸附体系来确定,并合理调控相应的参数以达到上述目标。

有多种脱气工艺可供选择。最普通的一种是,采用一定温度下的高真空处理。有时,在一定温度下,采用惰性气体(可以是吸附气体)冲洗吸附剂即可。对于某些微孔材料,往往需要在气体冲洗一、两次后进行真空加热,才能保证吸附数据的重现性。不论采用什么工艺,尤其对于十分潮湿的材料,有时可以通过在烘箱中进行一定温度下的预干燥来缩短脱气时间。

采用真空处理时,对于介孔材料,脱气的残留压力一般达到 1.0~0.01 Pa 即可;而对于微孔材料,建议达到 0.01 Pa 或更低。对于某些吸附剂,高真空处理可能会引起其表面发生变化。由于脱气速率与温度密切相关,应采用允许的最高温度以缩短脱气时间,而不引起吸附剂的改变(如烧结、分解等),吸附剂的改变与采用的加热速率也有关系。

为了优化预处理工艺,建议对材料的热行为进行分析。比如采用热重分析和差热扫描方法,以确定样品中材料的变化和相变温度。

如果没有掌握这方面的数据,应依据经验和对吸附剂性质的一般了解来选择温度,必要时可进行试验。不论采用何种工艺,都应记录脱气条件(温度、加热速率、停留时间等)。

11.6 应用及图例分析

通过对氮气吸附数据的分析可以获得的主要信息包括:吸附等温线(Isotherms),比表面积(BET 法),微孔表面积以及外表面积(t-plot 或 α_s-plot)、孔径分布(BJH、HK、NLDFT 法)、微孔孔容、介孔孔容、总孔容及孔径分布,甚至是纳米粒子的平均粒径等。目前,氮气吸附已成为固体孔材料必不可少的一种表征手段。

11.6.1 吸附等温线

当气体在固体表面吸附时,固体叫吸附剂(Adsorbent),被吸附的气体叫做吸附质(Adsorbate)。吸附量 q 通常是单位质量的吸附剂所吸附的气体的体积 V(一般转换成标准状况下的体积)或物质的量 n 表示

$$q = \frac{V}{m} \text{ 或 } q' = \frac{n}{m} \tag{11.3}$$

实验表明,对于一个给定的体系(即一定的吸附剂与一定的吸附质),达到平衡时的吸附量与温度及气体的压力有关。用公式表示为

$$q = f(T,p) \tag{11.4}$$

上式中共有三个变量,为了找出它们的规律性,常常固定一个变量,然后找出其他两个变量之间的关系。例如:若 T = 常数,则 $q = f(p)$,称为吸附等温式;若 p = 常数,则 $q = f(T)$,称为吸附等压式;若 q = 常数,则 $P = f(T)$,称为吸附等量式。

上述三种吸附曲线是相互联系的。从一组某一类型的曲线可以作出其他两组曲线,其中最常用的是吸附等温线。本书采用的都是在液氮温度(77 K)下测量的氮气吸附等温线,其中吸附量用所吸附的氮气的体积 V 表示。随着实验数据的积累,人们从所测得的各种等温线中总结出吸附等温线大致有如下几种类型(如图 11.2 所示,其中纵坐标代表吸附量,横坐标为相对压力 p/p_0,p_0 代表该温度下被吸附物质的饱和蒸汽压,p 是吸附平衡时的压力)。

Ⅰ型等温线是典型的微孔固体的吸附,它以一个平台为特征,在较低相对压力时吸附量迅速增加,然后趋于恒定的数值(即极限吸附量)。极限吸附量有时表示单分子层饱和吸附量,对于微孔吸附剂可能是将微孔填满的量。Y 在有些情况下,Ⅰ型等温线在接近 $p/p_0 = 1$

时,还可能出现"拖尾"现象,如图11.2所示,这主要是由非微孔表面上的多层吸附引起的。

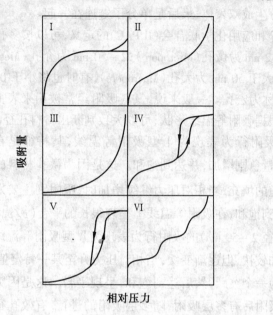

图11.2 六种基本的吸附等温线

Ⅱ型等温线是属于非孔固体的,是发生多分子层吸附的结果,并且吸附层数可以认为不受限制。它的特征是起始段的曲线斜率较大,然后由大变小,没有滞后环。

Ⅲ型等温线是由于吸附剂和吸附质相互作用非常弱而产生的。在此情形下,吸附质之间的协同效应导致在均匀的单一吸附层尚未完成之前就形成了多层吸附,所以引起吸附量随着吸附的进行而迅速提高,其向上弯曲的趋势一直保持不变。

Ⅳ型等温线可以分为两个区,即低压区和高压区。低压区Ⅳ型等温线的行程与相应的Ⅰ型等温线相同,但Ⅳ型等温线在某一点开始向上弯曲,直到在更高压力下斜率减小,它的特征是具有滞后环,其形状随吸附体系不同而不同。这可解释为是由于毛细管现象的缘故,这部分等温曲线适用于孔径分布的估算。随着压力从饱和压力值下降,在吸附剂的毛细裂缝中,凝聚的气体分子不像其从整个液体中那样容易蒸发,这是由于从孔隙中凝聚液体形成的凹形弯月面上的蒸气压降低之故。介孔固体材料上,气体的物理吸附线是典型的Ⅳ型等温线。

Ⅴ型等温线与第Ⅳ型相似,存在着明显的滞后现象,说明吸附质中有一定量的孔结构。但是由于吸附质与吸附剂之间的相互作用较弱,导致低区吸附量较小,直到压力较高的情况下(经常在0.5以后)才会出现拐点,其与Ⅲ型等温线都不具有分析表面积和孔结构的价值。水蒸气在活性炭上的吸附属于这种类型。

一定条件下,超微孔固体(包括沸石和类沸石分子筛)的吸附平衡等温线为Ⅵ型,如果孔在能量上是均一的,那么吸附应该发生在很窄的一段压力范围内。如果孔表面具有几组能量不等的吸附活性点,吸附过程将是分步的,吸附等温线呈现台阶,每一台阶代表一组能量相同的吸附点。此类等温线只有在那些结构和组成十分严格的晶体上对某些吸附质在一定条件下的吸附才会出现。例如,C_2HCl_3、C_2Cl_4和C_6H_6在 silicalite – 1 吸附,分别表现出0、1和2个台阶,C_2HCl_3吸附像一般的吸附一样,在孔穴内没有选择性地吸附;C_2Cl_4吸附分两步,首先吸附在孔道的交叉处,然后是孔道的其他部分;C_6D_6吸附分三步,首先是孔道交叉处,然后是孔道的其他部分生成双聚体,最后是单分子链连在一起。

按照国际纯粹和应用化学联合会(IUPAC)的定义,可以按多孔材料(Porous Material)的孔径分为三类:小于 2 nm 为微孔(Micropore);2~50 nm 为介孔(Mesopore),介孔的意思是介于微孔和大孔之间;大于 50 nm 为大孔(Macropore),有时也将小于 0.7 nm 的微孔称为超微孔,大于 1 nm 的大孔称为宏孔。一般来说,氮气吸附经常被用来表征微孔和介孔材料,很少表征大孔材料。而根据吸附等温线形状,可以大致判断出材料孔径属于哪个范畴。

微孔材料的吸附行为表现为 I 型吸附等温线,其特征是在相对压力很低的范围内($p/p_0 < 0.1$)吸附量急剧增加,并达到饱和。这是因为微孔材料的孔径小,在相对压力很低时即完成了对孔道的填充,当相对压力继续增加时,吸附则主要发生在外表面,而外表面面积小,所以很快达到饱和,在吸附等温线上呈现很长的平台($p/p_0 > 0.1$)。

介孔材料(孔径 2~50 nm)的吸附行为表现为 IV 型吸附等温线,其特征是在低相对压力区吸附量开始增加较快,但逐渐变缓,当相对压力升至某一特定值时,吸附量急剧增加,在吸附等温线上表现为一个突跃,然后达到饱和,呈现平台。这是因为介孔孔径较大,在低相对压力区完成单层吸附后有多层吸附,随多层吸附的进行,有效孔径逐渐变小,小到一定程度发生毛细凝聚,所以吸附量急剧增加,当介孔孔道被填满后达到饱和。发生吸附量突跃的相对压力范围与介孔材料的孔径直接相关。孔径小,则在较低的相对压力处发生突跃;孔径大,则在较高的相对压力处发生突跃;发生突跃的相对压力区范围越窄(等温线斜率越大)意味着孔分布越窄;发生突跃的相对压力区范围越宽(等温线斜率越小)则意味着孔分布越宽。IV 型吸附等温线的另一个特征是脱附曲线与吸附曲线不完全重合,其原因比较复杂,简单地说是因为在吸附和脱附时介孔孔道中的气液界面的形状不同导致脱附等温线脱附支有滞后现象(在比发生"毛细凝聚"低的相对压力区才开始蒸发),脱附支与吸附支形成的环被称为滞后环。

IUPAC 按形状将迟滞环分为四类(H1、H2、H3 和 H4),如图 11.3 所示。H1:迟滞环很陡(几乎直立)并且(直立部分)几乎平行。多由均匀大小且形状规则的孔造成。常见的孔结构有:独立的圆筒形细长孔道且孔径大小均一分布较窄;大小均一的球形粒子堆积而成的孔穴。对于圆筒形细长孔道,吸附时吸附质一层一层地吸附在孔的表面(孔径变小),而脱附时为弯月面,如图 11.4 所示。因此,吸附和脱附过程是不一样的。毛细凝聚和脱附可以发生在不同的压力,出现迟滞现象。H2:吸附等温线的吸附分支由于发生毛细凝聚现象而逐渐上升,而脱附分支在较低的相对压力下突然下降,几乎直立,吸附质突然脱附,从而空出孔穴,传统地归因于瓶状孔(口小腔大)(根据开尔文定律,小孔中的气体在较低的压力下发生凝聚,而大孔需要较高的压力),吸附时凝聚在孔口的液体为孔体的吸附和凝聚提供蒸汽,而脱附时,孔口的液体挡住孔体蒸发出的气体,必须等到压力小到一定程度,孔口的液体蒸发气化开始脱附,"门"被打开,孔体内的气体"夺门而出"。H3 和 H4:多归因于狭缝状孔道,形状和尺寸均匀的孔呈现 H4 迟滞环,而非均匀的孔呈现 H3 迟滞环。以上的几何解释有时可能过于简单化,因为孔道的网络作用有时会产生同样的结果。

根据滞后环的形状可以判断介孔孔道的形状,比如具有圆柱形直孔道的介孔材料(如 SBA-15)与具有笼形结构的介孔材料(SBA-16)虽然都表现为Ⅳ型吸附等温线,但形状不同。SBA-15 的吸附曲线与脱附曲线之间距离较窄(H1 型),而 SBA-16 的吸附曲线与脱附曲线之间距离很宽(H2 型)。笼形结构的介孔材料因为笼与笼之间相互连接的窗口相对笼本身的孔径要小得多,所以在脱附时,笼内凝聚的吸附剂分子与外界的气相的连通受到了限制,所以使脱附滞后的现象更加明显。了解了这一点,就可以从吸附等温线的形状来对样品的结构做判断。图 11.5 是不同类型孔材料的吸附等温线和结构示意图。

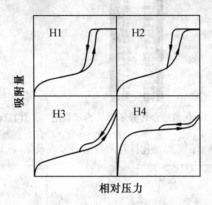

图 11.3 迟滞环的分类

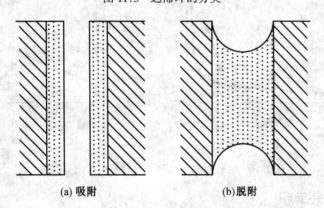

(a) 吸附　　　　　　　(b) 脱附

图 11.4 圆筒状孔道毛细凝聚吸附与脱附示意图

前面提到的孔材料,都是具有有序结构的材料,有些无序结构的大孔和介孔材料也会给出吸附等温线的滞后环,如图 11.6 所示。其中大孔材料在低压区的吸附量较小,主要是在高压区吸附量急剧增加,这也是由于多层吸附引起的,如图 11.6(a)所示。需要指出的是,这种类型的吸附曲线与Ⅴ型曲线较为相似,说明吸附剂与吸附质的作用较弱,因此它不能准确地分析材料中的大孔结构,一般大孔结构的测量需使用压汞法。而无序介孔材料由于其孔径大小不一,所以无法给出典型的Ⅳ型吸附等温线,但是由于大量介孔孔道的存在,依然可以给出明显的滞后环,如图 11.6(b)所示,其分析所得的数据也具有很强的可靠性,此外,在处理数据过程中,对孔结构的分析还应根据实际情况而定。

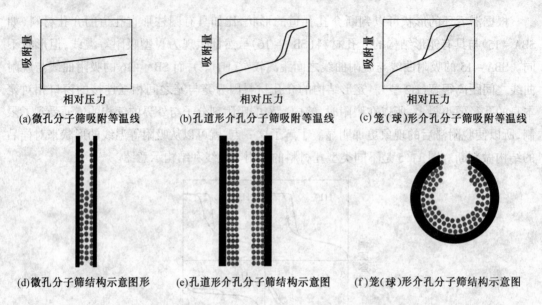

图 11.5　不同类型孔材料的吸附等温线及结构示意图

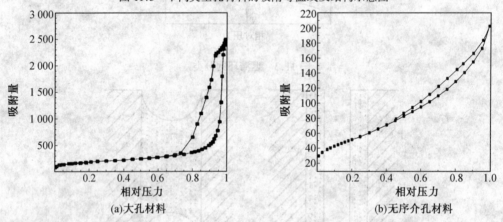

图 11.6　大孔材料和无序介孔材料的吸附等温线

11.6.2　比表面积

1938 年 Brunauer、Emmett、Teller 将朗缪尔单分子层吸附理论加以发展和推广,提出了多分子层吸附模型,并推导出相应的吸附等温式。

BET 多分子层吸附模型保留了朗缪尔模型中吸附热与表面覆盖度无关,即吸附热是一常数的假设,并补充了以下三条假设:

①吸附可以是多分子层的。

②第一层的吸附热(q_1)与以后各层的不同,第二层以上各层的吸附热为相同值,为吸附质的液化热(q_L)。

③吸附质的吸附与脱附只发生在直接暴露于气相的表面上。

当吸附达到平衡以后,气体的吸附量(V_a)等于各层吸附量的总和,可以证明在等温时有如下关系:

$$V_a = \frac{V_m C p}{(p_0 - p)\left[1 + (C - 1)\dfrac{p}{p_0}\right]} \tag{11.5}$$

式中，p_0 为气体的饱和蒸气压，C 为常数，简单的表达为

$$C \propto \exp\frac{q_1 - q_L}{RT} \tag{11.6}$$

式(11.5)也可以写成线性形式：

$$\frac{p}{V_a(p_0 - p)} = \frac{1}{V_m C} + \frac{C - 1}{V_m C}\left(\frac{p}{p_0}\right) \tag{11.7}$$

式(11.5)、(11.7)为BET二常数公式。根据式(11.7)，以 $\dfrac{p}{V_a(p_0 - p)}$ 对 $\dfrac{p}{p_0}$ 作图可得直线，由其斜率 $\dfrac{C-1}{V_m C}$ 和截距 $\dfrac{1}{V_m}$ 可求得二常数 V_m 和 C。

因为 V_m 表示单层饱和吸附量，所以比表面积 S 即可按照下式求得

$$S = \frac{V_m \sigma N_A}{m V_0} \tag{11.8}$$

式中，S 为比表面积，m^2/g；N_A 为阿伏加德罗常数，$N_A = 6.023 \times 10^{23}$；$\sigma$ 为一个吸附质分子所占据的面积，对于氮气分子通常取 16.2×10^{-20} m^2 = 16.2 $Å^2$；V_m 为每克固体的单分子层容积，cm^3；V_0 为摩尔体积，$V_0 = 22\,410$ $cm^3 \cdot mol^{-1}$；m 为吸附剂的质量，g。

当 $C \gg 1$，且 p/p_0 不太大时，BET二常数公式可转化成朗缪尔方程，即

$$V = V_m C \frac{\dfrac{p}{p_0}}{\left[1 + C\left(\dfrac{p}{p_0}\right)\right]} \tag{11.9}$$

对于大多数氮气吸附体系而言，氮气达到单层饱和吸附时相对压力约在 0.05～0.35 间，因为在推导公式时，假定是多层的物理吸附，当相对压力小于 0.05 时，压力太小，建立不起多层吸附平衡，甚至连单分子层物理吸附也远未形成，表面的不均匀性就显得突出。在相对压力大于 0.35 时，由于毛细凝聚变得显著，因而破坏了多层物理吸附平衡。

BET公式的适用范围说明了它使用的局限性。许多结果表明，低压时实验吸附量较理论值偏高，而高压时又偏低，造成理论与实验结果偏离的主要原因是，BET理论认为吸附剂表面是均匀吸附，且吸附分子间无相互作用。BET公式尽管在理论上尚有争议之处，但至今仍是在物理吸附研究中应用最多的等温式。

朗缪尔方程是基于单层吸附模型，而没有考虑实际情况中气体分子的多层吸附，计算出的比表面积误差较大，尤其是计算介孔材料比表面积的时候（微孔分子筛的吸附虽然也不是单层吸附但常可作为单层吸附考虑，用朗缪尔方程计算微孔分子筛比表面积误差不大），故计算介孔材料的比表面积时多用BET方法，并称这种方法得到的比表面积为BET比表面积。

11.6.3 孔径分布

11.6.3.1 开尔文方程

气体在多孔固体上的吸附取决于开尔文方程，考虑到在孔内的液体与气体处于平衡，如

果从孔外大量液体中提取少量 δ_a mol 的液体进入孔内,孔外的平衡压力为 p_0,孔内的平衡压力为 p,则吉布斯自由能的总增加量 dG 为以下三部分之和:在压力 p_0 下 δ_a mol 液体的蒸发(δG_1);在压力 p 下 δ_a mol 气体凝聚为液体(δG_2)。从压力 p_0 到 p,δ_a mol 蒸气的膨胀(δG_3),由于凝聚和蒸发是个平衡过程,所以 $\delta G_1 = \delta G_2 = 0$。假设蒸气符合理想气体,则在膨胀时吉布斯自由能的增加为

$$\delta G_3 = RT \ln \frac{p_0}{p} \delta_a \tag{11.10}$$

在孔中蒸气的凝聚使得固-气界面减少,而在固-液界面增加 δ_S 面积,在这过程中自由能的增加为

$$\delta G' = \delta_S (\gamma_{SL} - \gamma_{SV}) \tag{11.11}$$

式中

$$\gamma_{SL} - \gamma_{SV} = \delta_{LV} \cos \theta \tag{11.12}$$

由于

$$\delta G' = -\delta G_3 \tag{11.13}$$

$$\delta_a RT \ln \frac{p}{p_0} = -\gamma_{LV} \cos \theta \cdot \delta_S \tag{11.14}$$

孔中的凝聚容积为

$$\delta v_c = V_L \delta_a \tag{11.15}$$

式中,V_L 是 mol 体积。因此

$$\frac{\delta v_c}{V_L} RT \ln \frac{p}{p_0} = -\gamma_{LV} \cos \theta \cdot \delta_S \tag{11.16}$$

其极限状况为

$$\frac{\delta v_c}{dS} = \frac{-V_L \gamma_{LV} \cos \theta}{RT \ln \frac{p}{p_0}} \tag{11.17}$$

对于半径为 r、长为 L 的圆柱形孔,则有

$$v_c = \pi r^2 L \tag{11.18}$$

$$S = 2\pi r L \tag{11.19}$$

于是

$$\frac{v_c}{S} = \frac{r}{2} \tag{11.20}$$

因此方程式可以写成

$$RT \ln x = -\frac{2\gamma_{LV} \cdot V_L \cos \theta}{r} \tag{11.21}$$

式中

$$x = \frac{p}{p_0}$$

对于半径为 r_1 和 r_2 互相垂直的非圆柱形孔,则方程式(11.21)变为

$$RT\ln x = \gamma_{LV} V_L \left(\frac{1}{r_1} + \frac{1}{r_2} \right) \cos \theta \tag{11.22}$$

对于在液氮温度下的氮：

$$\gamma_{LV} = 8.72 \times 10^{-3}\ \text{N} \cdot \text{m}^{-2}$$
$$V_L = 34.68 \times 10^{-6}\ \text{m}^3 \cdot \text{mol}^{-1}$$
$$R = 8.314\ \text{J} \cdot \text{mol}^{-1} \cdot \text{K}^{-1}$$
$$T = 77.35\ \text{K}$$
$$\theta = 0°$$
$$r_k = \frac{9.4 \times 10^{-10}}{\ln x}$$

式中，r_k 是开尔文半径。

孔容积和孔表面的分布可以由气体吸附等温线来测定。如在外表面上被吸附气体的量小于在孔中被吸附气体的量，则总孔容积即为在饱和压力下被吸附的凝聚容积。

对许多吸附剂来说，等温吸附和脱附支线之间出现滞后回线。这一现象已被解释为在出现滞后回线的压力下，增大了多分子层吸附的毛细管凝聚，从而使吸附和脱附时的曲率半径不同。

11.6.3.2 孔分析的几种常见方法

(1) BJH 方法

Barret、Joyner 和 Halenda 提出一种应用开尔文等式计算多孔材料中孔分布的方法，称为 BJH 方法。他们的方法是假定一个在已经充满吸附质的孔中，随着压力的下降吸附质逐渐清空的过程。这种方法可以应用于等温线的吸附分支吸附量下降的方向和脱附分支，但是无论哪一种情况都必须强制性地认为全部的孔都是充满的。

BJH 方法主要用于介孔材料的孔径测试，图 11.7 是某介孔材料的孔分布曲线，分别代表吸附分支和脱附分支的孔分布曲线。尽管它们来自同一个样品，却有着显著的差别，吸附分支中最可几孔径的大小是 8.9 nm，而脱附分支中最可几孔径的大小是 6.4 nm。一般来说，人们认为吸附分支的孔分布曲线代表了被测材料的平均孔径，而脱附分支的孔分布曲线则代表了被测材料中孔道口的尺寸，没有吸附分支表达得准确。在实际撰写科研论文时，各国的学者都习惯用吸附分支的孔分布曲线来说明问题。

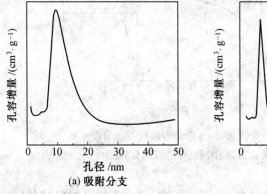

图 11.7 某介孔材料的孔分布曲线

(2) HK 方法

在 Everett 和 Powl 的工作基础上,Horvath 和 Kawazoe 于 1983 年提出了 HK 模型。HK 模型简化了吸附质分子和吸附剂孔壁分子间的相互作用,认为吸附质分子和吸附剂孔壁分子间的相互作用在空间不同点上都是相同的。这种相互作用由吸附质分子在孔径为 w 的狭缝孔中的平均摩尔势能函数来表达

$$\Phi = \frac{N_a A_a + N_A A_A}{\sigma^4 (H-d)} \left[\frac{\sigma^4}{3(H-d/2)^3} - \frac{\sigma^9}{9(H-d/2)^9} - \frac{\sigma^4}{3(d/2)^3} + \frac{\sigma^{10}}{9(d/2)^9} \right] \tag{11.23}$$

式中,H 为狭缝孔平行板间距;σ 为吸附质分子与吸附剂孔壁分子零作用时吸附质分子距离孔壁的距离;$d = d_a + d_A$,d_a 为吸附剂孔壁表面原子的直径;d_A 为吸附质分子的直径;N_a 和 N_A 分别为单位表面积上吸附剂原子和吸附质分子的个数;A_a 和 A_A 分别为表征吸附质分子之间以及吸附质分子与吸附剂分子间相互作用的扩散常数,且有 $w = H - d_a$。

让一个理想气体的吉布斯自由吸附能等于平均摩尔吸附势能,能够得到相对压力与孔径宽度的关系

$$RT \ln \frac{p}{p_0} = \frac{N_a A_a + N_A A_A}{\sigma^4 (H-d)} \left[\frac{\sigma^4}{3(H-d/2)^3} - \frac{\sigma^9}{9(H-d/2)^9} - \frac{\sigma^4}{3(d/2)^3} + \frac{\sigma^{10}}{9(d/2)^9} \right] \tag{11.24}$$

式(11.24)确定了 H 和相对压力之间的关系。利用 HK 模型确定孔径分布,存在一个假设,即在某一相对压力下,吸附只发生在孔径等于或小于由式(11.24)确定的孔径中。HK 模型考虑了吸附质分子和吸附剂孔壁分子之间的相互作用,但其吸附质分子和吸附剂孔壁分子之间的相互作用在空间各个点上都是相同的。

假设有其自身的局限性,因此 HK 方法目前只适用于微孔分子筛。如果材料中既含有介孔结构又含微孔结构,那么就需要在两个范围内分别用 HK 方法和 BJH 方法得到孔分布曲线,如图 11.8 所示。

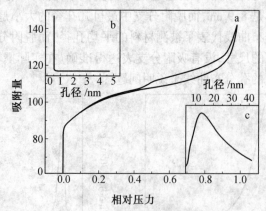

图 11.8 介孔 ZSM-5 吸附等温线及孔分布曲线
(a)是吸附等温线;(b)是 HK 孔分布曲线;(c)是 BJH 孔分布曲线

(3) NLDFT 方法

由于 BJH 方法只适用于介孔材料,而 HK 方法只适用于微孔材料,但材料中存在两种孔结构时,就必须使用不同的方法分析孔尺寸。因此,人们渴望能用统一的方法在整个孔分布

范围内准确地进行孔径分析。近年来新兴的 NLDFT(非定域密度函数理论)和计算机模拟方法为这种设想提供了可能。

NLDFT 法适用于多种吸附剂/吸附物质体系。与经典的热力学、显微模型法相比,NLDFT 法从分子水平上描述了受限于孔内的流体的行为。其应用可将吸附质气体的分子性质与它们在不同尺寸孔内的吸附性能关联起来。因此 NLDFT 表征孔径分布的方法适用于微孔和介孔全范围。

KLEITZ 等人利用 NLDFT 方法重新表征了介孔材料 SBA-16,结果得到的结果与 BJH 有较大出入,如图 11.9 所示。而且 DFT 的方法也经常被用来表征多孔碳材料的孔径大小,如图 11.10 所示。另外,对于一些特殊大小的孔材料,如 1.2~2 nm 的孔主要用 NLDFT 的方法来表征,因为在这个区域 HK 和 BJH 都无法准确描述孔径大小。

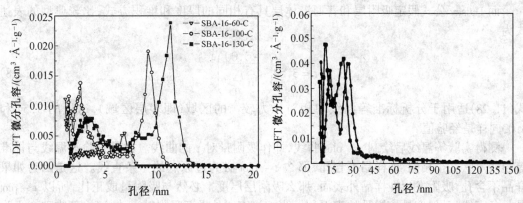

图 11.9 NLDFT 方法测得的 SBA-16 孔分布曲线　　图 11.10 DFT 方法测得的某多孔碳材料孔径分布曲线

11.6.4 t-plot 曲线

t-plot 也称 t-曲线,是以吸附量对吸附膜的统计厚度 t 作图,用来检验样品的吸附行为(实验等温线)与标准样品吸附行为(标准等温线)的差异,从而得到样品的孔体积、表面积等信息。其中,吸附膜的统计厚度 t 可表示为

$$t = \frac{n}{n_m} \times \sigma \tag{11.25}$$

式中,n 为被吸附的吸附质的物质的量;n_m 为单层饱和吸附时吸附质的物质的量;σ 为单层厚度。

所谓标准等温线应当建立在已知是非孔的,尤其是无微孔的固体上,而该固体的化学性质应当与被测样品是仅表面积不同的同一类材料,以保证吸附性质类似。如果待测样品中不含孔,那么它与标准样品的等温线形状一致,而仅吸附量不同。如若采用归一化单位表示吸附量,有可能使各等温线相互吻合。如果样品中含有孔,那么实验等温线将偏离标准等温线。而检验偏离标准等温线的方便方法则是 t-plot 法。t-plot 图不仅可以检验中孔的毛细凝聚现象,而且还可用于揭示微孔的存在并计算其体积贡献。

检验实验等温线对标准等温线的偏离,实质上是对实验等温线与标准等温线进行形状比较,找出可否通过调整纵坐标标度而使二者重合一致。t-plot 为此提供了方便,该法的依据是 t-曲线即以吸附膜统计厚度 t,而不是以 n/n_m 为自变量作出的标准等温线图,t 可由式(11.25)计算。假定吸附膜中分子呈六方密堆积排列,由此给出氮的 σ 为 3.54 Å。

如果一个氮分子层的厚度认为是 3.54 Å,那么

$$t = 3.54\left(\frac{V_a}{V_m}\right) \text{ Å} \tag{11.26}$$

式中,V_a 为表示压力为 p 时的吸附量;V_m 为表示单层饱和吸附量。

比较常用的两种确定吸附层厚度 t 的公式是 Harkins、Jura 和 Halsay 提出的。

Harkins 和 Jura 以为

$$t = \left(\frac{13.99}{0.034 - \lg \frac{p_0}{p}}\right)^{\frac{1}{2}} \tag{11.27}$$

其中两个常数 13.99 和 0.034 是经验值。

而 Halsey 公式假定吸附层和普通液体层具有相同的厚度和堆积方式,比较典型的表达式为

$$t = 3.54\left(\frac{-5.00}{\ln \frac{p_0}{p}}\right)^{\frac{1}{3}} \tag{11.28}$$

式(11.28)适用于分析标准等温线中相对压力较高的区域(即多层区域),这里的 3.54 和 5.00 同样是经验值。

测得实验等温线后绘制 t - plot 曲线,即作吸附量对 t 的曲线。如果实验等温线与标准等温线形状完全相同,即样品不含孔,那么 t - plot 必为过原点的一条直线。这是因为如果样品不含孔,吸附发生在样品外表面,那么吸附层厚度 t 必然与吸附量成正比,所以 t - plot 是一条直线,且斜率是该样品的表面积。当把该直线外推至吸附轴(y 轴)时,其物理意义为吸附层厚度为零。因为不含孔,所以吸附层厚度为零时,吸附量必然为零,所以该直线通过原点。

如果在非孔固体中引入微孔(不含介孔),低压区吸附量增大,等温线因而也发生相应的影响(见图 11.11)。因为未引入介孔,t - plot 图中高压区依然呈直线状;外推该直线至吸附量轴(y 轴),截距即等于微孔体积(要将标准状况下的气体体积转换成液体体积),直线部分的斜率则与外表面积成正比。可以认为,在有微孔存在时,吸附先发生在微孔中,微孔被充满后,吸附在外表面进行。因此,吸附层厚度为零时,意味着微孔已经充满,而表面吸附尚未开始,所以这时的吸附量等于微孔的体积。

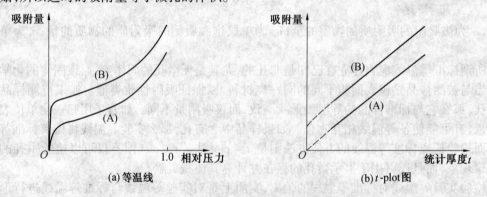

图 11.11 引入微孔对非孔固体等温线和 t - plot 图的影响

A—非孔样品;B—非孔样品中引入了微孔

如果在非孔固体中引入介孔(但不含微孔),则当相对压力达到相当于开尔文方程中相

应的孔半径时,便在这些相应的孔中发生毛细凝结,并得到Ⅳ型等温线。当在给定相对压力下发生毛细凝结现象时,由于孔中凝结吸附质而使吸附量增大,因而 t-plot 即在相应于最细孔发生毛细凝结的相对压力处开始出现向上翘起的偏离(图 11.12)。将毛细凝结结束后 t-plot 的线性部分延长至吸附量轴(y 轴),截距即等于介孔体积(图 11.12(b))中的点画线。而发生毛细凝结前,t-plot 与非孔物质一样呈直线,该直线通过原点,意味着没有微孔存在。

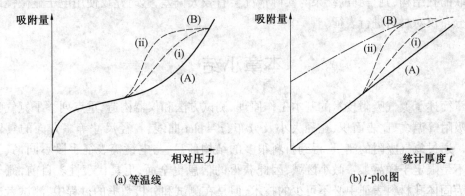

图 11.12 引入介孔对非孔固体等温线和 t-plot 图的影响
A—非孔样品;B—非孔样品中引入了介孔;i—吸附支;ii—脱附支

对于 SBA-15 和 SBA-16 这一类由嵌段共聚化合物为模板的介孔分子筛情况比较特殊,它们除了含有分布均一的介孔(主孔道)外,孔壁上还有大量的微孔。也就是说,这类样品中同时含有微孔和介孔。可以依据前面的讨论利用 t-plot 图来确定其中微孔和介孔的含量。图 11.13 是一个 SBA-15 样品的 t-plot 图,直线 AB 在 y 轴的截距即为样品中微孔的体积,而直线 CD 的截距为微孔体积与介孔体积之和,线段 CA 反映了样品中介孔的孔体积。另外,由直线 AB 的斜率可以计算出属于介孔的表面积,而由直线 CD 的斜率可以计算出外表面的面积。微孔的表面积可以由总比表面积减掉介孔表面积和外表面积得到。

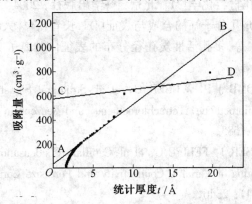

图 11.13 SBA-15 的 t-plot 曲线

11.6.5 粒子尺寸

氮气吸附分析技术除了能检测多孔固体样品的结构信息外,还可以根据 BET 推测纳米粒子的尺寸大小。通过测定粉体单位重量的比表面积 S_w,可由下式估算超微颗粒粒径

$$d = \frac{6}{\rho S_\omega} \times 10^3 \qquad (11.29)$$

式中，ρ 为密度；d 为粒子尺寸，nm；S_ω 可通过 BET 多层气体吸附法测量。

但是，比表面积法计算粒子尺寸本身还有它使用的局限性，一般情况下只作为参考依据。因为该方法得到的只是材料的平均粒度，对于一些粒度分布不均一的材料，得到的结果并不具有代表性。另外，该方法的应用是建立在非孔粒子的基础上，一旦材料的组成粒子中富含交联的孔结构，则得到的结果与实际情况会有较大偏差，这时建议使用电子显微镜或激光粒度分布仪对材料进行表征。

本章小结

本章简述了氮气吸附技术的基本工作原理、测试方法和仪器构造，重点列举了氮气吸附技术在吸附等温线、比表面积、孔径大小及分布、t-plot 曲线、粒径尺寸等多方面的具体应用实例。通过氮气吸附的测量，得到材料很多的结构信息，与电镜等表征手段不同，氮气吸附测量不是限定于样品某一微小区域，因此获得的信息更全面，更具代表性。目前，氮气吸附已成为固体孔材料表征中必不可少的技术，但是在测试和分析数据的过程中，测试者应对待测试样有较为详细的了解，选取合适的处理方法和计算模型，从而得到试样的准确信息。

参考文献

[1] ANDERSON J R, PLATT K C. 催化剂表征与测试[M]. 北京：化学工业出版社，1989.

[2] 尹元根. 多相催化剂的研究方法[M]. 北京：化学工业出版社，1988.

[3] 刘维桥，孙桂大. 固体催化剂实用研究方法[M]. 北京：中国石化出版社，2000.

[4] 王幸宜. 催化剂表征[M]. 上海：华东理工大学出版社，2008.

[5] 徐如人. 分子筛与多孔材料化学[M]. 北京：科学出版社，2004.

[6] 韩宇. 高水热稳定的介孔分子筛的合成与表征[D]. 长春：吉林大学，2003.

[7] 张超，高才，鲁雪生，等. 多孔活性炭孔径分布的表征[J]. 离子交换与吸附，2006 (22)：187.

[8] FLOQUET N, COULOMB J P, WEBER G, et al. Structural Signatures of Type IV Isotherm Steps: Sorption of Trichloroethene, Tetrachloroethene, and Benzene in Silicalite-i[J]. J. Phys. Chem. B, 2003 (107): 685.

[9] ROJAS F, KORNHAUSER I, FELIPE C, et al. Capillary Condensation in Heterogeneous Mesoporous Networks Consisting of Variable Connectivity and Pore-size Correlation[J]. Phys. Chem. Chem. Phys., 2002 (4): 2346.

[10] SUN Y Y, YUAN L N, WANG W, et al. Mesostructured Sulfated Zirconia with High Catalytic Activity in N-butane Isomerization[J]. Catal. Lett., 2003 (87): 57.

[11] DU Y C, LAN X, LIU S, et al. The Search of Promoters for Silica Condensation and Rational Synthesis of Hydrothermally Stable and Well Ordered Mesoporous Silica Materials with High Degree of Silica Condensation at Conventional Temperature[J]. Micropor. Mesopor. Mater., 2008

(112): 225.

[12] XIAO F S, WANG L, YIN C, et al. Catalytic Properties of Hierarchical Mesoporous Zeolites Templated with a Mixture of Small Organic Ammonium Salts and Mesoscale Cationic Polymers [J]. Angew. Chem. Int. Ed., 2006 (45): 3090.

[13] KLEITZ F, CZURYSZKIEWICZ T, SOLOVYOV L A, et al. X-ray Structural Modeling and Gas Adsorption Analysis of Cagelike SBA – 16 Silica Mesophases Prepared in a F127/Butanol/H_2O System[J]. Chem. Mater., 2006(18):5070.

[14] NEIMARK A V, LIN Y, RAVKOVITCH P I, et al. Quenched Solid Density Functional Theory and Pore Size Analysis of Micro-mesoporous Carbons[J]. Carbon, 2009 (47): 1617.

[15] 韩喜江,张慧娇,徐崇泉,等. 超微颗粒尺寸测量方法比较研究[J]. 哈尔滨工业大学学报, 2004 (36): 1331.

第12章 正电子湮没分析技术

内容提要

正电子湮没技术是一种非破坏性的探测手段,可以提供独特的信息,且实验操作简便,已经成为化学、物理、材料等学科研究的重要工具,在固体材料内部缺陷的表征方面尤为重要。本章介绍了正电子及正电子湮没相关知识、正电子湮没技术的基本原理、正电子寿命谱仪使用方法和应用范围。并通过正电子寿命谱仪在金属、非金属和高分子材料研究中的应用实例分析,来加深对正电子湮没技术理解。以便使初次接触正电子寿命谱仪的读者不用花很多时间,就能对正电子湮没技术有一个较全面的认识。

12.1 引 言

1930年,英国物理学家P. Dirac从理论上预言了正电子的存在;1932年,美国物理学家C. D. Anderson在宇宙射线中发现了正电子。从此,正电子湮没谱学诞生了。它首先在固体物理学中得到了应用,并在20世纪60年代后期得到了飞速发展。目前,它已在材料科学,特别是缺陷研究和相变研究中发挥了重大作用。在材料科学中,它常被称为正电子湮没技术,简称PAT(Positron Annihilation Technique)。实践证明,正电子湮没谱学是研究金属、半导体、高温超导体、高聚物等材料中的微观结构、电荷密度分布、电子动量密度分布极为灵敏的工具。

12.1.1 第一个反粒子:正电子的发现

1930年英国物理学家狄拉克(P. A. M. Dirac)预言了正电子的存在。他在将量子力学的薛定谔方程推广到相对论领域时,建立了一个"相对论性"的电子运动方程,即狄拉克方程。他在求解这个方程时,得到两部分电子能量本征值,一部分从 $-mc^2$ 到 $-\infty$,另一部分从 $+mc^2$ 到 $+\infty$,也就是说,电子除了有负能级外,还有正能级。由此提出电子有两种,除了有带负电荷的电子外,还有带正电荷的电子,即后来的正电子。

正电子虽然有了理论预言,但在实验上还未发现。当时科学界不轻易承认新粒子的存在。那时带正电的粒子只有质子,所以有人认为狄拉克方程中所出现的带正电的粒子很可能就是质子,不然为什么在实验上没有发现呢?

狄拉克的预言很快被实验证实了,1932年美国物理学家安德森(C. D. Anderson,图12.1)在研究宇宙射线在磁场中的偏转情况时发现了正电子。当时,他正同密立根(基本电荷的测定者)一起研究宇宙射线是电磁辐射还是粒子的问题。安德森想弄清楚进入云室的宇宙射线在强磁场作用下会不会转弯。他在云室中总共拍摄了1 300张云室照片。他发现,宇宙射线进入云室穿过铅板后,轨迹确实发生了弯曲,而且,有一个粒子的轨迹和电子的轨迹完全一样,但是弯曲的方向却"错"了(图 12.2)。这就是说,这种前所未知的粒子与电子的质量相同,但电荷却相反,而这恰好是狄拉克所预言的反电子。当时安德森并不知道狄拉克的预言,他把所发现的粒子叫做"正电子"。

图 12.1 正电子的发现者:安德森(Carl David Anderson)1905—1991

图 12.2 劳伦斯－伯克利国家实验室(Lawrence Berkeley National Laboratory)径迹的弯曲:在这张云室照片中,位于中间的铅板的上方的径迹弯曲得更明显,说明了这个未知粒子是一个向上运动的带正电荷的轻粒子

1933 年,安德森用 γ 射线轰击方法产生了正电子,从实验上证实了正电子的存在。从此以后,正电子便正式列入了基本粒子的行列。安德森也因发现正电子获得 1936 年的诺贝尔物理学奖。

正电子的发现,引起了人们极大的兴趣。很快就查明,正电子不但存在于宇宙射线中,而且在某些有放射性核参加的核反应过程中,也可以找到正电子的径迹。实验发现,利用能量高于 1 MeV 的 γ 射线辐射铅板、薄金属箔、气态媒质等都有可能观察到正电子的出现。而且正电子总是和普通电子成对地产生,它们所带的电荷相反,因而在磁场里总是弯向不同的方向。不久又发现了正电子的湮没现象。

12.1.2 正电子的性质

正电子是人们发现的第一种反粒子。它与电子一样,同属于轻子。从表 12.1 中可以看出正电子与电子具有相同的静止质量和自旋,所带的电荷和电子的电量相等,不过是正的,因而也具有正的磁矩。人们一般称能量在 2 MeV 以上的正电子为高能正电子,在 2 MeV 以下的为低能正电子。正电子湮没技术所使用的是低能正电子。

表 12.1 正电子的性质

粒子类型	静止质量/kg	自旋 h	电荷 e	磁矩 μ_B
正电子	9.11×10^{-25}	1/2	+1	+1
电子	9.11×10^{-25}	1/2	−1	−1

但是,正电子和电子之间也有重要的区别。电子是一种较容易发现的基本粒子,一切原子的外壳层都由电子构成,而正电子则比较罕见,它们只在与宇宙射线有关的现象中及不稳定同位素的 β^+ 衰变时出现。

12.1.3 正电子源

正电子来源于宇宙射线、γ射线轰击引起的正电子–电子对以及原子核衰变。众所周知,原子核是由质子和中子构成的,质子和中子又是由夸克组成的,不含正电子,但它衰变时却可以放出正电子,正像原子是由原子核和电子构成的,不含光子,但当它的电子从高能级跃迁到低能级就会辐射出红橙黄绿青蓝紫光子的情况一样。

正电子湮没技术中使用的正电子源多由原子核衰变产生。可辐射正电子的同位素有很多种,如 $^{64}Cu(t_{\frac{1}{2}}=12.7\ h)$、$^{58}Co(t_{\frac{1}{2}}=71.13\ d)$、$^{55}Co(t_{\frac{1}{2}}=17.5\ h)$、$^{68}Ge(t_{\frac{1}{2}}=270\ d)$、$^{57}Ni(t_{\frac{1}{2}}=36\ h)$、$^{11}C(t_{\frac{1}{2}}=20\ min)$、$^{13}N(t_{\frac{1}{2}}=10\ min)$、$^{15}O(t_{\frac{1}{2}}=2\ min)$、$^{18}F(t_{\frac{1}{2}}=1.8\ h)$、$^{90}Nb(t_{\frac{1}{2}}=14.6\ h)$、$^{22}Na(t_{\frac{1}{2}}=2.6\ a)$ 等,它们都可以作为正电子源(Positron Source)。人工制备这些正电子源的途径是用核反应堆或加速器射出的粒子流轰击某些原子核,产生核反应,形成放射性同位素。如 ^{64}Cu 是在反应堆中经历了 $^{63}Cu(n,\gamma)$ 核反应,^{58}Co 是在反应堆中经历了 $^{58}Ni(n,p)$ 核反应,^{68}Ge 是在加速器中经历了 $^{66}Zn(\alpha,2n)$ 核反应。

基于不同目的和研究对象可选用相应的同位素做正电子源,如 ^{64}Cu 常用于研究 Cu 和 Cu 合金的费米面,^{90}Nb 常用于研究强磁金属的费米面。半衰期短的同位素用于医学正电子诊断。但常规的材料分析中几乎都用 ^{22}Na 同位素做源,这主要是因为 ^{22}Na 的半衰期长达 2.6 a;另外,^{22}Na 核衰变发射出一个正电子的瞬间还会退激发一个 1.28 MeV 的 γ 光子,两个粒子辐射出的时间前后相差在 $10^{-13} \sim 10^{-12}$ s 量级,也即同时发射,它为正电子湮没寿命测量提供了一个起始信号。^{22}Na 同位素的制备可在加速器中通过下列核反应完成:

$$^{24}Mg + {}^{2}H \longrightarrow {}^{4}He + {}^{22}Na \tag{12.1}$$

$^{22}Na_{11}$ 核是不稳定的,衰变出一个正电子和一个 1.28 MeV 的 γ 光子后,成为稳定的 $^{22}Ne_{10}$。图 12.3 是 $^{22}Na_{11}$ 的衰变纲图。

正电子源可为固态、液态或气态,固态最常用。

固态使用时一般又有三种方式:

第一种方式是把所制备的放射性同位素(如 $^{22}NaCl$)水溶液滴在一片极薄(几 mg/cm²)而致密的膜(也称衬底,Substrate)上,如镍箔、Mylar 膜等,蒸发干燥后,再覆盖同样的薄膜,四周封接,成为夹心(Sandwiched)源。测量时把两片试样夹于源的两侧。它的优点是更换试样方便,不污染试样,缺点是正电子湮没谱线中有源自衬底膜成分的贡献。

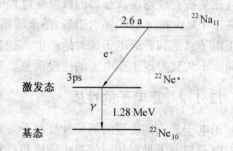

图 12.3 $^{22}Na_{11}$ 的衰变纲图

第二种方式是把正电子源的溶液直接滴在试样上,优点是湮没谱线中不再含有衬底膜的干扰,但沾污了试样。

第三种方式是把含有某些可产生正电子的元素(如 Mg, Al, Cu 等)的试样直接由反应堆、加速器的粒子流照射,使试样自身产生正电子衰变,优点是可得到强的正电子源,但容易在试样中产生杂质放射性同位素,污染了试样。

12.2 正电子的湮没特性

正电子只有在没有电子的地方才是稳定的,一旦遇到电子,它们就发生相互作用而湮没。如果正电子-电子对是静止的,两个粒子的静止质量能完全变换成电磁辐射能——光子,若辐射出两个 γ 光子,每个 γ 光子的能量是精确的 0.511 MeV,即

$$2m_0c^2 = 1.022 \text{ MeV} = 2 \times 0.511 \text{ MeV} \tag{12.2}$$

能量大于 1.022 MeV 的 γ 光子在原子核的电场中,又可以转化为一对正负电子。

12.2.1 正电子在物质中的慢化(热化)和扩散

正电子与电子的湮没辐射是一个相对过程,遵循电荷、自旋、能量、动量守恒和选择定则。一个正电子进入介质后,通过与离子、电子的非弹性散射等相互作用,在极短的时间内就几乎失去其全部动能,成为与分子热运动相平衡的热化正电子。正电子在固体中的注入深度约为 100 μm,所以由正电子湮没所得到的是材料的体态信息。然后热化正电子以 kT 量级的动能在介质中扩散、迁移,其扩散距离为 100 nm 左右,直到与材料中一个电子相遇而湮没,辐射出 γ 光子。

12.2.2 自由正电子湮没

根据正电子-电子对的状态,可湮没辐射出单 γ、双 γ、三 γ 以致多个 γ 光子。

因为动量守恒的缘故,单 γ 光子湮没辐射仅存在于正电子与原子的最内壳 K 层的电子相互作用,或者说只有存在能吸收反冲动量的第三个粒子(如:电子或原子核)时,才会发生,其概率很小,可忽略;当正电子与原子的外壳层电子或自由电子的相对自旋取向反平行时,发生双 γ 光子湮没辐射(0.511 MeV);相对自旋取向平行时,发生三 γ 光子湮没辐射,三 γ 光子辐射的概率也很小,只有出现正正电子素(o-Ps)时才是重要的。其湮没截面比是

$$\frac{\sigma(3)}{\sigma(2)} \approx \alpha = \frac{1}{137} \tag{12.3}$$

$$\frac{\sigma(1)}{\sigma(2)} \approx \alpha^4 \tag{12.4}$$

式中,σ 为湮没概率;α 为精细结构常数。

因此,正电子和自由电子的湮灭主要表现为双 γ 辐射,即发射出两个 γ 射线。图 12.4 是正电子湮没的费曼图,图 12.5 是正电子从放射源 ^{22}Na 发射到湮没的过程。

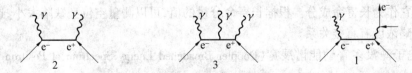

图 12.4 正电子湮没的费曼图

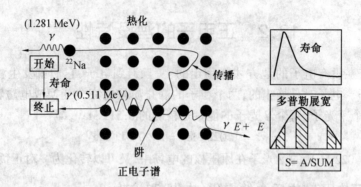

图 12.5 正电子从放射源 ^{22}Na 发射到湮没过程示意图

12.2.3 正电子的捕获效应

正电子的湮没有自由态湮没和捕获态湮没。

① 自由态湮没：正电子在完整晶体中热化、扩散，与电子相碰撞发生的正负电子湮没。

② 捕获态湮没：一旦晶体中出现缺陷（如空位、位错、微空洞等），情况就发生了变化。如在完整的原子点阵中出现一个正电荷空位，这种空位相应带有等效负电荷，而正电子带正电，易被空位缺陷处捕获，而后湮没。

空位捕获效应提供了大量材料微观结构信息，正电子捕获态湮没是研究材料微观结构的有效实验方法。

12.2.4 正电子湮没谱的表征

正电子进入介质后，通过与电子、离子的非弹性散射等过程，很快热化而失去其几乎全部动能，并与介质中的电子湮没，辐射出 γ 光子，该 γ 光子带出的信息基本上决定于湮没前电子的状态。正电子湮没各种测量仪器所进行的测量均是探测 γ 光子，γ 光子信号所累计的谱线与试样中的电子状态和组织结构相关。因此，了解和熟悉正电子湮没谱线的各种特征、各种参数是对材料进行研究的基础。

正电子湮没谱线的主要特征有三个：

(1) 正电子湮没寿命（Positron Annihilation Lifetime）

当正电子被空位型缺陷捕获，如空位和空位团，由于缺陷处电子密度的减少，因此相对于无缺陷的样品中的湮灭寿命，正电子寿命增加，与材料的体寿命（没有空位时正电子的寿命）相比较，它作为长寿命成分。根据长寿命分量的值，可以测量空位型缺陷大小，这个分量的强度与缺陷浓度有直接关系。

(2) 正电子湮没多普勒能谱展宽（Doppler Broadened Energy Spectrum of Positron Annihilation）

一般来说，正电子在湮没时充分热化，其能量很小，而固体中的电子能量往往有几个电子伏。根据正－负电子对湮没过程动量守恒，在 γ 射线传播方向的水平方向上的动量分量使湮没能量发生漂移，称之为多普勒能谱展宽。

(3) 双 γ 湮没辐射角分布（Angular Distribution of Two-Gamma Radiation）

正电子-电子对湮没过程符合动量守恒,它们的动量在垂直传播方向上的动量分量使两个γ湮没光子产生一个很小的偏离角。湮没辐射角关联技术就是通过测量不同角上的湮没事件来反映固体中电子的动量分布。

这三个特征从不同的角度反映了正电子在试样中的同一湮没事件,也就是说正电子湮没技术对同一试样既可采用寿命谱研究,也可用能谱展宽和角分布研究,其结果是一致的。正电子湮没技术备受人们关注的原因之一也许正在于此,它可以对同一对象进行多方位的分析,而不像有些技术那样仅能提供一到两个参数。

对多普勒展宽的测量实际是对湮没射线的能谱测量,在测量中需要用到一套高分辨率的能量展宽探测系统,对实验设备要求很高,因此应用很少。而湮没辐射角关联技术具有分辨率高,计数率低等特点,但它的装置也比较复杂,而且对放射源强度要求很高,对实验人员的辐射危害比较大,一般的实验室不具有这种实验装置。理论上,缺陷的类型和浓度可以通过测量一个正电子寿命谱而分别得到,与多普勒展宽技术湮没辐射和角关联技术相比较,这是正电子寿命谱技术对于缺陷研究的主要优点,并且所需实验设备相对简单。因此,这里主要介绍比较常用的正电子寿命谱。

12.2.5 正电子素

因为金属的电子密度高,正电子在金属中的寿命短,一般为 $100\sim500\times10^{-12}$ s($100\sim500$ ps)。而正电子射入自由电子密度低的介质,如非金属、绝缘体、气体、液体和各种有机分子固体时,当正电子与电子的速度相接近时,可以与一个电子结合在一起形成类似于氢原子的束缚态,即正电子素(Ps, positronium);如果两个粒子的自旋方向平行,则形成正(三态)正电子素(o-Ps, ortho-positronium),它的寿命是 $140\,000\times10^{-12}$ s,辐射出三个γ光子;如果两个粒子自旋取向反平行,形成仲(单态)正电子素(p-Ps, para-positronium),它在真空中的寿命是 125×10^{-12} s,辐射出两个γ光子。存在三种缩短三态正电子素寿命的淬灭过程有:拾取淬灭,转换淬灭,化学淬灭。这通常导致材料中 o-Ps 的寿命缩短为 $1\sim10$ ns。大多数液体中正电子寿命为 $(30\,000\sim50\,000)\times10^{-12}$ s,气体中寿命为 $140\,000\times10^{-12}$ s。所以,非金属材料的正电子湮没寿命要比金属的高出很多。表 12.2 列出了几种正电子的湮没寿命。

表 12.2 正电子的几种不同状态的寿命数量级   ns

自由态 e^+ 2γ	捕获态 e^+ 2γ	p-Ps 自湮没 2γ	o-Ps 自湮没 3γ	o-Ps 碰撞湮没 2γ
0.1~0.2	0.2~0.4	0.125	142	1~10

12.2.6 正电子湮没寿命

正电子湮没寿命就是正电子从产生至进入介质与其中的电子湮没"死亡"的平均生存时间。前面提到,正电子只有在没有电子的地方才是稳定的,只要不遇到电子它就可以一直生存下去,一旦遇到电子便"死亡"。

正电子湮没寿命 τ 决定于正电子湮没速率 λ,两者互为倒数关系,即 $\tau=\dfrac{1}{\lambda}$。在非均匀电子系统中,湮没速率为

$$\lambda = \frac{1}{\tau} = \pi r_0^2 c \int dr \mid \psi(r) \mid^2 n(r) \tag{12.5}$$

式中，r_0 为经典电子半径；$\mid\psi(r)\mid^2$ 为正电子密度；$n(r)$ 为正电子湮没位置的电子密度；c 为光速。

显而易见，电子密度是决定正电子湮没寿命长短的关键因素。正电子湮没寿命与电子密度成反比。换言之，正电子可做电子密度的探针，只要在实验上测出正电子湮没平均寿命 τ，也就得到了正电子在湮没位置的电子密度 n。不过在具体应用时，必须进行修正，因为正电子与电子的电荷符号相反，之间存在库仑引力，由实验直接测出的电子密度 n 要高于平衡态的数值。人们通常所称的电子密度都以独立粒子模型为基础，没有考虑正电子-电子和电子-电子关联效应。事实上，在电子气中，正电子吸引它周围的电子云，从而有效地屏蔽了它的正电荷，所以正电子所在处的电子密度就高于根据独立粒子模型所计算出的电子密度，结果湮没速率增强，实际测得的正电子寿命往往比根据独立粒子模型所计算出的要低一个数量级。这在正电子湮没谱学中被称为正电子增强效应。

12.3　正电子湮没寿命谱仪

12.3.1　正电子湮没寿命谱仪简介

正电子湮没寿命谱仪使用的正电子源通常是 ^{22}NaCl，该谱仪的功能就是测量正电子湮没寿命。^{22}NaCl 源衰变时发射的正电子入射到被测样品中，同其中的电子发生湮没，放出射线。伴随着正电子发射有一个起始信号，这就是生成核 ^{22}Na 退激时发出的 1.28 MeV 的 γ 光子。正电子在样品中湮没后发出能量为 0.511 MeV 的 γ 光子，这是湮没事件的终止信号。正电子的寿命即为从正电子源产生至射进试样湮没之间的平均寿命（即起始信号和终止信号之间的时间间隔）。测量正电子湮没寿命，过去使用的都是快-慢符合系统正电子湮没寿命谱仪。由于效率低，收集数据慢，目前已基本被淘汰，而代之以快-快符合系统正电子湮没寿命谱仪。它具有调节方便，计数率高等优点。

图 12.6 是常用的快-快符合谱仪示意图，正电子源夹在两片相同的样品之间，并置于两探头中间。探头由 BaF$_2$ 晶体（或塑料闪烁体）、光电倍增管及分压线路组成。恒比定时甄别器（CFDD）具有两种功能，既可以对所探测的 γ 光子进行能量选择，又可在探测到 γ 光子时产生定时信号。调节 CFDD 的能窗，使两探头分别记录同一个正电子所发出的起始和终止信号——1.28 MeV 和 0.511 MeV 的 γ 光子。时间幅度转换器（TAC）将这两个信号之间的时间间隔转换为一个高度与之成正比的脉冲信号输入多道分析器（MCA）。MCA 所记录的即为正电子寿命谱。

12.3.2　正电子湮没寿命谱仪用试样制备

正电子湮没的测试对试样基本没有特殊要求，不需要繁琐的试样制备。唯一的要求是每种状态的试样必须是两片，每片试样的厚度应能保证阻挡正电子源发射的全部正电子在试样内湮没，而不会逸出试样。下面的公式可供估算各种材料每片所使用试样的最小厚度 L：

$$L = \frac{E_{\max}^{1.43}(\text{MeV})}{(16 \pm 1)\rho(\text{g/cm}^3)} \text{ (cm)} \tag{12.6}$$

式中,$E_{\max}$为发射的正电子最大动能;ρ为材料的质量密度。很薄的材料可多层叠合,尺寸最好为 20 mm × 20 mm 的方片或直径约为 15 mm 的圆片,每片试样的其中一面只要没有肉眼可观察到的凹凸不平和缺陷即可。

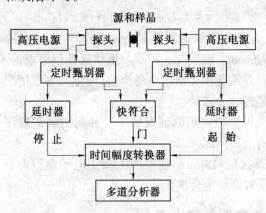

图 12.6　快－快符合系统正电子寿命谱仪示意图

测试时把正电子源(正电子源像 8 mm 左右方的或圆的小纸片)放入两片试样的中间,做成夹层状,即"试样－正电子源－试样"系统,类似于微型夹心饼干。再把它们置于探测器附近,即可测试。

12.3.3　正电子湮没寿命谱及解谱程序

图 12.7 给出在半对数坐标中一支典型的正电子湮没寿命谱,纵坐标是计数(已取对数),横坐标是与时间成正比的道数。该谱线中有实际意义的是谱峰右侧的部分,它是真正来自于正电子在试样中湮没寿命的贡献,大体符合 $\exp\left(-\dfrac{t}{\tau}\right)$ 的变化规律(t 是时间)。倘若是一支单指数正电子湮没寿命谱,其斜率直接反应了正电子湮没平均寿命 $\bar{\tau}$ 的大小,斜率绝对值越小,$\bar{\tau}$ 越长;反之,斜率绝对值越大,$\bar{\tau}$ 越短。对于理想单一结构的试样,该寿命谱就是一支单指数曲线,正电子湮没平均寿命 $\bar{\tau}$ 就是试样的本征寿命。

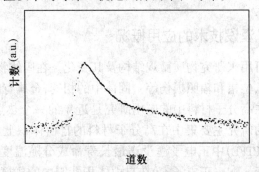

图 12.7　一支典型的正电子湮没寿命谱

但对于复杂结构的试样,$\bar{\tau}$ 则是各个结构所贡献寿命 τ_i 的权重叠加:

$$\bar{\tau} = \sum_{i=1}^{\infty} \tau_i \cdot I_i \tag{12.7}$$

式中，I_i 为第 i 种结构的湮没强度，寿命谱则是多指数（Multi-exponential）的。原则上讲，试样中有几种湮没态，则有几种湮没寿命。由于寿命谱仪分辨率的关系，正电子湮没寿命谱的解谱程序目前只能给出 3～4 个寿命

$$\bar{\tau} = \tau_1 I_1 + \tau_2 I_2 + \tau_3 I_3 + \tau_4 I_4 \tag{12.8}$$

目前，应用最普遍的寿命谱解谱程序是"positronfit"（P. Kirkegaard，M. Eldrup，1972，1974）及其改编形式"positronfit - 88"、"pat - fit"。虽然这些程序取得了很大的成就，但很难确定寿命谱仪的分辨函数，并需要预先指定寿命个数，而绝大多数情况下试样中的缺陷类型是连续变化的，即寿命值是连续分布的。

1993 年，Shukla 等人根据最大熵原理发展了一种新的解谱程序——MELT，它较好地解决了 PATFIT 程序存在的上述问题。

最近几年，基于拉普拉斯（Laplace）变换的大型正电子湮没寿命无约束解谱程序"CONTIN(pals2)"得到认可，使解谱更为合理。

12.3.4 正电子寿命谱仪的优点

正电子湮没寿命谱给出被研究介质原子尺寸的奇特信息，该技术具有以下优点：

① 因为信息是由穿透材料湮没辐射所带出的，它提供了一种非破坏性的探测手段。因此，制样方法简便，不需要特殊的样品制备。

② 对所研究的材料种类和形态没有限制，可以是金属、半导体，也可以是陶瓷或分子固体，可以是单晶、多晶，也可以是非晶、液晶。

③ 对样品的温度几乎没有限制。可以跨越材料的熔点或凝固点，而信息又是通过贯穿能力很强的 γ 射线携带出来的，因此易于对样品作高低温的原位测量，即一面升降温，一面测量；或在测量时施加电场、磁场、高气压、真空等。

④ 可作现场的原位测量或动态测量，这是因为测量对象是湮没 γ 射线之故。

12.4 正电子湮没寿命谱仪的应用

12.4.1 正电子湮没技术的应用概况

正电子湮没技术可用来研究物质微观结构及其变化。在固体物理中应用最广泛。可用来研究晶体缺陷（空位、位错和辐照损伤等），固体中的相变，金属有序 - 无序相变等。

正电子湮没技术在高分子材料中的应用研究是近年的一个热点，它提供了一种原子尺度的测试手段。目前的研究主要集中在高分子材料的自由体积上。1960 年，Brandt 等人首先观测到聚四氟乙烯（PTFE）中正电子湮没谱最长寿命成分随温度升高而增加的现象。认为最长寿命成分来源于 o - Ps（正电子素）在自由体积孔洞中的碰撞湮没，o - Ps 的寿命长短与高分子材料中的平均自由体积相关。目前，已建立起正电子在高分子中湮没的自由体积模型。正电子湮没谱学通过研究高分子中的自由体积特征和变化，可以研究高分子的相转变、应力影响、结晶度、辐照影响、介质渗透行为以及具有共聚、嵌段、共混互穿结构的高分子

间的相容性等。

在化学中正电子湮没技术可用于研究有机化合物的化学反应,鉴定有机物结构中的碳正离子,研究聚合物的微观结构等。在生物学中,用于研究生物大分子在溶液中的结构。医学上,用正电子发射断层扫描仪,可得到人的心脏、脑和其他器官的断面图像,研究它们的新陈代谢过程,作出疾病的早期诊断及发现早期肿瘤。在无损检验中,正电子湮没寿命谱仪可用来研究晶体缺陷、探测机械部件(如轮机叶片、飞机起落装置)的疲劳损伤,从而在小裂缝出现之前作出预报。

12.4.2 在金属材料中的应用

12.4.2.1 在金属材料中的应用情况

对金属材料的研究,是正电子湮没谱学应用得最早、最广泛、最成熟的领域。

被正电子湮没谱学研究过的内容不仅包括所有的金属材料,如纯金属、普通钢、特殊钢、高温合金、难熔合金、精密合金、耐蚀合金、抗辐照材料、功能材料、储氢材料、超导材料、非晶态材料、微晶材料、纳米材料、金属间化合物、表面薄膜、超细粉等,还包括几乎所有的金属物理性能和微观结构,如:热、电、磁、机械力学性能和费米能、费米面、电子动量分布、空位、双空位、空位团、空洞、位错、层错、孪晶、各类缺陷的形成能和迁移能、金属中的气体和气泡、织构、杂质、微量元素影响、塑性形变、相结构与相变、再结晶、晶粒、晶界、辐照损伤、氢脆、有序-无序转变、磁转变、烧结、沉淀析出、表层结构与表层缺陷分布等。

正电子湮没在金属研究领域的泰斗式人物当推美国的 R. N. West 和 S. Berko,芬兰的 P. Hautojarvi,日本的 M. Doyama,德国的 G. Dlubek 和 A. Seeger,苏联的 I. Ya. Dekhtyar 等人。

正电子湮没谱学研究金属的独到之处是分析电子结构和缺陷(特别是微缺陷)。随着它的应用深入,逐渐拓宽到金属物理中几乎所有的过程、微观结构和现象。严格地讲,这些研究都以电子结构和缺陷为基础,反过来讲,正是因为这些过程、微观结构和现象伴随了电子结构或缺陷的变异,才有可能被正电子研究。

12.4.2.2 金属材料结构与正电子湮没寿命谱

(1) 正电子湮没行为与晶格结构

正电子在完整晶格中往往是自由湮没。但如果介质中存在缺陷(如空位、位错、微空洞等),正电子就容易被缺陷所捕获,形成捕获态。因为在介质中,正电子总是受到带正电荷的离子团的库仑排斥力,而在空位型缺陷中,没有离子团存在,因此空位、位错、微空洞这类缺陷就成了正电子的吸引中心。由于在缺陷处电子密度比较低,正电子在缺陷处的湮没寿命将大于本体寿命。同时,正电子在缺陷处与内层芯电子湮没的概率大大减小,主要与低动量的价电子发生湮没。

(2) 金属材料寿命谱分析原则

就金属材料而言,τ_1 称短寿命,在 100 ps 左右,对应于正电子在电子密度高区域的湮没。τ_2 称长寿命,约为 200~500 ps,来源于正电子在电子密度低区域的湮没。τ_2 还称为捕获态或束缚态湮没寿命,即正电子进入试样后被电子密度低的区域或缺陷所捕获后湮没的寿命。τ_3 和 τ_4 是正电子源自身、衬底材料以及"试样-正电子源-试样"排列系统造成的不可避免的界面等的贡献,它的数值很大,从数百到数千 ps,但强度较小。

(3)正电子湮没寿命与试样的亚微观结构

正电子湮没寿命直接反映了其采样位置(Sampling Site)的电子密度,在金属材料的研究文献中,人们往往直接把寿命与试样的亚微观结构相关联(虽然有学者对这种关联有不同看法)。

如在研究塑性变化时,把 τ_1 和 τ_2 分别处理成非变形区域和变形区域的贡献;在分析淬火试样时把 τ_1 视为完整晶格的寿命,把 τ_2 看做空位的湮没寿命;在分析再结晶时,把 τ_2 视为试样初始状态的寿命,当有短寿命 τ_1 出现时,则认为试样中的缺陷消除;在研究非晶态合金时,把 τ_1 和 τ_2 与两种不同类型自由体积的贡献相对应。

12.4.2.3 在金属材料中的应用实例

【例 12.1】 退火条件对微结构影响

范性形变所造成的缺陷,除间隙原子外,空位、位错和微空洞等都有可能捕获正电子而对湮没特性产生影响。形变样品中的缺陷可在退火过程中消除。由于各种缺陷消除的情况不一样,因此在不同温度下退火,并观察正电子湮没参数变化的规律,可分析出微观缺陷运动的情况,推断形变刚完成时材料中缺陷的结构。另外,比较包含不同组分和杂质的材料在相同工艺处理和退火条件下正电子湮没参数的变化,可进一步了解杂质或某种组分在缺陷运动过程中所起的作用,因此用 PAT 研究形变是人们较早就注意到的课题,迄今这方面已有大量工作。

例如关于面心立方(fcc)金属形变后再结晶前的回复阶段的本质问题,长期以来存在着争论。有两种互相对立的模型,一种是空位模型(单填隙子模型),它认为该阶段可用自由空位的迁移和退火来解释;另一种为双填隙子模型,它假定在这一阶段有 $\langle 100 \rangle$ 分裂型填隙子的三维迁移。

对冷轧 Ni 和低 Ni-Sb 合金,PAT 研究的结果证明,Ni 的恢复阶段 III 可用空位模型来解释。图 12.8 中纯 Ni 样品的平均正电子寿命 $\bar{\tau}$ 在 80℃以后迅速减小,这说明了空位的消失,而含有 Sb 样品 $\bar{\tau}$ 的大幅度上升说明了 Sb 聚集空位,形成空位团。空位团随着温度升高而长大,对正电子湮没特性的影响情况如图 12.9 所示,其中 τ_2 对应微空洞的大小,而 I_2 相应于微空洞的多少。这些结果说明,添加少量的 Sb 杂质能引起缺陷退火行为的巨大变化,这主要是由于在 Ni 中,Sb 原子对空位有很大的束缚能,因此在 80℃以上,以 Sb 杂质为核形成三维空位团。这种微空洞的大小随温度增加而增加,直到再结晶温度($T \approx 450℃$)以后才被退火消除掉。

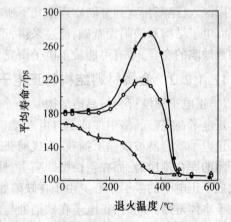

图 12.8 冷轧纯镍(△),Ni + Sb (○)(w_{sb} = 0.03%)和 Ni + 0.1% Sb(●)(w_{sb} = 0.1%)中,平均正电子寿命与等时退火温度之间的函数关系

【例 12.2】 铜离子辐照纯铁的正电子湮没寿命测量

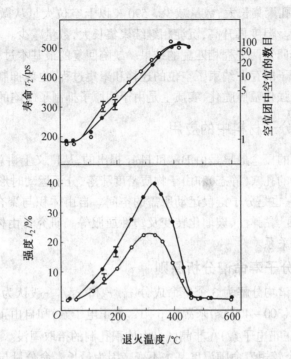

图 12.9 冷轧 NiSb 样品(○为 Ni + Sb(w_{sb} = 0.03%);● 为 Ni + Sb(w_{sb} = 0.1%))中正电子长寿命成分的寿命值 τ_2 和相对强度 I_2 与等时退火温度之间的关系

铜元素一向被认为是引起核反应堆材料辐照脆化的最有害元素,因而需要严格控制在反应堆压力壳钢中的铜杂质含量。但至今仍不很清楚铜原子在材料受中子辐照而脆化过程中的行为。高剂量中子辐照实验要花费很长的时间并付以昂贵的经费,高能重离子轰击金属已被证明是使辐照时间缩短几个数量级的有效手段。实验中用铜离子注入纯铁试样中,模拟中子辐照在金属铁中产生的缺陷,测量正电子湮没寿命谱。

基于双态捕获模型,用 RESOLUTION 程序分解了正电子湮没寿命谱,得到了表观寿命,如图 12.10 所示。由图看出第一个表观寿命 τ_1 在 100 ps 左右,第二个表观寿命 τ_2 在 400 ps 左右。在 290 ~ 790 K 等时退火实验温度范围内 τ_2 的变化呈双驼峰形。两个峰顶分别在 390 K 及 620 K,谷底在 430 K,约在 630 K 以上逐渐消失。τ_2 给出的是试样中空位型缺陷的信息,根据 M.J.Ruska 的理论计算可以得知在试样中有最多由十几个空位组成的微孔。

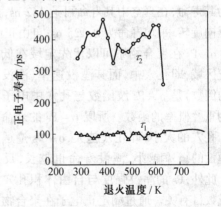

图 12.10 退火温度对铜离子辐照纯铁的正电子寿命的影响

铜离子注入在纯铁中形成过饱合富铜区及空位串级——微孔。富铜区围绕着微孔,由于铜原子的尺寸效应,它在铁晶格中的迁移必须借助于空位的存在。当低于 390 K 时分散的空位迁移到微孔处使微孔长大。390 ~ 430 K 时,过剩的铜原子与从微孔中发射出的空位复合,使微孔中所含空位数目减少,同时可能伴有由大微孔分裂而形成的小微孔(相对强度上升)。在590 K以上微孔聚集长大,数量减少。590 K以上空位大量从微孔中发射出去,过剩的铜就形成了沉淀相。温度再升高,沉淀相继续聚集长大,数量减少。材料的辐照效应是材料受辐照而损伤与其回复两进程相匹配的结果。缺陷回复的最基本过程就是空位及间隙原子的迁移过程。铜原子的存在约束了空位的迁移和聚集过程,也就抑制了缺陷的回复过程。因而可以认为铜原子强化辐照脆化,实质上是由于铜原子抑制了缺陷的回复过程。

12.4.3 在高分子材料中的应用

聚合物自由体积的概念最早是由 Fox 和 Flory 提出的,从广义上讲就是指聚合物材料中未被占据的无规分布的孔穴(静态)和由于物质密度涨落、分子运动时形成的空间(动态);从分子运动角度来看,它也是分子链段运动所需的空间。自由体积与聚合物的许多物理化学性质密切相关,如黏度、黏弹性、玻璃化转变及塑性屈服等。研究自由体积有助于了解聚合物结构与性能之间的关系。

12.4.3.1 高分子寿命谱分析原则

所有测量的寿命谱均分解为 3 个寿命成分 τ_1、τ_2 和 τ_3。一般认为,两个较短寿命分量 τ_1(150~200 ps)和 τ_2(300~400 ps)来源于 p–Ps(仲正电子素)和自由正电子的湮没;τ_3(1~10 ns)来源于 o–Ps(正正电子素)在非晶区自由体积孔洞的拾取湮没。

在高分子中,两个较短寿命随温度基本不变。因为最长寿命分量与自由体积紧密相关,故一般只分析最长寿命分量随温度的变化。

12.4.3.2 在高分子材料中的应用实例

【例 12.3】 聚合物中自由体积的测定

在聚合物中,正电子可以以两种状态存在,自由正电子和正电子——电子束缚态(Ps)。根据正电子和电子的自旋组合状态,又可以将 Ps 分为正正电子素(o–Ps)和仲正电子素(p–Ps):o–Ps 中正电子与电子平行同向旋转,遇到反旋电子而湮没,从发射到湮没的时间即为其寿命,在真空中其寿命可达 142 ns,而在聚合物中缩短到 1~5 ns;p–Ps 中两元素平行反向旋转,平均寿命为 0.125 ns;自由正电子在相同介质中的平均寿命约为 0.4 ns。

o–Ps 在聚合物中可以优先定域在低电子密度区域,即孔穴中,而其湮没速率(湮没寿命值的倒数)是 o–Ps 波函数与孔穴中电子波函数的重叠概率的函数。所以 o–Ps 的寿命值取决于孔穴的大小,即孔穴越大,o–Ps 遭遇电子而湮没的概率越小,湮没寿命也越长,反之亦然。此外,Ps 的湮没强度与自由体积孔穴的浓度或数目有关。通过测定正电子在聚合物中的湮没寿命和强度,经过适当的处理,即可得到有关自由体积孔穴大小和数量的信息。图 12.11 为此技术的简略示意图。

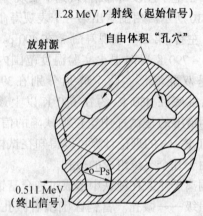

图 12.11 利用 PALS 探测玻璃态聚合物中自由体积孔穴的简略示意图

【例 12.4】 聚苯乙烯中自由体积的测定

通过测量正电子寿命,可以得到如图 12.12

所示的典型谱图。最通用的思路是将谱图分解成三个组分,分别对应于前述的仲正电子素(p-Ps),自由正电子和正正电子素(o-Ps)。由于o-Ps的寿命最长,而且定域湮没于自由体积孔穴中,在谱图中易于确定,因此一般用o-Ps的寿命值τ_3来计算孔穴的大小。由于在聚合物中的自由体积孔穴存在一个分布,所以湮没寿命谱可以表达成连续函数的形式,再由CONTIN计算机程序进行积分转换。通过此方法可以将图12.12转换为图12.13所示曲线。o-Ps寿命与自由体积孔穴半径值存在一一对映关系,所以寿命的连续分布也包含了孔穴大小分布的信息。

自由体积孔穴的半径概率密度函数$R_f pdf(R)$可以表达为

$$R_f pdf(R) = -3.32 \frac{\left[\cos\frac{2\pi R}{R+1.66} - 1\right]\alpha(\lambda)}{(R+1.66)^2 \cdot K(R)} \quad (12.9)$$

式中,$K(R)$为不同半径孔穴捕获Ps的速率的修正因子,定义为$K(R) = 1.0 + 8.0R$。o-Ps湮没在半径为R到$R+dR$范围的孔穴的比例为$R_f pdf(R)dR$。利用式(12.9)可得到如图12.12所示的半径分布曲线。

再由自由体积概率密度函数

$$V_f pdf(V_f) = R_f pdf(R)/4\pi R^2 \quad (12.10)$$

就可以得到图12.13所示的自由体积分布与自由体积大小之间的关系曲线,从而可以更加直观地看到体系内自由体积的分布情况。

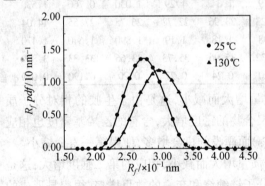
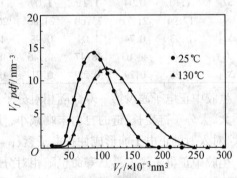

图12.12 聚苯乙烯中自由体积孔穴半径分布与自由体积孔穴半径的关系曲线

图12.13 聚苯乙烯中自由体积分布与自由体积孔穴大小的关系曲线

【例12.5】 硅橡胶中的正电子湮没寿命谱实验分析

图12.14给出了生胶的结构式,表12.3给出了各种样品的正电子湮没寿命参数。由表12.3可知,随着生胶的相对分子质量增大,正电子湮没的三种成分寿命都减小,相应的第一、第三强度减小,而第二强度增大。生胶在高温硫化以后的正电子湮没第一和第二寿命比硫化前的第一和第二寿命要长,第三寿命又比硫化之前的第三寿命要短些,相应的第三强度变小,第一和第二强度变大。

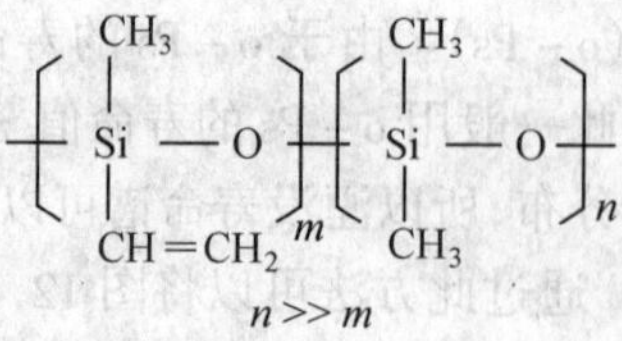

图 12.14 生胶分子结构式

表 12.3 各种样品正电子湮没寿命参数

寿命 $\tau(\mu s)$ 和强度 $I(\%)$ 值	生胶的重均相对分子质量/万					高温硫化后的重均相对分子质量/万				SiO$_2$
	30	50	65	74	82	30	50	65	74	
τ_1	0.227	0.207	0.173	0.163	0.158	0.256	0.271	0.265	0.252	0.268
$\Delta\tau_1$	0.005	0.007	0.004	0.003	0.004	0.005	0.004	0.004	0.005	0.003
τ_2	0.589	0.556	0.531	0.521	0.494	0.595	0.667	0.622	0.601	0.589
$\Delta\tau_2$	0.011	0.013	0.010	0.010	0.012	0.016	0.014	0.018	0.013	0.025
τ_3	3.309	3.273	3.255	3.238	3.224	3.146	3.126	3.156	3.183	3.060
$\Delta\tau_3$	0.024	0.022	0.021	0.022	0.020	0.028	0.022	0.020	0.025	0.000
I_1	34.63	30.26	27.93	26.68	25.45	40.08	41.56	39.58	38.62	82.12
ΔI_1	1.10	0.94	1.21	1.09	1.19	1.34	1.29	1.030	0.760	1.530
I_2	17.94	21.71	23.60	24.86	26.23	23.96	22.72	26.75	27.55	14.04
ΔI_2	0.93	0.74	1.09	0.98	1.08	1.18	1.19	1.890	1.640	1.470
I_3	47.43	48.03	48.47	48.46	48.32	35.96	35.73	33.66	33.83	3.840
ΔI_3	0.26	0.29	0.22	0.21	0.20	0.24	0.27	0.20	0.190	0.090

生胶中正电子湮没第一寿命随相对分子质量增大而减小,这是由于生胶的相对分子质量增大,大分子链变长,链的自由末端减小,使聚合物的密度增大,含有的乙烯基密度也相应增大,对入射的正电子能形成仲正电子素(p-Ps)而湮没的机会增多,使得第一寿命缩小。

生胶中正电子湮没第二寿命也随相对分子质量增大而减小,相应的第二强度增大,这是由于生胶的相对分子质量增大,单位体积里大分子链缠绕和交叠的数目增多,很容易形成的正电子捕获中心也就增多,所以第二寿命减小,相应的第二强度增大。

生胶中正电子湮没第三寿命和相应的强度都随相对分子质量增大而减小,这是由于大分子链变长,链的自由末端减小,使得聚合物的密度增大,大分子链之间的额外空隙变小,亦即自由体积减小,相应的总的自由体积也减小,导致第三寿命和相应的强度减小。

因为在单位体积里正电子湮没的三种成分强度的百分比之和应为1,现在实验和分析的结果均表明随着生胶的相对分子质量增大,第二强度增大,而第三强度减小,对于第一强度是增大还是减小取决于第二强度和第三强度减小的程度,如果第二强度增大的程度比第三强度减小的程度大,则第一强度就应减小,实验结果是随着分子量增大第一强度减小。

对于生胶经过高温硫化以后,在大分子链之间加入填料,乙烯基双键几乎全部被打开,剩下来的乙烯基数目很少,比较自由的π电子数目也就变得很少,于是对入射的正电子湮没是由两部分叠加的结果,一部分是正电子以形成仲正电子素而湮没,另一部分是正电子在填料中的自由湮没,这两部分湮没的寿命叠加成生胶经高温硫化以后的正电子湮没第一寿命,它的数值应介于生胶中的仲正电子素湮没寿命值和填料中的正电子自由湮没寿命之间。所以高温硫化以后正电子湮没第一寿命变长,同样,生胶经高温硫化以后的正电子湮没第一强度是由上述两部分湮没强度叠加形成的,由实验结果可知,生胶在高温硫化以后,比较自由的 π 电子减小到很少,正电子形成仲正电子素湮没的机会很少,如果没有其他湮没部分的贡献,第一强度值应该很小,但是实验测得的第一强度值显著地增大,这就表明第一强度中主要是正电子在填料中自由湮没的贡献。加入填料后使得聚合物体积增大,相应的大分子链之间的缠绕和交叠的密度就减小,于是很容易形成的正电子捕获中心的密度也减小,因此,生胶高温硫化以后正电子湮没的第二寿命要变长。

12.4.4 在无机非金属材料中的应用

【例 12.6】 沸石吸水量的研究

沸石具有较强的吸水性能,因此常用做干燥剂。为了研究吸附的水对正电子湮没参数的影响,将 10X 型沸石分子筛样品在一系列温度下(室温~700℃)焙烧 2 h 以脱除部分吸附的水,然后测试,得正电子湮没寿命谱。所测寿命谱均用 PATFIT 程序进行拟合,得出 4 个寿命分量,其中 τ_1 为正电子在沸石体相中的湮没和 p-Ps 的自发湮没;τ_2 是正电子在笼内的湮没;τ_3 和 τ_4 归因于 o-Ps 在沸石笼内的湮没。所测 τ_3 和 τ_4 的变化曲线分别示于图 12.15 和图 12.16 中。

从中发现,τ_3 和 τ_4 的变化均经历两个阶段。在 25~550℃,两寿命均一直上升。τ_3 从 1.10 ns 升至 1.66 ns,τ_4 从 3.70 ns 升至 7.75 ns,而当 $T > 550$℃ 后又同时开始下降。

对于第一阶段,认为经过焙烧后,一部分水开始从体内脱附,脱水量与焙烧温度有关。温度越高,脱水量越大。脱水的结果,使笼(β 笼和超笼)内自由体积增大,因此在笼内湮没 Ps 寿命(τ_3 和 τ_4)增大。

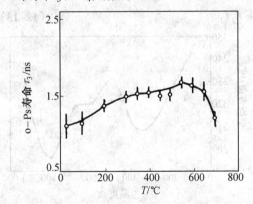 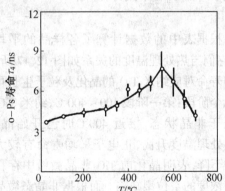

图 12.15　o-Ps 寿命 τ_3 随焙烧温度的变化　　图 12.16　o-Ps 寿命 τ_4 随焙烧温度的变化

当焙烧温度进一步升高后,τ_3 和 τ_4 均开始下降,此时自由体积理论已不再适用。Ps 原子可能参与了化学反应。有人认为,在二价阳离子交换的沸石中,在一定温度下焙烧后,阳离子开始局域化,其产生的局部强电场使残留的水分子发生水解,产生酸性质子:

$$\mathrm{M(OH_2)^{2+}} \longrightarrow \mathrm{M(OH)^+} + \mathrm{H^+} \tag{12.11}$$

这一焙烧过程通常也称为分子筛的活化。当周围出现酸性质子后就会立即与之发生作用,Ps 的电子转移至 $\mathrm{H^+}$ 变成 $\mathrm{e^+}$ 而湮没,其反应如下

$$Ps + H^+ \longrightarrow e^+ + H \tag{12.12}$$

因此大大缩短了 Ps 的湮没寿命。

【例 12.7】 纳米 TiO_2 微粉的界面缺陷

采用溶胶凝胶法(sol-gel)制备了 TiO_2 纳米粉体,并通过正电子寿命谱来研究微粉界面缺陷,各纳米 TiO_2 样品的正电子寿命谱结果见表 12.4。各样品的正电子寿命中的强度都很小,不超过 2%,可归于正电子在源和样品表面上湮没的贡献,也不存在。这表明用 sol-gel 法制备的纳米 TiO_2 材料中,只存在两类缺陷:第一类,单空位尺寸大小的自由体积缺陷,对应短寿命 I_1 成分;第二类,由于几个晶粒围成的十几个空位大小的微孔洞,对应于中等寿命 τ_2 成分,不存在第三类由多个晶粒围成的大孔洞缺陷成分,不产生 o-Ps 形式的正电子湮没。而对纳米材料,其自由体积缺陷和微孔洞缺陷主要存在于界面中,在 TiO_2 纳米粉料中,界面存在大量缺陷,主要有单位尺寸的自由体积缺陷和微孔洞缺陷。

表 12.4 不同烧结温度下 TiO_2 正电子寿命参数

温度/℃	τ_1/ps	τ_2/ps	τ_3/ps	I_1/%	I_2/%	I_3/%
100	174.8	371.1	1 985.0	20.82	78.46	0.718
200	206.5	366.0	2 175.0	33.04	66.23	0.730
400	190.0	350.8	1 774.0	29.34	70.03	0.634
500	164.5	353.9	1 496.0	24.26	74.87	0.869
600	187.1	375.0	1 238.0	34.88	63.84	1.22
700	203.9	381.8	1 441.0	41.46	57.80	0.71
800	152.1	349.4	1 879.0	36.67	62.10	1.12
900	185.7	360.4	1 598.0	33.70	65.20	1.10

由表 12.4 可以进一步考查正电子平均寿命与热处理温度的关系。根据捕获模型,平均正电子寿命 τ_m 由下式计算

$$\tau_m = \tau_1 I_1 + \tau_2 I_2 \tag{12.13}$$

根据表中的数据计算了各样品的平均寿命,它们与热处理温度的关系如图 12.17 所示。平均寿命对应纳米 TiO_2 的晶化及粒子生长可分为几个阶段:第一阶段 100~400℃,纳米 TiO_2 粉末处于非晶状态,接近 400℃ 时已开始晶化。随热处理温度升高,正电子平均寿命有较大幅度的下降,表明晶化前 TiO_2 非晶微粉中存在着较高浓度的空位型缺陷。而根据非晶态微晶无序模型,微晶晶界是由低密度区组成的,晶化后低密度区的消失,导致寿命值下降。而处于非

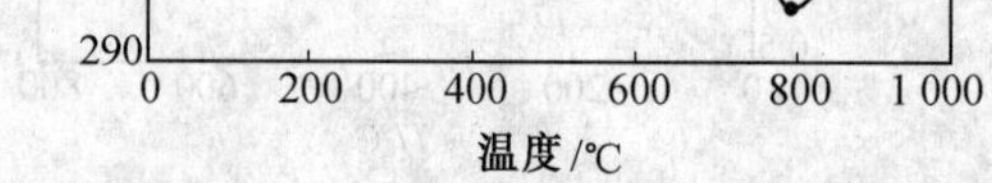

图 12.17 热处理温度对正电子平均寿命的影响

晶状态的 TiO_2 微粉,随着热处理温度升高,发生了结构弛豫,粒子亦逐渐从高无序态渐渐趋于短程有序,同时粉末粒径增大,单位体积中的界面迅速减少,导致所含的缺陷数量相应减少,空位缺陷受到排挤,缺陷尺寸减小,所以 τ_m 值也减小。由此可见,常温下的非晶态有较高的缺陷浓度,加热温度超过晶化温度 T_c 后,样品中缺陷浓度减小。而正电子平均寿命 τ_m 随着界面浓度及缺陷浓度的减小而迅速减小。第二阶段:400~500℃,粉末在 400℃ 处于非

晶相与锐钛矿共存状态,粉粒中发生了非晶材料的相分离,而新的晶相产生时,其边界往往产生缺陷,电子密度降低,因而导致正电子平均寿命 τ_m 增大。第三阶段:500~800℃,热处理温度高于500℃,晶粒尺寸迅速增大,界面中自由体发生聚集,引起 τ_1、τ_2 的增大,τ_2 的强度 I_2 亦稍有增大,综合作用的结果使得 τ_m 增大。

【例12.8】 富勒烯正电子的湮没寿命

掺杂的 C_{60} 晶体是面心立方结构。C_{60} 分子的腔体内,晶粒界面及晶体的正八面体或正四面体内是正电子湮没于样品中的三类可能位置。对于理想的 C_{60} 面心立方单晶,通过严格的理论计算发现,正电子密度基本上分布于晶体的正八面体内。但之前由于采用了不同纯度的混合物,各实验组测得的室温、大气压下正电子湮没寿命分别为 393 ps、402 ps、355 ps,与理论值 370 ps 相差较显著。

实验中 C_{60} 纯度远大于以上所有正电子湮没实验样品的纯度,具有较强的可信度。图 12.18 是 C_{60} 及 C_{60}/C_{70} 正电子湮没寿命谱,表 12.5 给出了拟合的富勒烯样品正电子湮没寿命及相对强度值。从表 12.5 中可以看出 C_{60}/C_{70} 的正电子湮没寿命值稍大于 C_{60} 样品的值,这表明 C_{60} 样品中 C_{70} 含量的增加对正电子湮没寿命有一定的影响。在 C_{60}/C_{70} 样品中,C_{70} 的含量是少量的,但 C_{70} 分子占据了少部分 C_{60} 分子在面心立方晶体中的相应位置,因此实验中的 C_{60}/C_{70} 晶体与 C_{60} 晶体既相似又稍有差异。表 12.5 中 C_{60}/C_{70} 晶体与 C_{60} 晶体正电子湮没寿命的差异反映了这两种晶体结构的差异。

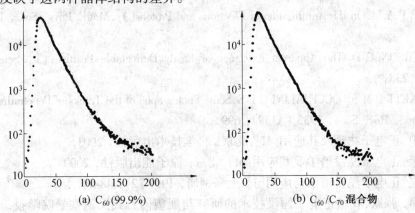

图 12.18　C_{60} 及 C_{60}/C_{70} 正电子湮没寿命谱

表 12.5　拟合的富勒烯样品正电子湮没寿命及相对强度值

样品	τ_1/ps	τ_2/ps	I_1/%	I_2/%	χ^2
C_{60}/C_{70}	388 ± 1	1 682 ± 112	99.00 ± 0.10	1.00 ± 0.10	1.046
C_{60}	379 ± 1	1 666 ± 55	98.10 ± 0.09	1.90 ± 0.09	1.066

从以上示例可以看出,对各类材料正电子寿命谱的分析,不仅可以了解材料的内部结构,还可以研究材料的形成机理。在金属及合金的微观结构的研究中,取得了很大的成功,在非晶材料、高分子材料、半导体材料领域的应用也越来越广泛。总之,正电子湮没寿命谱在材料、化学、生物、医药等方面将有广阔的应用前景。

本章小结

正电子是第一种反粒子,从它的发现到发展,在近百年的时间里,从单纯的正电子性质、正电子来源等理论分析,到湮没谱的应用,经历了多代科学家不懈的努力。正电子的能谱展宽、辐射角分布都在材料领域有一定应用,但其湮没寿命相关应用技术最为广泛。利用正电子湮没技术测定金属材料的形变、位错密度、缺陷、裂纹塑性区微观结构变化、新型聚合物结构探测与表征技术等方面,均取得到可喜的成果。正电子湮没是一门应用范围广泛的新兴边缘科学,正电子湮没谱学的出现和发展是各个学科互相交叉、彼此促进的结果。正电子湮没实验技术建立在核技术的研究成果基础之上,而正电子在各个研究领域中的应用广泛涉及各种专业知识和专门理论,目前它将逐步发展成为一门单独的学科。

参考文献

[1] BRANDT W, DUPASQUIER A. Positron Solid-state Physics[M]. Amsterdam: North-Holland, 1983.
[2] 马如璋,饶建锡.正电子湮没技术在材料科学中的应用[J].材料科学进展,1987(1):10.
[3] DIRAC P A M. On the Annihilation of Electrons and Protons[J]. Math. Phys. Sci., 1930 (26): 361.
[4] ANDERSON C D. The Apparent Existence of Easily Deflectable Positives[J]. Science, 1932 (76): 238.
[5] BLACKETT P M S, OCCHIALINI G P S. Some Photographs of the Tracks of Penetrating Radiation [J]. Proc. Roy. Soc., 1933 (A139): 699.
[6] 郁伟中.正电子物理及其应用[M].北京:科学技术出版社,2003.
[7] 滕敏康.正电子湮没谱学及其应用[M].北京:原子能出版社,2000.
[8] 王景成.正电子湮没谱学与应用[J].上海钢研,1997(2):48-54.
[9] 邹柳娟,张跃.我国正电子湮没技术的研究与展望[J].武汉钢铁学院学报,1985(4):67.
[10] 王景成.正电子湮没谱学与应用[J].上海钢研,1997(3):43-49.
[11] 吕素平,王淑英,漆宗能.γ-辐照高聚物的正电子湮没寿命谱研究[J].科学通报,1994(39):184.
[12] TANABE Y, MULLER N, FISCHER E W. Density Fluctuation in Amorphous Polymer by Small Angle X-ray Scattering[J]. Polym., 1981 (14): 445.
[13] JEAN Y C. Positron Annihilation Spectroscopy for Analysis: A Novel Probe for Microstructure Analysis of Polymer[J]. Macrochem., 1990 (42): 72.
[14] NAKANISHI H, JEAN Y C. Dynamics of Excess Free Volume in Semi-Crystalline PEEK Studied by Positron Annihilation[J]. Macromol., 1991 (24): 6618.
[15] NAKANISHI H, JEAN Y C, SMITH E G, et al. Positronium Formation at Free Volume Sites in the Amorphous Regions of Semi-Crystalline[J]. J. Polym. Sci. Part B: Polym. Phys., 1989

(27):1419.

[16] LIU J, JEAN Y C, YANG H J. Free Volume Hole Properties of Polymer Blends Probed by Positron Annihilation Spectroscopy: Miscibility[J]. Macromolecules, 1995 (28): 5774.

[17] JEAN Y C, CAO H, HONG X. Free Volume Hole Properties of Polymers Positron Annihilation Spectroscopy[J]. Polym. Mater. Sci. Eng., 1996 (75): 86.

[18] CONSOLATI G, KANSY J, PEGORARO M, et al. Positron Annihilation Study of Free Volume in Cross-Linked Amorphous Polyurethans Through the Glass Transition Temperature[J]. Polym., 1998 (39): 3491.

[19] WANG C L, HIRADE T, MAURER F H J, et al. Free Volume Distribution and Positronium Formation in Amorphous Polymers: Temperature and Positron Irradiation Time Dependence[J]. J. Chem. Phys., 1998 (108): 4654.

[20] 张明, 王波. PET 低温自由体积特征的正电子谱学研究[J]. 武汉大学学报: 自然科学版, 2000 (46): 590.

[21] DENG Q, SUNDAR C S, JEAN Y C. Pressure Dependence of Free Volume Hole Properties in an Epoxy Polymer[J]. J. Phys. Chem., 1992 (96): 492.

[22] YIN C Y, GU Q C. Studies on Microdomain Structure in Segmented Polyether Polyurethaneureas by Positron Annihilation Life Time and Small Angle X-ray Scattering[J]. J. Nucl. Sci. Tech., 1997(8):221.

[23] YUAN J P, CAO H, HONG X, et al. Gas Permeation Studied by Positron Annihilation[J]. Mater. Sci. Forum., 1997(255－257):390.

[24] MCGONIGLE E A, LIGGAT J J, PETHRICK R A, et al. Permeability of N_2, Ar, He, O_2, and CO_2 through Biaxially Oriented Polyester Films Dependence on Free Volume[J]. Polym., 2001 (42): 2413.

[25] SIMON G. P, ZIPPER M D, HILL A J. On the Analysis of Positron Annihilation Life Time Spectroscopy Data in Semicrystalline Miscible Polymer Blend System[J]. J. Appl. Polym. Sci., 1994 (52): 1191.

[26] SIMON, GEORGE P. The Use of Positron Annihilation Life Time Spectroscopy in Probing Free Volume of Multi-Component Polymeric System[J]. Trends Polym. Sci., 1997 (5): 394.

[27] 何春清, 戴益群, 张少平, 等. 互穿网络聚合物的自由体积特性[J]. 武汉大学学报: 自然科学版, 2000 (46): 63.

[28] 王波, 彭治林, 李世清, 等. 用正电子湮没研究聚醚聚氨酯的自由体积特性[J]. 武汉大学学报: 自然科学版, 1994 (40): 123.

[29] 王景成. 正电子湮没谱学与应用[J]. 上海钢研, 1997 (4): 43.

[30] 何元金, 郁伟中. 新实验技术在材料研究中的应用讲座——正电子湮没技术(PAT)在金属及合金材料研究中的应用[J]. 物理, 1982 (11): 241.

[31] 爱新药嘉, 掘史说, 上村祥史, 等. 中国原子能科学院研究年报[M]. 北京: 原子能出版社, 1994.

[32] 马俊涛, 黄荣华. 应用于聚合物中的正电子湮没寿命谱技术[J]. 高分子通报, 2001 (4): 38.

[33] 尹传元,沈德勋,滕敏康.硅橡胶中的正电子湮没寿命谱实验分析[J].南京大学学报,1990(26):46.

[34] 陈志权,王少阶.正电子湮没技术与沸石分子筛[J].核技术,1994(17):614-619.

[35] 尹荔松,危韧勇,周歧发,等.纳米TiO_2粉晶的正电子湮没寿命谱研究[J].功能材料,2000(31):299.

[36] 崔云龙,荣廷文,鲍锦荣,等.富勒烯晶体的正电子湮没寿命[J].核技术,1994(17):719.

第 13 章　电化学阻抗谱分析技术

内容提要

电化学阻抗谱（Electrochemical Impedance Spectroscopy，EIS）是一种以小振幅的正弦波电位（电流）为扰动信号的电化学测量方法，是研究电极过程动力学和表面现象的重要手段。通过等效电路对得到的 EIS 进行拟合分析，可以利用电学元件的阻抗特性来简化电化学动力学参数的求解，从而研究电极过程的电化学特性。本章主要介绍了 EIS 产生原理、等效电路、不同条件下的 EIS 分析方法，以及 EIS 在固体表面、金属腐蚀、电极材料等电化学过程研究中的应用。

13.1　引　言

13.1.1　电化学阻抗谱

电化学阻抗谱作为一种测量方法，其理论基础来源于电极过程动力学，用于研究电极界面的动力学参数。近年来，被广泛应用于材料研究领域。

电化学阻抗泛指电极系统的阻纳，用符号 Z 表示，阻纳的倒数称为导纳，用 Y 表示。可以利用黑箱系统来研究阻纳与导纳的关系，如图 13.1 所示。黑箱为一个未知内部结构的物理系统，有一个输入端和一个输出端。当从黑箱的输入端给它一个扰动信号时，就能从输出端得到一个信号输出。如果这个黑箱的内部结构是线性的稳定结构，输出的信号就是扰动信号的线性函数，于是这个输出信号就被称为黑箱对扰动信号的线性响应，简称响应。对黑箱的扰动及黑箱的响应都是可测量的。因此可以在未知黑箱内部结构的情况下，通过扰动与响应之间的关系来研究黑箱的一些性质。

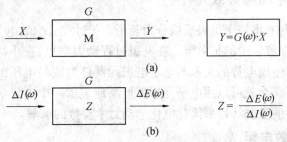

图 13.1　黑箱系统研究方法

对于一个稳定的线性系统 M，如果以一个角频率为 ω 的正弦波信号 X 为激励信号（在电化学术语中亦被称为扰动信号）输入该系统，那么相应地从该系统输出一个角频率也是 ω 的正弦波电信号 Y，Y 即是响应信号。Y 和 X 之间的关系可表示为 $Y = G(\omega) \cdot X$。G 为频率的函数,即频响函数,它反映了系统 M 的频响特征,由 M 的内部结构所决定。因而可以从 G 随 X 和 Y 的频率 f 或角频率 ω 的变化情况来获得线性系统内部结构的有用信息。如果扰动信号 X 为一个正弦波电流信号 $\Delta I(\omega)$,而 Y 为正弦波电压信号 $\Delta E(\omega)$, G 为系统 M 的阻抗(Impedance)用 Z, 表示。

电化学阻抗谱采用不同频率小幅度正弦波电势信号施加于所研究的电极体系,电极体系在浓度极化、电化学极化、欧姆极化以及双层微分电容的影响下,对施加的小幅度正弦波电势信号产生一个相应的电流信号。

电化学交流阻抗谱分析技术的特点是:①不影响电极体系的表面状态;②使扰动与体系的响应之间近似成线性关系。电化学交流阻抗法是一种频率域的测量方法,以测量得到的频率范围很宽的阻抗谱来研究电极系统,速度快的子过程出现在高频区,速度慢的子过程出现在低频区,可判断出含几个子过程,用以讨论动力学特征。

电化学交流阻抗谱测量的前提条件包括:因果性条件(测定的响应信号是由输入的扰动信号引起的);线性条件(对体系的扰动与体系的响应成线性关系);稳定性条件(电极体系在测量过程中是稳定的,当扰动停止后,体系将恢复到原先的状态);有限性条件(在整个频率范围内所测定的阻抗或导纳值是有限的)。

一个电极反应的动力学过程一般由两类变量控制,其中一类是描述电极系统状态的变量,即状态变量,如电极电势、电极表面上吸附层或表面膜的覆盖率、电极表面上成膜相的厚度、紧靠电极表面的溶液层中与电极反应有关的物质的浓度等;另一类是控制参量,如反应速度常数、塔菲尔(Tafel)常数、扩散系数等。在阻抗的测试过程中,由于是在恒温下进行测量,控制参量一般可保持不变,而状态变量则会发生变化。电极系统能否满足阻纳的基本条件,与电极反应的动力学规律有关,也与控制电极过程的状态变量的变化规律有关。

另外,电化学交流阻抗谱按照纵坐标的变量不同,分为 Nyquist 图和 Bode 图,其中 Bode 图还分为 Bode 相图与 Bode 模图。阻抗 $Z = Z' + jZ''$,其中,Z'代表复数阻抗值的实部,Z''代表复数阻抗值的虚部。以 Z' 为横轴,以 $-Z''$ 为纵轴所得图形为 Nyquist 图。以频率的对数($\log f$)为横轴,$|Z|$ 为纵轴所得图形为 Bode 模图;以 $\log f$ 为横轴,θ_Z 为纵轴($\theta_Z = \arctan \frac{-Z''}{Z'}$)所得的图形为 Bode 相图。

13.1.2　等效电路与等效元件

在电极反应过程中,将一个电极反应分为若干个子过程,比如,电子在固相的传导,电荷在界面的转移,离子在液体中的扩散等。在电极过程动力学里,在小幅度交流电压信号下,这些子过程的电流与电极电势的关系与电子电工元器件电流与电压的关系相同,即它们有相同的阻抗表达式。那么就可以用电子元器件形象地表示一个电化学反应的子过程,并且可以利用电子元器件的阻抗特性来简化电化学动力学参数的求解。

13.1.2.1　等效电阻 R

电子在固体相的传导电阻和带电离子在溶液相转移的阻抗都可等效为满足欧姆定律的纯电阻,溶液相的欧姆电阻的大小与离子的电导率和离子浓度相关。与电学元件一样,用 R 来表示等效元件,同时用 R 表示等效电阻的参数值。在电化学阻抗谱中是按单位面积(cm^2)来计算等效元件的参数数值的。等效元件 R 的量纲为 $\Omega \cdot cm^2$。电阻的阻抗与导纳

分别为

$$Z_R = R = Z'_R, Z''_R = 0 \tag{13.1}$$

$$Y_R = \frac{1}{R} = Y'_R, Y''_R = 0 \tag{13.2}$$

式中，R 为电阻；Z'_R 为阻抗的实部；Z''_R 为阻抗的虚部；Y'_R 为导纳的实部；Y''_R 为导纳的虚部。

13.1.2.2 等效电容 C

电化学反应过程中在界面处形成的"双层微分电容"用一个电容来表示，它与电学中的"纯电容"相同，常用 C 作为等效电容的标志，同时用 C 代表等效电容的参数值，其量纲为 $F \cdot cm^{-2}$，其阻抗与导纳表达式分别为

$$Z_C = -\frac{j}{\omega C}, \quad Z'_C = 0, \quad Z''_C = \frac{1}{\omega C} \tag{13.3}$$

$$Y_C = j\omega C, \quad Y'_C = 0, \quad Y''_C = \omega C \tag{13.4}$$

13.1.2.3 等效电感 L

在电极腐蚀体系研究中，还经常出现电感的性能，例如在有缓蚀剂的腐蚀体系中，在低频区常出现电感的性质。电化学中的等效电感与电学中的"纯电感"相同，用 L 作为等效电感的标志，用 L 代表等效电感的参数值，量纲为 $H \cdot cm^2$。等效电感的阻抗与导纳分别为

$$Z_L = j\omega L, \quad Z'_L = 0, \quad Z''_L = \omega L \tag{13.5}$$

$$Y_L = -j\frac{1}{\omega L}, \quad Y'_L = 0, \quad Y''_L = -\frac{1}{\omega L} \tag{13.6}$$

$$|Z_L| = \omega L, \quad |Y_L| = \frac{1}{\omega L} \tag{13.7}$$

13.1.2.4 常相位角元件 Q

固体电极的双电层电容的频响特征与"纯电容"并不一致，有或大或小的偏离现象，这一现象被称为"弥散效应"。当有弥散效应出现时，就需要引入等效元件 Q，即常相位元件(Constant Phase Element，CPE)。弥散效应越严重，Nyquist 图中测得的半圆越扁。其阻抗为

$$Z_Q = \frac{1}{Y_0} \cdot (j\omega)^{-n}, \quad Z'_Q = \frac{\omega^{-n}}{Y_0}\cos\frac{n\pi}{2}, \quad Z''_Q = \frac{\omega^{-n}}{Y_0}\sin\frac{n\pi}{2} \quad (0 < n < 1) \tag{13.8}$$

$$j^{\pm n} = \exp\left(\pm j\frac{n\pi}{2}\right) = \cos\left(\frac{n\pi}{2}\right) \pm j\sin\left(\frac{n\pi}{2}\right) \tag{13.9}$$

$$\tan\varphi = \tan\frac{n\pi}{2}, \quad \varphi = \frac{n\pi}{2} \tag{13.10}$$

由式(13.10)可见，相位角 φ 与频率无关，因此称其为常相位元件，它的阻抗与导纳的模值分别为

$$|Z_Q| = \frac{\omega^{-n}}{Y_0} \tag{13.11}$$

$$|Y_Q| = Y_0 \cdot \omega^n \tag{13.12}$$

$n = 0$ 时，CPE 为电阻：$Y^0 = \frac{1}{R}, Y = \frac{1}{R}, Z = R$；$n = 1$ 时，CPE 为电容：$Y^0 = C, Y = j\omega C, Z = -j\frac{1}{\omega C}$；$n = -1$ 时，CPE 为电感：$Y^0 = \frac{1}{L}, Y = -j\frac{1}{\omega L}, Z = j\omega L$；$n = \frac{1}{2}$ 时，CPE 为 Warburg

阻抗,常用 w 表示;$0.5 < n < 1$ 时,CPE 主要表现为电容性质。

13.1.3 等效电路与电极过程

一个电极过程可以用等效电路来模拟。下面分别对电化学步骤控制、浓差步骤控制、混合步骤控制这三个电极过程的等效电路进行介绍。电化学步骤控制时,扩散步骤可以忽略不计,电极表面等效电路中只有溶液电阻 R_L、双层电容 C_d、电化学反应电阻 R_r,等效电路如图 13.2 所示。同理,浓差步骤控制时,电化学反应电阻可以忽略不计,电路中只存在溶液电阻 R_L、双层电容 C_d、溶液扩散阻抗 Z_w,等效电路如图 13.3 所示。混合步骤控制时(即电化学步骤和浓差极化步骤共同控制),电化学反应电阻 R_r、溶液扩散阻抗 Z_w、溶液电阻 R_L、双层电容 C_d 同时存在,而且电化学反应电阻 R_r 和溶液扩散阻抗 Z_w 串联(图 13.4(a)),二者之和定义为法拉第阻抗 Z_f,等效电路如图 13.4(b) 所示。

图 13.2 电化学步骤控制时电极反应等效电路　　图 13.3 浓差步骤控制时电极反应等效电路

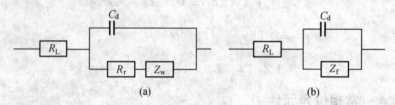

图 13.4 混合步骤控制时电极反应等效电路

13.2 电化学步骤控制下的交流阻抗法

13.2.1 电化学步骤控制下的阻抗与导纳

根据等效电路(图 13.2),对于同一体系,电极在电化学步骤控制下的阻抗写成

$$Z = R_L + Z_界 = R_L + \frac{1}{Y_界} = R_L + \frac{1}{\frac{1}{R_r} + j\omega C_d} \tag{13.13}$$

整理上式,得到

$$Z = R_L + \frac{R_r}{1 + \omega^2 C_d^2 R_r^2} - j \frac{\omega C_d R_r^2}{1 + \omega^2 C_d^2 R_r^2} \tag{13.14}$$

由上述公式可见,电极阻抗的实部与虚部均为频率 ω 的函数,随频率 ω 的变化而变化。

13.2.2 用复数阻抗平面分析法求电极体系的等效电路参数 R_r、C_d、R_L

用复数阻抗平面分析法求电极体系的等效电路参数,可以很容易地根据测得的曲线的形状来判断控制步骤,若测得的Nyquist图仅为第一象限的一个半圆,如图13.5所示,则控制步骤为电化学步骤,而后又可由曲线同时求出电极体系的电化学反应电阻 R_r,液相欧姆电阻 R_L 以及电化学反应界面的双层电容 C_d。

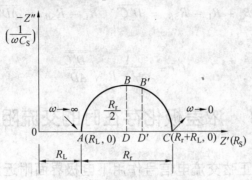

图 13.5　电化学步骤控制下的复数平面图

图13.5中半圆的直径为电化学反应电阻 R_r, R_r 越小表示电极反应的可逆性越高。在电池研究领域, R_r 越小表示材料的电化学反应活性越高,充放电时极化越小,电池的高倍率充放电性能越好;而在腐蚀研究领域, R_r 越小表示材料的耐腐蚀性能越差。这里需要注意的是,将电化学阻抗谱得出的值用于定量计算时,"单位面积"的概念很重要,在动力学参数里面涉及电流的,需要用电流密度来表示,与金属电阻相似,电化学阻抗谱中测试的阻抗是总阻抗,与面积成反比,用于定量计算时,需要换算为"单位面积的阻抗"。

当 $\omega \to \infty$ 时, $Z' = R_S = R_L + \dfrac{R_r}{1+\omega^2 C_d^2 R_r^2} \to R_L$,即趋向于 A 点;即图13.5中高频区半圆与横轴的交点 A 的截距为液相欧姆电阻 R_L,在电池研究领域,电解液的电导率可以根据 R_L 求得,电解液的电导率是电池性能好坏的一个重要数据,电池在低温下的性能主要受电解液电导率的影响,而电解液在低温下的电导率用常规的方法难以测量,电化学阻抗法却可以很容易地测得。

当 $\omega \to 0$ 时, $Z' = R_S = R_L + \dfrac{R_r}{1+\omega^2 C_d^2 R_r^2} \to R_L + R_r$,即趋向于 C 点;

因为
$$Z'_B = R_{SB} = R_L + \frac{R_r}{2} = R_L + \frac{R_r}{1+\omega_B^2 C_d^2 R_r^2} \tag{13.15}$$

所以
$$\omega_B^2 C_d^2 R_r^2 = 1$$

既而得到
$$C_d = \frac{1}{\omega_B R_r} \tag{13.16}$$

要想通过式(13.16)求得 C_d,就必须知道 B 点的频率。B' 是实际测量得到的数据,因而是已知的。

$$Z'_{B'} = R_{SB'} = R_L + \frac{R_r}{1+\omega_{B'}^2 C_d^2 R_r^2}$$

$$\omega_{B'}^2 C_d^2 R_r^2 = \frac{R_r}{R_{SB'} - R_L} - 1$$

$$C_{\mathrm{d}} = \frac{1}{\omega_{B'} \cdot R_{\mathrm{r}}} \sqrt{\frac{R_{\mathrm{r}} + R_{\mathrm{L}} - R_{SB'}}{R_{SB'} - R_{\mathrm{L}}}} \tag{13.17}$$

由图 13.5 可知

$$R_{\mathrm{r}} + R_{\mathrm{L}} - R_{SB'} = \overline{D'C}, \quad R_{\mathrm{L}} - R_{SB'} = \overline{AD'}$$

所以双电层的界面电容

$$C_{\mathrm{d}} = \frac{1}{\omega_{B'} \cdot R_{\mathrm{r}}} \sqrt{\frac{\overline{D'C}}{\overline{AD'}}} \tag{13.18}$$

13.3 浓差极化存在时的交流阻抗法

13.3.1 小幅度正弦交流电信号作用下电极界面附近浓度的变化

当所加的正弦交流频率不高时,双层充电的影响可以忽略(因为 $\frac{1}{\omega C_S}$ 很大),此时可以认为通过电解池的正弦交流电全部用于电化学反应,并且电极表面层浓度的波动也受正弦交流信号的驱使。

假定电极表面液层中传质过程完全由扩散完成,对于只有一对电极反应 $O + ne \rightleftharpoons R$ 的电化学体系,当正弦交流电流 $\tilde{i} = i^0 \sin \omega t = i^0 \mathrm{e}^{\mathrm{j}\omega t}$ 通过电解池时,设电极表面氧化物 O 的浓度为 c_O,还原物 R 的浓度为 c_R,根据法拉第定律和费克第一定律及边界条件有

$$\tilde{i} = i^0 \sin \omega t = i^0 \mathrm{e}^{\mathrm{j}\omega t} \tag{13.19}$$

$$\frac{\partial \tilde{c}_O(x,t)}{\partial t} = D_O \cdot \frac{\partial^2 \tilde{c}_O(x,t)}{\partial^2 t} \tag{13.20}$$

$$\frac{\partial \tilde{c}_R(x,t)}{\partial t} = D_R \cdot \frac{\partial^2 \tilde{c}_R(x,t)}{\partial^2 t} \tag{13.21}$$

边界条件一:

$$\tilde{c}(\infty, t) = 0 \tag{13.22}$$

边界条件二:

$$\tilde{i} = \pm nFD \left[\frac{\partial \tilde{c}(x,t)}{\partial x} \right]_{x=0} \tag{13.23}$$

上式中 D 为质子扩散系数,分别以 D_O 和 D_R 来表示氧化物 O 和还原物 R 的质子扩散系数。

$$\begin{cases} \tilde{c}_O(x,t) = A\mathrm{e}^{\mu x + \mathrm{j}\omega t} \\ \mathrm{j}\omega \tilde{c}_O(x,t) = D_O \mu^2 \tilde{c}_O(x,t) \\ i^0 = nFD_O \mu A \mathrm{e}^{\mathrm{j}\omega t} \end{cases}$$

$$\begin{cases} \mathrm{j}\omega = D_O \mu^2 \\ i^0 = nFD_O \mu A \end{cases} \Rightarrow \begin{cases} \mu = -\sqrt{\dfrac{\mathrm{j}\omega}{D_O}} = -\sqrt{\dfrac{\omega}{2D_O}}(1+\mathrm{j}) \\ A = -\dfrac{i^0}{nF\sqrt{2D_O\omega}}(1-\mathrm{j}) = -\dfrac{i^0}{nF\sqrt{D_O\omega}} \cdot \mathrm{e}^{-\mathrm{j}\cdot\frac{\pi}{4}} \end{cases}$$

解得

$$\tilde{c}_O(x,t) = -\frac{i^0}{nF\sqrt{D_O\omega}}\exp\left[-\frac{x}{\sqrt{2D_O/\omega}}+j\left(\omega t-\frac{x}{\sqrt{2D_O/\omega}}-\frac{\pi}{4}\right)\right] =$$
$$-\frac{i^0}{nF\sqrt{D_O\omega}}\exp\left(-\frac{x}{\sqrt{2D_O/\omega}}\right)\sin\left(\omega t-\frac{x}{\sqrt{2D_O/\omega}}-\frac{\pi}{4}\right) \quad (13.24)$$

$$\tilde{c}_R(x,t) = -\frac{i^0}{nF\sqrt{D_R\omega}}\exp\left[-\frac{x}{\sqrt{2D_R/\omega}}+j\left(\omega t-\frac{x}{\sqrt{2D_R/\omega}}-\frac{\pi}{4}\right)\right] =$$
$$-\frac{i^0}{nF\sqrt{D_R\omega}}\exp\left(-\frac{x}{\sqrt{2D_R/\omega}}\right)\sin\left(\omega t-\frac{x}{\sqrt{2D_R/\omega}}-\frac{\pi}{4}\right) \quad (13.25)$$

其中电极表面离子浓度为求解的最终目的,因此把 $x = 0$ 代入式(13.24)和(13.25)中,得到反应物与生成物的表面离子浓度 c_O^S 与 c_R^S 分别为

$$\tilde{c}_O^S = -\frac{i^0}{nF\sqrt{D_O\omega}}\sin\left(\omega t-\frac{\pi}{4}\right) = \frac{i^0}{nF\sqrt{D_O\omega}}\sin\left(\omega t-\frac{5\pi}{4}\right) \quad (13.26)$$

$$\tilde{c}_R^S = \frac{i^0}{nF\sqrt{D_R\omega}}\sin\left(\omega t-\frac{\pi}{4}\right) \quad (13.27)$$

13.3.2 浓差极化存在时的可逆体系的法拉第阻抗

在只讨论电极反应是可逆反应,R 的活度为常数的情况,这时能斯特方程仍然适用。对电极反应 $O + ne \rightleftharpoons R$,由能斯特方程得

$$\varphi = \varphi^\theta + \frac{RT}{nF}\ln\frac{c_O^S}{c_R^S} \quad (13.28)$$

因为

$$\varphi = \overline{\varphi} + \tilde{\varphi}$$

$$\frac{d\varphi}{dt} = \frac{d\tilde{\varphi}}{dt} = \frac{RT}{nF}\left[\frac{1}{c_O^S}\cdot\frac{d\tilde{c}_O^S}{dt} - \frac{1}{c_R^S}\cdot\frac{d\tilde{c}_R^S}{dt}\right] \quad (13.29)$$

$$Z_f = -\frac{\tilde{\varphi}}{\tilde{i}} = -\frac{RT}{nF}\cdot\frac{1}{c_O^R}\cdot\frac{\tilde{c}_O^S}{\tilde{i}} + \frac{RT}{nF}\cdot\frac{1}{c_R^S}\cdot\frac{\tilde{c}_R^S}{\tilde{i}} \quad (13.30)$$

结论:在可逆条件下,法拉第阻抗等于扩散(Warbary)阻抗。

$$Z_{\omega O} = \frac{\xi}{c_O^S\sqrt{2D_O\omega}}(1-j) = R_{\omega O} - j\frac{1}{\omega c_{\omega O}} \quad (13.31)$$

$$Z_{\omega R} = \frac{\xi}{c_R^S\sqrt{2D_R\omega}}(1-j) = R_{\omega R} - j\frac{1}{\omega c_{\omega R}} \quad (13.32)$$

在仅存在浓差极化的时候

$$Z_f = Z_\omega = Z_{\omega O} + Z_{\omega R} \quad (13.33)$$

$$Z_f = Z_f' - jZ_f'' \quad (13.34)$$

$$Z_f' = Z_f'' = \frac{\xi}{c_O^S\sqrt{2D_O\omega}} + \frac{\xi}{c_R^S\sqrt{2D_R\omega}}$$

令

$$\sigma_O = \frac{\xi}{c_O^S \sqrt{2D_O}}, \quad \sigma_R = \frac{\xi}{c_R^S \sqrt{2D_R}}, \quad \sigma = \sigma_O + \sigma_R$$

得到法拉第阻抗

$$Z_f = \sigma \cdot \omega^{-\frac{1}{2}}(1-j) \tag{13.35}$$

同上步骤,浓差极化和电化学极化同时存在时体系的法拉第阻抗解为

$$Z_f = R_r + \sigma' \omega^{-\frac{1}{2}}(1-j) \tag{13.36}$$

其中

$$\sigma'_O = \sigma_O \frac{\vec{i}}{\alpha \vec{i} + \beta \vec{i}}, \quad \sigma'_R = \sigma_R \cdot \frac{\vec{i}}{\alpha \vec{i} + \beta \vec{i}}, \quad \sigma' = \sigma'_R + \sigma'_O$$

13.4 电化学与浓差极化同时存在时的复数平面图

对于混合控制时的等效电路如图13.4所示,因此电路的阻抗值为

$$\begin{aligned} Z &= R_L + \frac{1}{j\omega C_d + \dfrac{1}{R_r + \sigma'\omega^{-\frac{1}{2}}(1-j)}} = \\ &R_L + \frac{R_r + \sigma'\omega^{-\frac{1}{2}}}{(C_d \sigma' \omega^{\frac{1}{2}} + 1)^2 + \omega^2 C_d^2 (R_r + \sigma'\omega^{-\frac{1}{2}})^2} - \\ &j \cdot \frac{\omega C_d (R_r + \sigma'\omega^{-\frac{1}{2}})^2 + \sigma'\omega^{-\frac{1}{2}}(C_d \sigma' \omega^{\frac{1}{2}} + 1)}{(C_d \sigma' \omega^{\frac{1}{2}} + 1)^2 + \omega^2 C_d^2 (R_r + \sigma'\omega^{-\frac{1}{2}})^2} \end{aligned} \tag{13.37}$$

讨论:

(1) 当 ω 足够低的时候,可省略 $\omega^{\frac{1}{2}}, \omega, \omega^2$ 并保留 $\omega^{-\frac{1}{2}}$ 项:

$$Z = R_L + R_r + \sigma'\omega^{-\frac{1}{2}} - j(\sigma'\omega^{-\frac{1}{2}} + 2\sigma'^2 C_d) = R_S - j\frac{1}{\omega C_S}$$

$$\begin{cases} R_S = R_L + R_r + \sigma'\omega^{-\frac{1}{2}} \\ \dfrac{1}{\omega C_S} = -Z'' = Z' + 2\sigma'^2 C_d - (R_L + R_r) \end{cases} \tag{13.38}$$

用 $\dfrac{1}{\omega C_S} - R_S$ 作图(复数平面图),得到一条倾角为 $45°$ 的直线,如图13.6所示。

(2) ω 足够高时,$\omega^{-\frac{1}{2}} \to 0$:

$$Z = R_L + \frac{R_r}{1 + \omega^2 C_d^2 R_r^2} - j\frac{\omega C_d R_r^2}{1 + \omega^2 C_d^2 R_r^2} \tag{13.39}$$

由式(13.39)可知:在 ω 足够高时,电极反应为电化学极化控制。因此,对于混合步骤控制的电极反应而言,在高频段 Nyquist 曲线表现出电化学极化控制时的特点,曲线呈圆弧形;在低频段曲线则表现出浓差极化时的特点,曲线接近于倾角为 $45°$ 的直线,图13.7为混合步骤控制下的电极反应的 Nyquist 图。

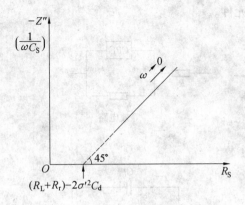

图 13.6　浓差极化步骤控制下的电极反应的 Nyquist 图

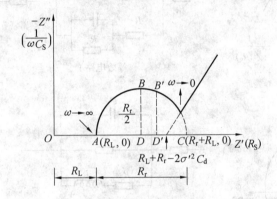

图 13.7　混合步骤控制下的电极反应的 Nyquist 图

低频区的斜线的反向延长线与横轴的交点的横截距大小可以用来计算扩散系数。在某一频率下其实部值与反向延长线交点的距离表示了其扩散阻抗的大小。在电池研究领域，扩散阻抗的大小与电极的空隙分布相关，可以用电化学阻抗谱来研究降低扩散阻抗的方法。

13.5　其他特殊情况的 Nyquist 图及等效电路

以上讨论的是理想的控制步骤，且反应为可逆过程，在测量过程中系统各参量值不变。但是在实际测量中还会出现以下几种曲线类型，图 13.8 列出了几种特殊曲线及其对应的等效电路图。图 13.8(a)中的 Nyquist 图仅有一个变形了的半圆，当半圆变形时说明存在弥散效应，拟合时所选用的等效电路中的电容就要以常相位元件 CPE 来代替。实际上阻抗谱与等效电路并不是一一对应的关系，同一个阻抗谱可以用不同的等效电路来拟合，如图 13.8(b)所示。图 13.8(b)中的 Nyquist 图就可以分别用给出的两个不同的等效电路来拟合。实际应用中等效电路的选择还要结合具体的电化学过程，即等效电路所表示的物理意义是否同研究的电化学过程的机理相符合。一般 Nyquist 图中有几段圆弧在等效电路中就有几个并联电路。在图 13.8(b)中有两段圆弧，说明等效电路中有两个并联电路，等效电路 1 中的两个并联电路分别为 C_2 和 R_3 的并联及 C_2 和 R_3 并联后 R_2 与串联再与 C_1 并联。而等效电路 2 则为两个(C_1 和 C_2)和(R_1 和 R_2)并联后再串联的电路。当 Nyquist 图的第四象限中出现圆弧时，该圆弧为感抗弧，如图 13.8(c)所示。当有感抗弧出现时，说明有电感存在，那么在它相应的等效电路中有电感元件。

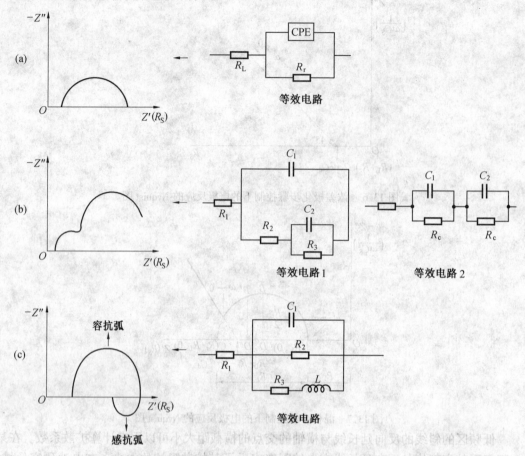

图 13.8　几种特殊曲线及其对应得等效电路

13.6　电化学阻抗谱的解析与应用

13.6.1　电化学阻抗谱的解析

随着电子技术的发展,电化学阻抗测试技术有了很大的进步,锁相放大器、频率响应分析器以及与计算机联机测试的使用,提高了测量过程中的抗干扰能力,而且能够快速地给出复数阻抗结果,自动绘制阻抗的复数平面图。现在使用较多的阻抗测量仪器为 273 型或 283 型恒电位仪/恒电流仪与 5210 型锁相放大器或 1025 型频率响应检测仪。273 型恒电位仪的测量频率为 $10^{-5} \sim 10^5$ Hz,283 型为 $10^{-5} \sim 3 \times 10^7$ Hz,对电化学系统来说,10^5 Hz 的高频已经足够。273 型或 283 型恒电位仪/恒电流仪与 5210 型锁相放大器或 1025 型频率响应检测仪连接后,通过万用接口 GPIB 连通计算机,再通过阻抗软件 M398 就可以进行自动测量、自动记录、自动处理数据和图形显示、自动数据处理和作图。图形可以选择 Bode 模图、Bode 相角图或 Nyquist 图等形式来显示。

进行电化学阻抗谱测量的目的就是要根据测量得到的 EIS 谱图,确定 EIS 的等效电路并对其进行解析。确定阻抗谱所对应的等效电路以及对它进行解析得到等效电路中各个等效元件的参数值是 EIS 数据处理的两个步骤。根据等效电路拟合得到的结果与实测的 EIS 谱图是否吻合是判断选择的等效电路正确与否的依据。若按照提出的等效电路拟合得到的结果与实测的阻抗谱吻合，则说明所选择的等效电路是正确的；相反，如果拟合结果与实测阻抗谱相差很大，就必须对等效电路进行修正后重新拟合，直至与实测阻抗谱吻合。目前已经有专门的软件完成等效电路的拟合，如 EQUIVCRT 和 ZsimpWin 软件。其中 ZsimpWin V3.00软件中提供了多种常用的等效电路，而且可以利用电路描述码输入新的等效电路，利用选定的等效电路拟合结果与实际测量的结果同时显示，在第一时间就可以确定选择的等效电路正确与否。

13.6.2 电化学阻抗谱的应用

13.6.2.1 固体电解质

大多数具有高离子电导率的物质都是以液体形式存在的，它们或者是离子化合物溶于极性溶剂中形成电解质溶液，或者是离子化合物处于高温熔融态。少数离子化合物在室温或低于熔点的高温下（在固体形式下）具有较高的离子电导率，这种离子化合物称为固体电解质或超离子导体。与液态的离子导体不同，固体电解质中两种带相反电荷的离子通常只有一种是能够移动的，另一种离子则组成晶体的骨架。可移动离子在固体电解质中的运动往往是由于它与反电荷离子之间的离子键较弱，它在晶格中的振动具有较大的振幅，另外，在晶格结构上的特征如存在离子移动的隧道等也是形成超离子导体的原因。有些超离子导体具有多种不同的载流子，它可能具有一种以上的导电离子，但更多的是电子和离子的混合导体，如锂离子二次电池的正极材料就是一种混合导体，它可以以电子导电，又具有锂离子迁移的通道，用于锂离子的嵌入和脱嵌导电。

用电化学阻抗谱研究固体电解质的主要目的是：① 研究固体电解质的离子电导；导电离子的导电机理；不同载流子各自对电导的贡献；结构与制备工艺对固体电解质性能的影响。② 研究固体电解质参与的电化学过程。在研究电导方面大多数工作是在一般常用的阻抗频段（$10^{-2} \sim 10^4$ Hz）内进行的。当固体电解质是几种离子的混合导体，或是电子-离子混合导体时，总的电导 σ 等于各种导电离子或电子电导的总和，即

$$\sigma = \sum_k \sigma_k \tag{13.40}$$

一种荷电粒子对电导的相对贡献称为迁移数，用 t_k 表示

$$t_k = \frac{\sigma_k}{\sigma} \tag{13.41}$$

一般情况下需要对阳极和阴极进行化学分析才能确定某种荷电粒子的迁移数（如 HiHorf 法）。对于电子-离子混合导体，如果除电子外，荷电粒子只有一种离子，只需测定该导电离子的迁移数即可。对于固体电解质参与的电化学过程，必须用活化电极进行研究。

13.6.2.2 固体表面成膜

电化学阻抗法与恒电流法相结合，可测定阻抗与通过电极的电量的关系、研究电极表面异相膜的形成与破坏。描述表面过程的机理可用中间产物在电极表面上的覆盖度作为状态变量：

$$i = f(E, \theta_1, \theta_2, \cdots, \theta_n) \tag{13.42}$$

式中，$\theta_i(i = 1, 2, \cdots, n)$ 为第 i 种中间产物的表面覆盖度。

$$\delta_i = \left(\frac{\partial i}{\partial E}\right)_{\theta_i} \delta E + \sum_{i \neq j} \left(\frac{\partial i}{\partial \theta_i}\right)_{\theta_j, E} \delta \theta_i \tag{13.43}$$

$$\delta E = \Delta E \mathrm{e}^{j\omega t} \tag{13.44}$$

$$\delta \theta_i = \Delta \theta_i \mathrm{e}^{j\omega t} \tag{13.45}$$

因此，法拉第导纳为

$$Y_\mathrm{F} = \frac{\delta_i}{\delta E} = \left(\frac{\partial i}{\partial E}\right)_{\theta_i} + \sum_{i \neq j} \left(\frac{\partial i}{\partial \theta_i}\right)_{\theta_j, E} \left(\frac{\delta \theta_i}{\delta E}\right) \tag{13.46}$$

利用式(13.46)右边各项可以估算阻抗，并用于固体表面吸附过程的研究。若对其泰勒(Taylor)展开获得表面过程速率，则可以进行固体表面成膜的研究。

13.6.2.3 金属腐蚀

电化学腐蚀包含同一电极电位下在溶液和金属之间至少两个同时发生的反应。一个为金属阳极的氧化反应 $M - ne \longrightarrow M^{n+}$；另一个是介质的还原反应。在稳态下，还原电流 I_c 与氧化电流 I_a 大小相等，即 $I_\mathrm{c} = -I_\mathrm{a}$，净电流为 $I_\mathrm{c} + I_\mathrm{a} = 0$。此时的电位称为腐蚀电位。腐蚀速率用腐蚀电流密度 i_corr 表示，$i_\mathrm{corr} = \dfrac{I_\mathrm{a}}{A} = -\dfrac{I_\mathrm{c}}{A}$，$A$ 为电极的面积。

电化学阻抗可用来测定腐蚀速率。在腐蚀电位下，腐蚀电流密度是电位和金属离子浓度的函数，一般假定满足线性方程：

$$i_\mathrm{a} = -n_\mathrm{a} F [k_{\mathrm{f},\mathrm{a}} c_{M^{n+}} - k_{\mathrm{b},\mathrm{a}}] \tag{13.47}$$

$$i_\mathrm{c} = -n_\mathrm{c} F [k_{\mathrm{f},\mathrm{c}} c_\mathrm{O} - k_{\mathrm{b},\mathrm{c}} c_\mathrm{R}] \tag{13.48}$$

式中，i_a 和 i_c 分别为氧化反应和还原反应的电流密度；n_a 和 n_c 分别为氧化反应和还原反应转移的电子数；$c_{M^{n+}}$ 为 M^{n+} 的浓度；c_O 和 c_R 分别为介质的还原反应中的氧化物和还原物的浓度；$k_{\mathrm{f},\mathrm{a}}$ 和 $k_{\mathrm{b},\mathrm{a}}$ 分别为氧化反应的正、逆反应的反应速率常数；$k_{\mathrm{f},\mathrm{c}}$ 和 $k_{\mathrm{b},\mathrm{c}}$ 分别为还原反应的正、逆反应的反应速率常数；F 为法拉第常数。

如果两个反应的平衡电位相差很大，可近似把两个反应的方向忽略掉，因此，在腐蚀电位下，腐蚀速率可表示为

$$i_\mathrm{corr} = n_\mathrm{a} F k_{\mathrm{b},\mathrm{a}}^* = n_\mathrm{c} F k_{\mathrm{f},\mathrm{c}}^* c_\mathrm{O}' \tag{13.49}$$

式中，c_O' 为"腐蚀活性"物质在稳态下的表面浓度；k^* 表示在 $E = E_\mathrm{corr}$ 时的速率常数。

线性极化法在腐蚀电位附近时电位变化幅度很小（一般小于 20 mV），表示电流密度-过电位的塔菲尔关系可以近似看成是线性关系：

$$i_\mathrm{corr} = \frac{i}{\Delta E} \frac{\beta_\mathrm{a} \beta_\mathrm{c}}{2.303(\beta_\mathrm{a} + \beta_\mathrm{c})} \tag{13.50}$$

式中，ΔE 为施加的线性电压极化；i 为线性极化下的电流密度；β_a 和 β_c 分别为阳极反应和阴极反应的塔菲尔常数。上式一般可改写为

$$i_\mathrm{corr} = \frac{1}{R_\mathrm{P}} \frac{\beta_\mathrm{a} \beta_\mathrm{c}}{2.303(\beta_\mathrm{a} + \beta_\mathrm{c})} \tag{13.51}$$

式中，R_P 为极化电阻，它是腐蚀速率的一个标志。

式(13.51)称为 Stern-Geary 公式,R_P 可以用交流阻抗方法来测量:

$$R_P = |Z(j\omega)|_{\omega \to 0} - |Z(j\omega)|_{\omega \to \infty} \tag{13.52}$$

当频率在 10 kHz 时,阻抗中基本上是电阻成分在低频区,即使频率低到 1 mHz,电抗成分仍占据主要部分,由于 Warburg 阻抗的存在,低频常常是发散的。而且,阻抗测量的低频限通常与样品的暴露时间有关,例如,从图 13.9 所示的质量比为 90:10 的 Cu:Ni 合金在流动海水中的腐蚀不同暴露时间测得的阻抗谱中可以看出,不同的暴露时间要求不同的低频限。对于暴露 22 h 的样品测量到 10 mHz 以上即可;而长时间暴露的样品,要测到 0.5 mHz。

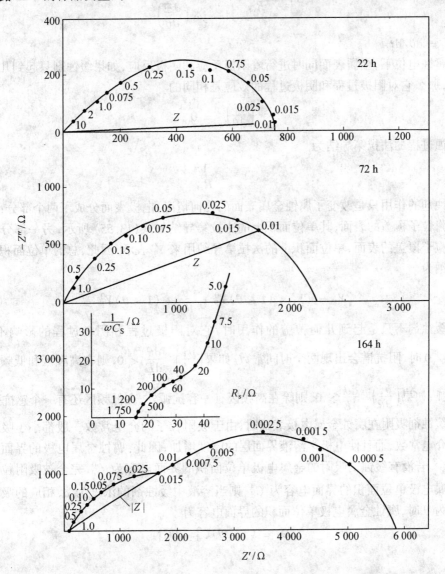

图 13.9　质量比为 90:10 的 Cu:Ni 合金在流动海水中的不同腐蚀时间测得的阻抗谱

13.6.2.4　缓蚀剂

缓蚀剂是指少量添加于腐蚀介质中就能使金属腐蚀的速度显著降低的物质。它们的作用主要是通过缓蚀性粒子(分子或离子)在金属表面上的吸附或使金属表面上形成某种表面膜,阻滞腐蚀过程的进行。因而从缓蚀剂改变腐蚀金属表面状态的情况对缓蚀剂进行分类可将缓蚀剂分为成膜型和吸附型两类。

在有缓蚀剂的情况下,恒温恒压下影响腐蚀过程的阳极反应和阴极反应速度的状态变量主要是电极电位 E 和缓蚀性吸附粒子在金属表面上的覆盖度 θ。有缓蚀剂吸附的金属腐蚀过程的法拉第导纳可以表示为

$$Y_F^A = \frac{1}{R_{ct}} + \frac{\left(\frac{\partial i}{\partial \theta}\right)_E \frac{d\theta}{dE}}{1 - j\omega \left(\frac{\partial \Xi}{\partial \theta}\right)^{-1}} \tag{13.53}$$

式中, $\Xi = d\theta/dt$。

在腐蚀电位下,金属表面同时进行着阳极反应和阴极反应,如果缓蚀剂只起到几何覆盖的作用,那么它对阳极过程和阴极过程的效应是相同的

$$\left(\frac{\partial i}{\partial \theta}\right)_E = 0 \tag{13.54}$$

则该腐蚀过程的法拉第导纳为

$$Y_F^A = \frac{1}{R_{ct}} \tag{13.55}$$

缓蚀剂的作用只是改变了腐蚀金属表面的几何情况。电极表面分成了两个部分:一部分是被吸附粒子覆盖的表面,其单位面积上的法拉第导纳如式(13.55)所示;另一部分是没有被吸附粒子覆盖的表面,单位面积上的法拉第导纳用来 Y_F^0 表示。因此,总的单位面积上的法拉第导纳为

$$Y_F = \theta Y_F^A + (1 - \theta) Y_F^0 = \frac{\theta}{R_{ct}} + (1 - \theta) Y_F^0 \tag{13.56}$$

当缓蚀剂不只是起到几何覆盖的作用时,它对阳极过程和阴极过程的影响不一样, $\left(\frac{\partial i}{\partial \theta}\right)_E \neq 0$ 时,阻抗谱会出现两个时间常数。如果 $\left(\frac{\partial i}{\partial \theta}\right)_E \frac{d\theta}{dE} < 0$,则在高频区和低频区有两个容抗弧;如果 $\left(\frac{\partial i}{\partial \theta}\right)_E \frac{d\theta}{dE} > 0$,则除在高频区有一容抗弧外,在低频区还有一个感抗弧。

当缓蚀剂吸附在腐蚀金属电极表面时,由于吸附粒子的介电常数一般都小于吸附的水分子的介电常数,而且使电极/溶液界面层的厚度增加,因此,腐蚀金属电极的界面电容将随之减少。若没有缓蚀剂吸附的金属电极单位面积的界面电容为 C_d^0,完全被吸附粒子所覆盖的金属电极单位面积的界面电容为 C_d^A,则当溶液中缓蚀剂的浓度为 c,相应的吸附粒子覆盖度为 θ 时,腐蚀金属电极单位面积的界面电容为

$$C_d = (1 - \theta) C_d^0- \theta C_d^A \tag{13.57}$$

因此

$$1 - \frac{C_d}{C_d^0} = \left(1 - \frac{C_d^A}{C_d^0}\right) \theta \tag{13.58}$$

对于一般腐蚀剂系统中某一缓蚀剂来说,

$$\mu = 1 - \frac{C_d^A}{C_d^0} = \lambda \theta \tag{13.59}$$

式中,μ 为相对覆盖度,λ 为一常数。从阻抗谱可以分别测定 C_d 和 C_d^0,从而得到相对覆盖度 μ。

13.6.2.5 电极材料

嵌入化合物是一种电子-离子混合导体,电子的导电性使其能作为电极,离子的导电性使其成为电极活性物质。层状 $LiNi_{0.5}Mn_{0.5}O_2$ 材料是新型的锂离子电池正极材料,锂离子在正极材料中嵌入/脱嵌的过程可以由一个多步过程模型拟合,涉及离子迁移通过表面膜、电极-电解质界面的电荷传递、化合物中锂离子固相扩散这一系列步骤。形象化的步骤是:

(1) 由电解质和电池组成部分产生的电阻(R_e);
(2) 表面膜的双层电容(C_{sf})和与其相关的阻抗(R_{sf});
(3) 发生在电极上的嵌入反应的电荷传递电阻(R_{ct})和双电层电容(C_{dl});
(4) 半无限条件下的扩散电阻,锂离子扩散的特征 Warburg 阻抗(W_o),通常是锂离子在电解质溶液中或电极活性材料体相中的扩散引起的。电极材料的电化学性能主要与 R_{ct} 的大小有关,R_{ct} 越小,表示材料的电化学反应活性越高。

为了进一步提高层状 $LiNi_{0.5}Mn_{0.5}O_2$ 材料的电化学性能,可以对其进行适当的掺杂,如可以用 Ti、Mg、Al 等元素取代部分 Ni 和 Mn。图 13.10 是初始和充电状态下,平衡掺杂 $Li(Ni_{0.475}Mn_{0.475})Al_{0.05}O_2$ 和非平衡掺杂 $Li(Ni_{0.45}Al_{0.05})Mn_{0.5}O_2$、$LiNi_{0.5}(Mn_{0.45}Al_{0.05})O_2$ 的电化学阻抗谱(平衡掺杂指等电荷取代,不平衡掺杂则为不等电荷取代)。在初始态(未进行充放电),所有材料的 Nyquist 图形状相同,由一个高频区的半圆和一个低频区的斜线构成,表明在低频区锂离子脱嵌初期的电化学步骤是由扩散步骤控制的,在高频区则是由电荷传递控制的。利用图 13.10(a)中的等效电路对阻抗谱进行拟合,得到材料的电荷传递电阻(R_{ct})从小到大的顺序为:$LiNi_{0.5}(Mn_{0.45}Al_{0.05})O_2$(156.1 Ω)、$Li(Ni_{0.475}Mn_{0.475})Al_{0.05}O_2$(229.5 Ω)、$Li(Ni_{0.45}Al_{0.05})Mn_{0.5}O_2$(411.3 Ω)。

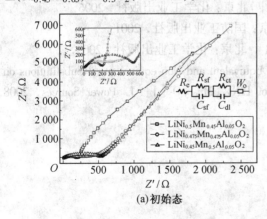
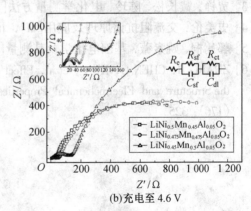

(a) 初始态　　　　　　　　　　　(b) 充电至 4.6 V

图 13.10　$LiNi_{0.5}Mn_{0.5}O_2$ 和 Al 掺杂材料的 Nyquist 图

充电态的电化学阻抗谱亦表现出相同的电化学行为,有两个半圆出现,在较低频率区的半圆提供了与电化学步骤有关的电荷传递电阻(R_{ct})的信息,与初始态相比,R_{ct} 在脱嵌末期显著增大,表明锂离子脱嵌末期的电极过程动力学受电荷传递控制。使用图 13.10(b)中给出的等效电路拟合得到制备的材料在充电态的 R_{ct} 值的大小顺序与初始态的顺序相同,即在脱嵌末期 $LiNi_{0.5}(Mn_{0.45}Al_{0.05})O_2$ 的 R_{ct}(811.9 Ω)最小,$Li(Ni_{0.45}Al_{0.05})Mn_{0.5}O_2$ 的

R_{ct}(1 976.1 Ω)最大。从图中放大图可以看到高频区的半圆的变化规律与低频区半圆的变化规律相同,表明在充电态(脱嵌末期)Li(Ni$_{0.45}$Al$_{0.05}$)Mn$_{0.5}$O$_2$具有最大的表面膜电阻(R_{sf})。表面膜电阻 R_{sf} 对一个单一的充放电循环没有太大影响,但电极表面形成的膜却对电极材料在重复进行的充放电循环过程中的行为产生负面作用,会降低电极的动力学参数进而降低材料的电化学性能。因此,Al 不平衡取代 Mn 的 LiNi$_{0.5}$(Mn$_{0.45}$Al$_{0.05}$)O$_2$材料具有较好的电化学活性。

本章小结

电化学阻抗谱技术是将不同频率的小振幅正弦波信号作用于电极系统,由电极体系的响应信号与正弦波扰动信号之间的关系得到电极的阻抗,然后推测电极过程的等效电路,进而分析电极体系的动力学过程及其特征,计算电化学参量,研究电极反应机制,由等效电路相关元件的参数估算电极系统的动力学参量,如电极的双电层电容、电荷转移过程的反应电阻、扩散传质过程参量等。电化学阻抗谱技术是研究电化学反应过程的重要方法,已被广泛地应用于腐蚀金属电极、电极材料的研究中,它还是研究半导体表面状态、固体/电解质界面性质的有效工具,在生命科学、地球科学等领域中也具有较好的应用价值。近年来,电化学阻抗谱测试技术发展迅速,已成为研究电化学动力学的重要方法之一。

参考文献

[1] 查全性. 电极过程动力学导论[M]. 北京:科学出版社,2002.
[2] 曹楚南,张鉴清. 电化学阻抗谱导论[M]. 北京:科学出版社,2002.
[3] 贾铮,戴长松,陈玲. 电化学测量方法[M]. 北京:化学工业出版社,2006.
[4] 史美伦. 交流阻抗谱原理及应用[M]. 北京:国防工业出版社,2001.
[5] 郭鹤桐,姚素薇. 基础电化学及其测量[M]. 北京:化学工业出版社,2009.
[6] ZHANG B, CHEN G, XU P, et al. Effect of Equivalent and Non-equivalent Al Substitutions on the Structure and Electrochemical Properties of LiNi$_{0.5}$Mn$_{0.5}$O$_2$[J]. J. Power Sources, 2008 (176):325.